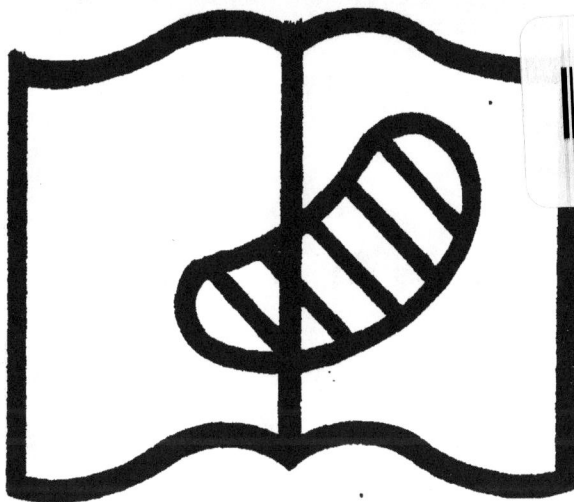

Original illisible

NF Z 43-120-10

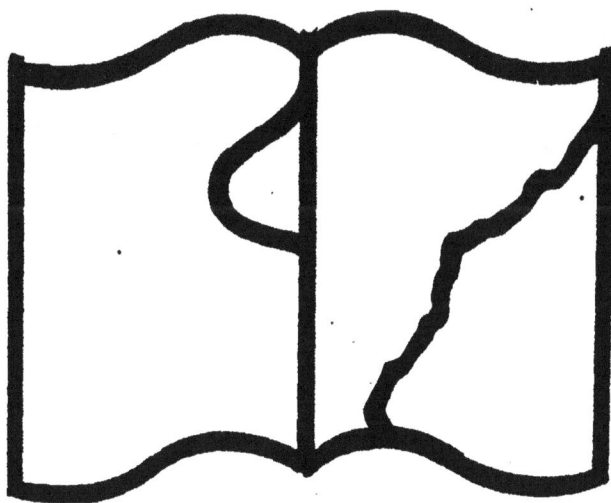

Texte détérioré — reliure défectueuse

NF Z 43-120-11

"VALABLE POUR TOUT OU PARTIE DU DOCUMENT REPRODUIT".

LES NOUVELLES

CONQUÊTES DE LA SCIENCE

———

LES VOIES FERRÉES

POSTE-VIGIE

Pour l'aiguillage général aux abords d'une gare

(Coupe verticale montrant le mécanisme)

LES NOUVELLES CONQUÊTES

DE

LA SCIENCE

PAR

LOUIS FIGUIER

LES VOIES FERRÉES

DANS LES DEUX MONDES

VOLUME ILLUSTRÉ DE 263 GRAVURES ET PORTRAITS

D'APRÈS LES DESSINS DE

MM. J. FÉRAT, A. GILBERT, BROUX, etc.

PARIS

A LA LIBRAIRIE ILLUSTRÉE

7, RUE DU CROISSANT, 7

LES NOUVELLES CONQUÊTES

DE LA SCIENCE

LES VOIES FERRÉES

DANS LES DEUX MONDES

On se propose de passer en revue, dans ce volume, les progrès récents accomplis par la science et l'industrie dans la construction des chemins de fer. Et comme les chemins de fer étendent aujourd'hui sur les deux hémisphères leur puissant et bienfaisant réseau nous sommes conduit à les étudier dans les cinq parties du monde.

Le titre de ce volume en fixe d'avance le plan. Nous nous occuperons successivement des progrès récemment accomplis dans la construction des chemins de fer, en Europe, en Amérique, en Asie, en Afrique, en Australie. Bien entendu que la longueur de nos descriptions, ou récits, sera fort inégalement répartie entre chacune de ces cinq divisions de notre sujet. L'Europe et l'Amérique y figureront dans une proportion considérable, relativement à la petite part qui sera réservée aux trois autres groupes géographiques. Les chemins de fer, qui ont réalisé toutes leurs merveilles en Europe et en Amérique, ne font que poindre dans les terres lointaines encore déshéritées des bienfaits de la civilisation et des arts. Dans son cours à l'École poly-technique, Gay-Lussac disait que l'on peut mesurer le degré de civilisation d'un peuple à la quantité de fer qu'il consomme annuellement. Gay-Lussac n'a pas connu les chemins de fer ; mais, s'il eût vécu de nos jours, il eût ajouté — ce que nous nous permettrons de dire à sa place — que le déve-loppement des chemins de fer est en raison directe de la richesse et de la puissance industrielle d'une nation. La locomotive, avec son panache de flamme et de feu, est le rayonnant flambeau qui précède et annonce l'arrivée, dans chaque pays, des idées destinées à régner un jour sur toute l'étendue de la terre habitée, pour apporter la concorde et la prospérité dans des régions encore en proie à la barbarie sociale, aux plus tristes préjugés et aux ténèbres de l'ignorance.

I

Les chemins de fer en Europe.

On éprouve quelque embarras lorsqu'il s'agit de spécifier, pour en faire l'objet d'une étude sérieuse, les progrès réalisés dans ces dernières années par l'industrie et l'art des chemins de fer en Europe. Ne pouvant dépasser certaines limites, dans cette première section, nous nous bornerons à considérer comme acquisitions qui nous paraissent les plus importantes, les plus utiles et les plus pratiques, les inventions suivantes :

1° LES CHEMINS DE FER DE MONTAGNE. — Avant 1870 les voies ferrées remontaient avec peine des pentes d'une faible inclinaison. Depuis cette époque, les perfectionnements apportés aux locomotives, et surtout la généralisation des rails à crémaillère, ont permis de faire gravir aux convois des rampes très fortes.

Et trois ordres d'inventions ont été ici réalisées. On a donné aux locomotives le moyen de gravir des pentes excessives, pour franchir les rampes et les déclivités des montagnes, le long de lacets sinueux. — On a créé des *chemins de fer de touristes*, qui gravissent presque à pic les montagnes escarpées, mais qui ne transportent que des voyageurs, pour leur donner les spectacles variés du paysage et des vallées environnantes. — On a combiné les deux systèmes, pour établir des voies industrielles, faisant remonter aux matériaux les pentes les plus raides.— On a joint les voies ordinaires, c,est-à-dire les rails avec simple adhérence, aux voies à crémaillère, pour faire un service continu sur une même ligne, en faisant passer la même locomotive sur les deux genres de rails.

2° LES TRAMWAYS. — Les *tramways* sont des rails d'un creux particulier, qui pénètrent à l'intérieur des villes, et dont les véhicules peuvent être mis en mouvement par des chevaux, par la machine à vapeur, par l'air comprimé, ou par l'électricité. Nous aurons à étudier ces divers modes de traction appliqués aux transports à l'intérieur des villes.

3° LES CHEMINS DE FER ÉLECTRIQUES. — Dans un avenir éloigné, mais peut-être inévitable, la puissante et orgueilleuse locomotive est appelée à céder le pas à la modeste traction électrique. Sans doute les chemins de fer électriques ne sont encore qu'à l'état d'ébauche ; mais c'est pour nous un motif de plus de faire connaître exactement les principes sur lesquels est fondé leur mécanisme, et de signaler les premières applications qui en ont été réalisées jusqu'ici.

4° LES CHEMINS DE FER FONCTIONNANT PAR LA PRESSION ATMOSPHÉRIQUE. — Tout le monde connaît les *tubes atmosphériques*, ou *pneumatiques*, qui servent, dans l'intérieur des villes, à transporter les dépêches écrites, pour suppléer à la télégraphie électrique. Sur le même principe, on a fait, en Europe, quelques essais, plus ou moins importants, que nous aurons à mentionner.

5° LES CHEMINS DE FER A VOIE ÉTROITE. — Ce système, autrefois exceptionnel, tend à prendre beaucoup d'importance, grâce à l'extension générale du réseau de nos voies ferrées dans les petits centres de population. De même que les ruisseaux alimentent les rivières, et que les rivières alimentent les grands fleuves, les chemins à voie étroite, c'est-à-dire les chemins locaux, industriels ou de petite communication, donnent la vie aux lignes secondaires, qui entretiennent les grandes lignes.

6° LES NOUVEAUX FREINS A VIDE ET A AIR COMPRIMÉ. — Avant 1870, l'arrêt rapide d'un train était la pierre philosophale de l'art de l'ingénieur des chemins de fer. Aujourd'hui, le mécanicien arrête son train avec une facilité et une promptitude inouïes. C'est grâce au *frein à vide, ou à air comprimé* (frein Wingthenouse) que cet admirable résultat doit être attribué. Ce qui n'ôte pas, d'ailleurs, tout leur mérite aux *freins électriques*, dont nous aurons également à parler.

7°·LES NOUVEAUX SYSTÈMES DE SIGNAUX, ASSURANT LA SÉCURITÉ COMPLÈTE DES TRAINS. — Un immense perfectionnement, garantissant la sécurité des convois et la vie des voyageurs, a été réalisé, depuis 1870, grâce à divers signaux optiques, électriques et autres, et surtout par l'ensemble connu sous le nom de *block-system*, que nous aurons à décrire.

II

Les chemins de fer de montagne. — Engerth construit les premières locomotives destinées à la traversée des montagnes. — Un voyage sur le chemin de fer du Sömmering. — Le chemin de fer de Pistoïe à Bologne. — Principales lignes de chemins de fer de montagne existant en Europe. — Ce que c'est qu'une *locomotive de montagne.*

La locomotive est une machine vraiment merveilleuse, quand il s'agit de la traction sur un plan horizontal. Elle réalise une vitesse considérable, jointe à une grande facilité d'arrêt et de remise en marche. Elle obéit, avec la souplesse et la docilité d'un cheval bien dressé, à la main et à la volonté du mécanicien. Mais cette machine, si admirable en plaine, perd tous ses avantages quand il faut remonter une pente. Pour traîner un poids d'une tonne, sur des rails en ligne bien horizontale, il ne faut qu'un effort mesuré par un poids de 8 kilogrammes. Mais si la ligne s'élève d'un millimètre par mètre, seulement, il faut un effort double que sur un plan horizontal. Aussi les rampes que l'on admet sur les lignes de chemin de fer, ne dépassent-elles pas 25 à 30 millimètres par mètre, c'est-à-dire 2 à 3 pour 100.

C'est pour cela que, dans la construction des voies ferrées, on s'impose des sacrifices si considérables pour maintenir la voie au même niveau. C'est pour cela qu'on élève à grands frais des remblais et des viaducs, en réduisant l'inclinaison de la voie aux plus strictes limites. C'est pour cela enfin qu'on se voit presque toujours obligé d'allonger artificiellement la ligne qui relie deux stations extrêmes.

Ainsi développé, le tracé donne lieu à un grand nombre d'ouvrages d'art : tunnels, viaducs, chaussées et remblais. De là est résulté le magnifique ensemble de gigantesques travaux d'art qui fait honneur au savoir des ingénieurs de l'Europe et à la richesse des nations, mais qui a englouti des sommes énormes, et qui ne permet de construire que les lignes importantes, justifiant, par leur revenu, les grandes dépenses qu'elles nécessitent. Combien de lignes de chemins de fer auraient été exécutées si les locomotives avaient pu gravir sans difficulté les fortes pentes ! Les chemins de fer des Pyrénées qui, en France et en Espagne, s'arrêtent de chaque côté de cette chaîne de montagnes, et semblent se tendre inutilement la main, en sont un exemple frappant.

Cependant on a, de nos jours, abordé de front la question de faire remonter aux convois des rampes d'une assez forte inclinaison. Pendant longtemps, on considéra comme chimérique l'idée de créer des chemins de fer dans les

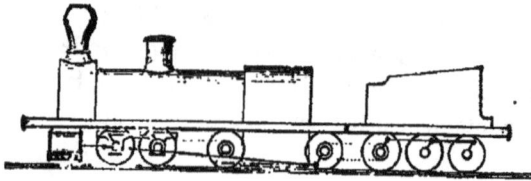

Fig. 1.   LA BAVARIA, DE MAFFEI

montagnes. Aujourd'hui, cette difficulté arrête beaucoup moins les ingénieurs, qui entreprennent de poser des voies ferrées quels que soient les niveaux des pays à traverser. La locomotive, et plus tard la voie, ont été modifiées pour répondre à ces besoins nouveaux.

C'est dans la construction du chemin de fer qui traverse le Sömmering

Fig. 2. — LOCOMOTIVE-TENDER, D'ENGERTH

en Autriche, que le problème de la construction des lignes à forte pente s'imposa pour la première fois. L'ingénieur autrichien, Engerth, rendit son nom célèbre en construisant, le premier, de puissantes locomotives, capables de remonter de fortes rampes, reliées par des courbes de petit rayon, et de parcourir, comme les routes de voitures, une suite de lacets, dans les montagnes.

Comment Engerth fut-il conduit à créer les locomotives de montagne ?

En 1851, le gouvernement autrichien avait décrété l'exécution du chemin de fer de Vienne à Trieste. Il fallait, pour relier ces deux villes, franchir, le

ENGERTH

long de la montagne du Sömmering, des pentes continues de 2, 5 pour 100, avec des lacets sinueux, dont le rayon de courbure descendait fréquemment à

180 mètres. Aucune locomotive alors connue ne pouvait accomplir un pareil travail.

FIG. 4. — CHEMIN DE FER DU SÖMMERING : LE CHATEAU DE KLAMM

Le gouvernement autrichien décida d'ouvrir un concours entre les constructeurs pour la solution de ce problème, considéré, à juste titre, comme capital pour l'avenir des voies ferrées en général, et, en particulier, pour celui du chemin projeté de Vienne à Trieste.

FIG. 5. — CHEMIN DE FER DU SÖMMERING : LE VIADUC DE LA RIVIÈRE-FROIDE

Le prix fut remporté par un constructeur de Munich, Maffei, avec sa locomotive *la Bavaria* (fig. 1, page 6) dans laquelle on avait réuni la locomotive avec le tender, au moyen de roues dentées et de chaînes sans fin ; de telle sorte que le poids du tender s'ajoutait à celui de la locomotive, pour accroître l'adhérence sur les rails.

Cependant le système de *la Bavaria*, mis à l'essai, ne répondit pas aux espérances des directeurs du chemin de fer de Vienne à Trieste : les chaînes se brisaient fréquemment.

Engerth, ingénieur autrichien, compléta avec bonheur les améliorations réalisées par Maffei. Il fallait obtenir une très grande puissance de traction, sans changer les dimensions ordinaires de la locomotive, et sans modifier les rails. Engerth parvint à ce résultat en rendant solidaires le tender et la locomotive par l'accouplement des roues, mais sans aucun emploi de chaînes, comme le montre notre croquis (fig. 2, page 6). En même temps, le foyer subissait une grande augmentation d'étendue : le nombre des tubes à fumée, ainsi que leur longueur, prenaient un accroissement proportionnel.

Il faut ajouter que, dans les premières locomotives construites par Engerth, les roues du tender et celles de la machine, reliées par un engrenage, composé d'une cheville ouvrière, formaient une sorte d'articulation, qui donnait de la mobilité à ce long véhicule remorqueur. Cette disposition fut supprimée plus tard, c'est-à-dire dans les *machines Engerth* qui furent construites en France pour desservir des rampes beaucoup moins prononcées que celles du Sömmering. Aujourd'hui, l'articulation, c'est-à-dire la mobilité du système, est tout à fait abandonnée. Mais au Sömmering elle contribua beaucoup à accroître l'effort des machines.

Les locomotives Engerth avaient été créées originairement, pour remorquer les marchandises. Les avantages que l'on obtint de ces machines pour cet usage, amena à en faire des locomotives de voyageurs, en leur donnant à traîner un plus faible poids ; de sorte que le chemin de fer de Vienne à Trieste put être exploité pour toutes sortes de transports, malgré les pentes considérables qu'il présente. Bientôt ce système se généralisa sur les autres chemins de fer, et la *locomotive de montagne* fut créée, en ce sens que la *locomotive à marchandises* devint *locomotive de montagne* à la condition de l'atteler à un petit nombre de wagons à voyageurs.

La montagne du Sömmering est franchie par une suite de tunnels, viaducs et rampes, qui en font une des lignes les plus curieuses de l'Europe. Nous représentons dans les figures qui accompagnent ces pages (fig. 4, 5, 6, 7, 8, 9 et 10), quelques-uns des points de vues les plus curieux du trajet de Vienne à Trieste.

Le chemin de fer qui traverse le Sömmering est le premier qui ait franchi les Alpes. Commencé en 1848, il fut inauguré en 1854. C'est une partie de la ligne qui unit aujourd'hui Vienne à Trieste.

Un recueil contemporain a décrit en ces termes la voie ferrée :

« Quand on descend de Vienne vers Trieste, on remonte la voie ferrée de Sömmering à Gloggnitz, bourg de la basse Autriche, situé à une des extrémités de la verte vallée de Reichenau. De là jusqu'à Murzuschlag, en Styrie, la route n'est, pour les voyageurs qui aiment les grands spectacles de la nature, qu'une suite de surprises et d'enchantements. On s'élève peu à peu, à la suite de la vapeur, au-dessus des vallées ; et, par mille détours, on côtoie, on traverse, on gravit, on descend les hautes montagnes du Sömmering, ce rameau sauvage des Alpes Noriques, sans cesser un instant d'avoir sous les yeux les perspectives les plus diverses et les plus inattendues. Le versant nord, qui regarde l'Autriche, est escarpé, aride, imposant, coupé de fondrières ; le versant sud, qui s'incline doucement vers la Styrie, est couvert de riches pâturages et de jolis hameaux. Quelquefois on est dominé par un pic noir et nu, qui perce les nuages ; quelquefois par un château fort, comme celui de Klamm. On entend mugir au-dessous de soi les eaux froides des ruisseaux, parmi les éboulements des montagnes ; les forêts de sapins alternent avec les prairies. On est suspendu seize fois, sur les viaducs, au-dessus des torrents et des abîmes. On s'engouffre quinze fois dans les ténèbres des montagnes. L'un de ces souterrains a une longueur de 1,428 mètres, et l'on est, en ce moment, sous le sommet le plus élevé du Sömmering, qui est à 990 mètres au-dessus de la mer Adriatique. De là on descend, avec une rapidité merveilleuse, à Murzuschlag, qui n'est plus qu'à 337 mètres au-dessus du rivage de Trieste, et où le paysage redevient calme et souriant.

« Qui veut jouir sans fatigue des grands contrastes de la nature du Nord avec celle du Midi, trouve, dans le Sömmering, une voie nouvelle, préférable peut-être au Splugen, au Saint-Gothard, au Simplon et au mont Cenis, en ce que, brusquant toute transition, elle transporte le touriste, comme dans un songe, de Vienne, la plus brillante et la plus animée des capitales du Nord, à Venise, la plus poétique et la plus silencieuse des villes de l'Italie. Les bateaux à vapeur conduisent, en six heures, du port de Trieste au port du Lido : les valses de l'Élysée de Daum ou de la Sperlsaal résonnent encore aux oreilles, et l'on entend déjà les murmures harmonieux des voix vénitiennes, sur le quai des Esclavons. »

Après l'ingénieur autrichien, Engerth, l'ingénieur français, Jullien, directeur des chemins de fer de l'Ouest, réussit à construire une excellente *locomotive de montagne*. Cette machine remonta, en effet, le coteau de Saint-Germain, et remplaça, en 1859, le système pneumatique, reconnu inefficace et trop dispendieux.

Après Engerth et Jullien, les constructeurs ont encore perfectionné les locomotives qui, grâce à leur puissance, à leur poids, peuvent servir pour la traction des marchandises, en plaine, et pour remonter des rampes de

FIG. 6. — VIADUC DE WEINZETWALD, SUR LE CHEMIN DE FER DU SÖMMERING

30 millimètres par mètre, afin de suivre les détours des montagnes, à la condition de ne traîner qu'un petit nombre de wagons à voyageurs.

Le système qui permet d'arriver à ce résultat consiste à coupler ensemble les roues du tender et de la locomotive, pour obtenir une adhérence considérable — à augmenter beaucoup les dimensions du foyer et le nombre de tubes à feu de la chaudière, — et à diminuer les dimensions des roues pour obtenir moins de vitesse, mais plus de puissance.

Rien n'est plus intéressant que le voyage en chemin de fer le long d'une ligne de montagne, au moyen des puissantes locomotives construites sur le type des machines d'Engerth. Je n'oublierai jamais la sensation de surprise et de plaisir que j'éprouvai lorsque je parcourus, pour la première fois, en 1869, la ligne de Pistoïe à Bologne, la plus célèbre en ce genre, et sur laquelle, grâce à la continuelle ascension du train, le voyageur voit se succéder une série de points de vues pittoresques et d'ouvrages d'art, tels que tunnels, ponts et viaducs, destinés à transporter les convois d'une vallée à l'autre, ou à franchir des torrents.

J'avais passé une journée dans la petite ville de Pistoïe, où des œuvres

FIG. 7. — TUNNEL DU WEINZETTWALD, SUR LE CHEMIN DE FER DU SÖMMERING

charmantes d'architecture et de peinture laissent une si douce impression dans l'esprit; et, vers le milieu du jour, je me rendis au chemin de fer, pour prendre le train allant à Bologne. Mais le convoi venant de Florence n'était pas encore arrivé, et je dus attendre longtemps son passage. Une pareille inexactitude causerait, en France, autant de colère que d'inquiétude. En Italie on prend un retard le plus philosophiquement du monde. Les employés et les *facchini*, habitués à ces lentes allures de leur chemin de fer, se mirent, sans plus de souci, à jouer à la *mora*, le jeu favori du peuple.

Mais un coup de sifflet interrompt bientôt les parties de *mora*. C'est le train de Bologne. Nous partons.

Nous partageons la voiture avec une dame, qui conduit à Bologne sa fille, atteinte de phtisie. Elle espère que la science des médecins de cette ville célèbre rétabliront la pauvre enfant. Mais la jeune malade sourit tristement. On voit qu'elle envisage sans crainte le triste sort qui l'attend, et son doux visage porte l'empreinte d'une ineffable résignation.

On lui a fait un lit avec une planche et un matelas posés en longueur sur les deux premiers fauteuils du wagon. Elle est là, couchée, immobile et pâle comme une figure de cire. Sa main diaphane joue avec un bouquet de roses, dont les pétales s'éparpillent autour d'elle.

Cette belle enfant qui promenait un limpide regard sur la riante vallée de

FIG. 8. — VIADUC SUR LA ROUTE DU SÖMMERING

l'Ombrone, comme pour lui faire ses adieux, a-t-elle été conservée à sa mère et au bonheur? Ou bien, moissonnée au printemps de sa vie, a-t-elle emporté, dans les replis de sa robe virginale, les illusions d'un cœur candide et pur?

Que d'images touchantes sont entrevues, dans le cours rapide de la vie, et dont on ne connaîtra jamais la destinée! Que de chapitres ébauchés et brusquement interrompus! Que de sites sans histoire, de romans sans dénouements et de types mystérieux l'observateur ne rencontre-t-il pas sur son chemin? Que de pages blanches sont renfermées dans le livre de l'existence humaine, et que l'imagination seule peut remplir!

La douce vallée de l'Ombrone s'étend jusqu'au pied des Apennins. Cette partie de la chaîne des Apennins est particulièrement âpre et sauvage. Coupée de torrents et d'abîmes, elle semble destinée à isoler la Toscane du monde.

Jamais région ne parut moins propre à l'installation d'un chemin de fer, que ces montagnes ardues. La vapeur a pourtant triomphé de ces remparts déchiquetés. Aujourd'hui, des locomotives, traînant de nombreux wagons, montent, descendent, s'enfoncent, tournent, disparaissent et reparaissent dans les profondeurs de ces gorges abruptes, aussi facilement que ces souris mécaniques qui, au grand ébahissement des enfants, sortent incessamment de leur antre de carton.

Le railway de Pistoïe à Bologne est une merveille de l'art. Au lieu

FIG. 9. — STATION AU HAUT DE LA MONTAGNE DU SÖMMERING.

d'avoir évité les obstacles, les ingénieurs semblent les avoir recherchés, et ils ont réalisé des tours de force continuels. Soit que le train dessine ses courbes sinueuses au bord des précipices ; soit qu'il traverse, au moyen d'élégants viaducs, des torrents écumeux ; ou qu'il pénètre souterrainement dans l'épaisseur de la montagne, partout se rencontrent des difficultés admirablement vaincues par le génie de l'homme.

C'est en plein hiver que je faisais la traversée de ces montagnes, et les tableaux qui passaient sous mes yeux étaient plus beaux encore, vus en cette saison. Les cimes des Apennins couvertes de neige, et les cascades cristallisées par le froid, produisaient des effets splendides ; tandis que de rares villages qui émergeaient de loin en loin parmi les rochers et les arbres, ressemblaient à des nids humains perdus dans la nature.

Les pluies de l'automne avaient gonflé les rivières, plusieurs ponts avaient été emportés, la campagne était sous l'eau, et ces dégats rendaient le trajet singulièrement accidenté. On avait jeté çà et là quelques planches, pour retenir les terres des talus ; mais ce faible soutien n'avait pu lutter contre les éboulements, et ce n'était pas sans une certaine crainte que l'on traversait ces endroits périlleux, que signalait un drapeau rouge. C'est ainsi que nous traversâmes les stations de Piastre et de Pianasartico.

Porretta est la station la plus importante de toute la ligne : c'était autrefois le dernier village des Romagnes, vers la frontière toscane.

Porretta possède des sources thermales renommées dans la contrée. Des mêmes roches d'où jaillissent les eaux thermales, s'échappent des jets abondants d'un gaz, qui est de l'hydrogène carboné. Il suffit d'approcher une allumette des orifices d'où s'échappe ce gaz, pour les voir flamber, comme de petits volcans.

Il n'est pas sans intérêt de dire, à cette occasion, que bien avant l'invention du gaz d'éclairage, une des petites places de Porretta, celle qui est au devant l'établissement des bains, était éclairée au moyen du gaz que fournissait l'usine naturelle de la montagne. C'est un pauvre cordonnier, Pietro Spiga, qui avait eu l'initiative de cette innovation de l'éclairage au moyen du gaz fourni par la nature.

Les eaux de Porretta sont recommandées contre les maladies de la peau. Selon la légende du pays, la découverte de leur efficacité serait due à un assez singulier hasard. Un paysan avait chassé de son étable, pour ne pas le tuer, un bœuf tellement lépreux que sa peau même n'était plus bonne à rien. Quelque temps après, notre paysan rencontra son bœuf dans les prés qui avoisinent les sources thermales, et il fut frappé de reconnaître dans son état une amélioration manifeste. Il le revit un peu plus tard, et cette fois tout à fait guéri. Le paysan avait remarqué que le bœuf allait se désaltérer à des eaux chaudes et fétides dont nul homme ou nul animal n'avait voulu boire jusqu'alors. Il en conclut que la guérison de son bœuf devait être attribuée à ces eaux, et cette cure *in animâ vili* devint le signal de la réputation médicinale des eaux de la source de Porretta.

Les Égyptiens élevaient des statues au *Bœuf Apis.* Une statue au bœuf de Porretta serait tout aussi méritée, si la reconnaissance était une des vertus des propriétaires d'eaux minérales.

Au sortir de Porretta, on côtoie le Reno, longtemps avant de le traverser. A chaque tour de roue, quelque torrent, quelque veine d'eau, débouchant d'un pli de la montagne, vient grossir l'artère centrale. Les pentes rapides sont revêtues d'une végétation drue et vive : les chênes, les châtaigniers, les yeuses,

à l'éternel feuillage, encadrent harmonieusement les prairies naturelles

Les maisons sont rares, les villages très agglomérés et situés, en général, au fond des vallées. On n'aperçoit, sur les hauteurs neigeuses et dépouillées, que de rares cabanes, qui servent d'asile aux pâtres, pendant l'été.

Reprenons cependant notre course à travers les Apennins. Hérissant de mille manières le sol de l'Italie, les Apennins y forment de pittoresques remparts, mais jamais leurs flancs sauvages n'ont été franchis d'une façon aussi originale que par le chemin de fer de Pistoïe à Bologne, qui les perce d'outre en outre. Le convoi ne sort d'un tunnel que pour entrer dans un autre. On ne revoit un moment le jour, que pour être plongés, peu d'instants, après, dans de nouvelles ténèbres ; de sorte que l'appréhension naturelle qui fait redouter à l'homme le passage d'un souterrain, prend ici les proportions d'un véritable cauchemar. Ces brusques alternatives d'obscurité et de lumière, se succédant sans relâche, avec une prodigieuse rapidité, provoquent une sorte de vertige. D'un autre côté, comme l'œil, à l'issue de l'obscurité, a quelque peine à supporter l'éclat du jour, on croit voir, par un singulier effet d'optique, la campagne enveloppée d'une sombre nuance de bistre, chaque fois que l'on sort d'un tunnel, pour revoir la lumière.

De contraste en contraste, et de tunnel en tunnel, on arrive enfin à Sasso.

Sasso signifie « rocher ». En effet, des piliers gigantesques formés par des roches, surplombent le tracé du chemin de fer. On remarque, en passant, que ces masses calcaires, aux surfaces perpendiculaires et unies, sont percées de trous et de fenêtres. C'est qu'il y a là nombre de maisons creusées à vif dans le roc, et habitées par de modernes troglodytes. Les pauvres habitants de ces montagnes vivent dans des tanières, comme les ours et les renards.

Mais bientôt les cimes rocheuses s'adoucissent, les Apennins s'élargissent, les souterrains disparaissent, et une plaine féconde, entourée de mamelons verdoyants, s'étend jusqu'à l'horizon. Peu à peu la campagne s'enrichit de maisons de plaisance, d'arbustes, de madones et de fleurs. Une ville dessine d'élégants monuments sur le ciel : c'est Bologne.

Lorsqu'on approche de Bologne, on tourne, par un long circuit, les collines qui forment les premiers contreforts de l'Apennin, et l'on franchit, sur un pont, aux arches innombrables, long de près d'un kilomètre (fig. 11), le vaste lit du Reno, qui, après être descendu de la montagne, rapide et torrentueux, semble se reposer et s'élargir dans la plaine.

De Pistoïe à Bologne la voie ferrée se développe sur une longueur de 94 kilomètres, tandis que la distance réelle d'une ville à l'autre n'est guère que de 60 à 65 kilomètres. Les niveaux des deux villes, c'est-à-dire des deux plaines que sépare l'Apennin, sont à une hauteur un peu différente : Bologne est à 46 mètres au-dessus de la mer, Pistoïe à 64 mètres. Le point culminant de la ligne, qui est marqué par la station de Fracchia, est à 627 mètres. Pour atteindre ce passage entre les deux versants, la voie trace des courbes qui se tordent parfois jusqu'à un rayon de 31^m ; elle suit des pentes dont l'inclinaison *maxima* atteint 32 m. par kilomètre.

Les œuvres d'art se touchent, pour ainsi dire, bout à bout, les ponts succèdent aux viaducs, les remblais aux tranchées. Les tunnels, qui sont au nombre de 45, couvrent un quart environ du parcours entier, soit 20 à 23 kilomètres. La rivière du Reno, dont les méandres descendent de l'Apennin vers Bologne, est traversée jusqu'à vingt fois par le hardi tracé de la ligne. On compte, avec les 45 tunnels, 30 ponts et 8 viaducs considérables, parmi lesquels quelques-uns, à plan courbe, ont plusieurs centaines de mètres de longueur, et trois rangs d'arches superposées.

Cette ligne a été construite sur les plans et sous la direction de l'ingénieur Protche, qui fut secondé, dans ce gigantesque travail, par ses collègues, Lieben et Petit. Elle est l'œuvre d'ingénieurs français, pour lesquels ce ne fut pas un faible titre de gloire.

Les deux lignes du Sömmering en Autriche et de Pistoïe à Bologne, ne sont pas les seules qui donnent au touriste le plaisir de faire en wagon la traversée de pays montagneux, et de jouir, sans fatigue, de la vue de contrées pittoresques. Depuis quelques années les chemins de fer de montagne ont été fort multipliés. Des rampes, qui, jadis, paraissaient inabordables, sont franchies, au prix, bien entendu d'une grande perte de force mécanique.

Les Apennins du sud de l'Italie sont traversés aujourd'ui, comme ceux du Nord, par des lignes de chemins de fer. La ligne de Naples à Foggia est extrêmement remarquable sous ce rapport : elle peut rivaliser avec celle de Bologne à Pistoïe. Construite plus récemment et par les ingénieurs italiens, elle a pu profiter de l'expérience et des faits acquis par la création de la ligne de Pistoïe à Bologne.

Nous citerons, comme exemples de lignes présentant des rampes de 15 à 20 millimètres par mètre : en Allemagne, celles de Forbach à Niederbronn, en Alsace, — en France, celles de Moulins à Montluçon, — de Mézières à Hirsen, — de Lyon à Grenoble, — de Montauban à Rodez, — de Mouchard à Pontarlier, etc.

En Norwège, on peut signaler la ligne de Christiania à Trondhyem, qui traverse les Alpes scandinadives, à 688 mètres de hauteur ; — en Suisse, celle

de Lausanne à Berne, — en Espagne, la ligne d'Irun à Madrid, qui s'élève parfois à une hauteur de plus de 1300 mètres, sans dépasser, toutefois, une pente de 15 millimètres.

Fig. 12. — TOUR DE CATILINA ET VIADUC DELLE SVOLTE, SUR LE CHEMIN DE FER DE PISTOIE A BOLOGNE

On rencontre sur plusieurs grandes lignes de l'Europe, des pentes de 2,5 pour 100. Telles sont, en France, la ligne d'Alais à Brioude, pour la traversée des Cévennes, — en Allemagne celle de Neueumarkt à Markschurgast, pour passer du bassin du Mayn dans celui de la Saare. Les mêmes rampes existent dans les trois lignes du Brenner (de Bludenz à Insbrück), du Sömmering (de Vienne à Trieste, entre Glognitz et Murzuschlag) et sur la magnifique rampe de Bologne à Pistoïe, pour la traversée des Apennins du Nord, que nous avons longuement décrite plus haut.

La ligne de Turin à Gênes présente une pente de 35 millimètres par mètre, sur la rampe célèbre du Giovi, où Germano Sommeiller voulait établir son bélier hydraulique, ainsi que nous l'avons raconté dans le volume précédent de cet ouvrage (1).

Disons enfin que la pente de la ligne d'Enghien à Montmorency n'est pas moindre de 40 millimètres par mètre.

Cependant il ne suffit pas, pour la traversée des montagnes, de remonter des rampes de 3 à 4 centimètres ; il faut encore pouvoir circuler sur des courbes qui, dans certains cas, peuvent descendre à un minimum de 50 mètres de rayon. Plusieurs types de locomotives ont résolu ce double problème. Nous citerons, entre autres la *locomotive Rarchaërt* et la *locomotive Fairlie*.

La première de ces locomotives est à huit roues couplées deux à deux et divisées en deux groupes de quatre roues, formant chacun un chariot spécial. Chaque chariot peut tourner autour d'une cheville ouvrière, dans une crapaudine fixée au bâti. Dès lors, les deux systèmes d'essieux restant parallèles dans les parties droites de la voie, peuvent se disposer à angle convenable dans les parties courbes, et éviter ainsi les frottements considérables sur les rails que subiraient les roues motrices des locomotives ordinaires et non articulées.

La *locomotive Rarchaërt* a fonctionné avec succès sur la ligne de Vitré à Fougères, et sur la ligne du Nord.

La locomotive *Fairlie* est portée, comme la *locomotive Rarchaërt*, par deux trucs mobiles, mais à chacun de ces trucs correspond un appareil moteur complet. Ce sont deux machines placées, pour ainsi dire, dos à dos. Une même cabine, installée au milieu, abrite à la fois le mécanicien et le chauffeur. Le chauffeur surveille et entretient deux foyers ; le mécanicien prend en mains les organes du mouvement des deux appareils.

Les usines françaises construisent des locomotives à marchandises, qui appliquées aux chemins à rampe, remontent facilement des pentes de 2 à 3 centièmes. Nous mettons sous les yeux de nos lecteurs le dessin d'une locomotive de ce genre, que l'usine de Fives-Lille a construite pour les chemins de fer Russes.

(1) Notice sur le mont Cenis.

Fig. 13. — LOCOMOTIVE DE MONTAGNE

Cette locomotive est à 8 roues couplées. Comme il est très intéressant de connaître les dimensions principales de ce puissant remorqueur, nous en donnons ici le tableau :

Diamètre des cylindres à vapeur	0m,500
Course des pistons des cylindres à vapeur	0m,650
Diamètre des roues.	1m,300
Timbre de la chaudière (pression par centim. carré).	7 kilogr.
Grille { Longueur	1m,951
Grille { Largeur.	1m,075
Grille { Surface.	2m,097
Tubes à fumée de la chaudière. { Longueur entre les plaques tubulaires.	5m,100
Tubes à fumée de la chaudière. { Diamètre extérieur.	0m,050
Tubes à fumée de la chaudière. { Nombre.	226
Surface de chauffe de la chaudière. { Du foyer	11m,16
Surface de chauffe de la chaudière. { Des tubes	173m,802
Surface de chauffe de la chaudière. { Totale	184m,962
Longueur totale de la locomotive	9m,500

Nombre de tonnes remorquées par la locomotive, non compris le poids de la machine et du tender :

En plaine.	1000 tonnes.
Sur une rampe de 5 millièmes.	500	»
»	10	»	330	»
»	15	»	240	»
»	20	»	175	»

Poids de la machine vide	40.700 kilog.
» en service.	45.700 »
Poids du tender vide.	12.700 »
» en service	26.500 »

On remarquera, sur la figure 13, la forme de la cheminée, qui s'évase en entonnoir, comme celle de la locomotive américaine. Cette disposition a été adoptée parce que le foyer est alimenté, sur les chemins de fer russes, avec du bois. Une trappe placée à l'intérieur du tuyau de la cheminée, retient les escarbilles, les empêche d'être projetées au dehors, et permet de les extraire, a la fin de la course.

III

Les chemins de fer funiculaires. — Le chemin de fer de Lyon à la Croix-Rousse. —
Le chemin de fer de Lyon à Fourvière.

Quand les plans inclinés qu'il s'agit de franchir dépassent une certaine limite, les locomotives les plus puissantes et les mieux disposées pour remonter les rampes, ne suffiraient plus à la tâche. On est alors obligé de se servir de machines à vapeur fixes, pour remorquer les convois, au moyen de cordages qui s'enroulent sur un cabestan, et qui se déroulent pour la descente.

Les voies ferrées où l'on fait usage de machines à vapeur fixes et de cordages remorqueurs, portent le nom de *chemins funiculaires*, mot quelque peu barbare, mais d'une étymologie juste, le mot *funis*, en latin, signifiant *corde*, ou *câble*. On aurait pu les appeler *chemins à câble*, ou plus simplement encore, comme font les Lyonnais, *chemins à ficelle*, mais le mot *funiculaire* a prévalu.

Les chemins de fer *funiculaires* de la Croix-Rousse et de Fourvière, qui fonctionnent à l'intérieur de la ville de Lyon, sont des types du genre. Nous les décrirons donc ici tous les deux, avec quelques détails.

Le chemin de fer funiculaire de Lyon à la Croix-Rousse remonte à 1862. Il fut créé sur le modèle du plan incliné du chemin de fer de Liège, qui a fait époque dans l'histoire des chemins de fer.

Le plan incliné de Liège réalisait des pentes variant de 14 à 30 pour 100. La tension des câbles était réglée par un chariot roulant, placé en arrière du bâtiment des machines à vapeur fixes. Un contrepoids de 7 tonnes, qui descendait dans un puits de 30 mètres de profondeur, retenait en arrière, le chariot de tension.

Le plan incliné du chemin de fer de Liège ne sert plus aujourd'hui qu'à remorquer les trains de marchandises. Pour les trains de voyageurs, des locomotives suffisamment puissantes l'ont remplacé. C'est pourtant sur ce type mécanique que les ingénieurs du chemin de fer de Lyon à la Croix-Rousse, MM. Molinos et Pronnier, construisirent leur *chemin funi-*

Fig. 14. — LA PLACE BELLECOUR, A LYON

culaire, qui rend encore aujourd'hui les plus grands services aux habitants des quartiers bas de Lyon.

La rampe est de 16 pour 100.

Nous décrirons cet intéressant monument de l'art moderne, d'après le mémoire publié en 1862 par les ingénieurs, MM. Molinos et Pronnier, auteurs de cette remarquable construction.

Le plateau de la Croix-Rousse, voisin du quartier des Terreaux, le plus populeux et le plus commercial de la ville de Lyon, est situé à une altitude considérable au-dessus de la presqu'île lyonnaise. Il est, en grande partie, habité par les ouvriers en soie. Les relations incessantes qui existent entre cette population industrieuse et les fabricants qui habitent les quartiers inférieurs de la ville, donnent lieu à une circulation des plus actives. Avant la création du *chemin funiculaire* de Lyon à la Croix-Rousse, les communications étaient fort difficiles entre les bas et les hauts quartiers. Sur le versant de l'ancien jardin des Plantes, les piétons ne pouvaient venir à la Croix-Rousse que par des escaliers, ou par la rue de la *Grande-Côte*, qui, dans un parcours d'environ 500 mètres, franchit une différence de niveau d'environ 80 mètres, et présente, en certains points, des pentes de plus de 0ᵐ,20 par mètre.

L'importance de la circulation, qui s'élevait, en moyenne, dans la seule rue de la Grande-Côte, à 30,000 personnes par jour, et le trafic considérable des marchandises et objets de consommation nécessaires à une population d'environ 30,000 âmes, qui tire presque tout de Lyon, donnèrent l'idée d'établir de Lyon à la Croix-Rousse un chemin de fer ascensionnel.

Le plan à réaliser consistait à établir une voie ferrée à forte pente, aussi latérale que possible à la grande artère jusqu'alors parcourue par le public, c'est-à-dire la rue de la Grande-Côte, qui part du plateau de la Croix-Rousse, pour aboutir à la partie inférieure en face de la rue Terme prolongée, suivant ainsi le chemin le plus direct de la Croix-Rousse à la place des Terreaux. La hauteur à franchir était de 70 mètres, la longueur totale du plan incliné de 489ᵐ,20, et la pente, en déduisant les paliers des gares, de 0ᵐ,16 par mètre.

Les trains devaient être fréquents : toutes les cinq minutes, environ. Ils devaient pouvoir transporter, en moyenne, 30,000 personnes par jour.

Telles sont les données principales sur lesquelles le projet dut être rédigé. C'était alors un problème absolument nouveau. Il fallait, en effet, transporter des voyageurs sur un plan incliné de 0ᵐ,16 par mètre, sans qu'une pente aussi rapide pût être une cause de danger. Il fallait parer aux conséquences d'une rupture du câble, accident toujours possible, au moyen de freins d'une puissance sans analogues jusque-là.

Nous allons décrire, d'après MM. Molinos et Pronnier, les dispositions mécaniques du chemin funiculaire de Lyon à la Croix-Rousse.

Ce chemin de fer a été construit pour satisfaire à la fois au service des voyageurs et au transport des marchandises.

Le tarif des places est de 10 centimes en secondes, et de 25 centimes en premières. La durée du voyage n'est que de trois minutes. La vitesse des trains est de 2 mètres par seconde.

Les travaux, commencés en février 1860, furent achevés en février 1862.

Avant d'entrer dans la description de ce chemin de fer à forte rampe, nous devons, pour plus de clarté, décrire le mode d'exploitation que les directeurs ont adopté; car toutes les dispositions d'exécution sont nécessairement subordonnées au mode d'exploitation.

Nous venons de dire que le chemin de Lyon à la Croix-Rousse est destiné au transport des voyageurs et des marchandises.

L'exécution d'un chemin à quatre voies entraînant à des dépenses trop considérables pour le début de l'entreprise, il fallait assurer ce double service avec deux voies seulement. La fréquence des trains de voyageurs rendait toute combinaison de ce genre fort difficile. Voici celle qui fut adoptée.

Les deux voies du chemin se ramifient en quatre tronçons dans chaque gare. Les deux voies intérieures sont consacrées au service des voyageurs.

A chaque extrémité du câble est attaché un train, composé de trois voitures pouvant contenir 108 voyageurs. La machine met le câble en mouvement de manière que le train descendant fasse en partie équilibre au train montant. On peut ainsi, à chaque voyage, transporter dans chaque sens, 324 personnes.

Les départs ont lieu alternativement sur chacune des deux voies. Le quai du milieu est toujours le quai de départ; c'est là que sont reçus les voyageurs pour monter en voiture, tantôt sur la voie de droite, tantôt sur celle de gauche.

A l'arrivée ils descendent sur les quais extérieurs aux voies, de manière qu'il n'y ait pas de confusion entre le départ et l'arrivée.

La durée du trajet étant de trois minutes, on peut faire partir un train (montant et descendant) toutes les six minutes.

Ainsi, en résumé, une machine à vapeur fixe faisant mouvoir un câble qui remorque un train montant et un descendant, sur les deux voies intérieures, tel est le système très simple qui assure le service des voyageurs.

Le service des marchandises présentait de plus grandes difficultés.

FIG. 15. — QUAIS DU RHÔNE, A LYON

En premier lieu, il était impossible de songer à rompre la charge pour un si faible parcours. Le déchargement au point de départ et le chargement au point d'arrivée, eussent conduit à des dépenses excessives de main-d'œuvre, que la faible valeur du transport n'aurait pu rémunérer. Ces opérations auraient exigé, en outre, des emplacements considérables pour l'emmagasinage; et, dans une ville comme Lyon, les emplacements se payent au poids de l'or.

MM. Molinos et Pronnier arrivèrent à transporter les marchandises sans rompre charge à l'arrivée et au départ, au moyen de la combinaison suivante.

On transporte sur des trucks les véhicules de toute nature, chargés de marchandises, qui arrivent pour être expédiés dans le haut quartier. Le plan incliné de la Croix-Rousse devient ainsi une sorte de bac-à-vapeur, qui fait remonter aux marchandises l'énorme différence de niveau séparant la Croix-Rousse de la ville de Lyon. Ce résultat s'obtient sans main-d'œuvre coûteuse, et sans perte de temps, à l'aide d'une seule manœuvre, facile à exécuter.

Voici les dispositions au moyen desquelles cette combinaison a été réalisée.

Une seconde machine à vapeur, indépendante de la principale, fait mouvoir un tambour, sur lequel s'enroule un câble. Chaque brin de ce câble descend sur une voie, comme le câble des voyageurs; seulement, au lieu de parvenir aux deux voies principales par les deux voies intérieures de la gare, il est placé sur les embranchements extérieurs. Ainsi, le mouvement de va-et-vient de la machine fait circuler les trains sur les voies extrêmes des gares, en empruntant les deux voies principales à partir du raccordement. Sur les deux voies principales, il existe donc deux câbles. Afin qu'ils ne se rencontrent pas, la traction des voyageurs ne se fait pas suivant l'axe; celle des wagons à voyageurs a été reportée de $0^m,06$ vers l'autre voie, celle des wagons à marchandises de $0^m,08$ vers les côtés de la voie, de manière que les axes des deux câbles soient distants de $0^m,14$.

Un croisement spécial ouvre les voies, soit pour le service des voyageurs, soit pour celui des marchandises.

Un train de marchandises se compose de trois trucks, dont les plates-formes font une sorte de pont continu. Ce train étant garé au fond du quai, on peut faire arriver les voitures attelées d'un seul cheval sur les trucks, par l'extrémité de la voie. La première voiture est placée sur le premier truck, et ainsi de suite. De solides attaches fixent la voiture et le cheval, de manière que tout mouvement leur soit impossible. On peut donc ainsi transporter sur le plan incliné des voitures chargées et attelées d'un cheval.

Le déchargement est également très simple ; les voitures sortent des trucks à l'arrivée, exactement comme elles y sont entrées, sans autres manœuvres que celles qui sont nécessaires pour les détacher.

Ce mode d'exploitation était le seul qui pût se plier aux exigences du service des voyageurs ; car la composition d'un train de marchandises, si simple qu'elle soit, est beaucoup plus longue que celle d'un train de voyageurs. Ce système permet de composer le train de marchandises indépendamment des autres. Quand il est prêt, on attend l'arrivée du train de voyageurs ; aussitôt, on fait manœuvrer les changements de voie, et on enlève le train de marchandises. Comme il n'occupe la voie que pendant trois minutes environ, qui sont justement le temps à peu près nécessaire pour vider et emplir les voitures, on voit que le service des marchandises n'apporte qu'un très faible retard à celui des voyageurs.

La disposition générale des gares est naturellement résultée du système d'exploitation que nous venons de décrire. Une entrée unique pour les voyageurs conduit au quai de départ, placé au milieu de la gare. Le départ a lieu alternativement à droite et à gauche de ce quai. Les voyageurs arrivants descendent sur les quais extérieurs ; une sortie a été ménagée, à cet effet, en face de chacun des quais.

Les voies extrêmes sont pour les marchandises ; elles servent alternativement de voies d'arrivée et de départ.

Afin d'éviter toute cause d'encombrement, de grandes portes percées dans la façade, en face des voies, permettent aux voitures d'accéder directement aux trains, sans qu'elles aient à séjourner ou à manœuvrer dans la gare.

Le matériel roulant du chemin de fer intérieur devait remplir certaines conditions très spéciales.

Pour satisfaire aux exigences du trafic maximum, un train devait pouvoir transporter 300 voyageurs. La brièveté de la ligne ne permettait d'allonger les paliers des gares qu'en accroissant la pente du chemin, déjà si considérable. Il fallait donc réduire autant que possible la longueur des trains.

Bien que le poids mort se trouvât équilibré, relativement au travail de la machine, il fallait se préoccuper de le réduire autant que possible, attendu qu'il agit sur la tension du câble, déjà fort au-dessus des efforts usuels. En outre, pour l'efficacité des freins, en cas de rupture du câble, la masse du train est la seule difficulté sérieuse. Ces motifs ont conduit les ingénieurs à employer des voitures de très grandes dimensions. Elles contiennent, en effet, 108 places, chacune.

Ces voitures sont à deux étages : l'étage inférieur est divisé en cinq compartiments. Le compartiment du milieu. de 10 places, remplit l'office des

FIG. 16. — VOIE DU CHEMIN DE FER DE LYON A LA CROIX-ROUSSE

premières classes. Les autres compartiments sont des secondes classes, et
contiennent chacun 12 places. L'impériale contient 50 places. Elle est entiè-

rement fermée, pour empêcher les imprudences du public. On pénètre dans ces impériales au moyen de deux escaliers, situés à chaque extrémité du wagon. Un couloir règne dans toute la longueur; on y peut circuler debout, le débouché exceptionnel des travaux d'art ayant permis de surélever le toit.

Les bancs de ces voitures sont inclinés de manière à racheter la moitié de la pente du chemin ; de cette façon on est bien assis sur un plan horizontal et sur la pente.

La machine à vapeur est de la force de 150 chevaux. Elle fait tourner un tambour de 4 mètres et demi de diamètre, autour duquel le câble vient s'enrouler. La course du piston des machines à vapeur est de 2 mètres ; les chaudières sont tubulaires et à courant d'air forcé. Un ventilateur, mis en action par une machine à vapeur, de la force de 10 chevaux, envoie constamment de l'air sous les foyers, pour activer la combustion.

On a dû apporter les soins les plus attentifs à la confection du câble destiné à supporter le poids entier du train. Ce câble est formé de la réunion de 252 fils d'acier, de 2 millimètres de diamètre. Il serait capable, d'après les essais authentiques qui ont été faits, de supporter un poids de 100,000 kilogrammes, tandis que l'effort à soutenir pour l'ascension du train, n'atteint pas 10,000 kilogrammes.

On a pensé, toutefois, non sans raison, qu'un excès de précautions, un luxe de moyens de sécurité, seraient très bien vus de la population lyonnaise. Malgré la certitude que donnait la force extraordinaire de résistance du câble, l'autorité a voulu que les wagons du nouveau railway fussent armés de freins d'une puissance suffisante pour arrêter le train précipité sur la pente de la voie, dans le cas d'une rupture du câble.

Ces freins ont été construits par les ingénieurs de la compagnie, MM. Molinos et Pronnier. Voici les dispositions qu'ils ont adoptées pour obtenir cet important et difficile résultat.

Le chemin de fer de Lyon à la Croix-Rousse présente, avons-nous dit, une inclinaison uniforme de 16 millimètres par mètre. Un train abandonné sur cette pente, toutes les roues enrayées, glisserait, en prenant encore, par son énorme poids, une vitesse considérable. Pour parer à tous les dangers d'une rupture du câble, il ne suffit donc pas de munir les véhicules de freins ordinaires, il faut leur ajouter un frein supplémentaire, dont l'action, jointe à l'enrayage des roues, produise un arrêt infaillible. A cet effet, chaque truck porte deux systèmes de freins, devant agir automatiquement, par le fait même de la rupture du câble.

Le premier système se compose de freins à bande, entourant une jante intérieure qui fait corps avec la roue. Les extrémités de ces bandes sont

reliées à un levier portant un contre-poids, lequel, par sa chute, serre fortement les bandes contre les roues et produit l'enrayage. Chaque roue du
truck peut être enrayée par le même moyen.

Le second système de freins se compose d'un arbre portant à chaque
extrémité un appareil identique, qui se compose essentiellement d'une poulie
à gorge faisant corps avec l'arbre ; cet arbre porte deux filets de vis en sens
contraires, sur lesquels se meuvent deux écrous, qui, en se rapprochant,

Fig. 17. — GARE DU CHEMIN DE FER DE LYON A LA CROIX-ROUSSE

serrent deux mâchoires d'étaux. Si le câble vient à casser, le ressort de traction, en se détendant, pousse une came, qui soutient l'ensemble de l'appareil ; cet appareil tombe donc sur le rail, et la poulie, dont la gorge est coni-
que, l'embraye énergiquement. Le wagon continuant à descendre, la poulie
tourne sur le rail, entraîne la vis et rapproche les mâchoires de l'étau,
qui, en serrant le champignon du rail, produisent un frottement énorme et
calculé de manière à arrêter le wagon. La chute de ce frein provoque celle des
contre-poids des freins à bande.

L'expérience a pleinement démontré l'efficacité de ces dispositions. Douze
fois, en présence de la commission de réception, la rupture du câble fut si-
mulée au moyen d'un déclic, le train marchant à la descente à raison de

2 mètres par seconde (vitesse réglementaire ; l'arrêt se produisit chaque fois sans secousse appréciable, après un glissement de 3ᵐ,50 c. ; les wagons, complètement chargés. pesaient 18,000 kilogrammes chacun.

Les travaux d'art de ce chemin de fer, bien qu'ils n'offrent pas l'attrait de nouveauté et d'originalité qui distinguent son matériel roulant, ne présentent pas moins un grand intérêt, par suite des difficultés que les ingénieurs ont rencontrées sur presque toute la ligne.

L'établissement de la gare de Lyon nécessita l'ouverture d'une tranchée de 11 mètres, bordée à pic par des maisons de 4 à 5 étages, dont le soutènement offrit les plus grandes difficultés.

Une maison de 4 étages placée à cheval sur la ligne, fut conservée ; le tunnel qui la supporte fut littéralement découpé dans les caves de cette maison, sans porter atteinte à sa solidité.

D'autres maisons, placées sur le grand tunnel, furent conservées dans des conditions analogues. En un mot, des difficultés de toute nature durent être vaincues pour arriver à la réalisation d'une entreprise alors si nouvelle. Leur nombre, ainsi que leur importance, rendent plus remarquable le succès complet qui couronna ce travail, dont l'heureuse idée, aussi bien que l'exécution, fait le plus grand honneur aux deux ingénieurs de la compagnie, MM. Molinos et Pronnier.

Le chemin de fer à plan incliné de la Croix-Rousse rendit un grand service à la ville de Lyon. En raison des 70 mètres d'altitude qui les séparent du reste de la ville, le quartier de la Croix-Rousse, qui constitue une cité ouvrière des plus importantes, était menacé de désertion. Le chemin de fer à plan incliné qui, moyennant 10 centimes par place, permet de franchir cette différence de niveau, changea subitement cette situation. Dès la première année (1863) le chemin était parcouru par plus de 2 millions de voyageurs ; en 1880 ce chiffre s'élevait à 4 millions et en 1883 il était de 6 millions.

Le succès du plan incliné de la croix-Rousse fit songer à appliquer le même procédé d'élévation au quartier de Fourvière.

Seulement, les difficultés étaient ici bien plus grandes qu'à la Croix-Rousse, et l'entreprise ne se présentait pas sous un jour rénumérateur.

En effet, le quartier de Fourvière est, relativement, peu habité. Je me souviens d'avoir fait, en 1869, l'ascension de la colline de Fourvière, avec mon condisciple et ami, le docteur Bonnaric, alors médecin de l'hospice de l'Antiquaille, établissement qui se trouve à moitié chemin de la montée de Fourvière. La vue que l'on embrassait de cette hauteur, sur la vallée du Rhône et le cours de la Saône, est une des plus belles qui puissent s'offrir aux regards.

FIG. 18. — ÉGLISE DE FOURVIÈRE, A LYON

6

Mais, le jour de ma promenade sur cette colline, une solitude absolue y régnait. Pas un passant, pas un curieux. Quelques moines, assis devant le porche de la vieille église de Fourvière, rappelaient seuls que le mouvement et la vie n'étaient pas absolument exclus de ces lieux, célèbres dans l'histoire de la cité lyonnaise, comme dans nos traditions nationales.

Nous disons que le plateau de Fourvière est, relativement, peu habité. Sa population, y compris la banlieue, ne comporte que 16,000 habitants.

Cette situation, comparée à celle du plateau de la Croix-Rousse, qui compte 22,000 habitants, ouvriers pour la plupart et en relations incessantes avec les centres de fabrique de la ville, avait longtemps fait reculer les capitalistes.

En effet, les voies publiques qui accèdent à Fourvière et Saint-Just n'étant réellement fréquentées que les jours fériés, comment espérer un trafic qui pût rémunérer un capital de premier établissement de plus de trois millions, ainsi que des frais annuels d'exploitation qui, au chemin de fer de la Croix-Rousse, excèdent 150,000 francs?

Des calculs favorables furent pourtant produits, et sur l'espoir d'une réussite, sinon égale, du moins peu inférieure à celle du plan incliné de la Croix-Rousse, une compagnie se décida, en 1871, à créer celui de Fourvière.

Les travaux commencés en 1876, sous la direction de M. Grivet, ingénieur de Lyon, furent terminés en moins de deux années. Le chemin de fer fut livré à la circulation le 8 avril 1878.

Le chemin de fer de Lyon à Fourvière, d'une longueur de 822 mètres, est à deux voies, et gravit une différence d'altitude de 98 mètres entre le départ de Lyon et l'arrivée au plateau de Saint-Just. Une gare intermédiaire dessert le quartier des Minimes, placé au milieu du parcours.

Cette gare est à $72^m,53$ en contre-haut du départ, de telle sorte que sur la deuxième moitié du parcours, on ne gravit que 25 mètres.

De cette disposition résultent des pentes variables, donnant pour le système de traction des inégalités de charge considérables, qui ont nécessité l'emploi d'engins fort intéressants, comme on le verra plus loin.

L'infra-structure a le caractère des travaux ordinaires des chemins de fer à voie normale, c'est-à-dire $1^m,50$ de largeur de voie, 2 mètres, d'entre-voie, et $1^m,50$ d'accotements.

Le chemin de fer est à ciel ouvert au départ, sur 92 mètres de longueur. Il arrive à ciel ouvert à la gare des Minimes, qu'il traverse ainsi, sur 20 mètres, et entre aussitôt en tunnel, sur $388^m,50$ de longueur jusqu'à la gare de Saint-Just qui est à ciel ouvert sur $16^m,20$.

La ligne traverse deux voies publiques : 1° la rue Tramassac, sur le passage de laquelle est établi un tablier métallique ; 2° la rue de l'Antiquaille, qu'on passe par un pont presque plein cintre, de 12 m. de largeur.

Le tunnel a 8ᵐ de largeur. Il est plein cintre, et a 4ᵐ,16 de hauteur. Il traverse un terrain composé de gravier serré, entremêlé de filons argileux. On l'a maçonné, sur tout le parcours, en moellons bruts, du genre dit *voûte de cave*. L'assiette de la voie a, sur quelques points douteux, reçu un radier.

Un viaduc à 4 arches, de 6 m. d'ouverture, a été construit à la sortie du passage de la rue Tramassac.

La voie repose sur charpente, assise sur un ballast en gravier du Rhône.

Les rails sont en acier ; leur type est celui du chemin de fer de la Haute-Italie.

Partant de la Saône, la ligne s'élève jusqu'à Saint-Just, avec une station à Fourvière. La distance de Lyon à Fourvière est de 415 mètres, avec une rampe de 0 ,183, et celle de Fourvière à Saint-Just est exactement égale ; mais, dans cette dernière section, la rampe est plus faible, car elle est de 0ᵐ,061 seulement.

Comme dans tous les chemins de fer funiculaires, un train descendant contribue toujours à soulever un train montant. Cependant, comme les deux pentes de Lyon à Fourvière sont très inégales, on a dû recourir à une disposition spéciale pour régulariser l'effort moteur. Deux *charriots-trucks* formant contrepoids, circulent tour à tour sur la rampe la plus forte, et fournissent ainsi constamment le surcroît d'effort nécessaire pour soulever le train montant, quand il doit franchir la rampe la plus forte. En même temps, ils fournissent la résistance nécessaire pour ralentir le train descendant quand il arrive à ce point.

La figure 20 permettra de comprendre le système de contre-balancement de poids qui permet de régulariser l'effet de la puissance motrice. C est le train qui descend la rampe de 0ᵐ,060 de Saint-Just à Fourvière. Ce train agit sur le câble A, et en même temps, il est relié, par le câble A′, au truck B, lequel descend de Fourvière à Lyon, et contribue ainsi à soulever le train montant C′. Arrivés à Fourvière, les deux trains se croisent, puisque les parcours sont exactement égaux. Alors un déclanchement automatique sépare le train C, du câble A, et c'est le train C′ qui emmène, grâce à ce câble A, le truck B′. Ce truck B′ en montant, fournit la résistance nécessaire pour ralentir le train C. Une fois le train C arrivé au bas de la rampe, le train C′ est en haut, le truck B′ à Fourvières, le truck B à Lyon, et les choses se retrouvent ainsi dans le même état qu'auparavant.

FIG. 19. — VOIE DU CHEMIN DE FER DE LYON A FOURVIÈRE

Sur la figure 21 on voit représenté à part le contrepoids E, descendant dans une fosse, à Fourvière, pour produire le déclanchement automatique qui vient d'être expliqué.

Ce qu'il y a de plus intéressant à connaître, dans ce chemin à plan incliné, c'est le mécanisme des freins.

Le système de freins *automoteurs* est du même système que celui de la Croix-Rousse, qui avait été construit par MM. Molinos et Pronnier, et que l'ingénieur de la ligne de Fourvière, M. Grivet, a reproduit à peu près complètement. Il comporte deux espèces de freins, agissant ensemble automatiquement, et pouvant être manœuvrés également à la main, par le conducteur du train, dans l'hypothèse où, par extraordinaire, le jeu spontané n'aurait pas lieu.

L'un de ces freins enraye les roues. Il se compose d'un boulet placé à l'extrémité d'un levier, transmettant le serrage à une lame d'acier contre la partie saillante en fonte du bâti de la roue, et que l'on nomme *table de frein*.

L'autre frein est une paire de mâchoires serrant chaque rail jusqu'à ce que l'arrêt ait lieu.

Le côté remarquable de ces appareils, c'est qu'ils sont mis en action par le cable lui-même.

Voici comment l'opération a lieu.

Lorsqu'il est tendu, c'est-à-dire en service, le câble tient arqué un ressort en lames d'acier, dont la tension arrête un taquet fixé à un arbre, auquel sont

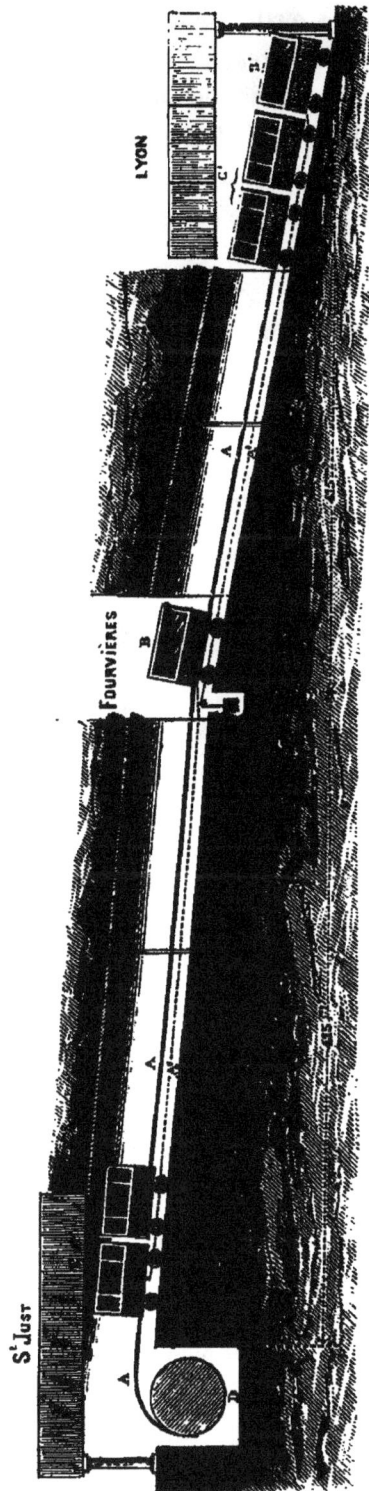

Fig. 20. — COUPE LONGITUDINALE DU PLAN INCLINÉ DE LYON-FOURVIÈRE A SAINT-JUST

adaptées quatre bielles de suspension des mâchoires du frein. Si le câble se rompt, le ressort revient sur lui-même, entraîné qu'il est, par le poids des bielles porteuses des mâchoires, et leur chute a lieu. Le même mouvement détermine la chute des boulets, actionnant les leviers d'enrayage des roues.

L'expérience a démontré que l'enrayage des roues ne suffit pas à arrêter un train sur une pente excédant $0^m,120$ par mètre ; or, on se trouve sur une pente de $0^m,20$.

Le train glisse donc, mais une poulie placée entre les mâchoires et calée sur l'arbre qui porte ces mâchoires, reçoit, en glissant sur le rail, un mou-

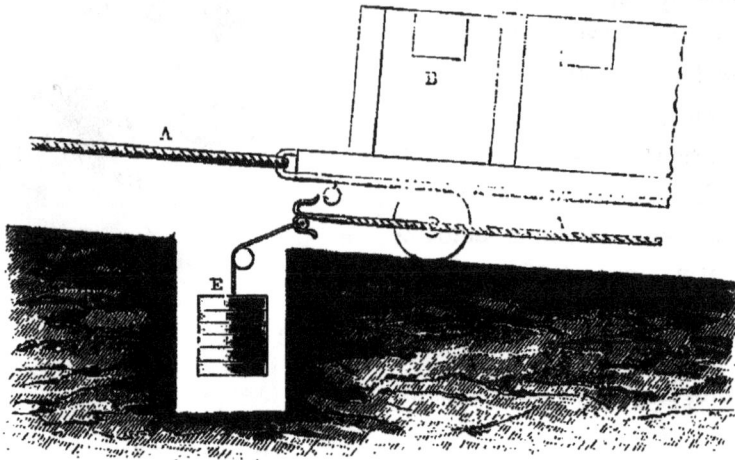

Fig. 21. — FOSSE ET CONTRE-POIDS DE FOURVIÈRE

vement de rotation en rapport avec le poids desdites mâchoires et de leur arbre porteur.

En outre, deux chapes, placées extérieurement aux mâchoires, forment écrou sur cet arbre, dont les quatre parties sont filetées deux à deux, en sens contraire, de sorte que l'arbre, en tournant, rapproche progressivement, par l'intermédiaire des chapes, les mâchoires et détermine un serrage en rapport avec la rotation de la poulie qui transmet le mouvement à l'arbre fileté.

Les ruptures de câble peuvent se produire, soit à la montée, soit à la descente. Dans le premier cas, le train est à la vitesse initiale 0, dans le second, au contraire, il est animé de la vitesse uniforme de 4 mètres par seconde, c'est pour cette hypothèse que doivent être calculées les dispositions du mécanisme.

Le hasard a voulu que le fonctionnement des freins fût mis à l'épreuve dans le cours même de l'exploitation, et que la parfaite efficacité de leur jeu fût mise en évidence par cet accident.

M. Grivet raconte le fait en ces termes, dans son mémoire, publié dans la *Revue générale des chemins de fer*, auquel nous avons emprunté la plus grande partie des renseignements qui précèdent.

« Vers la fin de 1879, le gros arbre de traction du train ayant 0ᵐ,05 de diamètre, soumis à une légère traction transversale et se trouvant pailleux, se rompit à l'arrivée à la gare du haut, à son point d'arrêt ; le conducteur du train préposé à la surveillance des freins, était déjà descendu, suivant l'usage, pour se préparer à ouvrir les portes.

« On conçoit l'émotion ; elle était d'autant plus vive que toute manœuvre était impossible, car, dans la traversée des gares, des lisses soutiennent l'arbre des freins pour les empêcher de tomber, puisque le jeu du ressort indispensable pour les maintenir suspendus, ne s'exerce que lorsque le câble est en traction.

« Le train prit donc son mouvement de descente et acquit même une certaine accélération de vitesse.

« Mais aussitôt qu'il eut franchi les lisses de la gare, les freins tombèrent et, après un parcours de 7 à 8 mètres, le train s'arrêta.

« Tout cela s'accomplit plus vite qu'il ne faut pour l'écrire, et cet accident qui, dans toute autre circonstance, eût pu être la ruine de cette petite entreprise, fortifia son crédit par le succès de ses freins. »

IV.

Parmi les chemins de fer à traction de câble, nous citerons après celui de Lyon, celui qui relie Ouchy à Lausanne.

La ville de Lausanne est située sur une hauteur qui domine le lac de Genève, et à ses pieds s'étend le village, ou le port, d'Ouchy. Pour relier Lausanne avec es bords du lac, il fallait franchir une différence de niveau de 103 mètres. Un chemin de fer à câble a été construit dans ce but. Sa longueur est de 1,400 mètres, et les rampes varient de $0^m,055$ à $0^m,116$. La puissance motrice est empruntée à des turbines, alimentées par l'eau provenant de la dérivation du lac de Briez, situé à 10 kilomètres de Lausanne, et à 150 mètres au-dessus du lac.

De Lausanne à Ouchy, le chemin est à double voie, avec l'écartement normal. Le train descendant sert à élever le train montant. Le trajet se fait en six minutes.

L'établissement de ce chemin de fer a nécessité le percement de deux tunnels.

Nous signalerons ensuite, parmi les chemins de fer funiculaires, celui qui a été construit en 1854, pour relier au port de Gijon les mines de la vallée du Caudin, qui appartenaient à la reine Christine. On a ainsi évité un circuit de 8 à 9 kilomètres.

La longueur du chemin de fer funiculaire de Gijon et de 754 mètres ; sa pente de 125 millimètres. Il est à double voie, et est desservi par deux machines à vapeur fixes, de la force totale de 75 chevaux, placées au haut de la rampe. Ces deux machines à vapeur font tourner un cabestan, qui porte deux tambours. Sur ces deux tambours s'enroulent, en sens inverse, deux câbles ronds, en fils de fer, de 6 centimètres de diamètre.

Pour remorquer les trains de marchandises, on fixe directement l'extrémité du câble au dernier wagon: sur les voitures à voyageurs, on a soin d'interposer un wagon-frein, portant un mécanisme particulier, qui, s'il arrivait un *cas* de rupture du câble, appliquerait contre les rails de fortes mâchoires de fer, lesquelles opposeraient ainsi une résistance suffisante au mouvement de descente.

Nous terminerons ce chapitre en mentionnant une modification du système de traction des convois par des câbles remorqueurs, qui a beaucoup attiré l'attention depuis son origine, mais qui n'a pourtant jamais eu d'application définitive dans le service d'une voie ferrée proprement dite. Nous voulons parler du *système Agudio*.

Les machines à vapeur fixes employées à faire gravir les pentes aux convois, le long de plans inclinés, et que l'on a utilisées sur plusieurs tronçons de chemins de fer, ont présenté dans la pratique certains inconvénients.

Ces inconvénients consistent principalement : 1° dans les dangers auxquels les trains sont exposés, par la rupture du câble sur une forte pente ; 2° dans la nécessité de conserver des alignements droits dans le tracé des plans inclinés, sur une ligne de montagne, toujours sinueuse par sa nature ; 3° dans l'obligation d'adopter des plans inclinés d'une étendue très restreinte, et dès lors, d'employer un grand nombre de machines fixes, ce qui entraîne une dépense considérable dans l'exploitation et une perte de temps très notable pour passer d'un plan incliné à un autre ; 4° dans les interruptions fréquentes qu'occasionnent forcément le grand nombre de machines fixes et de câbles ; 5° enfin, dans sa difficulté d'entretenir le système des poulies de soutien du câble.

Mais il est évident que si le système des machines fixes pouvait être convenablement perfectionné, et disposé de manière à fournir un service aussi facile et aussi régulier que celui des locomotives, il donnerait le moyen de tracer la ligne la plus économique et la plus courte ; il permettrait d'atteindre à des hauteurs qui diminueraient singulièrement la longueur et la dépense du tunnel à percer ; il permettrait enfin de réaliser une très forte économie, par la mise à profit des grandes chutes d'eau, comme agent moteur.

Ce problème a été résolu par un ingénieur italien, ancien élève de notre École centrale, M. Thomas Agudio, député au Parlement italien. Son ingénieux système, qui a été signalé d'abord à l'attention publique par le jury de Florence, et successivement par le jury de l'Exposition de Londres et par l'Institut de Milan, fut appliqué, à titre d'essai, sur une longueur de 2,400 mètres, avec courbes réduites et pentes irrégulières, sur le plan incliné de Durino, près de Turin.

Voici, sommairement, en quoi consiste le système de M. Agudio. Le câble de traction, dans les anciennes machines fixes des voies ferrées, devait remplir une double fonction : retenir le convoi sur la rampe et lui communiquer le mouvement ascensionnel. Ces deux fonctions simultanées imposaient des exigences diamétralement contraires pour les dimensions du câble. Pour la sécurité du convoi, il aurait fallu lui donner une section et un poids très considérables, tandis que pour l'économie du travail à développer, sa section et son poids auraient dû être le plus petits possible. La disposition proposée par M. Agudio fait disparaître cette contradiction. Au lieu d'un câble unique, M. Agudio emploie deux câbles, dont l'un, très fort, est destiné simplement à donner un point d'appui très solide au convoi, et est, par cela même, immobile, fixe et non sujet à détérioration sensible ; tandis que l'autre, très mince et flexible, tout à fait indépendant du premier, est employé pour la transmission économique de la force des machines fixes à très grande distance.

Le câble fixe, ou *câble d'adhérence*, est placé au milieu de la voie, et fait deux tours entiers, qui remorquent le convoi, dit *locomoteur funiculaire*, sur les gorges de deux tambours, établis sur un chariot. Ces tambours sont mis en mouvement par le câble mince, ou *câble moteur*, qui force les tambours à développer leurs circonférences sur le câble ; ce qui fait avancer le train de la même manière que les roues motrices des locomotives se déroulant sur les rails, ou, mieux encore, comme les bateaux remorqueurs remontent le courant d'un fleuve, dans le système désigné sous le nom de *touage sur chaîne*.

Le câble moteur est sans fin. Il passe aux deux extrémités du plan incliné, sur un appareil de poulies motrices. Les poulies motrices supérieures tirent en haut la partie ascendante, pendant que les poulies inférieures tirent en bas la partie descendante de ce câble sans fin, en lui imprimant ainsi un mouvement de rotation. Chacune de ces deux parties du câble est placée dans l'intérieur de la voie, à droite et à gauche du *câble d'adhérence*. L'une et l'autre travaillent avec la même force, et, quoique marchant en sens contraire, elles font tourner les tambours dans le même sens, grâce à une disposition particulière.

On utilise de la sorte, pour la traction du convoi, le brin descendant du câble, qui, dans l'ancien système, n'exécutait aucun travail. En outre, comme il est facile de donner à la rotation des appareils des poulies du locomoteur, une vitesse double ou triple de celle des tambours, la vitesse du câble moteur peut être rendue deux ou trois fois plus grande que celle de la marche du train. Par conséquent, pendant que, d'une part, la répar-

FIG. 22. — EXPÉRIENCE DU CABLE LOCOMOTEUR AGUDIO, FAITE SUR LE CHEMIN DE FER DE TURIN A GÊNES (MONTÉE ET DESCENTE DE LA RAMPE)

tition en proportions égales sur les deux parties du câble de l'effet total à produire, réduit de moitié la tension longitudinale du câble ; d'autre part, l'augmentation de vitesse de la marche du câble sur celle du convoi, réduit encore de moitié ou du tiers cette même tension longitudinale déjà réduite ; ce qui, en définitive, la ramène au quart ou au sixième de ce qu'elle était auparavant.

Cette tension sur le câble étant diminuée, sa section et son poids diminuent également, ainsi que la somme des résistances passives dues au poids et à la raideur du câble.

Cette heureuse idée fait disparaître tous les inconvénients inhérents à l'ancien système funiculaire. La réduction du poids du câble, par mètre courant, au cinquième ou au sixième de ce qu'il était, présente les avantages suivants .

1° Elle donne une extension cinq ou six fois plus grande aux plans inclinés, sans augmentation de la somme des résistances passives. Cette même diminution, considérable dans la tension longitudinale sur le câble, rend peu notable l'augmentation de résistance sur les poulies au passage des courbes, ce qui permet les tracés curvilignes.

2° La grande étendue qu'on peut donner aux plans inclinés, supprime d'abord un bon nombre de machines fixes, ce qui rend le service plus facile et plus expéditif.

3° L'entretien des poulies de soutien du câble est d'autant plus facile que le poids du câble lui-même est moins fort.

4° Le câble moteur, qui, par son travail, est sujet à se détériorer, est indépendant du câble d'adhérence auquel la sécurité du convoi est confiée ; et dès lors sa rupture serait sans aucun danger pour le convoi.

L'appréciation que nous venons de faire du système de l'ingénieur italien est conforme au jugement émis par l'*Institut des sciences de Milan*, qui, en accordant à M. Agudio la 1re médaille d'or, au concours industriel, formulait en ces termes le mérite de cette invention :

« Le système de M. Agudio donne la possibilité de surmonter les plus fortes rampes au-dessus des limites qui sont fixées aux locomotives, en faisant disparaître toutes les exigences que l'ancien système funiculaire imposait dans les tracés d'une ligne relativement aux courbes et à la longueur des plans inclinés, tout en conservant la supériorité, au point de vue de l'économie du travail, que présentait l'ancienne traction par machines fixes sur la traction à locomotive, c'est-à-dire en allégeant le convoi du poids passif du moteur et permettant l'utilisation de la force motrice de l'eau. »

Le *locomoteur funiculaire* Agudio réalise un véritable progrès pour l'exploitation des chemins de fer de montagne, puisqu'il permet de franchir des rampes de 40 pour 100, avec une vitesse de 14 kilomètres à l'heure, en remorquant des trains de 60 tonnes, comme l'ont montré les expériences faites aux abords du mont Cenis. L'ingénieuse combinaison de l'emploi simultané du *locomoteur* et du *rail central* pouvait seule donner de tels résultats.

M. Agudio a fait plusieurs essais de son système, qu'il a modifié, toutefois, selon les conditions particulières. Il a d'abord expérimenté à Durino, sur la ligne de Turin à Gênes, sur un plan incliné de 2 kilomètres. L'expérience eut le meilleur résultat. La pente était de 30 centimètres. M. Agudio avait installé deux machines motrices, l'une au sommet, l'autre au bas du plan incliné, et les deux brins du câble, l'un en amont, l'autre en aval, exerçaient simultanément la traction. Par ce moyen, on avait pu diminuer de moitié l'épaisseur de chaque câble, dont la vitesse de translation était deux fois et demie celle du train. Leur diamètre se trouvait ainsi réduit au cinquième. Un autre point d'appui était fourni par un dernier câble fixé à demeure autour du tambour d'adhérence.

Par cet ensemble de moyens ingénieux M. Agudio put remorquer, sur le plan incliné de Durino, un train de cent vingt tonnes, avec une vitesse de 16 kilomètres à l'heure, en employant les chaudières de deux locomotives qui servaient de machines à vapeur fixes. Pour termes de comparaison, on avait fait une expérience consistant à atteler ces deux locomotives en tête du train : on n'avait guère obtenu ainsi qu'une vitesse supérieure à 9 kilomètres à l'heure.

Nous représentons dans la figure 22 l'expérience de traction funiculaire exécutée sur la rampe du chemin de fer de Turin à Gênes. La montée et la descente sont représentées sur le même dessin.

En 1869, pendant qu'on creusait le tunnel du mont Cenis, les directeurs des chemins de fer italiens voulurent expérimenter le *locomoteur funiculaire* de M. Agudio. On fit une expérience sur un plan incliné allant de Lans-le-Bourg au refuge n° 20, sur le versant français de la montagne. Comme ce plan présentait une pente moyenne de $0^m,24$, M. Agudio dut poser un rail central, pour obtenir une adhérence suffisante, et munir son locomoteur funiculaire de six galets horizontaux qui pressaient contre ce rail, à peu près comme dans la locomotive Fell (fig. 23).

On ne peut dire ce que cette expérience aurait fourni, car la guerre franco-allemande de 1870 arrêta les travaux : le locomoteur n'avait pu fonctionner assez longtemps pour fournir une démonstration suffisante, le tunnel du mont Cenis, terminé peu de temps après, rendant cet essai sans objet.

M. Agudio a proposé d'appliquer ses câbles de traction aux rampes des chemins d'accès du mont Saint-Gothard, mais cette proposition n'a pas eu de suite.

Il a été plus heureux dans son pays, car, en 1884, un petit chemin de fer funiculaire ayant été établi à Naples, pour élever les curieux et les voya-

FIG. 23. — LANS-LE-BOURG, SUR LA ROUTE DU MONT CENIS
Voie à crémaillère posée pour l'essai du système de traction funiculaire de M. Agudio

geurs sur la petite colline du Pausilippe, le *locomoteur funiculaire* a été adopté comme agent de transmission de la force.

Le premier soin du touriste arrivant à Naples, c'est de grimper sur la colline du Pausilippe, d'abord pour visiter le prétendu *tombeau de Virgile*, qui n'est qu'un petit *columbarium* antique, meublé d'une urne funéraire, d'une authenticité plus que douteuse, ensuite, et surtout, pour jouir du magnifique panorama de la baie de Naples. Le petit ascenseur Agudio permet aux touristes de s'épargner la fatigue de la montée.

V

Souvenirs rétrospectifs sur Naples et le Vésuve. — Le chemin de fer funiculaire du Vésuve.

Le dernier chemin de fer à traction de câble dont nous parlerons, c'est celui du Vésuve. Nous l'avons réservé pour la fin de ce groupe, non pas seulement parce qu'il est le plus récent, et parce qu'il présente la plus forte pente que l'on ait réalisée jusqu'ici, dans les constructions de ce genre, avec un frein de sûreté d'un mécanisme remarquable et nouveau, mais parce que le Vésuve est situé non loin de Naples, ville qui a toujours eu le privilège d'exciter la curiosité des voyageurs, comme celle des artistes et des savants.

Je n'ai visité Naples ni en touriste ni en artiste, mais en voyageur désireux de s'instruire, au point de vue scientifique ; et mes lecteurs, amateurs de science, prendront sans doute intérêt à mes impressions.

Ce qui attire, à Naples, la visite du savant en voyage, ce sont les curiosités, pour ainsi dire, classiques, qu'on y trouve, à savoir : le jardin botanique, — la grotte du chien, — les colonnes du temple de Sérapis, — la solfatare, — Pompéi, — l'observatoire du Vésuve, — et le Vésuve lui-même.

J'ai passé de longues heures au jardin botanique de Naples. Mais la botanique compte peu d'adeptes parmi mes lecteurs, car l'autel de Flore est aujourd'hui quelque peu délaissé. Les botanistes se font rares, et sont même en médiocre estime auprès du reste des savants. Témoin cette boutade de Le Verrier, disant, en pleine Académie, à propos d'un théorème très facile de géométrie : « Ceci serait compris même par un botaniste ! »

Je suis loin de partager l'irrévérence du grand astronome à l'égard des savants qui se consacrent à l'étude des plantes ; car si le sort m'eût laissé libre de diriger à mon gré mes études, c'est la botanique qui aurait eu mes préférences, non la botanique de classification et d'anatomie ou de physiologie végétales, la seule en honneur aujourd'hui, mais la botanique des champs, celle du médecin, de l'agriculteur et du poète.

Grâce au doux climat napolitain, on trouve, dans le jardin botanique de Naples, une flore qui rappelle beaucoup celle des contrées tropicales de l'Afrique et de l'Amérique centrale. On y voit croître et prospérer des Fougères de grande taille, et de magnifiques Agavés élever glorieusement vers le ciel leurs longues tiges herbacées, couronnées de fleurs. Dans les carrés et monticules de ce jardin, qui ressemble à une serre en plein air, on reconnaît des Dragonniers superbes ; des Acacias *longifolia*, aux beaux chatons jaunes ; les élégants Poivriers, au feuillage finement découpé ; les Yuccas, au tronc noueux ; les Zamias épineux, avec leurs beaux fruits ; les jolies Myrtes ; les Araucarias, aux feuilles imbriquées et coriaces, mêlés à une foule d'autres arbres, propres aux climats les plus chauds. Mais je n'ai pas à m'étendre davantage sur les richesses végétales du jardin de Naples.

Je ne m'attarderai pas, non plus, à vous parler de la *grotte du chien*, dont tous les traités de chimie et de physiologie nous rabattent les oreilles. La *grotte du chien* n'est qu'une espèce de trou, une petite caverne sans issue, haute de 3 mètres à peine, située au bord de la route, et fermée par une porte vermoulue. Devant cette triste cavité se tient une vieille femme, portant dans ses bras un malheureux chien pelé. La femme jette dans le trou le pauvre animal, qui, au bout de quelques instants, en sort, haletant et tremblant sur ses pattes. On lui fait recommencer la scène, à chaque nouveau visiteur. Ce spectacle laisse chacun singulièrement froid ; et je ne puis comprendre comment mon savant ami, le docteur Constantin James, a pu tant écrire sur cette pauvreté prétendue scientifique. Le feuilleton de la *Gazette médicale de Paris* fut occupé, pendant un temps interminable, par la description et les expériences du docteur Constantin James sur les effets du gaz acide carbonique confiné dans la grotte de Naples. C'était beaucoup d'encre perdue ; car dans le voisinage de toutes les régions volcaniques, on trouve de pareilles émissions de gaz acide carbonique, qui s'accumule dans de petites cavernes, et où l'on peut, dès lors, produire le spectacle banal d'une bougie s'éteignant dans les régions basses du sol et continuant à brûler à la partie supérieure ; et comme variante, donner le spectacle d'un petit animal respirant avec peine à la surface du sol, alors que l'homme, grâce à sa taille, n'y ressent aucun malaise. Il y a, par exemple, au bas de la colline de Royat, près de Clermont (Auvergne), une grotte autrement belle, autrement bien aménagée que celle de Naples, et où l'on vous montre, avec beaucoup d'ampleur et d'adresse, les effets du gaz acide carbonique s'exhalant du sol. Dans plusieurs localités minières de la France et de la Belgique on trouve le même phénomène, sans qu'il vienne à personne l'idée d'en faire un spectacle rétribué.

Les colonnes du temple de Sérapis ont reçu la visite de tous les géologues, depuis que Charles Lyell en fit l'objet de ses curieuses remarques, et

FIG. 24. — LA MAISON D'UN PATRICIEN, A POMPÉI.

prouva, par les creux profonds qu'y ont laissés les coquilles des phollades, que le rivage de la mer s'était abaissé, puis exhaussé plusieurs fois, depuis les temps géologiques.

FIG. 25. — VUE GÉNÉRALE DE POMPÉI

L'examen de ces étranges témoignages des mouvements du sol, est bien digne des méditations des géologues ; mais pour moi, le souvenir qui m'est resté surtout des colonnes du temple de Sérapis, c'est qu'elles sont à deux pas de Baïa, de Pouzzoles et du cap Misène, ces lieux à jamais célèbres dans l'histoire, comme dans la poésie ; parce que les vers de Virgile et d'Horace en ont éternisé la mémoire. Là, en effet, s'étendaient ces champs Phlégréens, ce paradis mythologique, ce paysage enchanté, que les Romains avaient adopté comme séjour de plaisance et de repos, et qu'ils entouraient de tant de douces légendes. Lorsque, à l'extrémité du cap Misène qui pousse sa pointe aiguë dans la mer, je contemplais ces beaux rivages, peuplés de souvenirs et d'évocations classiques ; lorsque, monté sur la terrasse de la dernière maison du cap, je portais mes regards, aux dernières heures du jour, vers l'horizon, empourpré par les derniers reflets du soleil disparu, il me semblait revoir les grandes ombres des vieux Romains parcourir encore ces heureuses campagnes, et leur rendre le sentiment et la vie.

Non loin du cap Misène et de Pouzzoles, s'élève la *solfatare*, c'est-à-dire le volcan éteint que les Romains, qui le connaissaient déjà, désignaient sous le nom de *forum Vulcani*, et qui présentait le même aspect que de nos jours. C'est un vaste champ de terre jaunâtre, dans un coin duquel se dressent de noirs rochers, environnant le petit orifice d'un ancien cratère, d'où s'exhalent encore quelques vapeurs sulfureuses. L'intérieur de ce cratère, pour ainsi dire à portée de la main, est tapissé de minéraux volcaniques, revêtus des plus belles nuances. L'orpiment, avec son jaune brillant ; l'oxyde de fer, avec sa teinte rouge ; l'acide borique, avec ses aigrettes vaporeuses ; les aiguilles jaunes du soufre cristallisé ; les blanches aigrettes du sel ammoniac et les cristaux d'alun, le tout voilé par de blanches vapeurs d'eau, mêlées d'acide sulfureux, qui se dégagent de cet antique boyau souterrain, sont une charmante vision pour les géologues amateurs.

Mais de toutes les impressions que peut recevoir, aux environs de Naples, le voyageur instruit, celles qu'il éprouve à Pompéi sont assurément les plus profondes. On a beau être préparé à ce qui vous attend, la surprise dépasse toute prévision. Quand on pénètre dans ces ruines, c'est une ville entière, avec ses places, ses monuments, ses édifices, ses palais, ses magasins, ses boutiques, ses écuries, qui apparaît à vos yeux. On croirait que les habitants ont quitté leur cité la veille, et qu'ils vont y revenir bientôt. Si l'on entre dans une maison, si l'on en parcourt les différentes pièces, on y revoit, encore intacts, lés ornements et les sculptures ; de sorte que l'on se croit transporté dans la vie intime et privée des Romains du premier siècle de l'ère chrétienne. Les thermes, les cirques, les forums, les théâtres, vous sont ouverts. Vous reconnaissez, sur les murs des maisons, des inscriptions à la sanguine, véritables affiches publiques, annonçant les fêtes, les cérémonies, les assemblées populaires, les spectacles du jour, aussi bien que les avertissements privés. En parcourant la *rue des tombeaux*, vous vous croyez dans une allée d'un cimetière du Père-Lachaise de l'antiquité; en un mot, chaque pas que vous faites à travers les longs détours de cette ville, endormie dans la mort, vous apporte une surprise nouvelle.

Comment s'est produit cet étonnant phénomène? Comment une ville entière a-t-elle pu être totalement ensevelie, et déblayée, dix-huit cents ans après? Comment l'éruption volcanique du Vésuve, l'an 79 après Jésus-Christ, a-t-elle pu supprimer, pour ainsi dire, la cité romaine, et la laisser pourtant assez intacte pour qu'on la retrouve aujourd'hui telle à peu près qu'elle était au moment du cataclysme?

Vous trouverez dans beaucoup d'ouvrages que Pompéi fut ensevelie sous les laves du Vésuve; mais ne confondons pas : il n'y eut point de laves dans l'éruption de l'an 79. Ce qui recouvrit la ville, ce fut la poussière, ou ce que l'on appelle, improprement, *les cendres*, lancées par le Vésuve. On appelle *lave* un ruisseau de matière fondue, liquide et rouge de feu, qui s'épanche des flancs d'une montagne volcanique en éruption, et coule dans les niveaux inférieurs des lieux environnants. Il n'y eut ici rien de semblable. Aucun courant de lave fondue ne se déversa, pendant l'éruption, le long de la montagne. Les matières sorties du cratère étaient mélangées d'une immense quantité de vapeur d'eau, qui les divisait, de manière à former une sorte de poudre; et ce fut cette poudre qui, en tombant continuellement sur les villes de Pompéi et de Stabies, les recouvrit d'une couche terreuse assez épaisse pour les enterrer complètement.

Supposez que vous placiez des œufs dans un bocal de verre, et que par-dessus ces œufs vous versiez une poudre terreuse. Si, au bout d'un certain nombre d'années, vous enlevez la poudre, vous retrouverez les œufs tels à peu près que vous les aviez placés dans le bocal. Ainsi il arriva pour Pompéi. La poudre terreuse lancée du volcan, recouvrit la ville, sans trop l'endommager. Seulement, comme la poussière lancée par le volcan était brûlante, sa haute température eut pour effet de calciner tout ce qui était combustible, tel que bois, étoffes, substances végétales ou animales.

C'est pour cela que dans les maisons de Pompéi on ne trouve plus ni une porte de bois, ni une étoffe, ni une matière organique quelconque; tandis que les murs de pierre, les cloisons de brique et les métaux, ont été respectés. Les toits des maisons se sont effondrés partout, parce que les

poutres de bois qui soutenaient les toitures, ont été détruites par la chaleur.

C'est encore pour cela que les sculptures de pierre et de marbre se sont conservées sans altération, et sont même quelquefois tout aussi belles que si elles sortaient de l'atelier du sculpteur. Dans la maison dite *Cornelius Rufus*, que nous avons représentée fig. 24, on remarque une table, à pieds de marbre, d'un blanc, d'un poli, d'un éclat sans pareil. Quand je visitai Pompéi, en compagnie de mon ami, le chimiste napolitain, De Lucca, mort depuis, j'assistai au déblayement d'une maison, et je vis tirer de terre une fontaine de rocaille aussi blanche, aussi nette que si l'ouvrier venait de la terminer.

Dans le voisinage de Pompéi se trouve l'Observatoire du Vésuve.

L'Observatoire du Vésuve ne date pas d'hier, car il fut créé, vers 1846, par l'avant-dernier roi de Naples, Ferdinand II. L'histoire de cet établissement dans lequel, pour la première fois, on installa la science au sein d'un désert, est fort intéressante à connaître, car elle est mêlée à la vie et aux travaux de deux physiciens célèbres de notre siècle, à savoir : Melloni, qui s'est immortalisé par sa découverte de la chaleur *diathermane*, et M. Palmieri, qui s'est fait une renommée universelle par son courage à braver les dangers des éruptions du Vésuve. Nous donnerons donc ici une esquisse de l'histoire de l'Observatoire du Vésuve.

Macedonio Melloni était professeur de physique à Parme, lorsque, compromis dans les troubles politiques de 1831, il fut exilé par le gouvernement autrichien. Il vint en France, où il se lia avec nos savants, particulièrement avec Arago. On sait avec quelle ardeur généreuse l'illustre secrétaire perpétuel de l'Académie des sciences de Paris s'employait au service des personnes qu'il aimait. Il voulut rendre sa patrie au patriote exilé.

Il écrivit à l'ambassadeur d'Autriche, M. de Metternich, une lettre pressante, qu'il fit appuyer de la puissante recommandation d'Alexandre de Humboldt. Le ministre autrichien transmit une réponse favorable de son gouvernement, et Melloni put rentrer en Italie. Il se fixa à Naples, où il fut nommé, en 1839, professeur de physique au bureau météorologique.

Inspiré par la nature de ses études sur le calorique, Melloni conçut alors le dessein de réaliser un projet conçu par lui depuis longtemps : celui d'établir, sur une des pentes du Vésuve, une station météorologique, d'où l'on surveillerait toutes les circonstances des repos et des éruptions du cratère. Il convertit à cette idée le ministre Sant-Angelo, et celui-ci obtint du roi de Naples les autorisations nécessaires.

Nommé directeur de l'Observatoire, Melloni fit construire à Paris les instruments de physique, et s'occupa de recueillir les éléments d'une histoire du Vésuve.

La construction de l'Observatoire fut confiée à l'ingénieur Gaetano Fazzini; commencée en 1841, elle coûta 300,000 francs, et ne fut terminée qu'en 1847.

Melloni ne jouit pas longtemps de la satisfaction de diriger un établissement qui répondait si bien à ses désirs scientifiques. La révolution de 1848, qui balaya les Bourbons de Naples, amena à sa suite la suppression de l'Observatoire. L'édifice élevé à la science devint le refuge des hiboux et des chauves-souris. Il fut même question de vendre les bâtiments à l'aubergiste voisin; mais un reste de respect arrêta la fureur économique d'une administration trop utilitaire.

Sur ces entrefaites, le professeur Louis Palmieri demanda l'autorisation de faire des études, à ses frais et avec ses propres instruments, dans les bâtiments délaissés de l'Observatoire. Le courage des amis de la science fut réveillé par cette initiative, et le gouvernement italien se décida à conserver au monument son caractère primitif.

Melloni reprit son poste. Mais, le 11 août 1853, il succombait à une attaque de choléra.

M. Palmieri, qui continuait ses études à l'Observatoire, obtint, en 1856, le rétablissement, en sa faveur, de la place de directeur.

Tout manquait pourtant dans l'établissement restauré. On dut y ajouter des constructions, pour y installer de nouveaux instruments. On acheta au professeur Secchi une précieuse collection de livres et de manuscrits relatifs au Vésuve, collection que M. Palmieri a portée au chiffre de 500 volumes; enfin, un petit fonds fut alloué pour l'impression des *Annales de l'Observatoire vésuvien*, dont les divers volumes ont paru successivement en 1859, 1862, 1865, 1871, 1874, 1879 et 1882.

M. Palmieri qui, depuis 1856, poursuit presque seul les observations et les expériences, a modifié ou inventé divers instruments de météorologie, et a mis un tel ordre dans l'établissement que les visiteurs sérieux et capables de tirer parti de leurs études ou de leurs recherches, ont immédiatement à leur disposition les documents, renseignements ou instruments, qui leur sont nécessaires.

M. Louis Palmieri est né, le 21 avril 1807, à Faicchia, petite ville de l'État de Labour, province de l'ancien royaume de Naples. Son père, qui était passionné pour l'étude de la langue latine, lui inspira le goût de la littérature ancienne. Placé d'abord au séminaire de Cajazzo, il fut envoyé ensuite au lycée royal de Naples.

Ses succès dans l'étude de la physique et dans celle de la philosophie, le firent entrer, comme professeur, au lycée d'où il venait de sortir comme élève.

L. PALMIERI

En 1832, M. Louis Palmieri créa à Naples une institution particulière, consacrée à l'étude de la physique et de la philosophie. Il y réunit une collection, formée à ses frais, de machines et d'instruments de physique. Cette institution eut le plus grand succès : ses cours étaient suivis par plus de quatre cents élèves.

En 1845, M. Palmieri fut nommé professeur au collège de la Marine, et à la mort de Pascal Galuppi, célèbre apôtre des doctrines spiritualistes, on lui confia la chaire de philosophie de l'Université de Naples.

M. Palmieri, qui n'avait jamais cessé d'unir la culture de la philosophie à celle de la physique, s'acquitta avec distinction de cette double mission.

C'est, avons-nous dit, en 1856, que M. Palmieri accepta le poste de directeur de l'Observatoire du Vésuve.

Il n'était pas un nouveau venu dans cet établissement, puisque, par un goût particulier, il allait souvent s'enfermer, avec Melloni, dans l'Observatoire, et que, dès l'année 1851, il avait, comme nous l'avons dit, commencé à étudier dans ce séjour solitaire les phénomènes volcaniques d'une façon bénévole et privée, c'est-à-dire sans aucun titre officiel.

Quatre ans après, en 1860, le gouvernement du roi Victor-Emmanuel augmenta l'importance de la position scientifique de M. Palmieri, en le nommant professeur de physique à l'Université de Naples.

Tout le monde sait que M. Palmieri a inventé un instrument particulier, un *séismographe électro-magnétique*, qui permet de recueillir les plus faibles tressaillements du sol, et de soumettre ainsi à une étude scientifique les agitations qui peuvent accompagner ou suivre une éruption volcanique.

M. Palmieri doit, en outre, être considéré comme un des vétérans de la science électrique. Ses premières recherches sur l'étincelle d'induction, sur la secousse physiologique, et tous les autres phénomènes dépendant des courants voltaïques, datent de 1840.

En 1850, il abordait l'étude de l'électricité atmosphérique, que la position exceptionnelle de l'Observatoire vésuvien lui permettait d'étudier avec tant de succès. On lui doit des découvertes de la plus haute importance sur le rôle électro-génique de la vapeur d'eau, ainsi que la construction d'un électromètre, qui sera pour l'électricité atmosphérique, ce que la balance de Coulomb est pour l'électricité de tension.

M. Palmieri a remplacé le P. Secchi dans le *Conseil météorologique italien*. En outre, il a été appelé à faire partie du sénat d'Italie.

On doit à ce savant laborieux un *Traité général de physique*, en 4 volumes, et le précieux recueil des *Annales de l'Observatoire du Vésuve*, dans lequel sont consignées les observations faites depuis 1860 dans cet établissement.

L'Observatoire du Vésuve s'élève sur un plateau éloigné de 2 kilomètres à peine de la base du cône du Vésuve, et situé à 20 kilomètres environ de Naples.

Dans la salle du premier étage se trouve, au milieu d'une rangée de thermomètres, baromètres et électromètres, le *séismographe électro-magnétique*, qui, par le dérangement d'une aiguille suspendue en l'air, indique sur un cadran les mouvements, les déviations du sol et le sens de ces déviations.

On comprend qu'à 2 kilomètres seulement de la base du Vésuve les mouvements du sol, c'est-à-dire les tremblements de terre en miniature, soient fréquents. L'aiguille de l'appareil de M. Palmieri est donc presque toujours agitée. Son extrême agitation décèle l'approche des grands phénomènes volcaniques.

En Italie, l'art ne perd jamais ses droits. Dans le vestibule de l'Observatoire se voient les bustes des savants illustres de divers pays. Archimède, J.-B. Porta, Galilée, Franklin et Volta, revivent dans ce temple de la science bâti au pied d'un cratère.

Outre les instruments dont nous venons de parler, et qui constituent le fonds ordinaire d'un cabinet de météorologie, on trouve, dans ce même Observatoire, une collection, très curieuse, de tous les minéraux rejetés par le Vésuve. On y voit les micas, les granites, les porphyres, les basaltes, les trachytes, et tous les minéraux qui semblent composer la carte d'échantillons du volcan voisin.

Quand on monte sur la terrasse qui couronne l'édifice, on découvre le plus intéressant, le plus saisissant des panoramas. Au loin, le cap de Misène pousse dans la mer sa pointe bleuâtre, et Pouzzoles s'étend paresseusement, dans une ceinture de collines et de lacs. La ville de Naples, avec les nombreux villages qui lui font cortège, se déroule dans la courbe harmonieuse du golfe. La baie de Castellamare brille dans la lumière ; tandis que la cité de Sorrente, entourée de bois d'oliviers, au feuillage sombre, descend doucement jusqu'au rivage. Dans la mer, l'île de Capri émerge des eaux, comme une vaste carène de navire. Plus loin, les flots réflètent la verdure éclatante de l'île de Procida et de la malheureuse île d'Ischia, si cruellement éprouvée, en 1883, par un terrible tremblement de terre.

Tels sont les tableaux qui apparaissent quand, du haut de l'Observatoire, on porte ses regards du côté de la mer. La seconde moitié de ce panorama naturel contraste singulièrement avec la première. Si l'on dirige, en effet, les yeux du côté opposé, on aperçoit le pic noir et rugueux du Vésuve, escorté de son satellite, la Somma, qui semble en entourer la base, comme pour l'abriter de son noir rempart.

On sait que la Somma est l'ancien volcan dont l'éruption, en l'an 79 de notre ère, entr'ouvrit la montagne, et forma, par ses déjections accumulées, le Vésuve actuel.

Au pied du Vésuve et de la Somma s'étendent, sur d'immenses surfaces de terrains, les coulées de lave, qui proviennent des éruptions postérieures au cataclysme de l'an 79. Dans quelque direction que l'on porte ses regards, on ne voit que des grumeaux figés de lave rugueuse et noirâtre, ressemblant à du mâchefer. L'Observatoire en est tout entouré, et l'on se demande comment il a pu résister à l'invasion de pareils torrents de feu. Sans doute l'édifice est placé sur une petite éminence, qui peut le mettre à l'abri des laves, mais les éruptions futures pourraient bien l'atteindre.

Dans ce monument solitaire, habite un vieux gardien, chargé, depuis longues années, par M. Palmieri, d'observer les instruments et de veiller à leur conservation. Sa barbe blanche et sa longue robe font de cet anachorète de la physique un des types les plus curieux. Pour lui, le Vésuve résume tout. Il l'a étudié pendant sa vie entière. Il s'anime étrangement et sa parole vibre avec force quand il décrit les éruptions dont il a été témoin, ainsi que fait un vieux soldat racontant les batailles auxquelles il a pris part. Cet estimable *custode*, dans ses moments de loisir, fabrique, avec les minéraux recueillis autour du cône volcanique, de petits objets, qu'il offre, comme souvenir, aux visiteurs de l'Observatoire.

M. Palmieri, qui est, comme nous l'avons dit, professeur à l'Université de Naples, se rend à l'Observatoire plusieurs fois par semaine, pour retrouver le vieux gardien, et pour enregistrer les observations faites par lui. Mais quand viennent les jours de danger, c'est-à-dire quand le volcan commence à gronder et le sol à s'agiter outre mesure, M. Palmieri s'établit en permanence dans l'Observatoire. C'est avec un courage et une résolution admirables qu'il demeura à son poste à l'instant le plus périlleux de la crise volcanique du mois d'avril 1872.

Ce fut pour lui une période terrible que celle de cette éruption. Les laves circonvenaient de toutes parts le mamelon sur lequel s'élève l'Observatoire; les arbres qui l'entourent étaient calcinés, à distance, par la chaleur énorme qui rayonnait de la rivière enflammée. Les chênes et les châtaigniers, ainsi que les broussailles, étaient roussis et calcinés par le seul effet de la chaleur de la lave qui remplissait le ravin nommé *La Vetrana*. M. Palmieri passa huit jours bloqué par cette mer incandescente, et ce fut un vrai miracle qu'il ne pérît point, emporté, avec l'édifice, par ce torrent de feu.

La description complète de l'éruption du mois d'avril 1872 a été publiée

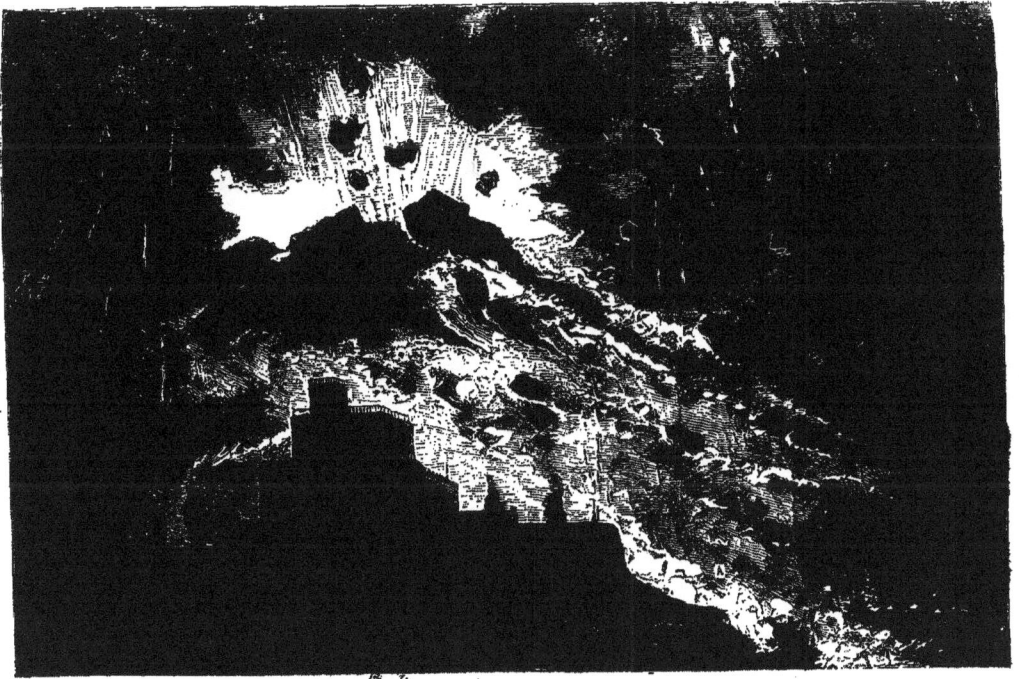

FIG 28. — L'OBSERVATOIRE DU VÉSUVE PENDANT L'ÉRUPTION DU 26 AVRIL 1872
A, ravin de la *Vetrana*.

par M. Palmieri dans les *Annales de l'Observatoire vésuvien*. Le dramatique récit de cet événement, traduit en allemand et en anglais, a excité une admiration universelle.

L'éruption dura six jours, du 24 avril au 1er mai. Le Vésuve fut partagé, du haut en bas, par une fente allant du nord au sud, et qui apparaissait des deux côtés du cône. Coulant par cette fente, la lave jaillit sur les deux côtés au nord, au pied du cône, et au sud, à mi-côte, avec moins d'abondance. Le sommet de la montagne fut abaissé, par suite de la masse de matière terreuse entraînée par les gaz.

Une agitation des environs de la montagne qui s'était traduite par de violentes oscillations des instruments de l'Observatoire, avait annoncé, quelques jours auparavant, les phénomènes qui se préparaient. Dans la journée du 24 avril il y eut une éruption de lave par la fente qui s'était produite dans le cône; mais ce fut seulement dans la nuit du 24 au 25 que cette fente s'entr'ouvrit largement, et partageant du haut en bas le cône, donna issue à une masse effroyable de laves. Cette large fissure se prolongeait sur l'*Atrio del cavallo*, jusqu'à une centaine de mètres des escarpements de la Somma. La lave, en s'échappant, souleva les scories anciennes de 1855, 1858, 1868 et 1871, et forma une colline, d'environ 60 mètres de hauteur, qui, de loin, ressemblait à une chaîne de montagnes. De la base de cette colline nouvellement formée, la lave sortait tranquillement, sans bruit et sans projection.

Dans le ravin de la *Vetrana*, la coulée de lave, qui avait une largeur de 800 mètres, fit successivement, et en trois points différents, de véritables éruptions, en projetant des globes de vapeur et des scories incandescentes. Ce phénomène arrivait chaque fois près des bords de la coulée, là où se formaient les moraines et le plus grand nombre des fumerolles (fig. 28).

La rapidité avec laquelle la lave descendit du cône dans l'*Atrio del cavallo*, c'est-à-dire dans la vallée qui s'étend au pied du cône, occasionna de graves malheurs. Les curieux qui s'étaient rendus en grand nombre au pied du cône du Vésuve, se trouvaient en ce moment réunis dans cette petite vallée. La lave brûlante, ou les pierres lancées par le cratère, les atteignirent, tuèrent six à huit personnes et en blessèrent un plus grand nombre. On les ramena à Naples dans un piteux état.

La coulée de lave, qui conservait la largeur de près de 8,000 mètres en plusieurs points, prit sa direction vers Naples, menaçant l'Observatoire, qui est bâti, comme nous l'avons dit, à 2 kilomètres seulement du pied du cône. Les pierres brûlantes pleuvaient sur l'édifice, ainsi que sur la *maison de l'ermite*, nom que l'on donne à une masure placée non loin de l'Observatoire et qui, habitée autrefois par un capucin, n'est plus aujourd'hui que la plus triste des auberges (fig. 29). Ce ne fut que par un trait de courage héroïque que M. Palmieri et son élève, M. Diego Franco, restèrent à leur poste jusqu'à la cessation de ce redoutable phénomène.

Un géologue français, membre de l'Institut, M. de Verneuil, se trouvait, par une heureuse coïncidence, à Naples. M. de Verneuil voulut aller observer de près le phénomène. Le 29 avril il alla rejoindre, malgré le péril qu'offrait encore cette excursion, M. Palmieri, dans son Observatoire, toujours grave-ment exposé. Là M. de Verneuil put étudier de près ce splendide phé-nomène.

L'abondance des pierres lancées par le Vésuve, fut un des caractères distinctifs de l'éruption de 1872. Aucune, depuis 1822, n'avait projeté sur les pays environnants une aussi grande quantité de *lapilli*.

C'est le 29 avril, trois jours après la sortie des principales masses de lave, et cinq jours après les premiers signes de l'éruption, que ce phénomène acquit son maximum d'intensité. Un nuage noir enveloppait et cachait la montagne. La route de Naples à Resina était couverte d'une couche de cendres noires, de 2 à 3 centimètres d'épaisseur. Aux cendres se mêlaient de nombreux *lapilli*, qui étaient d'abord de la dimension d'une noisette, mais qui, grossissant à mesure que l'on s'approchait de l'Observatoire, fini-rent par atteindre 5 à 6 centimètres de longueur.

Au milieu de cet orage de pierres, se tenaient, comme deux sentinelles à leur poste, M. Palmieri, le directeur, et son aide M. Diego Franco, qui n'avaient pas quitté la place depuis le commencement de l'éruption. Le sol de l'Observatoire tremblait, et le bâtiment lui-même éprouvait une sorte de trépidation continuelle, qui mettait en mouvement les thermomètres suspen-dus au mur, ainsi que l'eau placée dans les vases, sans menacer, d'ailleurs, la solidité de l'édifice.

Du sommet de l'Observatoire, et à l'abri de la grêle de *lapilli* qui frap-paient les vitres et en cassaient quelques-unes, on distinguait parfaitement l'étendue de la principale coulée. Elle semblait avoir son point de départ sur la partie du grand cône qui fait face à l'*Atrio del cavallo*, passait tout entière par le ravin de la *Vetrana*, situé entre l'Observatoire et la Somma, puis se divisait en deux branches. La plus étendue, celle de droite, passa, non sans les endommager, entre les villages de San-Sebas-tiano et de Massa di Somma, et s'étendit jusqu'au hameau de Jordano, près de la Cercola. L'autre, prenant à gauche, s'arrêta sur le Piano delle Novelle.

Les vapeurs blanchâtres qui s'échappaient des fumerolles, abondantes

FIG. 29. — LA « MAISON DE L'ERMITE, PENDANT L'ÉRUPTION DE 1872
A, lieu où périrent six personnes, le 25 avril

surtout aux extrémités, dessinaient très bien le contour des laves nouvelles,
qui suivaient à peu près le même itinéraire que celles de 1855. La longueur
du chemin qu'elles parcoururent, pouvait être de 5 kilomètre; selon

FIG. 30. — L'OBSERVATOIRE APRÈS L'ÉRUPTION.

MM. Palmieri et Diego Franco elles avaient fait ce chemin en moins
d'un jour. Le ravin de la *Vetrana*, qui a 8 à 900 mètres de large
sur 1000 à 1100 de long, avait été franchi par la lave en une heure, le
26 avril.

Une autre coulée bien moins considérable se déversa dans la direction de Resina, et suivant, sur une partie de son parcours, le bord gauche de la lave de 1858 (celle du *Fosso grande*), s'arrêta près de Tirone, sans atteindre Resina, ni Torre del Greco.

Enfin une troisième coulée s'était fait jour sur le côté du cône opposé à l'Observatoire, vers *Bosco tre Case*.

Pendant plusieurs jours le spectacle de cette éruption était effrayant. Au milieu de la sombre et épaisse nuée qui couronnait le Vésuve, éclatait le tonnerre, dont les coups redoublés dominaient à peine le roulement continuel et assourdissant de cette vaste fournaise. Dès le matin du 29 s'était déclarée une tempête venant de l'est qui rabattait le nuage vers l'Observatoire et l'inondait de *lapilli*, mêlés de quelques gouttes de pluie.

Le nombre des personnes surprises par la lave, dans la nuit du 25 au 26 avril, entre l'Observatoire et l'*Atrio del Cavallo*, fut de 12 ou 13, et, comme nous l'avons dit plus haut, six personnes y périrent. Pour ce qui concerne les dommages des champs, les laves ayant suivi principalement la même route qu'en 1855 et 1854, firent moins de ravages que si elles avaient recouvert sur toute leur étendue un pays cultivé ; mais les cendres chaudes et acides détruisirent une grande partie des récoltes.

Depuis un certain nombre d'années les laves semblent abandonner les pentes qui font face à Pompéi, pour se porter vers l'Observatoire. En effet, les coulées de 1855, 1858, 1860, 1871 et 1872 ont toutes pris cette direction ; elles ont passé, pour la plupart, entre l'Observatoire et la Somma, par le ravin *della Vetrana*, qu'elles ont en partie comblé. Si, pendant 15 ou 20 ans encore, le Vésuve obéit aux mêmes tendances, ce ravin sera entièrement comblé, et alors, en temps d'éruption, l'Observatoire deviendra un lieu dangereux.

Les dangers, du reste, furent très sérieux pendant la terrible éruption de 1872, et l'on a admiré avec juste raison l'intrépidité dont firent preuve, dans cette circonstance émouvante, M. Palmieri et son élève M. Diego Franco. Malgré la chute continuelle de pierres brûlantes et le voisinage de la lave qui, débordant du ravin de la *Vetrana*, allait, par son rayonnement, brûler l'écorce et les feuilles des arbres environnant l'Observatoire, les deux physiciens demeurèrent obstinément à leur poste, sans cesser un moment d'observer leurs appareils, et ils ne revinrent à Naples qu'une fois tout danger passé.

On aime à signaler les traits de ce froid courage, digne de celui du soldat, et à se dire que la science, comme la guerre, a ses champs de bataille.

FIG. 31. — LA GRANDE ÉRUPTION DU VÉSUVE, DU 26 AVRIL 1872

Après l'Observatoire du Vésuve, le Vésuve lui-même excite singulièrement, l'intérêt et la curiosité du savant en voyage. Hâtons-nous donc d'arriver au Vésuve, et à l'ascension de ce volcan, que la nature semble avoir créé tout exprès pour donner un échantillon net et superbe de la volcanicité, destiné aux études des géologues présents et futurs. Il est, en effet, situé non loin d'une grande ville, et par sa hauteur, qui n'est pas de plus de 1000 mètres, il est accessible aux amateurs.

Aujourd'hui, les touristes sortent de Naples, tranquillement assis dans un bon wagon de chemin de fer. Ils descendent, non moins tranquillement, au pied du cône du Vésuve, et s'établissent, avec toutes leurs aises, dans la petite voiture du chemin de fer *funiculaire*, qui les élève, sans aucune fatigue, au haut de la montagne, pour les déposer sans autres formalités, à quelque distance du cratère. Voilà, sans nul doute, un voyage fort commodément accompli, et qui fait le bonheur des Américains et des Anglais amoureux du comfort. Mais combien de personnes regrettent l'ancienne manière de voyager! On avait le plaisir et les surprises d'une route qui abonde en aspects variés, depuis les verdoyantes campagnes des environs de Naples, jusqu'aux champs noirs et lugubres que forme la lave figée aux approches du volcan. On ne perdait pas un instant de vue la baie de Naples, la vaste étendue de la Méditerranée, les voiles blanches brillant sur ses eaux bleues, et la courbe gracieuse du golfe, avec la série de hameaux qui s'échelonnent le long du rivage. On avait, enfin, l'avantage de faire connaissance avec les brigands italiens.

Mais ici le lecteur va m'arrêter, intrigué du rapport qui peut exister entre les brigands et le voyage dont nous parlons. C'est ce qu'il apprendra s'il veut bien écouter le récit de mon ascension au Vésuve, en 1865

A cette époque, il existait déjà un chemin de fer allant de Naples à Resina. Mais comme les chemins de fer italiens ne brûlent pas les rails, c'est-à-dire marchent à fort petite vitesse, je préférai faire la route à cheval, et arriver ainsi jusqu'au pied du cône, bien au delà du point où s'arrêtait alors la ligne ferrée.

Le cheval qu'on me donna, véritable animal des montagnes, était petit et sans formes, mais il avait le pied bon et l'échine prodigieusement souple. Je pris avec moi un guide, qui se hissa sur une pareille monture.

Nous ne mîmes pas une heure à arriver au delà de Resina, près des coteaux célèbres qui produisent le vin de *Lacryma Christi*. Mais ici tout changea : nous entrions dans les régions des laves.

On ne saurait se faire une idée, sans l'avoir vu, de ce que c'est que l'agglomération des laves aux environs du Vésuve. Les matières liquides et rouges de feu qui constituent les laves, c'est-à-dire les parties internes du sol fondues par l'excès de chaleur, et qui, au moment de l'éruption, coulent au dehors, comme une rivière de feu, forment, en se refroidissant, des espèces de scories, d'un noir brunâtre, creusées de sillons profonds, hérissées d'aspérités aiguës et dures comme l'acier. Ces scories affectent toutes sortes de formes. Elles ressemblent tantôt à des bouses de vache solidifiées et noires, tantôt à de larges serpents bruns, tantôt au mâchefer des fourneaux. Tout cela est tranchant et coupant. Le pied s'y pose difficilement; seul, le sabot ferré du cheval peut surmonter ces dangereuses éminences et ces creux perfides. Mais les soubresauts continuels que le cheval exécute en marchant sur cette suite de blocs durcis, agitent le cavalier, comme le tangage secoue le passager d'un vaisseau. Je dus subir cette allure fatigante pendant deux heures ; car aucune route carrossable, ni même aucun sentier de mulets, ne se rencontre à travers les laves. Ce n'est qu'après la montée qui mène à l'Observatoire, que le chemin frayé apparaît. Ce chemin descend même une pente assez rapide ; de sorte que l'infatigable *Macaroni* (c'est le nom de mon cheval napolitain) repartit d'un trot accéléré, et qu'en dix minutes nous étions arrivés, le guide et moi, à l'*Atrio del cavallo*.

L'*Atrio del cavallo*, ainsi qu'on l'a dit plus haut, est la longue gorge qui existe entre le Vésuve et la Somma. C'est un couloir sombre et aride. Pas un arbre, pas un buisson, pas un oiseau, pas le plus faible signe de la vie organique, dans ce défilé noir et calciné comme un des cercles de l'Enfer du Dante.

J'étais à peine descendu de cheval, que tout à coup, huit grands gaillards, à peine vêtus, et aux figures peu rassurantes, se dressent devant moi. Je compris à qui j'avais à faire, et m'expliquai alors certains coups de fouet retentissants que mon guide avait fait résonner, en descendant, à bride abattue, la route de l'*Atrio del cavallo*. Ce que j'avais pris pour une manifestation de joyeuse arrivée, était un signal convenu. Mes huit estafiers étaient des brigands.

Les bonnes âmes qui n'ont fait connaissance avec les brigands italiens qu'à l'Opéra-Comique ou au musée Grévin, s'imaginent qu'ils sont toujours armés d'une espingole, qu'ils portent un chapeau pointu, des guêtres de cuir et des culottes courtes, avec une ceinture de laine et un gilet rouge, à boutons de métal. Erreur ! Les brigands italiens n'ont jamais porté le costume de *Fra Diavolo*, par la bonne raison que ce sont tout simplement les habitants des villages voisins ou des maisons perdues dans les montagnes. Quand ils sont prévenus, d'une façon quelconque, du passage d'un étranger qu'ils espèrent pouvoir dépouiller ou rançonner, ils se hâtent de prendre

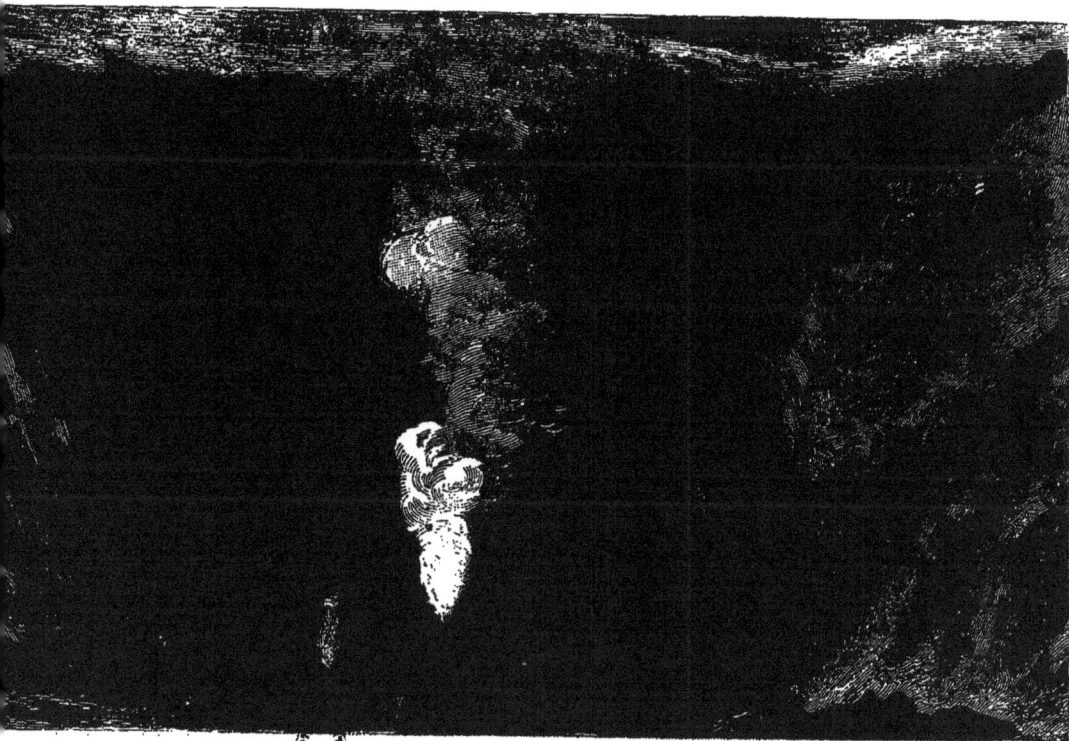

Fig. 32. — L'INTÉRIEUR DU CRATÈRE DU VÉSUVE

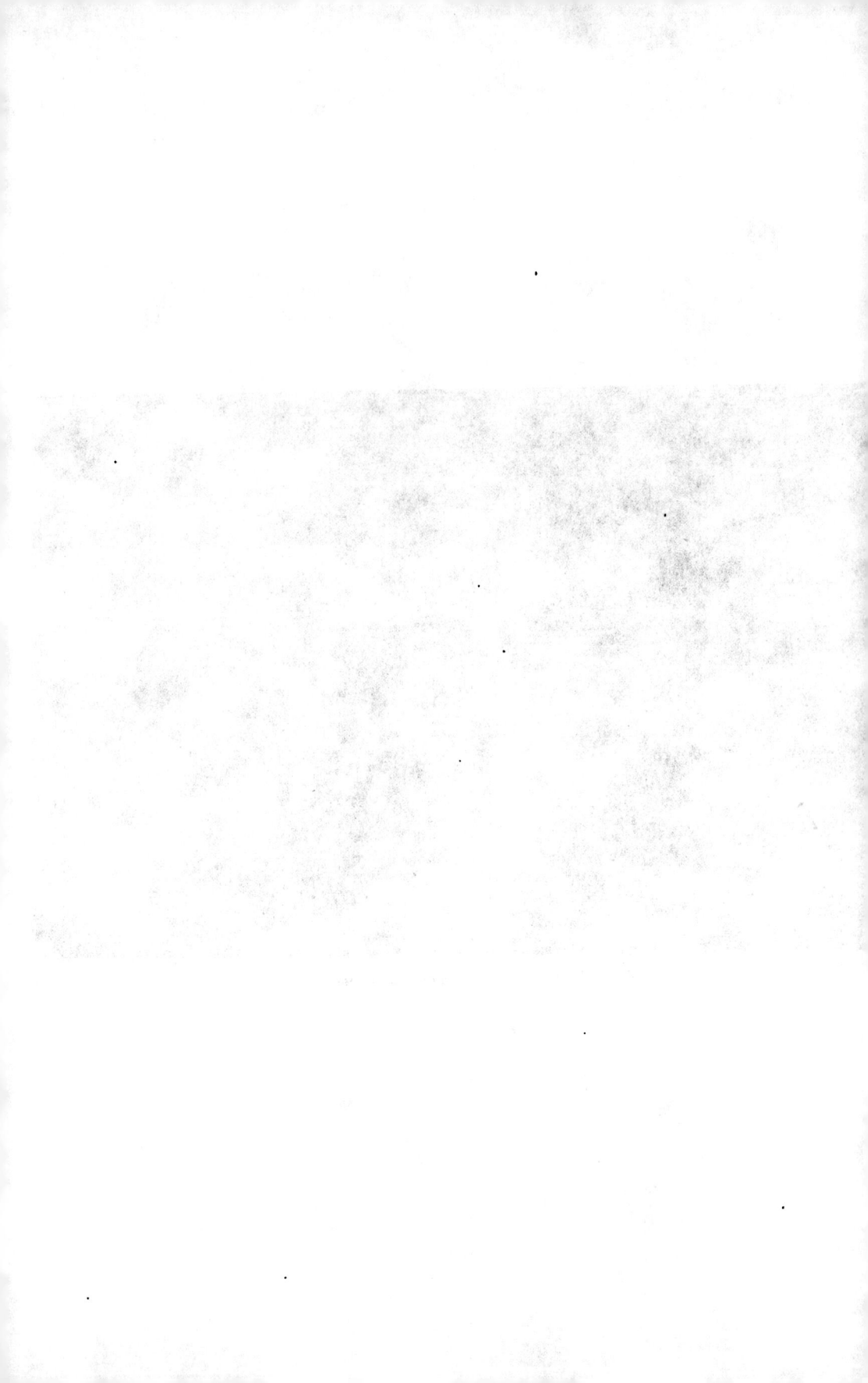

leur fusil et de courir à l'embuscade. La plaie du brigandage sera longue à guérir en Italie, parce qu'elle a son siège dans la racine même de la population. Elle ne pourra disparaître que par la diffusion générale de l'instruction et le progrès des mœurs.

Le gouvernement italien a envoyé plusieurs fois dans la Basilicate, dans les Calabres et en Sicile, des régiments, pour détruire le brigandage. Les régiments n'ont eu personne à combattre, car ceux que l'on recherchait se tenaient tranquillement sous leurs toits. Après le départ des soldats, ils sortaient de leurs maisons, prêts à recommencer.

Les huit compagnons qui m'arrivaient, sans avoir été invités, appartenaient à cette catégorie. C'étaient des gens du voisinage. Au signal du guide, ils s'étaient rendus à l'*Atrio del cavallo*, sous le prétexte d'offrir leurs services au *forestiere* (étranger) pour l'ascension du cône du Vésuve.

Il y a deux manières de gravir le cône du Vésuve. La première, qui n'est à l'usage que des personnes du pays ou des intrépides marcheurs pourvus de jarrets d'acier et de poumons de caoutchouc, consiste à choisir la partie du cône présentant le moins de *lapilli*, c'est-à-dire qui est formée de scories assez grosses pour ne pas trop fuir sous le pied, et à monter le long de ce sol mouvant, avec les jambes que l'on tient de la nature. On fait ainsi trois pas en avant et deux en arrière, mais on finit par arriver.

La seconde manière consiste à se placer dans une chaise à porteurs, c'est-à-dire sur un siège de bois, posé sur deux bâtons, que quatre personnes prennent en mains, pour vous hisser le long de la pente.

C'est cette seconde manière que je fus forcé de prendre.

Me voilà donc sur mon pavois de bois, porté par quatre hommes, à la sombre figure, pendant que quatre acolytes, aussi peu avenants, nous suivent, en se soutenant sur des bâtons.

Au milieu de la montée, les quatre porteurs s'arrêtent, et toute la bande se range autour de moi.

« Excellence, dit l'un, il faudrait nous payer.

— Je vous payerai à la descente, répliquai-je.

— Non, Excellence ; nous aimons mieux que ce soit tout de suite.

— Et combien faut-il vous donner? demandai-je, avec une certaine inquiétude pour mes finances?

— Tout ce que vous avez sur vous, Excellence. »

Le moyen de discuter et de marchander avec huit particuliers, au teint bronzé, qui laissent voir, à travers les trous de leur chemise, des biceps modèles, avec des yeux peu caressants, et qui, au milieu d'un désert effroyable, vous tiennent littéralement suspendu au-dessus d'un abîme de

500 mètres ; si bien que le plus petit mouvement imprimé à votre siège branlant, suffirait pour vous verser dans l'éternité. Je tendis, avec résignation, mon porte-monnaie plein. Et sur un rapide coup d'œil échangé entre mes bons apôtres, suivi d'un geste de l'homme le plus rapproché de moi, geste consistant à porter la main à la chaîne de mon gilet, je me hâtai d'ajouter :

« Je vous préviens que ma montre est en nickel et ma chaîne en Ruolz. »

Il y eut un signe général de déception dans la compagnie, évidemment frustrée d'un espoir légitime, et qui était forcée de dire, comme le tragédien Ligier, dans les *Enfants d'Édouard* :

« A bas, ongles du tigre, on m'a ravi ma proie ! »

Je croyais positivement que j'allais être chaviré du haut en bas du cône, par mes aimables serviteurs. Heureusement il n'en fut rien. On se dit sans doute que la chute d'un pauvre diable d'étranger n'ajouterait rien aux bénéfices déjà réalisés par l'expédition, et qu'il valait mieux la terminer honnêtement.

Donc, on me réintégra, allégé de ma monnaie, sur ma chaise curule, et nous arrivâmes au haut du mont. Pendant que mes porteurs allaient se partager leur butin, derrière un rocher, je parcourus la bouche du cratère.

Le cratère du Vésuve était beaucoup plus accessible, en 1865, qu'il ne l'est aujourd'hui. Un rebord circulaire, de 2 mètres de large environ, l'entourait de tous côtés ; de sorte qu'il était facile d'en faire le tour, et de plonger ses regards dans sa profondeur. Je contemplai longtemps ce spectacle, sans avoir, d'ailleurs, la moindre envie de descendre à l'intérieur, à l'exemple de ce docteur allemand, qui, en 1828, eut cette fantaisie, et n'en revint jamais.

Une vapeur épaisse et suffocante, où il était facile de reconnaître un mélange d'acides sulfureux et chlorhydrique, s'échappait de la bouche du volcan, dont les parois étaient tapissées d'un sel de couleur rougeâtre, qui n'était autre chose que du chlorure de fer. Le bord du trou, ainsi que le sol, à partir de quelques décimètres, étaient brûlants. On aurait pu y faire cuire des œufs, opération banale que le vulgaire aime à exécuter sur ce sommet, et dont je me dispensai, acceptant de confiance le fait comme vrai. D'ailleurs, une brume épaisse, qui s'était formée subitement, commençait à voiler le spectacle splendide qui se déroulait devant moi, du haut de mon empyrée de feu. Après une heure de séjour au bord du cratère, j'appelai mes porteurs.

Fig. 33. — LE CHEMIN DE FER FUNICULAIRE DU VÉSUVE

Autant la montée avait été longue et difficile, autant la descente fut rapide et simple. Mes hommes dégringolaient, avec ma chaise, comme des écureuils, et l'on peut ajouter, avec ou sans jeu de mots, comme des écureuils *volants*. En cinq minutes nous étions au bas du cône, et à peine étais-je remis sur pied, que mes redoutables gars, détalant à toutes jambes, se perdaient dans l'horizon noir.

Le fidèle *Macaroni* m'attendait, sans avoir reçu une poignée d'avoine, ni un seau d'eau, ce qui ne l'empêcha pas de repartir d'un pas décidé. Il y avait d'autant plus de mérite à lui de prendre cette allure, qu'au poids de ma personne j'avais ajouté une charge énorme de minéraux et de cristaux, avec des échantillons de *lapilli* et de laves ; car on n'ignore pas qu'un géologue ne saurait se dispenser, à toute pierre qu'il rencontre sur son chemin, et qui lui paraît intéressante, de la casser en deux et de la jeter dans son sac.

Il était presque nuit quand nous descendîmes, le guide et moi, à la place Sainte-Lucie, à Naples. J'étais brisé de fatigue, mais, comme Titus, je n'avais pas perdu ma journée. J'avais fait six heures à cheval sur la route la plus extraordinaire qu'ait jamais foulée un cavalier ; j'avais escaladé le volcan classique que tout géologue qui se respecte doit avoir visité une fois en sa vie ; j'avais joui de la plus merveilleuse vue que l'œil humain puisse embrasser sur la campagne et la mer, enfin, j'avais fait connaissance avec les brigands italiens.

Et je n'avais dépensé pour cela que 100 francs ! C'était pour rien.

Mais tout ce que je viens de vous narrer, ami lecteur, c'est de l'histoire ancienne. Aujourd'hui personne ne s'aviserait d'aller ainsi, à l'aventure, jusqu'au pied du Vésuve, et de s'y hisser sur le dos de quatre inconnus, au milieu de toutes sortes de dangers, visibles ou invisibles. On a maintenant le chemin de fer funiculaire.

J'ai dit que le chemin de fer funiculaire du Vésuve est remarquable en ce qu'il présente la rampe la plus forte qu'ait jamais franchie une voie ferrée, et que le mécanisme de ses freins est original et nouveau. Le moment est venu de justifier ces assertions.

La voie qui monte le long du Vésuve part de l'*Atrio del cavallo*, s'élève, comme nous l'avons dit, en ligne droite, et s'arrête à 70 mètres plus bas que le sommet du Vésuve.

La pente de la voie varie de 43 à 56 pour 100, et présente une valeur moyenne de 50 pour 100. Son développement total est de 800 mètres environ.

Le chemin de fer est à double voie ; un train descendant correspond toujours à un train montant, qu'il contribue à élever par son propre poids.

La traction s'opère à l'aide d'un double câble sans fin, attaché directement aux wagons en marche, et enroulé, au bas du plan, sur un treuil, que fait tourner une machine à vapeur fixe, établie dans l'*Atrio del cavallo*.

La voie, qui forme une des particularités les plus intéressantes de cette installation, n'est pas constituée par deux rails parallèles, comme dans les chemins de fer ordinaires. On a posé au milieu une poutre longitudinale en bois, appuyée sur le sol, et supportant le rail unique qui sert à faire glisser les wagons. La voie d'aller et la voie de retour ont été construites dans ces conditions; de sorte qu'elles forment un ensemble de deux longrines parallèles en chêne, écartées de 2 mètres environ, et fortement entre-croisées, de mètre en mètre, par de grosses traverses, de 5 mètres de longueur.

Cette disposition était la seule qu'on pût employer pour établir solidement la voie sur un sol aussi mouvant que celui du mont Vésuve. La lave, en effet, qui peut fournir le point d'appui invariable, nécessaire pour la construction d'un chemin de fer, ne se rencontre qu'en certains points, sur les flancs du cône. La plus grande partie du sol de la montagne est formée de *lapilli*, c'est-à-dire de petites pierres mouvantes, se dérobant sous le pied ou sous la pression. Les laves modernes se trouvent surtout au nord-ouest et au sud-est, et les laves anciennes du côté de l'ouest, depuis Resina jusqu'à Torre del Annunziata. C'est ce qui a déterminé à placer la voie ferrée à l'ouest, car partout ailleurs, nous le répétons, le sol de la montagne est formé de cailloux roulants, qui ne peuvent être maintenus en place sur une pente de 33 degrés.

Les longrines ainsi assemblées par de longues traverses, forment une ossature solide, une charpente robuste, qui a pu être fixée sur la lave, partout où on la rencontrait. Cette difficulté avait arrêté les premiers ingénieurs qui avaient voulu installer une voie à deux rails posée dans les conditions ordinaires ; ils ne purent jamais réussir à maintenir exactement les deux rails dans une position invariable.

L'emploi du rail central reposant sur une longrine de bois, a obligé à adopter une disposition particulière pour maintenir le wagon dans l'axe de la voie, tout en l'empêchant de s'incliner sur le côté. La longrine en chêne, qui présente une épaisseur de 47 centimètres, avec une largeur de 26 centimètres, est relevée au-dessus du niveau de la voie. Le wagon repose sur le rail central au-dessus de la longrine, par l'intermédiaire de la roue verticale placée à chaque extrémité dans l'axe de la voiture, et il est guidé, en même temps, de chaque côté, par deux galets inclinés sur l'horizontale, lesquels roulent au contact de deux guides en fer latéraux fixés sur les côtés de la longrine. Comme ces deux guides sont situés de part et d'autre à égale

FIG. 34. — COUPE DU RAIL ET DU WAGON DU PLAN INCLINÉ DU VÉSUVE

distance du rail central, le wagon se trouve ainsi complètement dirigé et maintenu en équilibre sur la voie.

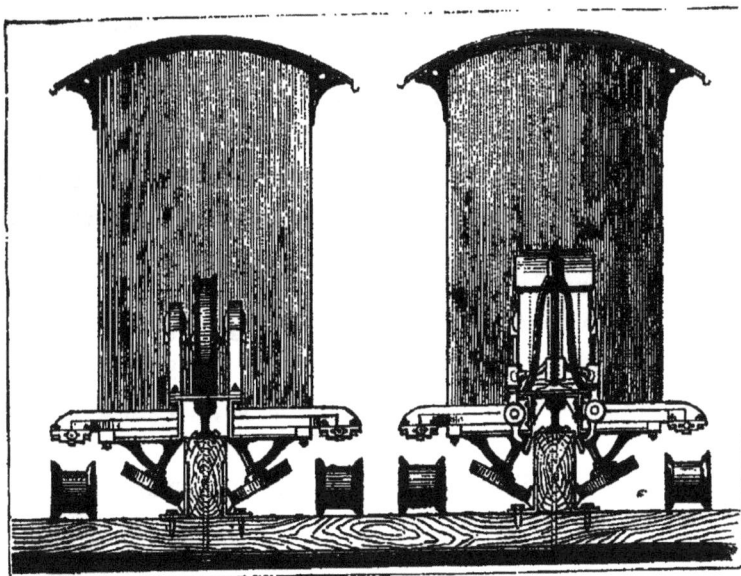

FIG. 35. — COUPE DU FREIN DU WAGON

Ce wagon comprend deux compartiments, pouvant contenir, chacun, quatre ou six personnes, et dont le plancher est maintenu horizontal, bien que les

longerons de la voiture soient parallèles à la voie. Par suite, le plancher
et le seuil des portières des deux compartiments ne se trouvent pas à la
même hauteur : la différence de niveau est de 90 centimètres. Les quais
d'embarquement dans les deux stations, à l'arrivée et au départ, présentent
une forme de gradins correspondante.

Les mâchoires du frein ont été disposées pour retenir le wagon, en cas
d'accident, et prévenir une chute, qui aurait des conséquences terribles sur
cette pente vertigineuse. Ces deux mâchoires sont formées par des
griffes en acier qui, en cas de rupture du câble, viendraient pénétrer dans
le bois de la longrine, et permettraient ainsi de retenir solidement le wagon.
Elles sont commandées par une vis à manivelle, que le conducteur de la
voiture manœuvre comme les freins ordinaires.

Cette disposition des freins est analogue à celle qu'on rencontre dans
les puits de mine, dans le *parachute Fontaine* par exemple. Elle est destinée
à prévenir la chute de la cage d'extraction, dans le cas d'une rupture du
câble qui supporte cette cage. Dans le *parachute Fontaine* deux mâchoires
semblables viennent, en cas de rupture, saisir automatiquement les longrines
qui forment les guidages de la cage, et elles la maintiennent ainsi immobile,
suspendue dans le vide.

L'effort moteur destiné à élever les voitures, est fourni par deux machines
à vapeur fixes, installées au bas du cône, et capables de développer une
force de 45 chevaux-vapeur, environ. Elles mettent en mouvement deux tambours, sur lesquels sont enroulés les câbles. Ceux-ci s'élèvent ensuite
jusqu'au sommet du plan incliné. Ils se replient là sur deux poulies fixées
solidement à un mur construit dans la lave; puis ils descendent le long
du plan, et retournent enfin jusqu'aux tambours inférieurs. Les deux brins
montants parallèles sont attachés à l'un des wagons et les deux brins
descendants fixés sur l'autre.

Chacun des câbles de traction est, non en corde de chanvre, mais en
acier, et muni d'une âme en chanvre. Son diamètre est de 26 millimètres.
Il peut supporter, avant de se rompre, une charge de 25,000 kilogrammes,
cinq fois supérieure à l'effort de traction nécessaire pour entraîner le
wagon montant, ce qui représente, pour les deux câbles réunis, une force
totale dix fois suffisante. Ces câbles sont fixés aux deux extrémités des
traverses du wagon; ils sont soutenus sur la voie, de distance en distance,
par des galets.

Tel est le système de construction du chemin de fer aérien qui conduit
auprès du sommet du Vésuve. Le petit débarcadère est à quelque distance
du cratère.

Fig. 36 — INAUGURATION DU CHEMIN DE FER FUNICULAIRE DU VÉSUVE

Cela revient à dire que le volcan, dans une de ses agitations, pourrait bien emporter et lancer au loin, ou tout au moins gravement endommager, cette audacieuse construction. On peut, toutefois, envisager sans trop d'inquiétude la probabilité de l'événement. Si le Vésuve, dans une de ses fureurs périodiques, détruit l'œuvre des ingénieurs italiens, lesdits ingénieurs sauront bien rétablir les agencements dispersés ou détruits par le feu souterrain.

L'inauguration du chemin de fer funiculaire du Vésuve eut lieu le 6 juin 1880. Les autorités italiennes, ainsi qu'un certain nombre des représentants de la presse étrangère, y assistaient. Des deux côtés de la route qui va de l'Observatoire à la station, et des deux côtés de la voie ferrée qui part de celle-ci, pour monter au cratère, étaient placés, jusqu'à une certaine distance, de nombreux trophées de drapeaux. Derrière les rangées de drapeaux une foule de curieux poussaient des *vivat!*

Nous avons dit que la pente maxima est de 56 centimètres par mètre et la pente moyenne de 50 — que la voie qui grimpe le long de cette pente, ne comporte qu'un rail par wagon, — qu'il y a un rail pour le wagon qui monte, un rail pour celui qui descend, — que chaque rail est posé sur une pièce de bois, haute d'un mètre environ, — que sous le wagon se trouve une grande roue glissant sur le rail, — enfin qu'il y a, pour le tenir en équilibre, deux petites roues roulant obliquement de chaque côté de la pièce de bois, — enfin que la machine à vapeur qui met en mouvement au moyen de câbles d'acier les deux wagons affectés au service de la voie, est fixe et placée au bas de la montagne. La figure 36 représente l'un de ces deux wagons s'élançant, pour la première fois, c'est-à-dire le jour de l'inauguration, à l'assaut de cette pente formidable.

Il y eut plusieurs voyages, tous couronnés du même succès. Un déjeuner, servi au café-restaurant de la petite gare, mit fin à la fête, et, à cinq heures du soir, les invités étaient de retour à Naples, d'où l'on était parti le matin, à huit heures, dans les voitures de la société concessionnaire.

Le chemin de fer funiculaire du Vésuve fut ouvert au public le 10 juin 1880.

VI

Les chemins de fer dits *funiculaires*, c'est-à-dire sur lesquels la locomotive est tirée par un câble, lequel s'enroule sur un treuil, sont un excellent moyen de remonter les pentes. Mais, la machine à vapeur qui fait tourner le treuil étant fixe, on ne peut prétendre à faire, par ce moyen, de longs trajets, à moins de multiplier autant qu'il est nécessaire le nombre des machines à vapeur fixes. Mais on peut supprimer la machine à vapeur fixe, et se servir de la locomotive ordinaire, en donnant aux rails une disposition particulière qui permette à la locomotive de se hisser le long des pentes.

Ce moyen, c'est de placer au milieu de la voie, entre les deux rails ordinaires, un troisième rail, entaillé de manière à former une sorte de crémaillère, assez semblable à une jalousie de fenêtre. Une roue placée sous la locomotive, est pourvue de dents capables de s'engager dans les creux du rail central, de s'y accrocher, pour ainsi dire, et grâce à ce point d'appui, de progresser le long de la pente.

Archimède disait : « Donnez-moi un point d'appui, et je soulèverai le monde. » La locomotive en a dit autant. On lui a donné pour point d'appui le rail à crémaillère centrale, et elle a soulevé le train.

Pour la descente, aucune force mécanique n'est nécessaire. Le poids de la locomotive suffit à entraîner le convoi sur la pente. Mais comme il faut modérer la vitesse, qui deviendrait singulièrement accélérée, à certains moments, des freins puissants agissant sur les roues, joints au frottement contre les dents de la crémaillère du rail central, ralentissent la chute, et assurent toute sécurité.

Tel est le système de remorquage des trains avec le *rail à crémaillère.*

L'histoire de la découverte des chemins de fer à crémaillère est très intéressante à connaître.

Sa véritable origine, c'est le système du rail central inventé par le baron Séguier, dont nous avons parlé dans le premier volume de cet ouvrage. Nous avons dit qu'en 1864, on poursuivait les travaux du tunnel du mont Cenis, et qu'en attendant leur achèvement, on se décida à établir, sur les lacets de cette montagne, un chemin de fer, destiné au service des voyageurs et des marchandises. Le système du rail central du baron Séguier fut appliqué, avons-nous dit, à cette voie montante, par un ingénieur anglais, M. Fell. Le chemin de fer du *système Fell* fonctionna parfaitement, et ne fut supprimé qu'après l'achèvement du tunnel du mont Cenis, et de l'inauguration de la nouvelle voie ferrée qui vint relier les lignes de l'Italie avec celles de la France.

Nous avons décrit le *système Fell* dans la Notice sur le percement du mont Cenis. Il nous suffira donc d'en rappeler les dispositions principales, les divers dessins que nous mettons sous les yeux du lecteur abrégeant notre description.

Le *système Fell* consiste à placer, entre les deux rails ordinaires, un troisième rail, contre lequel deux petites roues, ou galets, actionnés par la vapeur de la machine locomotive, viennent s'appuyer fortement, de manière à y prendre un ferme point d'appui. On a ainsi, outre l'adhérence ordinaire de la locomotive contre les rails, l'adhérence supplémentaire des deux galets contre le rail central. Ce supplément d'appui détermine la progression de la locomotive le long des pentes les plus fortes.

La locomotive étant plus légère, puisqu'on n'a plus besoin d'accroître son poids pour augmenter l'adhérence, la force de la vapeur peut être utilisée avec plus d'avantage.

On voit sur les figures 37, 38 et 39, la locomotive Fell en perspective et de profil; ainsi que le wagon à marchandises. Nous avons réuni dans un autre groupe de dessins (fig. 41) les détails de la voie, c'est-à-dire les rails, ainsi que les roues, ou galets, qui viennent presser contre les joues du rail central.

La largeur entre les rails extrêmes est de 1^m,10. Le rail du milieu est de la forme dite *à double champignon*, qui est en usage sur les chemins de fer français. Il dépasse de 187 millimètres le niveau des deux rails latéraux. Il est fixé sur des coussinets en fonte posés eux-mêmes sur une longrine, A (fig. 41).

Nous saisirons cette occasion pour dire que le système Fell, emprunté par l'ingénieur anglais au baron Séguier, ainsi que nous l'avons raconté dans le volume précédent de cet ouvrage, dérivait d'une invention antérieure, due également à un Français.

Le marquis Achille de Jouffroy avait imaginé, en 1858, une disposition de

FIG. 57. — LOCOMOTIVE FELL (PROFIL)   FIG. 38. — LOCOMOTIVE FELL (FACE)

FIG. 39. — WAGON DE MARCHANDISES DE LA LOCOMOTIVE FELL

la voie de chemin de fer qui devait assurer une certaine adhérence des roues des locomotives, et permettre de franchir des pentes rapides, ainsi que des courbes plus resserrées et d'arrêter plus promptement les convois. Entre autres dispositions concourant à ce but, le marquis Achille de Jouffroy proposait de placer, entre les deux rails ordinaires, un rail *strié*, et de joindre aux locomotives une roue de fer munie d'une jante en bois, placée entre les deux roues lisses, et qui engrenait avec le rail central (1).

Le système d'Achille de Jouffroy fut grandement perfectionné, après lui, par le baron Séguier qui l'amena à réaliser de bons résultats pratiques.

Le marquis Achille de Jouffroy prépara donc, littéralement, la voie au

Fig. 40. — LE CHEMIN DE FER A RAIL CENTRAL, SUR LE MONT CENIS

baron Séguier, lequel la prépara, à son tour, à l'ingénieur anglais, Fell. Il est d'autant plus équitable de rappeler cette particularité historique que le marquis Achille de Jouffroy consacra de nombreuses années, et dépensa des sommes considérables pour faire admettre son système de chemin de fer, et qu'il mourut, on peut le dire, à la peine.

(1) Voir notre ouvrage les *Merveilles de la Science*, tome Ier, page 370.

Le dévoûment à la science, en dépit de l'infortune, qui brise trop souvent les forces et la carrière des inventeurs, est héréditaire dans les familles. Le marquis Achille de Jouffroy, qui créa, le premier, la voie ferrée à crémaillère, était le fils d'un grand homme : son père n'était rien moins que le marquis Claude de Jouffroy d'Abbans, le créateur, en France, de la navigation par la vapeur, qui mourut, pauvre et ignoré, aux Invalides, en 1832, et auquel

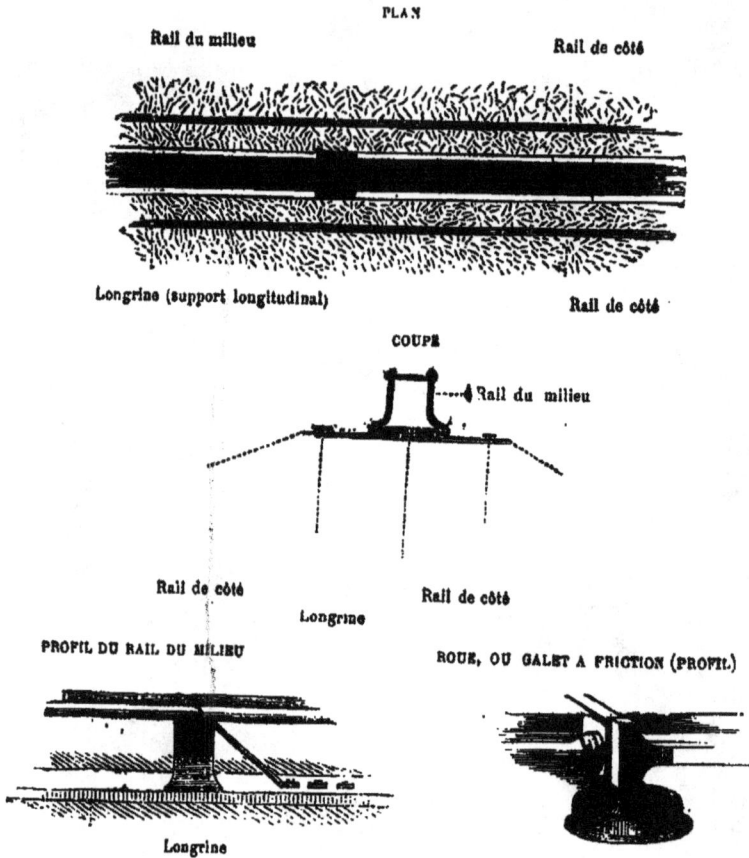

PLAN

Rail du milieu   Rail de côté

Longrine (support longitudinal)   Rail de côté

COUPE

Rail du milieu

Rail de côté   Rail de côté

Longrine

PROFIL DU RAIL DU MILIEU   ROUE, OU GALET A FRICTION (PROFIL)

Longrine

FIG. 41. — DÉTAILS DU SYSTÈME DE RAILS DU CHEMIN DE FER FELL

on a élevé une statue, au milieu de fêtes publiques, avec un grand concours de population et de notabilités scientifiques, le 17 août 1884, sur une des places de Besançon.

Le chemin de fer du système Fell donna sur les flancs du mont Cenis des résultats irréprochables, et le succès de ce premier chemin de fer à crémaillère, qui n'avait pas moins de 77 kilomètres, le long d'une montagne réputée jusque-là absolument inabordable aux locomotives, amena l'idée d'appliquer ce même système à une voie ferrée que l'on se proposait de construire le long du mont Washington, dans le West Hampshire, aux États-Unis d'Amérique. Cette ligne avait une inclinaison moyenne de 27 pour 100.

Les travaux pour la pose des rails du système Fell commencèrent au mont Washington, en 1868, mais les ouvriers ne purent parvenir à poser la voie sur une pente aussi forte, et on était au moment de renoncer à l'entreprise, quand l'ingénieur de cette ligne, M. Sylvestre Marsh, de Chicago, eut une idée triomphante.

D'habitude, le progrès marche en avant, c'est même son caractère propre;

Fig. 42. — LA PREMIÈRE LOCOMOTIVE DE GEORGE STÉPHENSON

avec M. Sylvestre Marsh, le progrès marcha en arrière, et ce fut pourtant toujours du progrès. Expliquons-nous.

En 1814, George Stephenson avait déjà construit la première locomotive, et essayé de la faire marcher sur des rails de fer. Mais ni Stephenson, ni ses concurrents, ne pouvaient y parvenir. La locomotive cherchait littéralement sa route. Les locomotives étaient alors légères de poids, et, par suite, les roues *patinaient*, selon l'expression consacrée : elles tournaient sur place sans avancer et sans faire avancer le véhicule à vapeur.

Nous représentons dans la figure 42 la première locomotive que George Stéphenson construisit pour le service des mines de houille de Killingwort. Il y avait, comme on le voit, tout un système, fort compliqué, de tiges pour la transmission de mouvement des cylindres à vapeur aux roues motrices.

C'était pour ainsi dire, la machine fixe de Watt appliquée à un véhicule destiné à avancer sur des rails.

Stéphenson simplifia ce premier type de locomotive. Il le débarrassa de cette forêt de tiges et de roues de transmission, et la locomotive présenta alors l'aspect, plus harmonieux, que nous représentons dans la figure 43. Il appela cette machine locomotive la *Royal-George*.

Cette seconde locomotive de Stéphenson ne progressait qu'avec beaucoup de dificulté sur les rails, en raison de son poids beaucoup trop faible. Pas plus que la première, elle ne pouvait avancer avec une vitesse suffisante,

Fig. 43. — LA LOCOMOTIVE DE STÉPHENSON, LA *Royal-George*

et son allure était lente et difficile. On n'avait pas encore découvert ce grand principe, que, pour qu'une locomotive progresse sur les rails et entraîne avec elle un convoi, il faut qu'elle soit d'un poids considérable, afin que ce poids détermine l'adhérence entre les roues et le rail. Quelque polie qu'elle paraisse, la surface d'un rail présente des aspérités, et c'est en s'accrochant, pour ainsi dire, à ces aspérités, que la roue prend un point d'appui, qui lui permet d'avancer, sans tourner sur elle-même. Mais en 1814, nous le répétons, ce grand et fondamental principe n'était pas encore trouvé, et les mécaniciens anglais s'épuisaient en recherches et inventions, plus bizarres les unes que les autres, pour empêcher le *patinement* des roues. Les uns proposaient de munir la locomotive de sortes de béquilles venant s'appuyer sur le sol ; d'autres parlaient de placer entre les deux rails une crémaillère, dans laquelle s'engagerait une roue placée sous la locomotive, roue entaillée de creux correspondant aux petits volets de la crémaillère et du rail central. C'est ce que représente la figure 44.

Le mécanicien qui avait proposé ce dernier et bizarre système, s'appelait Blenkisop; il était directeur des mines de houille de Midleton.

Bien que ce procédé de traction eût servi pendant douze ans au transport de houille, dans les mines de Midleton, on se moqua beaucoup, dans le monde des ingénieurs, de l'idée d'appliquer aux chemins de fer la conception du mineur anglais. Mais dans les sciences, le bon et le mauvais sont choses relatives. Pascal a dit : « vérité en deçà des Pyrénées, erreur au delà. » On peut ajouter :

FIG. 44. — LA LOCOMOTIVE DE BLENKINSOP, A CRÉMAILLÈRE CENTRALE

« absurdité en plaine, trait de génie en montagne. » L'idée de placer entre les deux rails une crémaillère sur laquelle devait se traîner la locomotive, était condamnable sur un plan horizontal, mais employer cette crémaillère pour remonter les pentes, ajouter à l'adhérence des rails ordinaires celle que procure la crémaillère, était loin d'être une conception absurde. C'était, au contraire, une excellente solution du problème de la traction sur pentes, problème que le système Séguier-Fell n'avait qu'incomplètement résolu ; car la pression de deux petits galets horizontaux contre le rail central n'est pas suffisante pour de très fortes rampes. En plaine, la crémaillère de Blenkinsop était inacceptable, vu l'énorme perte de force résultant du frottement ; mais, en montagne la perte de force résultant du frottement était parfaitement acceptable, en vue du résultat à obtenir.

Ainsi pensa M. Sylvestre Marsh, l'ingénieur de Chicago. La locomotive Fell était impuissante à remonter les pentes du mont Washington, mais la vieille crémaillère, de Blenkinsop pouvait peut-être en triompher. Au rail central il fit donc pratiquer des creux espacés, capables de recevoir les saillies correspondantes dont il garnit une roue, ajoutée à l'arrière de la locomotive, et la locomotive, se cramponnant à la crémaillère, remonta glorieusement la pente de 27 pour 100 du mont Washington.

En restaurant l'antique crémaillère anglaise, l'ingénieur de Chicago avait donc fait, ainsi que nous l'avons avancé, du progrès, tout à la fois en avant et en arrière.

L'essentiel, c'est que le procédé était efficace. L'expérience le prouva.

La chaudière de la locomotive du système de M. Marsh était supportée par deux tourillons, semblables à ceux de nos canons d'artillerie ; elle pouvait osciller autour de ces tourillons, en restant toujours verticale, malgré les variations de l'inclinaison de la rampe. L'eau de la chaudière restait ainsi toujours au même niveau. Le cylindre de l'appareil moteur à vapeur était d'ailleurs disposé comme dans les locomotives ordinaires. Un frein à air comprimé et un frein automatique, modéraient la rapidité de la descente.

Lorsque M. Sylvestre Marsh, en 1857, demanda à la chambre du New-Hampshire le privilège de la construction d'un chemin de fer sur les pentes du mont Washington, un digne membre de cette assemblée proposa, spirituellement, à ses collègues, d'autoriser cet ingénieur à construire un chemin de fer pour la lune ! Et tout le monde de rire !

Cependant M. Sylvestre Marsh finit par obtenir des pères conscrits du New-Hampshire, son privilège. Il acheta 17,000 acres de terrain, depuis le pied du mont jusqu'au sommet, se mit à l'œuvre, et construisit un mille de voie avant que les ingénieurs des États-Unis pussent y croire.

Une compagnie se forma alors, et sous la direction de M. Sanborn, le travail avança, lentement il est vrai, mais sûrement. Interrompu pendant la mauvaise saison, il recommençait l'été suivant ; car ce n'était que pendant quelques semaines chaque année que les ouvriers pouvaient travailler. Au mois d'octobre 1868, surpris par une avalanche, ils durent s'enfuir promptement, en abandonnant leurs outils, qui restèrent sous la neige tout l'hiver. Ce ne fut qu'au mois de juin 1869 qu'il leur fut possible d'achever les 500 pieds de voie qui restaient à construire. Mais en moins d'un mois tout était terminé, et, à l'ouverture de la saison suivante, les voyageurs trouvaient une gare confortable, et un hôtel, au pied de la montagne.

Un voyageur, M. René Boulangé, a décrit, en ces termes, l'excursion du mont Washington par la locomotive à crémaillère inaugurée en 1869, en intitulant

Fig. 55. — CHEMIN DE FER CONSTRUIT SUR LE MONT WASHINGTON (ÉTATS-UNIS D'AMÉRIQUE) PAR M. SYLVESTRE MARSH

son récit : *Une excursion en chemin de fer dans les nuages.*

« Pour satisfaire à notre désir, l'inventeur du nouveau chemin de fer s'empressa
d'organiser un train spécial. Les sièges du wagon étaient disposés de façon à se
trouver dans une position horizontale, quand la pente était de 20 centimètres par
mètre, de sorte que, quand la voie était horizontale, ils offraient cette même
pente. Comme nous montions dans le train, ceux qui nous y avaient précédés,
voulant nous faire profiter de leur expérience, nous engagèrent à bien attacher
nos chapeaux et à nous munir de vêtements plus épais. « Comment ! mais le soleil
est brûlant ! — Oui, mais attendez un peu, et tout à l'heure vous n'aurez plus
aussi chaud. »

« Nous partons. Personne ne dit mot. Nous nous regardons les uns les autres.
Plus d'une main se cramponne à la banquette. Nous montons, nous montons...
On se croirait en ballon. Montagnes, lacs et villages éloignés, se déroulaient
devant nous, en un magnifique panorama. On regardait, on ne songeait plus à la
peur. Soudain, ce soleil ne nous sembla plus si chaud ; nos pardessus nous parurent moins gênants. Les arbres devenaient plus petits. Nous montions... nous
montions encore ; pas un endroit horizontal. La machine s'était arrêtée pour
prendre de l'eau. Si elle allait rouler en arrière !... Mais non. Elle repart,
et nous montons encore. L'horizon s'étend, les arbres deviennent de plus en
plus petits, les fleurs sont épanouies comme au mois de mai. Nous sommes
en extase devant tant de beautés. — Un autre arrêt pour prendre de l'eau.
Le mécanicien et l'administrateur se consultent un instant. Il y a peu d'eau,
elle est gelée. — Gelée ! au mois de juillet ! Nous commençons à sentir l'humidité ;
nous arrivons à un nuage ; nous éprouvons une sensation étrange ; nous sommes
traversés, saturés par l'air humide ; un brouillard épais nous entoure ; mais un
instant après le soleil nous apparaît de nouveau, éclairant le sommet de la montagne de ses rayons resplendissants.

« Plus d'arbres maintenant ; partout une végétation naine, des rocs dénudés, ou
recouverts, çà et là, d'une maigre couche de mousse. Les nuages nous cachent
la vallée ; on se croirait isolé sur une île perdue dans la mer de l'immensité. Nous
descendons de wagon, grelottants de froid, et nous courons vers la maison située
au sommet, aussi vite que nous le permet le vent terrible qui souffle à cette
hauteur. Là, nous trouvons un feu brillant et quelques réconfortants, qui nous
font le plus grand plaisir.

« En moins d'une heure et demie, nous avions escaladé une côte de près de 3,000
de longueur, nous nous étions élevés à 6,000 pieds au-dessus du niveau de la mer.

« Nous avions passé de la température du mois de juillet à celle du mois de janvier.

« Restait à effectuer la descente, voyage effrayant, surtout en songeant que la
pente est, en plusieurs endroits, de 30 centimètres par mètre. M. Sanborn nous
dit qu'un wagon, abandonné à lui-même, effectuerait facilement la descente en
moins de trois minutes. Cette seule pensée nous fit frémir. Il ajouta, pour nous
rassurer, que le même wagon, convenablement chargé et les freins serrés, effectuerait la descente même sans conducteur. Les freins sont à frottement et au
nombre de quatre ; de sorte que, si l'un d'eux venait à manquer, les trois autres

suffiraient encore grandement à modérer la course du train, que l'on peut, du reste, arrêter presque court sur la pente la plus raide. Pour la descente, on ne se sert pas de la vapeur, et ce n'est que comme mesure de précaution que l'on maintient la machine en pression.

« En somme, ce chemin de fer ne présente aucun danger, il n'y a que la nouveauté de la chose qui fasse peur. Nous effectuâmes notre descente sans encombre, et nous nous trouvâmes sains et saufs au pied de la montagne. Une chaleur de $+$ 25 à $+$ 30° succéda au froid glacial que nous avions éprouvé au sommet. »

Le mont Washington, dans le New-Hampshire, est la plus élevée des montagnes de l'Amérique du Nord. Le chemin de fer à crémaillère établi de sa base à son sommet, excita en Amérique une grande curiosité, et, sur le bruit de son succès, deux ingénieurs étrangers résolurent d'en tenter l'application en Europe. C'étaient, d'une part, M. Wettli, ingénieur allemand ; d'autre part, M. Riggenbach, attaché aux ateliers de construction du *chemin de fer central suisse.*

M. Wettli fut le premier qui essaya d'établir en Suisse un chemin de fer à crémaillère.

Seulement, au lieu de faire usage du système simple que M. Sylvestre Marsh avait employé, c'est-à-dire de la crémaillère à dents rectilignes, M. Wettli crut devoir tailler en hélice les dents de la crémaillère, et donner à un pignon fixé à l'arrière de la locomotive et qui devait engrener avec ces dents, une forme hélicoïdale correspondante. Cette innovation était malheureuse ; elle aboutit, comme nous le verrons plus loin, à une catastrophe, qui en démontra tristement les dangers.

C'est sur la ligne du chemin de fer qui relie Wædensweil à Einsiedeln, dans le canton de Zurich, que M. Wettli avait établi son système de rail à crémaillère hélicoïdale.

Einsiedeln est situé à près de 1000 mètres au-dessus du niveau de la mer, et il s'agissait de faire remonter aux convois la pente de 27 pour 100 qui existe entre Wædensweil et Einsiedeln, sur une longueur de 16 kilomètres. C'était bien le cas d'installer un chemin de fer de montagne.

Einsiedeln est un bourg du canton de Zurich, célèbre entre tous par son abbaye, l'abbaye de Notre-Dame des Ermites, la plus riche de la Suisse, après celle de Saint-Gall. Elle reçoit, chaque année, la visite de 150,000 pèlerins, venant faire leurs dévotions à la Vierge, dont la statue, en bois doré, se voit dans le couvent.

Le bourg d'Einsiedeln est placé au milieu de grandes forêts de sapins. Les maisons dont il se compose sont, pour la plupart, construites en bois, dans le style des cantons intérieurs de la Suisse. Le monastère est situé sur une vaste place, au milieu de laquelle s'élève une fontaine en marbre noir, qui distribue son eau limpide par quatorze tuyaux. Les pèlerins se font un devoir de boire successivement et consciencieusement, aux quatorze conduites jaillissantes.

Un large escalier, partie en dalles, conduit de la fontaine au couvent. Dans une rangée de boutiques, disposées en hémicycle, on débite des cierges, des rosaires, des images de sainteté et autres articles de piété. La majeure partie des 8000 habitants de la localité s'occupe de la fabrication d'objets du culte, ainsi que de celle d'ornements d'église. D'immenses ateliers typographiques, occupant plus de 700 ouvriers, avec des presses de toute dimension et de toute destination, servent à imprimer des brochures et des ouvrages de dévotion locale.

Le couvent des Bénédictins frappe les regards par sa belle façade, du milieu de laquelle s'élève l'église, avec ses deux tours, construites dans le style italien du commencement du dix-huitième siècle (fig. 46).

Les ailes principales du monastère se rattachent à ces deux tours. Dans l'aile du sud se trouvent les appartements du prince-abbé. Les bâtiments de l'abbaye forment un grand carré, qui renferme quatre cours. Les vastes dépendances du côté sud, sont destinées à des ateliers de diverse nature ; à des écuries et à des greniers ; car le chapitre possède des domaines étendus. Dans l'intérieur des bâtiments du cloître, sont les 99 cellules de moines *conventuels* et des *frères lais*. Ces bâtiments renferment, en outre, un séminaire, un institut d'éducation supérieure, avec gymnase et lycée, une bibliothèque qui compte 840 manuscrits, environ 900 incunables, et de précieux monuments de la science monastique au moyen âge.

Le premier fondateur de cette abbaye fut un Allemand, Meinrad, fils d'un noble seigneur des bords du Danube, le comte de Sulgen, qui, ayant renoncé au monde, malgré sa haute naissance, avait embrassé la vie monastique, et vivait en ermite, dans les gorges de l'Etzel. Il y construisit une chapelle, où il plaça l'image de la Vierge que lui avait donnée l'abbesse de Zurich, Hildegarde.

En 801, le pieux solitaire fut assassiné par des voleurs ; mais, dit la légende, deux corbeaux, fidèles compagnons de sa solitude, s'attachèrent à la poursuite des meurtriers. On les arrêta, et le témoignage de leur crime une fois acquis, on les pendit, à Zurich.

La cellule de l'ermite Meinrad était devenue un lieu de pèlerinage. En 907, un autre ermite établit dans la chapelle de nouvelles cellules. D'autres anachorètes se joignirent à lui ; si bien qu'en 948, au lieu de la pauvre chapelle, on vit s'élever sur l'Etzel une église et un couvent.

La chapelle prit le nom de Notre-Dame des Ermites, et le pape Léon VIII accorda l'indulgence plénière aux pèlerins qui la visiteraient.

Un noble Frank, nommé Eberhard, prévôt du chapitre de la cathédrale de Strasbourg, fonda, en 958, le monastère actuel, sur l'emplacement de la cellule de l'ermite Meinrad. Il en fut le premier abbé, et le soumit à la règle de l'ordre de Saint-Benoît.

Les annales du couvent racontent que dans la nuit qui précéda la consécration de la chapelle, Jésus-Christ, en personne, descendit du ciel, entouré d'une armée d'archanges et de saints, et qu'avec leur assistance il procéda à la consécration du sanctuaire.

Le couvent d'Einsiedeln est aujourd'hui le rendez-vous de tous les dévots de la Suisse allemande. La chapelle principale est toute remplie d'images de la Vierge et de l'Enfant Jésus, richement parées, couronnées de rayons éclatants et entourées de cierges allumés. A l'heure des vêpres, les religieux, les novices et les élèves font retentir les voûtes d'un solennel *Salve Regina*. Dès l'aube et jusque bien avant dans la soirée, de fervents pèlerins, les uns debout, les autres agenouillés sur les marches du sanctuaire, adressent leurs vœux et leurs supplications à la mère de Jésus. Un nombre incalculable d'*ex-voto*, accumulés depuis des siècles, sont suspendus aux abords de la chapelle. Des statues d'apôtres, de beaux plafonds, une profusion d'ornements dorés, donnent à cette église un aspect imposant. En un mot, Notre-Dame des Ermites est la Notre-Dame de Lourdes de la Suisse allemande.

Aux environs d'Einsiedeln se trouve une localité célèbre dans l'histoire des sciences, car c'est là que la tradition place la naissance du célèbre médecin alchimiste, Paracelse de Hohenheim, qui, à l'époque de la Renaissance, renouvela la médecine en introduisant les métaux et leurs composés, le fer, le cuivre, l'argent, le mercure, dans le traitement des maladies.

Une route bien entretenue conduit, en une heure et demie, au col de la montagne de l'Etzel, et après une autre heure de chemin, on est au *pont du Diable*, site sauvage, aux environs duquel est un village où, dit-on, Paracelse vit le jour. On sait que le grand réformateur de la médecine et de la chimie, passa à Zurich la première partie de sa vie aventureuse.

Aux approches d'Einsiedeln et sur la ligne ferrée qui remonte la pente, se trouvent Schindellegi et Biberbrück, les sites les plus pittoresques de cette région montagneuse du canton de Zurich.

Schindellegi est un village situé à 787 mètres au-dessus du niveau de la

FIG. 46. — ÉGLISE ET CLOÎTRE D'EINSIEDELN

mer, sur la Sihl, à l'entrée d'une vallée sauvage. Mais à l'extrémité de cette vallée, le paysage change de caractère. Quand on a franchi la Sihl, on aperçoit au loin la belle montagne de Mythen, et on passe à Biberbrück, en longeant les flancs de la montagne, toute couverte de la plus riche végétation.

C'est dans cette partie si accidentée du canton de Zurich que M. Wettli posa son chemin de fer à crémaillère. D'Einsiedeln à Schindellegi, la voie s'élève d'une façon continue, par de fortes rampes, dont la plupart sont de

Fig. 47. — LE LAC DE ZURICH VU DE SCHINDELLEGI

5 pour 100. Elle continue ensuite, mais avec une rampe très faible, jusqu'à Einsiedeln.

M. Wettli avait donné, comme nous l'avons dit, aux dents du rail central la forme d'une hélice, et un tambour, ou pignon, taillé conformément à cette courbe, venait engrener avec ces dents. Les rails entaillés étaient assemblés en forme de V, et portés sur des traverses, entre les deux rails ordinaires.

Un accident terrible vint prononcer la juste condamnation de ce système. Le chemin de fer à crémaillère de M. Wettli était déjà en exploitation, depuis un mois, lorsque, le 30 novembre 1876, un train d'essai étant arrivé au sommet de la rampe, en remorquant un wagon chargé de 20 tonnes de marchandises, plusieurs dents de la crémaillère hélicoïdale vinrent à se rompre. Les freins furent impuissants à retenir le convoi, qui descendit avec une rapidité vertigineuse, et vint se briser au bas de la rampe.

Ce malheur provenait plutôt, a-t-on dit, de l'exécution imparfaite des pièces, que du système en lui-même. Mais on ne raisonne pas avec les catastrophes de chemin de fer. Après cet accident, la crémaillère de M. Wettli fut condamnée ; on renonça à tout système à crémaillère, et l'on s'en tint à la traction directe avec de puissantes locomotives.

Les locomotives dont on fait usage pour monter à Biberbrück, sont de fortes machines-tender, construites dans le type d'Engerth. L'arrêt est com-

Fig. 48. — SCHINDELROI

mandé, à la descente, par un frein à air comprimé, qui oppose au mouvement de la machine une résistance, non seulement suffisante à diminuer la vitesse du train, mais encore capable d'arrêter celui-ci sur les rampes les plus fortes. Pour les rampes moindres et pour l'arrivée aux stations, les locomotives sont, en outre, munies de freins ordinaires à friction contre les roues.

Les wagons à voyageurs sont construits d'après le modèle généralement en usage dans la Suisse orientale, c'est-à-dire avec un couloir au milieu. Chaque wagon est pourvu de son frein. Le chargement d'un train sur les rampes de Wædensweil à Biberbrück, ne doit pas dépasser 50 tonnes. Un

wagon de voyageurs au complet ne représente qu'un poids de 10 tonnes.
C'est à la condition de ne remorquer que de très faibles charges
que l'on peut remonter la pente avec des locomotives, très puissantes,

FIG. 49. — BIBERBRÜCK

d'ailleurs. Le trajet d'une tête de ligne à l'autre se fait en une heure.
La station de Wædensweil est à 410 mètres au-dessus de la mer, Burg-
halden à 531 mètres, Samstagem à 630 mètres, Schindellegi à 756 mètres,
Biberbrück à 831 mètres, Notre-Dame des Ermites à 882 mètres; la diffé-

rence comprend donc environ 473 mètres. La voie ne traverse qu'un petit tunnel, au Rabennest.

Le malheur provoqué par le système de M. Wettli, laissait le champ libre à M. Riggenbach qui, rendu prudent par la catastrophe d'Ensiedeln, s'en tint à la crémaillère du mont Washington.

M. Riggenbach était, depuis 1865, chef du matériel et de la traction au *chemin de fer central* suisse. Les occasions d'établir dans les montagnes de la Suisse, de petits chemins de fer, à l'usage des touristes, ne devaient pas manquer. Il se dévoua à ce genre de constructions, et perfectionnant de la manière la plus heureuse les divers procédés de traction alors connus pour la remonte des pentes, il se fit une spécialité de ces sortes de chemins de fer, et acquit bientôt, dans cette nouvelle industrie mécanique, une juste renommée.

VII

Les chemins de fer à crémaillère du Righi. — La voie, la locomotive, les wagons les freins.

La montagne du Righi, site classique pour les touristes, est posée, comme un gigantesque pain de sucre, entre les lacs des Quatre-Cantons, de Zoug et de Lowertz. Elle s'avance, à la façon d'un promontoire, dans le lac des Quatre-Cantons, et présente une pente très abrupte du côté du lac de Zoug. Sa hauteur, au-dessus du niveau du lac de Zoug, est de 1,360 mètres, et au-dessus du niveau de la mer de 2,000 mètres. Pour établir un chemin de fer ordinaire du bord du lac des Quatre-Cantons au sommet du Righi, il aurait fallu développer un tracé de 40 à 50 kilomètres. Grâce au système à crémaillère, on a pu aborder des pentes très fortes (19 à 25 pour 100), et la longueur de la voie ferrée n'est que de 8,300 mètres, avec trois gares intermédiaires : Vitznau, Kaltbald et Staffel.

Le chemin de fer à crémaillère du Righi par le lac des Quatre-Cantons et Vitznau, est le premier que M. Riggenbach ait construit, et c'est le type des chemins de fer de ce genre, c'est-à-dire des voies ferrées à forte pente, destinées exclusivement aux touristes, ne remorquant qu'un wagon à la fois, et ne faisant de service que pendant l'été.

Il y a aujourd'hui deux chemins de fer à crémaillère qui atteignent le sommet du Righi : l'un, part du lac des Quatre-Cantons et de Witznau, l'autre part du lac de Zoug et du bourg d'Arth. Nous commencerons par décrire le système mécanique des deux chemins de fer du Righi; nous passerons ensuite à la partie pittoresque de l'une et de l'autre route.

Nous distinguerons, dans la description technique : 1° la voie ; 2° la locomotive ; 3° le wagon à voyageurs ; 4° les freins.

Voie. — La voie se compose de trois rails, à savoir : deux rails ordinaires, en tout semblables à ceux de nos chemins de fer, et un troisième, placé au milieu, qui constitue la crémaillère. C'est une sorte d'échelle de fer, très étroite, c'est-à-dire n'ayant pas plus de 2 centimètres et demi de largeur. Les échelons de fer sont solidement rivés aux montants de l'échelle ; c'est sur ces échelons que viennent mordre les dents d'une roue fixée à l'arrière de la locomotive.

Ces échelons sont les véritables points d'appui de la traction ; car c'est sur eux que se hisse le train. On comprend donc que cette partie de la voie doive

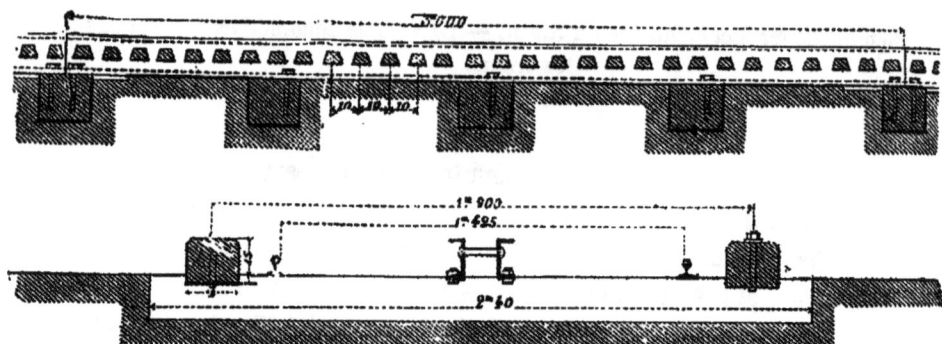

FIG. 50-51. — COUPE DE LA VOIE ET DES RAILS DU CHEMIN DE FER DU RIGHI

être exécutée avec un soin particulier, et au moyen de matériaux de choix, car de sa solidité dépend la progression.

Les rails et la crémaillère portent sur des traverses en bois de chêne ; de sorte qu'il n'y a point de *ballast*, les traverses de bois étant toujours à découvert. Des massifs de maçonnerie, d'un mètre de surface et d'un mètre de profondeur, sont enterrés, de cent en cent traverses, pour assurer la rigidité à la voie.

La crémaillère s'étend sur toute la longueur du trajet, car la machine ne saurait marcher sur des rails simples. Il y a seulement une voie d'évitement.

Locomotive. — Le mécanisme à vapeur est le même que dans les loco-motives ordinaires ; seulement, son ensemble présente un aspect assez singulier. La chaudière est verticale, ou plutôt légèrement inclinée, et devenant verticale quand elle est placée sur la pente de la route. Cette disposition est rendue nécessaire par l'inclinaison de la voie ; car avec une chaudière horizontale, comme celle de nos chemins de fer, il y aurait eu un trop grand changement de niveau entre les tubes-bouilleurs et le niveau de l'eau, à l'intérieur de la chaudière, pendant la montée ou la descente.

En arrière de la chaudière se trouvent les *caisses à eau* et la *soute à charbon*. La *caisse à eau* ne contient que 1000 litres de liquide, que l'on renouvelle à la montée et à la descente. L'avant, c'est-à-dire l'extrémité opposée au tender, est aménagé pour recevoir les bagages (fig. 53).

La force de la machine est de 160 chevaux-vapeur. Le maximun de ce qu'on exige d'elle est la traction d'un grand et d'un petit wagon, contenant 72 personnes, avec leurs bagages, ou 84 personnes sans bagages, c'est-à-dire d'un poids brut d'environ 13,000 kilogrammes.

Le poids de la locomotive, prête à fonctionner, est de 17 tonnes. Un train, avec 2 voitures complètement garnies de voyageurs, pèse donc environ

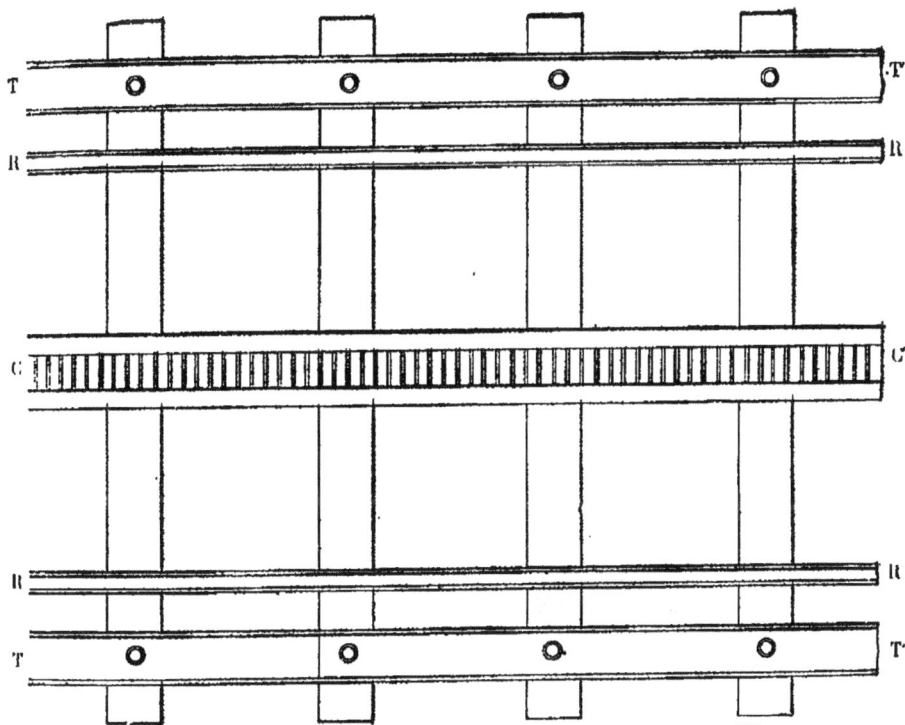

Fig. 52. — PLAN DES RAILS ET DE LA VOIE DU CHEMIN DE FER DU RIGHI
CC', crémaillère de fer ; R,R', rails ; T,T', traverses de bois de chêne.

30 tonnes. La vitesse du trajet est de 8 kilomètres à l'heure. Lors des essais qui eurent lieu avant l'ouverture définitive de la ligne, le train gravit une pente de 17 pour 100, avec un poids brut de 17,000 kilogrammes, le double du propre poids de la machine, à la vitesse de 12 kilomètres à l'heure. Pour fonctionner, la locomotive exige 1,700 litres d'eau dans la chaudière, 1,500 litres dans le réservoir et 550 kilogrammes de houille. La surface de chauffe de la chaudière est de 46 mètres carrés, la grille a 1 mètre carré de surface, et la pression de la vapeur dans la chaudière est de 10 atmosphères.

Le poids de la machine locomotive, avec son approvisionnement normal d'eau et de charbon, est de 14 tonnes et demie.

La force motrice de la machine à vapeur s'exerce par l'engrenage de la roue dentée avec la crémaillère, et au moyen de l'essieu moteur à manivelles et de la transmission des roues dentées, dans la proportion de 1 à 2,4. La grande roue dentée de l'essieu moteur a un diamètre de $1^m,055$, une circonférence de $3^m,3$, et 33 dents.

C'est par la rotation de la grande roue dentée que tout le poids du train doit cheminer sur la forte rampe de la ligne. Aussi cette roue est-elle en acier fondu, d'une qualité supérieure. Les dents sont distantes les unes des autres de $0^m,10$.

FIG. 53. — LOCOMOTIVE DU RIGHI

Il existe 10 dents sur chaque mètre de la crémaillère. La roue dentée fait 40,4 tours par minute, et parcourt, dans le même espace de temps, $132^m,3$.

Wagons et freins. — Les voitures pour les voyageurs sont ouvertes des deux côtés, et pourvues de rideaux, qui protègent contre le soleil et la pluie. Les parois des deux extrémités de la voiture se composent de châssis vitrés; en sorte que la vue est complètement libre de tous les côtés. Les grandes voitures ont 7 bancs à 6 places, plus un espace de 2 bancs à 6 places pour les bagages. Les petites voitures ont 5 bancs à 6 places.

A l'essieu de devant de chaque voiture se trouve adaptée la roue dentée, engrenant avec un frein qui agit sur la roue. Lorsque le frein es desserré, la roue se meut librement dans la crémaillère; si l'on serre le frein les dents de cette roue font résistance contre celles de la crémaillère, et la voiture s'arrête.

La locomotive et les wagons ne sont point réunis entre eux, comme cela existe pour les chemins de fer ordinaires, où une chaîne à crochet rattache chaque wagon à celui qui le suit. Sur les pentes du Righi, chaque voiture, ainsi que la locomotive, peuvent être arrêtées immédiatement et indépendamment les unes des autres.

La descente s'opère par le simple poids du train. La locomotive descend toute seule, en soutenant le wagon devant lequel elle est placée.

Mais sur une pente aussi rapide, le poids du convoi déterminerait une chute précipitée. Les freins destinés à modérer la rapidité de la descente doivent

Fig. 54. — INTÉRIEUR D'UNE VOITURE DU CHEMIN DE FER DU RIGHI

donc être fort puissants. Aucun frein à main, c'est-à-dire à *friction*, ne saurait supporter une pareille pression ; il s'échaufferait au bout de quelques mètres de parcours.

C'est le frein *à air comprimé* qui modère la descente, et ce frein à air comprimé est fourni, circonstance curieuse et intéressante, par le mécanisme à vapeur qui a servi à opérer la montée. De même que la vapeur agit sur les pistons des cylindres, pour faire monter le train, l'air comprimé le retient à la descente.

Mais, nous direz-vous, d'où vient cet air comprimé ? Ici se place une des plus intéressantes idées de la mécanique des chemins de fer. Le mécanicien n'a qu'à faire agir la clef d'un robinet qui ferme l'accès de la vapeur dans le corps du cylindre, et le piston, au lieu d'aspirer de la vapeur, aspire de l'air. L'air aspiré, puis comprimé dans les cylindres, à chaque coup de piston, fait l'office de frein, car il agit en sens inverse du mouvement du train, sur les pistons d'abord, et par eux, sur la roue motrice. Un robinet, placé sur le tuyau d'échappement, sert, en diminuant la section, du tuyau, à faire obstacle à la sortie de l'air du cylindre, et à produire ainsi une contre-pression, qui empêche l'accélération de la vitesse du train.

Une conduite de petit diamètre, qui amène l'eau du tender dans le cylindre, empêche l'échauffement de celui-ci, et la marche à sec du piston. Bien entendu que l'eau n'est introduite qu'à la descente, alors que l'on n'emploie pas de vapeur.

Se servir de la machine à vapeur qui a fait monter le train, pour le retenir à la descente, c'est assurément une invention qui peut être considérée comme le trait d'un bienfaisant génie.

Connaissant maintenant la structure de la voie, le mécanisme moteur des trains, et le système des freins, nous ferons passer sous les yeux du lecteur la suite des points de vue dont jouit le touriste qui gravit les pentes du Righi, par l'une et l'autre ligne qui existent aujourd'hui au nord et au sud.

VIII

Le Righi, qui n'a que 2,000 mètres de hauteur au-dessus du niveau de la mer, ne peut rivaliser, quant à l'altitude, avec les colosses des Alpes, dont le plus important, le mont Blanc, à 4,826 mètres de hauteur. La renommée du Righi, dans le monde des touristes, tient à sa situation exceptionnelle. Posé entre trois lacs, il domine le plus beau des points de vue de la Suisse, un véritable et admirable panorama, qui n'a pas moins de 70 lieues de circonférence. Aussi cette montagne, si favorisée par la nature, a-t-elle été, dans notre siècle, le rendez-vous de tous les amateurs de sites pittoresques.

Pour atteindre au sommet du Righi, il fallait, autrefois, marcher près de quatre heures. On partait du village de Wœggis, situé au bord du lac des Quatre-Cantons, et par une montée, que les aubergistes disséminés sur la montagne avaient cherché à rendre moins pénible, en y faisant placer des bancs, de distance en distance, et d'où l'on jouissait de délicieuses échappées de vue sur le lac, on arrivait, à travers de riches pâturages, au chalet de Sœntiberg. Puis, continuant la route, et suivant un sentier taillé dans le roé· on trouvait l'ermitage et la chapelle de Sainte-Croix.

A partir de la chapelle de Sainte-Croix, le chemin s'élevait en zigzag, et passait sous une sorte de voûte immense, formée par un éboulement de rochers posés les uns sur les autres.

On arrivait ainsi à une grande auberge, le *Bain froid*, où les amateurs avaient la faculté de se soumettre à la singulière opération que voici.

Un établissement de bains était contigu à l'auberge. D'ordinaire, on se déshabille, pour se mettre au bain. Ici, on se plongeait dans l'eau froide, revêtu de ses habits. Après l'immersion, on allait se promener, et admirer la belle nature, pour laisser sécher ses vêtements sur le corps.

Les médecins du canton de Schwitz prétendaient que c'était là un moyen excellent pour guérir les rhumatismes. J'aurais cru, moi, que c'était un moyen infaillible d'en procurer à ceux qui n'en ont pas. Mais, au commencement de notre siècle, les cures à l'auberge du *Bain froid* étaient en grand honneur dans toute la Suisse. Aujourd'hui, personne ne connaît, même de nom, l'auberge du *Bain froid*.

Après avoir quitté la salutaire auberge, on se croyait au terme du voyage; mais on n'était pas encore au bout. En effet, après une montée longue et rapide, à travers des pâturages ombragés de sapins, on allait se reposer à l'auberge du Staffel. De ce point, il ne restait plus qu'une montée d'un quart d'heure pour arriver au Righi-Kulm, c'est-à-dire au point le plus élevé du Righi.

La montée avait duré, comme nous l'avons dit, quatre heures. Aujourd'hui, le chemin de fer l'effectue en une heure et un quart.

Voici les principales particularités du voyage au Righi, par la voie ferrée qui part de Vitznau, village situé au bord du lac des Quatre-Cantons (1).

Le bateau à vapeur, venant de Lucerne, déverse sur la rive son équipage de touristes et de promeneurs. A la descente du bateau, chacun se pousse et se bouscule. Il s'agit, en effet, de s'emparer des bonnes places dans le wagon prêt à commencer l'escalade. Les bonnes places sont celles du côté droit, car elles permettent de voir se dérouler successivement tout le panorama depuis la base du Righi jusqu'aux sommets de l'Oberland bernois, qui ferme l'horizon de ses pics neigeux.

Les bancs du wagon, au nombre de neuf, et pouvant recevoir chacun six personnes, sont inclinés de manière à prendre, en montant, la position horizontale.

Le wagon est vite rempli. Un second wagon, avec sa locomotive, reçoit les retardataires; car, nous l'avons dit, une locomotive ne peut traîner qu'un seul wagon. On réunit ainsi trois ou quatre locomotives, qui doivent pousser devant elles autant de wagons; et, au coup de sifflet réglementaire, l'ascension commence.

Il part un train chaque deux minutes, aux jours de grande affluence de voyageurs.

En quittant Vitznau, la ligne serpente à la base de la montagne, avec une inclinaison qui n'est pas moindre de 25 pour 100.

Le Righi est composé, depuis sa base jusqu'à sa cime, d'une roche moderne, constituée par des sables agglutinés, qui contiennent des cailloux roulés de différentes grosseurs. C'est ce que les géologues appellent du

---

(1) L'inauguration du chemin de fer Vitznau-Righi eut lieu le 21 mai 1871. Le service commença le 23. Le tronçon du *Staffel* a été ouvert le 27 juin 1873.

nom disgracieux de *pouddingue*, ce qui veut dire, en français, terrain formé par le torrent des eaux diluviennes, à l'époque moderne.

On a la preuve de la composition géologique des roches du Righi, en longeant, au départ, une muraille de *pouddingue* (puisqu'il faut l'appeler par son nom), muraille aux couches presque horizontales, qui s'empourprent de rayons de feu, quand elles sont frappées par les rayons du soleil couchant.

FIG. 55. — PERSPECTIVE DU CHEMIN DE FER DE VITZNAU-RIGHI

1. Vitznau. 2. Pont de Schnurtobel. 3. Freibergen. 4. Romill. 5. Le Kaltbad. 6. Station Staffelhohe. 7. Staffel 8. Righi-Kulm. 9. Chemin de fer de Scheidegg. 9a. Le pont d'Unterstetten, Station. 10. Righi-First. 11. Station Scheideg. 12. Hôtel Scheideg. 13. Le Vitznauerstock. 14. Le Rothstock. 15. Le Kaenzeli.

Plus loin est la *Krapfenbahn*, grotte naturelle formée par des rochers surplombants.

Les touristes anglais aiment à raconter que, quand on visite dans la solitude du désert avoisinant le Caire, la grande pyramide d'Égypte, le premier objet qui frappe la vue, c'est le nom et l'adresse d'un célèbre marchand de cirage de la cité de Londres. Les industriels de l'antique Helvétie n'ont rien à reprocher à ceux de la fière Albion; car sur la ligne du Righi, à deux pas du *Krapfenbahn*, ce qui attire les yeux, c'est une énorme inscription, gravée sur le rocher, et disant à peu près : « *Le meilleur chocolat, c'est le chocolat X....* »

Mais les spectacles qui vont se dérouler sous les yeux du touriste, lui font vite oublier le puffisme helvétique. Plus on s'élève et plus les sites qui se présentent, sollicitent l'attention. A l'issue d'un petit bois qui suit *Krapfenbahn* se déroule un panorama splendide. On est arrivé à Eichberg au-dessous duquel s'étendent les eaux bleues du lac des Quatre-Cantons, les deux Nasen, le Buochserhorn, la Musenalp, le Schwibogen, le puissant Frohnalpstock, la chaîne de l'Axen, les Hautes-Alpes aux neiges éternelles, enfin, à droite du Buochserhorn, le Hoch-Briesten et le Schwalmis.

Plus à droite encore, se distinguent les montagnes qui bordent le lac de Brienz, puis le mont Jura et le sévère mont Pilate.

A Schwanden, la vue s'étend davantage encore. A un détour de la ligne, à gauche contre la montagne, se présente un tunnel creusé dans le roc, et de 75 mètres de long.

A sa sortie, il semble que le terrain va vous manquer sous les pieds, car ce tunnel débouche sur un pont hardiment lancé au-dessus de ravins effrayants : c'est le Schnurtobel (fig. 57).

La traversée vertigineuse de ce pont fait pousser aux dames et aux messieurs pusillanimes de petits cris de terreur.

Le viaduc de Staffel fait reparaître la perspective du lac. De l'autre côté de ce viaduc se dressent les hautes parois à pic de la Grublisfluh, d'où se précipite en grondant la cascade du Gross-Grubis.

Freibergen, dont l'altitude est de 1016 mètres, est la première station. Une halte de quelques minutes laisse le temps d'admirer le panorama qui se déroule devant les yeux. A son extrémité gauche le Niederbauen, au pied duquel se trouve la station climatérique de Selisberg. Tout auprès, l'Oberbauen ; plus loin l'Uri-Rothstock, avec ses glaciers et ses neiges éternelles ; à sa droite, un beau glacier et à l'arrière-plan le Schreckhorn, un des géants de l'Oberland bernois.

Pendant toute la course, principalement à la descente, il se produit une illusion d'optique tout à fait particulière. Les arbres, les granges, les chalets, les rochers, paraissent penchés en arrière. On se demande si tous ces objets ne vont pas tomber ou s'écrouler. C'est une conséquence de l'inclinaison de la voie. Les personnes assises dans les wagons sur des sièges fortement renversés en arrière ne se rendent pas compte de la pente qui est de 20 à 25 pour 100 et finissent par envisager les bords du wagon comme étant des lignes horizontales, et la direction du train comme étant la ligne normale.

Le train se remet en marche, et les voyageurs assis à droite jouissent, pendant quelques secondes d'un spectacle grandiose, car à peine le wagon a-t-il contourné un rocher, qu'il rase un abîme, au fond duquel gronde la cascade d'Eichenbach. Plus loin, le regard plonge avec surprise sur un tapis de velours vert formé par la nature. A l'arrière-plan, à vol d'oiseau, se découvrent les rives du *Kreuztrichter*, avec Lucerne dans le fond.

A mesure qu'on s'élève dans la direction du nord, apparaissent, l'un après l'autre, les géants de l'Oberland bernois : l'*Eiger* bernois, puis le Mönch, le *Rosenhorn*, le *Dossenhorn*, le *Silberhorn* et bien d'autres encore. A cette altitude, les arbres feuillus deviennent rares et les gazons plus courts.

On arrive bientôt à la station *Romili Fellsensthor*, à 1,180 mètres

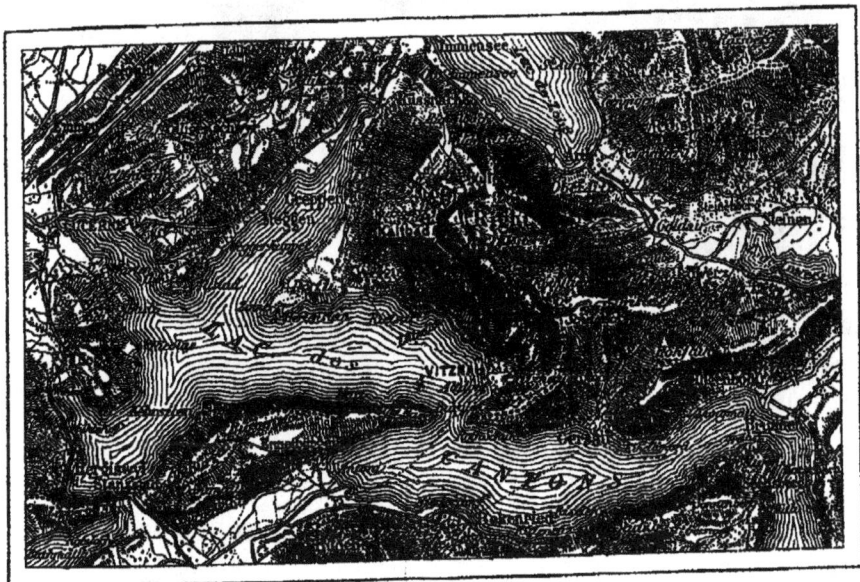

Gravé par Mme Perrin.

FIG. 56. — CARTE DES DEUX CHEMINS DE FER DU RIGHI

d'altitude. On monte toujours, à travers des paturages, au milieu de sapins au branchage tourmenté. La vue demeure magnifique. Elle s'égaye sur un horizon de montagnes borné par le *Finsteraarhorn*, au pied duquel miroite le joli lac de Sarnen.

On est arrivé à la troisième station, au *Righi-Kaltbad*.

Tous les voyageurs qui ont gravi le Righi connaissent l'hôtel de la station de Kaltbad. C'est une sorte de caravansérail, où l'on entend parler toutes les langues du globe, et où 500 personnes, à la fois, peuvent être hébergées, moyennant un bon prix.

Nous ne nous y arrêterons que pour dire que l'hôtel de Kaltbad a remplacé la vieille *auberge du Bain froid*, en ce qui touche la cure des rhumatismes. On voit, en effet, sortir du rocher une source d'eau très froide, puisqu'elle ne marque au thermomètre que $+ 4°$, et qui porte le nom de

FIG. 57. — VITZNAU, LAC DES QUATRE-CANTONS ET GARE DU CHEMIN DE FER DU RIGHI

Schwesterborn, c'est-à-dire *source des sœurs*, et plus d'un touriste se fait un devoir de se plonger tout habillé dans la *source des sœurs*.

Pourquoi la source de Kaltbad a-t-elle reçu ce nom gracieux? C'est ce que la légende explique comme il suit.

Au seizième siècle, du temps de l'empereur d'Allemagne, Albert, des baillis autrichiens exerçaient un pouvoir fort tyrannique sur les contrées d'Uri, de Schwitz et d'Unterwald. Le bailli d'Unterwald avait aperçu, au sortir de la messe, une de ses jeunes vassales, qui habitait le village d'Arth, et il en était devenu amoureux, parce qu'elle était blonde. Sa sœur, qui l'accompagnait, était brune; et comme le bailli adorait les brunes, il en était fortement épris. Enfin, la troisième sœur, avec ses yeux bleus et sa chevelure brune, était un mélange de beautés qui avaient particulièrement séduit notre haut baron.

Ces seigneurs de la Renaissance étaient des vaillants. Le bailli d'Unterwald ne sachant à laquelle de ses trois vassales il devait jeter le mouchoir, prit un parti héroïque : il les enleva toutes les trois.

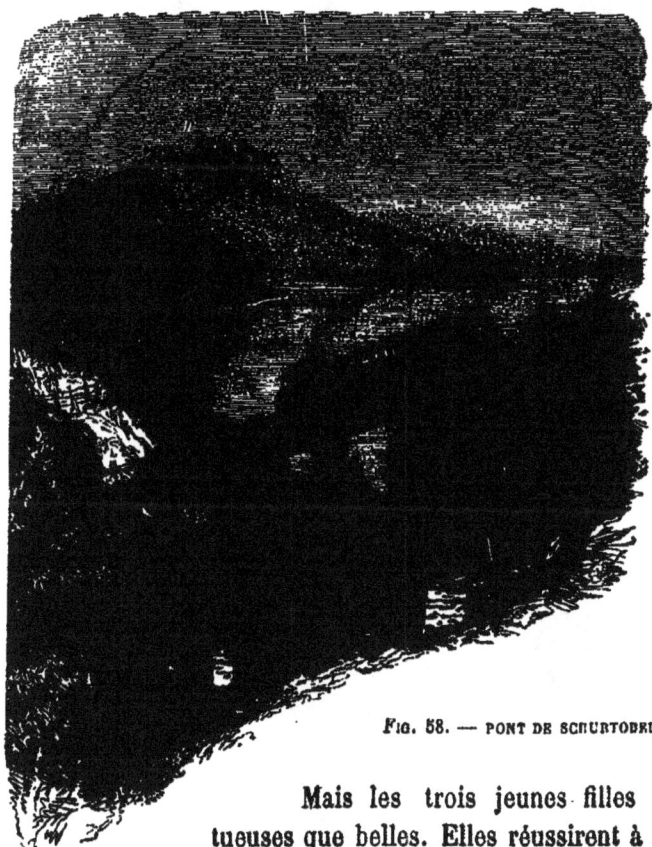

Fig. 58. — PONT DE SCHURTOBEL

Mais les trois jeunes filles étaient aussi vertueuses que belles. Elles réussirent à s'enfuir du château où on les avait enfermées, et elles allèrent se réfugier dans les gorges, encore inaccessibles, du mont Righi. Arrivées à l'endroit où la source s'échape du rocher, elles s'y arrêtèrent, certaines d'échapper aux poursuites de leur ravisseur.

Personne ne sait combien de temps elles vécurent dans cette solitude. On les croyait disparues à jamais, lorsque, par une belle nuit d'été, des pâtres du Righi virent trois petites lumières briller au-dessus d'une forêt.

En suivant la direction de cette lumière, ils parvinrent à une cabane d'écorce, où ils trouvèrent les trois sœurs, les mains entrelacées et dormant du sommeil éternel.

FIG. 59. — DESCENTE DE LA GRUBISFLUSH (GROS-GRUBIS)

Nouvelles Virginies, elles avaient évité, par la mort, l'outrage de ce triple Tarquin d'Helvétie.

Une chapelle fut bâtie sur l'emplacement de la cabane, et la source prit le nom de *source des Sœurs*.

A partir de ce moment, on attribua à la *source des Sœurs* des vertus

miraculeuses. Les malades affectés de goutte ou de rhumatismes, grim-
paient jusqu'à cette hauteur ; ce qui devait être particulièrement pénible
pour leurs membres ankylosés ou raidis, puis ils se plongeaient, tout habillés,
dans l'eau froide, et s'étendaient, au sortir du bain, sur la terre, attendant
qu'il plût au soleil de les sécher.

Aujourd'hui encore, on va boire, à Kaltbad, l'eau de la *source des sœurs*,
et comme nous l'avons dit, quelques fanatiques du passé se plongent dans

FIG. 60. — LE RIGHI-SCHEIDECK

l'eau froide, tout habillés ! Cela ne guérit pas leurs rhumatismes, mais cela
maintient la tradition.

A la station de Kaltbad, on est à peu près au tiers du tracé de la ligne ferrée.

C'est à Kaltbad que se trouve l'embranchement de la voie ferrée qui
conduit au *Scheideck*, ou *Righi-Scheideck*, ainsi qu'on le voit en jetant les
yeux sur la carte de la page 129.

Le *Righi-Sheideck* (fig. 60) est une éminence du Righi qui rivalise avec le
Righi-Kulm, et qui, par cette raison, est toujours honorée de la visite des
touristes. On trouve, sur la ligne de Kaltbad au Righi-Scheideck, un viaduc
très hardi, que nous représentons sur la figure 61.

Reprenons le route de Vitznau au Righi, pour atteindre le sommet de la montagne, c'est-à-dire le *Righi-Kulm*.

On arrive par une grande courbe à la station de Staffel. Là, on voit surgir toute la chaîne orientale des Alpes, avec le Sentis, les Kurfirsten, le Speer, le Glœrnisch, le massif du Tœdi, dans le canton de Glaris, la chaîne occidentale des montagnes de Schwitz dans son développement, ainsi que

FIG. 61. — VIADUC SUR LA ROUTE RIGHI-SCHEIDECK

la chaîne orientale des Alpes du même canton. Le regard plonge, dans la direction nord, sur les cantons de Zug, Zurich, Argovie et Lucerne.

Un dernier effort de la locomotive, et l'on arrive au *Righi-Kulm*, la partie la plus élevée de la montagne.

La gare de Righi-Kulm est située à 1,750 mètres au-dessus du niveau de la mer. La locomotive a donc eu, à partir de Vitznau, à escalader une hauteur de 1,310 mètres, sur un parcours de 7 kilomètres. Sur le sommet du Kulm, le voyageur se trouve à 1,363 mètres au-dessus du niveau du lac des Quatre-Cantons, et à 1,800 mètres au-dessus du niveau de la mer.

Le Kulm a toujours été le but de prédilection des touristes qui font l'ascension du Righi. Dégagé de tous côtés, ce sommet offre une vue d'une étendue et d'une beauté indescriptibles. Il est difficile de préciser où commence et où se termine ce panorama gigantesque.

Trois chaînes de montagnes, soixante-dix glaciers, treize lacs, dix-sept villes et quarante villages, répandus sur environ 70 lieues de circonférence, voilà ce qu'on voit du sommet du Righi. A l'ouest, la perspective s'étend jusqu'aux montagnes du Jura et des Vosges. Au nord, apparaît tout le canton

FIG. 62. — LE RIGHI-KULM

de Zurich. A l'est et au sud s'échelonne la chaîne des Alpes, depuis les monts d'Appenzell et de Glaris, jusqu'à ceux d'Uri et de l'Oberland.

Le *Kulm* est un espace irrégulier de terrain qui termine le Righi. Il est dépourvu d'arbres, mais couvert de gazon. On a construit, au sommet, une sorte d'échafaudage en bois, pour servir de *signal*, selon le mot consacré en Suisse. Ce *signal* peut fournir un point de mire pour les mesures trigonométriques; et, en même temps, il sert de belvédère aux voyageurs qui estiment qu'ils ne sont pas encore assez haut perchés au sommet du Righi.

La grande attraction des touristes qui visitent le nord de la Suisse, c'est le spectacle du lever et du coucher du soleil, vus du haut du Righi. C'est pour cela que l'on montait autrefois, pendant quatre heures consécutives, et que l'on fait, de nos jours, le voyage par le chemin de fer à crémaillère. Parlons donc de ce spectacle classique et obligatoire.

Une heure avant le lever du soleil, les voyageurs, réveillés par les sons étranges d'une longue corne de bois, courent au *signal*, pour y voir le lever du soleil. Ils ont eu la précaution de se bien vêtir, car il fait presque toujours froid à cette hauteur, surtout aux heures matinales.

Ceux qui jouissent complètement, ou même en partie, de ce magnifique spectacle, peuvent bénir leur sort; car le plus souvent le ciel, parfaitement pur, la veille au soir ou une heure avant le lever du soleil, se couvre de nuages ou de brouillards à l'instant où l'on s'applaudit de son heureuse chance. D'autres fois, au contraire, après s'être endormi au milieu des nuages et même de l'orage et de la pluie, on est tout surpris, au réveil, d'assister à l'aurore d'un beau jour.

Voici, réduite aux faits physiques, la série d'aspects que présente, au lever du soleil, l'horizon contemplé du haut du Righi. Cette suite de phéno-mènes optiques provient de plusieurs causes : d'abord de la multitude de glaciers lointains, qui décomposent la lumière et lancent dans l'espace leurs feux irisés ; ensuite de l'excessive transparence et réfrangibilité de l'air, à ces hauteurs extrêmes.

Ajoutons qu'il n'est pas impossible que le phénomène que les astronomes désignent sous le nom de *couronne solaire*, c'est-à-dire cette belle auréole colorée qui entoure le disque solaire, et qui n'est guère discernable qu'au moment des éclipses totales de l'astre radieux, ne joue un rôle pour la production des rayons multicolores dont l'horizon se revêt, dans les circons-tances qui nous occupent.

Au moment où les ombres de la nuit s'effacent, des lueurs violettes apparaissent à l'horizon, et les dernières constellations finissent de s'éva-nouir. La clarté augmente, et l'on voit la place où le soleil va appa-raître.

L'ombre terrestre s'efface de plus en plus, du côté de l'ouest. Les plus hauts sommets des montagnes environnantes passent au rouge, puis la buée lumineuse se répand sur le flanc des montagnes, et le soleil sort de l'horizon, pareil à un boulet rougi au feu. Il n'a point de rayons, et paraît comme un disque uni, tel qu'il s'est couché la veille. Il fait alors jour, et la coloration crépusculaire a disparu.

Tel est le phénomène réduit à sa plus grande simplicité, mais ce qu'il est impossible de décrire, ce que n'aurait pu reproduire le pinceau de Calame, ce sont les magiques flamboiements de toute sorte qui accompagnent la transition de la nuit au jour, c'est la richesse infinie des nuances et des tons intermédiaires qui prêtent à ces illuminations célestes un caractère vraiment sublime.

Le coucher du soleil présente un spectacle aussi curieux. A la fin de sa course, le soleil s'incline à l'ouest, au-dessus des lignes bleues du Jura qui terminent l'horizon. Les ombres s'étendent et s'allongent. Le crépuscule envahit le lac des Quatre-Cantons. Le disque du soleil colore toujours les cimes des Alpes; mais, à mesure qu'il s'abaisse, on voit les ombres monter le long des pentes, et quelques nuées roses flotter au-dessus des dentelures du Jura. Le soleil diminue au sein de son auréole empourprée. On distingue encore la moitié de son disque, puis seulement un segment de cercle, puis

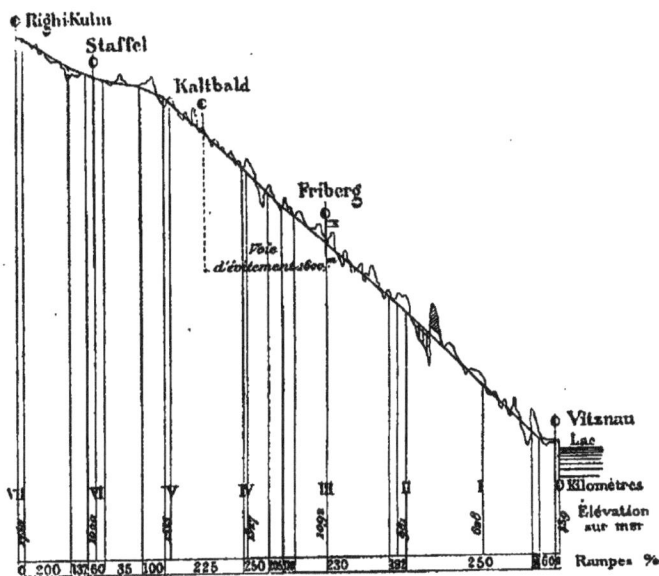

FIG. 63. — DIAGRAMME DES HAUTEURS DE LA RAMPE DE VITZNAU AU RIGHI

une mince ligne, enfin un point lumineux, et l'astre s'évanouit définitivement, pour aller éclairer l'autre hémisphère.

En ce moment, à cette minute, apparaît le phénomène, splendide, autant que fugitif, que l'on appelle, dans les Alpes, l'*Alpgluhn*, mot barbare qui désigne un effet merveilleux. Les cimes des Alpes s'illuminent d'un reflet éblouissant. Ce phénomène de coloration, dû à quelque décomposition instantanée de la lumière, ne dure que quelques instants. La fugitive lueur s'éteint subitement, et une teinte blafarde envahit, de ses ombres grises, le ciel attristé. La nuit se répand sur la nature; seule, la voûte céleste brille des feux tranquilles de ses premières étoiles, comme pour prouver que la lumière, mère de toute création et de toute existence, n'est jamais entièrement dérobée au globe que nous habitons.

Pour terminer ce chapitre, nous mettons sous les yeux du lecteur (fig. 63) le diagramme des hauteurs que franchit le chemin de fer à crémaillère de Vitznau au sommet du Righi.

Le succès de la voie ferrée du Righi par Vitznau a amené la création d'une seconde ligne pareille. Nous avons dit que le Righi se dresse entre Lucerne, au midi, et Zurich au nord. Les touristes venant de Lucerne et du lac des Quatre-Cantons, montent au Righi par Vitznau ; ceux qui arrivent de Zurich et du lac de Loverz, y montent par une seconde ligne ferrée à crémaillère, qui a été construite en 1874, et qui va du lac de Zoug à Arth.

Nous ferons connaître le trajet pittoresque de la ligne ferrée de Arth au Righi, comme nous avons décrit celle de Vitznau au même sommet.

IX

Le chemin de fer à crémaillère d'Arth-Righi.

Du bord du lac de Zoug à Arth, jusqu'au village d'Oberarth, la route est en plaine, et traverse une riante vallée. Ce n'est qu'à Oberhart que commence la montée. Aussi forme-t-on un train ordinaire, composé d'un nombre quelconque de wagons, jusqu'à Oberhart, où l'on change de dispositions, en donnant deux voitures à une locomotive de montagne, et composant ainsi des trains, qui partent toutes les cinq minutes.

C'est ici le lieu de faire remarquer que les locomotives du chemin de fer de Arth-Righi diffèrent de celles du chemin de fer de Vitznau-Righi en ce que la chaudière n'a point la disposition inclinée sur l'horizon qui caractérise les premières de ces locomotives. Leur chaudière est horizontale, comme on le voit sur la figure 65 qui représente exactement ce véhicule à vapeur.

Les autres dispositions mécaniques de la locomotive sont, d'ailleurs, les mêmes.

Les freins offrent une triple sécurité, à savoir : 1° le frein du mécanicien agissant directement sur l'essieu qui commande le mouvement des bielles allant du cylindre à vapeur aux roues ; 2° le frein du chauffeur qui agit sur l'essieu de devant ; 3° le *frein à air*, qui, au moyen de l'air comprimé dans le cylindre, agit directement sur la roue dentée, par la bielle et la crémaillère. Comme dernier moyen de sûreté, on peut, enfin, faire usage de la contre-vapeur.

La force de la locomotive de l'Arth-Righi, comme celle du Vitznau-Righi, est de 160 chevaux-vapeur.

Comme sur le chemin de fer de Vitznau-Righi, la force motrice de la vapeur s'exerce par l'engrenage de la roue dentée de la crémaillère, et au moyen de l'essieu moteur à manivelles et de la transmission des roues dentées, dans la proportion de 1 : 2,4. La grande roue dentée de l'essieu moteur a un diamètre de $1^m,055$, une circonférence de $3^m,3$, et 33 dents. C'est par la rotation de la grande roue dentée que tout le poids du train doit cheminer sur la forte rampe de la ligne ; aussi cette roue est-elle en acier fondu, d'une qualité supérieure ; les dents sont distantes les unes des autres de $0^m,10$. Il existe dix dents sur chaque mètre de la crémaillère, il y a par conséquent 97,770 dents sur le tronçon de montagne d'Oberarth au Righi-Kulm, qui est de 9,777 mètres (sans les changements de voie) et la roue dentée doit faire 2,963 tours pour exécuter ce trajet. La roue dentée fait 40,4 tours par minute, et parcourt, dans le même temps, un espace de $133^m,3$.

Les voitures sont les mêmes que celles du chemin de fer Vitznau-Righi.

FIG. 64. — LOCOMOTIVE DU CHEMIN DE FER D'ARTH-RIGHI

Une locomotive pousse une seule voiture, en se plaçant toujours derrière elle.

A la descente, les cylindres à vapeur aspirent et compriment de l'air, et les pistons, agissant en sens inverse du mouvement de la montée, tendent à repousser de haut en bas le train, et joignent, par conséquent, leur action à celle des freins.

En avançant, à partir d'Oberartn, sur les premières rampes, on a a sa gauche la masse imposante du Righi.

En quittant Oberhart, le train se dirige sur le tunnel de Mühlefluh, après avoir franchi deux ponts sur le ruisseau de l'Aa. On continue de côtoyer ce ruisseau jusqu'à ses sources, et, dès que l'on a dépassé le troisième pont sur

l'Aa, d'énormes blocs de rochers arrêtent les regards. On se trouve sur
l'emplacement de l'éboulement de la vallée de Goldau, et au milieu des

FIG. 65 — ARTH, AU BORD DU LAG DE ZOUG

débris de la montagne qui, en s'écroulant subitement, fit d'une des plus riantes
vallées de la Suisse, le désert affreux dans lequel la voie ferrée s'engage.

La catastrophe de Goldau, qui fit tant d'impression dans toute l'Europe, au commencement de notre siècle, est restée l'exemple le plus célèbre de ces chutes spontanées de portions de montagnes, provoquées par les pluies, quand elles agissent sur des terrains composés de couches hétérogènes et pouvant glisser les unes sur les autres. Nous rappellerons ici les circonstances dans lesquelles se produisit ce cataclysme.

La *vallée de Goldau* (*vallée d'or*), ainsi nommée en raison de ses riches cultures, s'étend entre le lac de Schwitz et celui de Lowerz. D'un côté s'élève le Righi, qui a 1,400 mètres de hauteur, de l'autre côté le Rosenberg, haut de 1,100 mètres. Ces deux montagnes sont composées de terrains diluviens, c'est-à-dire de cailloux pétris d'une sorte de grès, ou de marne à grains fins. Elles reposent, dans toute leur étendue, sur des couches argileuses; de telle sorte que, quand elles sont ramollies par les eaux, les assises surmontant ces argiles peuvent glisser sur leurs pentes.

L'été de 1806 avait été très pluvieux, et pendant les 1er et 2 septembre, la pluie n'avait pas cessé un seul instant. A la suite du délitement du terrain occasionné par les eaux, de nombreuses crevasses apparurent sur le flanc du Rosenberg, et l'on entendit des bruits insolites à l'intérieur de la montagne. Les habitants commencèrent à être très effrayés; car on avait vu souvent des quartiers énormes de roches rouler le long de la montagne, et l'on savait qu'au quatorzième siècle, le village d'Unrothen avait été écrasé par un de ces éboulements. Les habitants des maisons éparses sur les parties élevées du Rosenberg avaient pris la fuite, terrifiés par ces grondements souterrains; mais ceux de la vallée étaient loin de prévoir l'événement terrible qui se préparait.

La continuité des pluies avait ramolli et délayé une très longue assise d'argile, qui ne put soutenir le poids énorme des terres auxquelles elle servait d'appui. Le matin du 2 septembre, les bruits souterrains redoublèrent. A midi, des pierres furent violemment détachées du sol; on vit des prairies se soulever tout d'une pièce, et de nouveaux rochers descendre le long des flancs du Rosenberg.

A deux heures, un énorme quartier de roches tomba, avec fracas, dans la vallée, et souleva un nuage de poussière noirâtre. Bientôt une crevasse, plus large que les autres, se fit au flanc de la montagne, et s'élargit peu à peu. Toutes les sources cessèrent de couler; les arbres parurent chanceler; les oiseaux s'envolèrent, en poussant des cris. Enfin, à cinq heures du soir, se produisit la catastrophe annoncée par ces signes précurseurs. Toute la montagne sembla glisser dans la vallée, qu'elle couvrit d'une épouvantable masse de terres et de roches.

Dans l'intervalle de cinq minutes, l'une des plus belles vallées de la Suisse devint l'image du chaos. Habitations, hommes et animaux, furent précipités, mêlés aux terres, avec la rapidité de la foudre et le bruit du tonnerre. Un pan du Rosenberg, d'une lieue de long, sur 324 mètres de large et 32 mètres d'épaisseur, s'était détaché, et venait de remplir la vallée de Goldau d'une couche de débris de 30 à 70 mètres de hauteur. Sous cet amas de décombres étaient ensevelis quatre villages, Goldau, Rœthen, Ober et Unter-Buringen, six églises, cent vingt maisons, deux cents étables ou chalets, deux cent vingt-cinq têtes de bétail, cent onze arpents de terrain, dont un tiers en magnifiques prairies, et quatre cent cinquante-sept habitants.

L'avalanche de pierres avait formé quatre courants principaux, que l'on distingue encore aujourd'hui, et ne s'était arrêtée qu'au pied du Righi. Elle avait même comblé une partie des bords du lac de Lowerz, situé à une lieue et demie de là. Les eaux de ce lac, soulevées par le choc, formèrent une vague de 25 mètres de hauteur, qui alla ravager tout le pays, du côté de Schwitz, jusqu'à Steinen. Le premier mouvement des eaux sur la berge opposée du lac, avait renversé les maisons; son mouvement de reflux en entraîna d'autres dans le lac. La chapelle d'Olten, qui était bâtie en bois, fut retrouvée à plus d'une demi-lieue de son emplacement, et une barque amarrée à un pieu du rivage du lac de Lowertz, fut lancée à 1000 mètres plus loin. Du village de Goldau, il ne resta que la cloche de l'église, qui avait été transportée à un quart de lieue de distance.

Quatre cent cinquante-sept habitants, avons-nous dit, furent ensevelis sous les décombres. C'était à peu près toute la population de cette vallée, et il n'échappa au désastre que ceux que le hasard avait en ce moment éloignés de leur demeure. Mais ils perdirent tout ce qu'ils possédaient au monde. Le dommage a été évalué à deux millions et demi.

On put retirer des ruines quelques personnes, blessées plus ou moins grièvement, entre autres une servante et une petite fille, qui durent la vie à un miraculeux hasard. Le père de cette enfant, ayant reconnu de loin le mouvement de la montagne qui annonçait la catastrophe, s'était enfui, suivi de sa femme, qui tenait dans ses bras un de ses enfants. Elle fut renversée par l'avalanche pierreuse. Une petite fille était restée dans la maison. Une jeune servante se dévoua, pour aller prendre, dans la maison ébranlée, l'enfant endormie dans son berceau. Mais à peine avait-elle pénétré dans la chambre, que la maison fut engloutie sous les décombres. Heureusement, les blocs amoncelés sur sa tête, lui formèrent un abri. Elle resta toute la journée, sans pouvoir faire un mouvement sous l'amoncellement des poutres et des pierres qui pesaient sur elle. Vers le soir, elle entendit retentir au loin la cloche du village de Steinen, et elle reprit quelque espérance. Elle passa la nuit dans des transes horribles, près de l'enfant, échappée, comme elle, au désastre, et qui dormait tranquillement. Au lever du jour on put entendre ses cris de détresse, et l'on réussit à la dégager, avec la petite fille. Alors seulement la pauvre servante s'aperçut qu'elle avait une jambe cassée. Quant à la jeune enfant, elle n'avait aucun mal.

Aujourd'hui la vallée de Goldau présente encore un affreux tableau. La voie ferrée traverse en partie ce désert de ruines, qui va de Rosenberg aux

FIG. 66. — LA VALLÉE DE GOLDAU

flancs du Rhigi. Seulement, les blocs éboulés se sont recouverts de mousse et de végétation; car la nature répare, tôt ou tard, les ruines qu'elle a causées. La grande route qui va d'Arth à Schwitz traverse également ce vallon désolé.

On a bâti, à 33 mètres plus bas que l'ancien, le nouveau village de Goldau, qui n'est composé que de quelques maisons, et d'une église, dans laquelle on peut voir la cloche retirée des décombres. Le 2 septembre de chaque année, on célèbre, dans cette église, un service religieux, pour rappeler le souvenir de cet événement funeste.

Le voyageur qui suit la voie ferrée a tout le loisir de contempler cette solitude pierreuse (fig. 66). Puis, le train, continuant sa marche, traverse la route de Schwitz et un superbe viaduc, et là commence l'ascension du Righi.

Là aussi commencent les beaux points de vue sur la vallée, la route mon-

FIG. 67. — LE KRABELWAND

tant sans cesse jusqu'à l'entrée du tunnel de Rothenfluh. On aperçoit, sur la hauteur, le Righi-Kulm. A ses pieds s'étendent le lac de Zoug et la vallée d'Arth, le Rosenberg, avec son imposante surface éboulée, semblable à un affreux désert au milieu d'un parc riant. Les énormes blocs de rocher, dont il est hérissé, étaient placés autrefois 1,050 mètres plus haut, sur les flancs de la montagne.

En face, sur la colline, derrière l'éboulement, est situé Steinerberg, lieu de pèlerinage, et au-dessous le village de Steinen, avec la chapelle de Stauffacher. Sur la droite du Kaiserstock se trouvent deux pyramides géantes, les deux pics nommés *Mythens de Schwyz* : l'un est à 1,815 mètres de hauteur au-dessus du niveau de la mer, l'autre à 1,913 mètres. Ils sont semblables à des tours s'élevant dans les airs. A droite des Mythens on entrevoit la vallée de la Muotta (Muottathal) et le défilé de Kinsig, célèbre par la retraite désespérée des Russes, commandés par Souwarof, en septembre 1799. Derrière ces montagnes l'horizon est comme encadré par les Alpes Orientales, c'est-à-dire les groupes du Sœntis et du Gluernisch. Entre les Mythens et le visiteur s'étend la pittoresque vallée de Schwitz, avec le gracieux lac de Lowerz et ses deux jolies îles. A l'extrémité méridionale du lac de Lowerz, au pied de l'Urmiberg, on aperçoit Seewen, avec ses bains minéraux, et l'extrémité méridionale du lac, le village de Lowerz, avec ses églises récemment construites. La vallée entière est parsemée de maisons.

Bientôt, la locomotive traverse des prés couverts de fougères, coupe ensuite une paroi de rochers ; puis on arrive à la station de Kraebel, à 765 mètres au-dessus de la mer, sur un petit plateau de montagne, couvert de prés verdoyants.

De Kraebel, on franchit une rampe de 20 pour 100, et à chaque tour de la roue dentée la vue devient plus attrayante. Le pays s'ouvre du côté du nord, et l'on voit toujours de nouveaux sommets de montagnes poindre à l'horizon. Au-devant de soi on a le *Krabelwand* (fig. 68), rocher calcaire de 530 mètres de longueur, sur une hauteur maxima de 150 mètres. Il est placé presque perpendiculairement, et c'est dans ses parois qu'il a fallu tailler la ligne du chemin de fer. Pour construire la voie, on fut obligé de descendre, avec des cordes, les ouvriers chargés de ce travail. L'aspect que présente ce tronçon de la ligne au milieu d'un rocher à pic, a quelque chose d'effrayant, soit qu'on regarde en haut ou en bas. Un toit en fer construit au-dessus de la ligne et de nombreuses rigoles creusées dans le roc, servent à faire écouler les eaux qui descendent de la montagne. Des murs de soutènement, ayant jusqu'à 30 mètres de hauteur, augmentent encore la solidité de la ligne, qui repose elle-même sur le roc.

En quittant le Krabel, on entre, après avoir traversé le tunnel et le pont de Rothenfluh, dans les gorges parcourues par le ruisseau de l'Aa.

Le train poursuit tranquillement son chemin à travers cette nature sauvage. On franchit le ruisseau de Rothenfluh, sur un pont, dont la rampe, comme celle du tunnel, est de 20 pour 100 (fig. 68). Le ruisseau forme, en cette partie de la route, une jolie cascade.

Une fois sortis de la forêt, et en poursuivant l'ascension, on rencontre la Rothenfluh, paroi de rochers complètement dénudée, qui s'élève perpendiculairement à plus de 200 mètres de hauteur. Après avoir traversé le pont du Dossenbach, on arrive au tunnel de Pfedernwald, situé dans une partie solitaire de la forêt de ce nom.

Au sortir de ce tunnel, on franchit le pont du Schildbach, puis une

FIG. 68. — PONT DE ROTHENFLUH

forêt, où l'on s'élève sur une rampe de 14 pour 100. Ici la vue devient libre : on aperçoit au-devant de soi les sommets de Schild, avec la voie de l'embranchement du chemin de fer du Righi-Scheideck ; à droite le Righi-Staffel, et tout au-dessus, le Righi-Kulm.

Après quelques tours de la roue dentée, on atteint le *Kloesterli*, station climatérique située à 1,317 mètres au-dessus de la mer, à l'issue de la gorge de l'Aabach, dans un ravin fermé et protégé par le Righi-Kulm, le Staffel et le Rotheteck.

Célèbre autrefois par un couvent de capucins, fort accrédité comme lieu de pèlerinage, le *Kloesterli* s'est acquis, de nos jours, un autre genre de réputation, grâce aux effets produits par l'air pur et sain des Alpes, qui attire sur son sommet les malades désireux de jouir d'une atmosphère raréfiée.

Après l'ancien hospice de capucins du *Kloesterli*, on continue à gravir la montagne, et, par suite de l'altitude, la végétation n'est plus représentée que par quelques sapins rabougris. Les paturages sont, pourtant, d'une excellente qualité, et nourrissent un superbe bétail. Les cimes du Righi et de la station

FIG. 69. — STAFFEL

climatérique Righi-Scheideck se présentent distinctement, et entre elles on aperçoit la chaîne des Alpes qui bordent l'horizon.

A la station de Staffel un spectacle magique attend le voyageur, qui voit se dérouler un panorama grandiose. Sous ses pieds, dans un abîme presque perpendiculaire, il aperçoit le lac des Quatre-Cantons. Un peu plus loin Lucerne, encadrée dans l'ombrage que projette sur elle le mont Pilate. Au delà s'étend, à perte de vue et jusqu'aux cimes bleues du Jura, la plaine ondulée, avec ses villes et ses villages innombrables, ses champs fertiles, ses sombres forêts et ses prairies verdoyantes; le tout parsemé de lacs et de rivières étincelant au soleil.

A Staffel la ligne Arth-Righi est rejointe par celle qui gravit le flanc occidental de la montagne, c'est-à-dire par le chemin de fer de Vitznau-Righi,

comme on le voit sur la carte géographique de la page 129 ; puis la
locomotive fait un dernier effort, les dents engrènent de nouveau dans la
crémaillère, et le train arrive à la station du Righi-Kulm, la station de chemin
de fer la plus élevée de l'Europe, et que nous avons suffisamment décrite en
parlant du chemin de fer Vitznau-Righi, qui aboutit, comme celui de l'Arth-
Righi, au sommet de la montagne et termine le voyage.

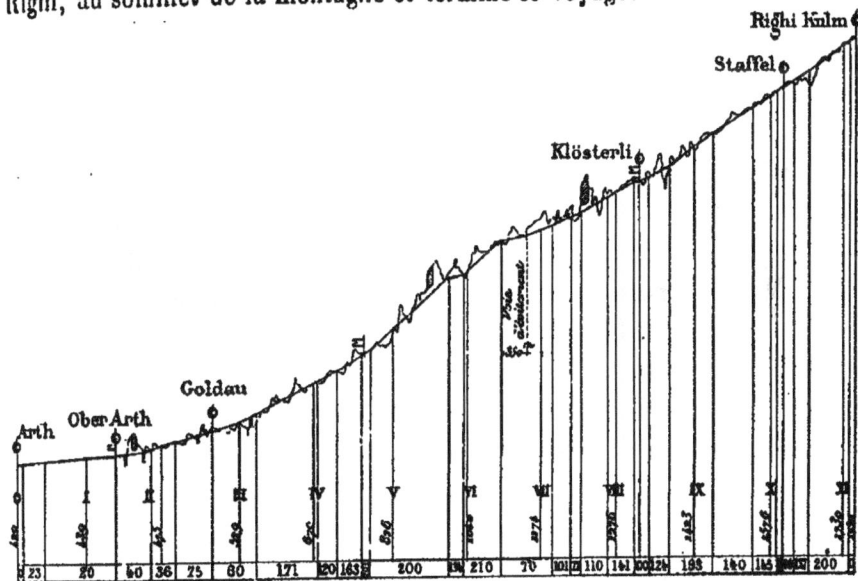

FIG. 70. — DIAGRAMME DES HAUTEURS DU CHEMIN DE FER DE L'ARTH-RIGHI

Pour donner une idée précise des hauteurs que l'on franchit des bords du
lac de Zoug jusqu'au Righi, par cette voie ferrée, nous retraçons ici le
diagramme des hauteurs franchies par la locomotive sur le chemin d'Arth
au Righi.

X

Les chemins de fer à crémaillère de Vienne à Kahlenberg. — de Schwalenberg
à Buda-Pesth. — de Bonn à Drachenfels.

Les chemins de fer à très fortes pentes, et usant, pour remonter ces pentes,
d'une crémaillère centrale, dont le chemin de fer de Righi-Vitznau est le
type et marqua la première application, se sont développés rapidement.
En 1872, M. Riggenbach posait une voie à crémaillère de Vienne au mont
Kahlenberg, et pendant la même année, il en plaçait deux autres de Buda-
Pesth (Hongrie) à Schwalenberg. En 1873, le Drachenfels, situé au bord du
Rhin, était relié à la ville de Bonn, par le même système.

Le chemin de fer de Vienne à Kahlenberg monte à une hauteur de
463 mètres, celui du Drachenfels à 225 mètres, et celui de Buda-Pesth à
Schwalenberg à 392 mètres. C'est ce que montrent les diagrammes qui terminent ce chapitre.

La voie, le mécanisme et les wagons étant identiquement les mêmes, pour
ces quatre chemins de montagne, que ceux de Vitznau-Righi, que nous
avons longuement décrits, nous n'entrerons dans aucun autre détail à leur
sujet. Nous parlerons seulement du plus récent, celui de Drachenfels.

Le Drachenfels est une montagne qui domine le Rhin, à peu de distance
de Bonn ; c'est un but d'excursion des plus fréquentés, à cause de la vue
magnifique dont on y jouit.

Le chemin de fer à crémaillère qui a été construit sur cette montagne, a
été inauguré en juillet 1883.

La voie ferrée part de Kœnigswinter, sur la base nord-ouest du Drachenfels, et arrive au sommet, sur le côté oriental, à gauche de la route.

Le point de départ du bas est à six minutes de la station de Kœnigswinter
du chemin de fer de la rive droite du Rhin, et à huit minutes du débarcadère
des bateaux à vapeur.

Commencée le 8 novembre 1882, la construction présenta d'assez
grandes difficultés, surtout par suite de la gêne que causait aux ouvriers
l'inclinaison excessive du terrain.

FIG. 71. — CHEMIN DE FER A CRÉMAILLÈRE DE VIENNE A KAHLENBERG

La longueur totale de cette voie est de 1,520 mètres, et la différence du niveau de 225 ; ce qui ferait une pente moyenne de 14,8 pour 100. Les inclinaisons varient de 10 à 20 pour 100. A Kœnigswinter, il y a un palier assez étendu pour les remises, changements de voie, etc. A la pente supérieure, la ligne se termine par des pentes de 8 et 12 pour 100.

On a exécuté 25,000 mètres cubes de terrassements, dont 7,000 dans le roc, 4,500 mètres cubes de maçonnerie avec mortier et 1,500 mètres cubes de maçonnerie en pierres sèches.

Il y a plusieurs ouvrages d'art, entre autres un viaduc à six ouvertures, de 5^m,50 chacune, dont les piles sont foncées à 6 mètres au-dessous du sol (fig. 72) ; deux passages en dessus, de 4 mètres d'ouverture ; un passage en dessous, de 30 mètres de longueur et de 1^m,25 de largeur, sous un remblai de 8 mètres, et un viaduc de 57 mètres de longueur à travées de 5^m,50.

Il y a un changement de voie à la partie supérieure et un autre double à la station inférieure, communiquant avec les remises à voitures et à machines.

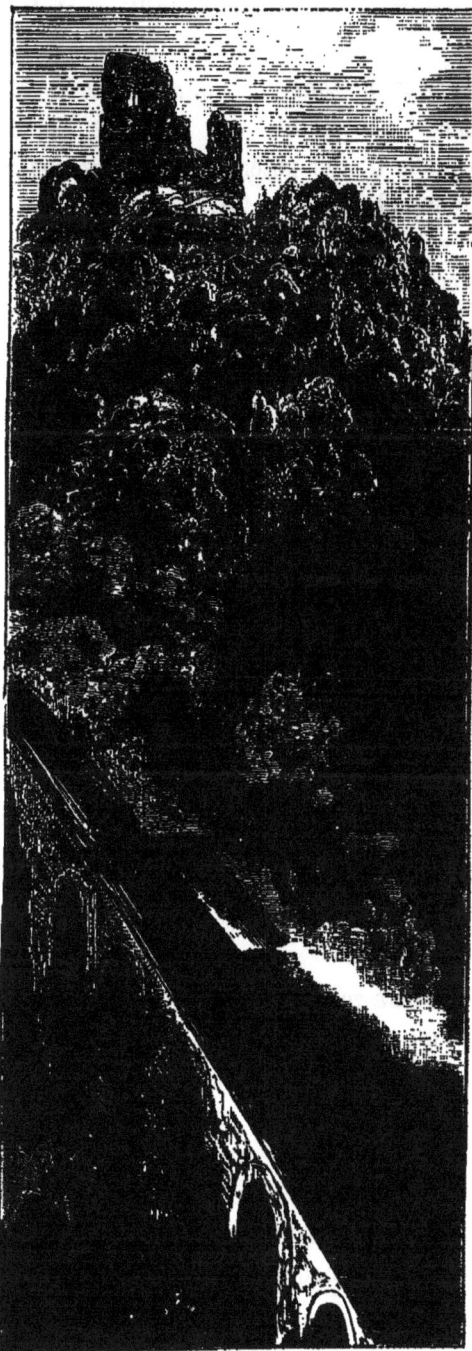

Fig. 72. — LE VIADUC MONTANT DU DRACHENFELS

La largeur de la voie est de 1 mètre entre les rails ; les courbes ont 180 et 225 mètres de rayon.

Les traverses sont en fer, du type Berg-Mark, à l'écartement de 1 mètre ; elles portent au milieu la crémaillère, et de chaque côté, les rails en acier et les longrines en fer. A des distances de 50 à 100 mètres, il y a des ancrages en maçonnerie, pour retenir la voie sur la pente d'une manière certaine.

Les rails d'acier pèsent 25 kilogrammes par mètre courant. La hauteur de la crémaillère est de 120 millimètres ; les dents ont 120 de longueur et le pas est de 100 millimètres. La crémaillère pèse 50 kilogrammes par mètre courant.

Le matériel roulant se compose de trois locomotives, six voitures à voyageurs et un wagon à marchandises. Les locomotives sont des machines-

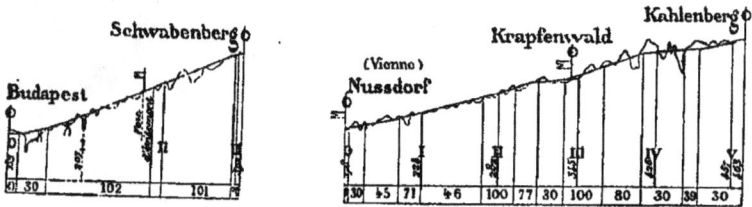

Fig. 73. — DIAGRAMME DES RAMPES DE BUDAPEST A SCHWABENBERG, ET DE VIENNE A KAHLENBERG

tender, à deux essieux-porteurs. La chaudière est horizontale, sur une pente de 1 à 13. La roue dentée motrice en acier fondu au creuset a 1ᵐ,05 de diamètre au cercle primitif et 33 dents de 100 millimètres de pas.

La machine pèse, à vide, 15, 500 kilogrammes, et en service, 18, 500 à 19, 000. Elle remonte deux wagons, contenant chacun quarante-cinq personnes, à la vitesse de 3 mètres par seconde, soit près de 11 kilomètres à l'heure.

Les voitures à voyageurs pèsent 4 tonnes ; elles ont les extrémités vitrées et les côtés ouverts, comme celles du Righi. Chaque voiture a, sur l'essieu d'avant, une roue dentée, qui engrène avec la crémaillère, et peut être serrée par un frein ; de sorte que chaque voiture peut être arrêtée séparément. La machine est toujours plus bas que les voitures sur la rampe, c'est-à-dire derrière à la montée et devant à la descente.

Tout le matériel fixe et roulant a été construit par la fabrique de machines d'Esslingen (Wurtemberg), sur les plans de M. Riggenbach.

XI

Les chemins de fer à crémaillère desservis par des locomotives mixtes, ou les chemins de fer à crémaillère pour les travaux de l'industrie. — Les chemins mixtes ou chemins funiculaires à crémaillère. — Les chemins de fer du Giesbach et de Montreux-Glion.

Tous les chemins de fer de montagne que nous venons de décrire, sont exclusivement à l'usage des touristes. L'été, ils ont à faire un service énorme; mais quand la bise et le froid ont éloigné les voyageurs, on remise, jusqu'à l'été suivant, locomotive et wagons. D'ailleurs, avec la neige qui couvre les montagnes, pendant la mauvaise saison, il ne faudrait pas songer à se servir de tels engins mécaniques. Mais M. Riggenbach a construit des *locomotives mixtes*, c'est-à-dire pouvant fonctionner également par engrenage avec la crémaillère, et par adhérence sur les rails ordinaires. Les lignes sur lesquelles elles circulent se composent donc de parties de voie à crémaillère et de parties de voie à rails lisses.

M. Riggenbach a déjà construit 42 de ces locomotives mixtes, qui pèsent de 9 à 18 tonnes.

Le tableau suivant indique les différentes lignes de ce système actuellement en exploitation.

Ostermundingen-Berne	en 1870, pente de 10 pour 100		
Rorschach-Heiden	— 1874	— 9	—
Wasseralbingen-Würtemberg	— 1776	— 8	—
Hüti-Zürich	— 1877	— 10	—
Laufen-Berne	— 1878	— 6	—
Oberlahnstein-Prusse	— 1880	— 10	—

M. Riggenbach, avons-nous dit, a créé ensuite un type de locomotive mixte capable de passer à la fois sur les lignes à simple adhérence et sur celles à crémaillère.

Dans ces conditions, ces dernières peuvent être rattachées sans difficulté aux voies ordinaires. C'est ce qui a été exécuté pour la ligne partant de la gare des chemins suisses sur le lac de Constance, c'est-à-dire de Rorschach, et s'élevant à une hauteur de 390 mètres, pour atteindre à Heiden, situé à 792 mètres, et qui franchit, dès lors, une hauteur de plus de 400 mètres.

Heiden est une localité célèbre en Suisse par ses cures de petit-lait. Cette ligne, bien connue des touristes, traverse un pays très pittoresque.

En dehors de la ligne de Rorschach à Heiden, M. Riggenbach construisit divers autres chemins de fer mixtes pour le service d'usines.

La construction des 12 chemins de fer à crémaillère et l'expérience acquise pendant leur exploitation, ont clairement prouvé les avantages que présente, dans les pays accidentés, le système de chemins de fer de montagne, créé par M. Riggenbach. Ces avantages sont principalement :

1° La durée relativement très courte de la construction ;

2° La différence énorme des frais d'établissement d'une ligne raccourcie par la forte pente, en comparaison de ceux d'une ligne à adhérence ordinaire. Pour un chemin de fer, ayant une longueur de 9 kilomètres, en tracé ordinaire, il ne faut que 3 kilomètres, en adoptant la pente de 7,5 p. 100 ;

3° Avec les chemins de fer à crémaillère on est à même de transporter autant et à la même vitesse relative, qu'au moyen d'une ligne à adhérence ayant des pentes de 25 à 30 p. 100 ;

4° La sécurité est complète, et même supérieure à celle qui existe sur les chemins de fer ordinaires. Un déraillement est presque impossible, parce que la roue dentée engrène profondément dans la crémaillère. Depuis que ces différentes lignes sont en exploitation aucun accident n'est survenu, bien que les lignes aient des pentes de 4 à 25 p. 100 ;

5° Les frais de traction et d'entretien sont très minimes. La crémaillère ne s'use, pour ainsi dire, pas du tout. Dans les chemins de fer qui sont depuis douze ans en exploitation, on n'a pu constater la moindre usure. On peut admettre que la crémaillère durera une centaine d'années;

6° Les locomotives mixtes entrent dans la partie de la voie qui est à crémaillère sans s'arrêter, et elles en sortent de même, pour reprendre la voie ordinaire.

Avant l'invention des chemins de fer à crémaillère, les ingénieurs faisaient tous leurs efforts pour employer les locomotives ordinaires à remonter d'assez fortes pentes; mais ils n'arrivaient qu'à dépenser, pour la traction, des sommes exorbitantes, et toutes ces lignes restaient improductives. Les chemins à crémaillère répondent à toutes les exigences du service, en dépensant peu pour la traction.

Les chemins de fer à forte pente s'établissent, quant à la superstructure,

Fig. 74. — CASCADE DU GIESBACH

comme les chemins de fer ordinaires. Il faut seulement ajouter la crémaillère qui se place au milieu des rails sur les mêmes traverses de chêne.

Les aiguilles, les croisements de voie, les plaques tournantes, les chariots roulants, se font avec la même facilité que dans les chemins de fer ordinaires, et les parties de la voie qui sont à crémaillère sont disposées de manière que toutes les voitures et wagons des chemins de fer ordinaires puissent y circuler sans aucune difficulté.

Plusieurs chemins de fer mentionnés plus haut se trouvant dans des contrées très froides où il y a habituellement beaucoup de neige, sont en exploitation toute l'année. On a trouvé le moyen de déblayer la voie de telle sorte que jamais la neige, même quand elle arrive à un mètre de hauteur, n'a pu retarder un train.

Il nous reste à dire que le matériel des chemins de fer de montagne a été modifié par M. Riggenbach, de manière à l'appliquer à des conditions locales particulières. En dehors des 12 lignes qu'il a déjà construites et qui sont exploitées par des locomotives, l'ingénieur d'Olten a établi quatre chemins de fer *funiculaires,* dans lesquels la crémaillère n'a d'autre but que de servir de moyen de sûreté, la puissance étant empruntée à une autre force que la machine à vapeur locomotive. Par une conception mécanique fort ingénieuse, c'est un poids qui sert de moteur, et ce poids, c'est une provision d'eau dont on emplit un réservoir. Chaque voiture est munie d'une caisse à eau, que l'on remplit au sommet de la pente, et qui fait remonter, par sa seule pesanteur, l'autre voiture, dont le réservoir d'eau a été vidé au bas de la côte.

La mise en train et la vitesse des voitures sont réglées par des freins à roues dentées, qui donnent une sécurité complète, parce que l'on peut arrêter les voitures instantanément.

Chaque voiture est munie de deux roues dentées, l'une pour le frein à main, que le conducteur règle, et l'autre pour le frein automoteur, qui fonctionnerait avec la plus grande précision, en cas de rupture du câble.

Il suffit donc qu'il existe de l'eau en quantité suffisante sur le point culminant de la montagne, pour que, grâce à la crémaillère, le système funiculaire puisse être employé sans avoir recours à la force de la vapeur, ce qui est une économie de toute évidence. Sur les quatre chemins du Giesbach au lac de Brienz, de Montreux-Glion (Suisse) et sur ceux de Dom Jésus de Braga (Portugal) et de Lisbonne, ces conditions étaient réunies.

Nous donnerons une description particulière des chemins de fer funiculaires à crémaillère du Giesbach et de Montreux-Glion.

Le chemin de fer du Giesbach a été commandé par un aubergiste de la Suisse.

Tous les touristes connaissent la cascade qui descend de la montagne du Giesbach, située elle-même au bord du lac de Brienz. Chaque année, des milliers de voyageurs escaladent la montagne, ce qui n'est qu'une promenade assez peu fatigante. Mais le propriétaire de l'hôtel, voulant augmenter le nombre des visiteurs, résolut de les faire venir à lui, par un chemin moins raide que l'ascension à pied ou à monture. Le 19 juillet 1878, un chemin de fer à crémaillère était commandé à M. Riggenbach; et celui-ci livrait le-dit chemin à l'exploitation, au mois de juillet 1879.

Ces aubergistes suisses sont de vrais *potentats* (ne pas lire *tâtant pots*).

Quoi qu'il en soit, le chemin à crémaillère du Giesbach est une nouveauté fort intéressante à connaître, parce qu'il surpasse en audace tout ce qui avait été construit jusque-là.

Ce *chemin de fer funiculaire à crémaillère* part du débarcadère des bateaux à vapeur, sur le lac de Brienz, et s'élève jusqu'à l'hôtel voisin des cascades, à une hauteur de 93 mètres au-dessus de son point de départ. Son développement est de 860 mètres et sa pente moyenne de 28 pour 100. C'est un chemin de fer funiculaire, puisqu'il est tiré par un câble, mais le moteur qui le remorque n'est point la vapeur : c'est la pesanteur d'un certain volume d'eau, empruntée à l'eau de la cascade.

Le câble est en acier, avec un âme en chanvre. Il peut résister à un effort de 20 tonnes. Il n'y a qu'une voie; ce qui a obligé de construire, au milieu du plan incliné, un croisement, qui s'effectue, d'ailleurs, d'une manière automatique, sans l'emploi d'aucune aiguille directrice. Chacun des trains ascendant et descendant se rend de lui-même sur la voie qui lui est destinée, grâce à une modification apportée au boudin de la roue de la locomotive, qui lui fait prendre la voie de croisement de droite ou de gauche, selon que le train monte ou descend.

Ce railway, très court en définitive, n'a d'autre ouvrage d'art qu'un viaduc à 5 arches, qui forme la moitié de la longueur totale du plan incliné.

La crémaillère est fixée entre les deux rails ordinaires, et au milieu de la voie, comme au Righi. Elle est formée de deux faces latérales, composées de dents de forme trapézoïdale, de 12 centimètres carrés de section.

Le wagon à voyageurs contient cinq compartiments, qui renferment chacun 8 places. Les bancs sont disposés en étages superposés, à raison de l'inclinaison que prend le véhicule sur cette voie montante. En avant de ce wagon est la plate-forme, sur laquelle se tient le mécanicien, et d'où il peut faire agir le frein.

Outre les freins ordinaires à sabot, le wagon est muni d'un frein spécial, très puissant. C'est un levier à crochet, maintenu par un contrepoids, lequel est fixé sur la tige de traction. Le contrepoids est soulevé tant que le câble est tendu. Mais si une rupture du câble venait à se produire, le crochet tomberait aussitôt sur la crémaillère ; il se fixerait entre les dents de celle-ci, et le train s'arrêterait.

C'est au-dessous du plancher du wagon que se trouve contenue l'eau, dont la pesanteur sert de force motrice, pour produire la montée et pour modérer la descente. Dans un grand réservoir, au sommet, est réunie une grande provision d'eau, empruntée au courant du Giesbach. Le wagon moteur s'arrête près de ce réservoir, et, sans quitter la plate-forme du wagon, le mécanicien peut remplir la caisse à eau. Bien entendu que la quantité d'eau que l'on introduit dans la caisse dépend du nombre, et, par conséquent, du poids des voyageurs. Quand la course est achevée et le wagon au bas de la rampe, une soupape vide l'eau de la caisse dans le lac.

La durée du voyage n'est que de six minutes. Le railway funiculaire du Giesbach n'est donc qu'une miniature, une réduction de voie ferrée. Mais dans cette réduction on a réuni, comme on vient de le voir, bien des dispositions intéressantes et nouvelles.

Chez Nicolet, au théâtre de la foire, c'était toujours de plus fort en plus fort. Dans les chemins de fer de montagne, aussi. Nous venons de voir, au Giesbach, une voie ferrée présenter la pente de 28 pour 100 et nous avons vu précédemment le chemin de fer funiculaire du Vésuve avoir une inclinaison de 50 à 56 pour 100 ; il semblait impossible d'aller plus loin. C'est pourtant ce que l'on a fait dans le dernier chemin de fer à crémaillère dont nous avons à présenter la description. Nous voulons parler du chemin de fer de Territet-Montreux-Glion.

Ce nouveau chemin de fer est destiné à relier les rives du lac de Genève avec les montagnes qui l'environnent. Il remonte la colline de Glion, qui forme, à l'extrémité orientale du lac Léman, un promontoire escarpé et isolé, à peu près comme le Righi, et d'où l'on jouit, sur le lac, d'un panorama comparable à celui du Righi ; c'est ce qui l'a fait appeler le *Righi Vaudois*. Au sommet du Glion se trouvent plusieurs hôtels, qui reçoivent, chaque année, un assez grand nombre de voyageurs.

Montreux est un petit port du lac de Genève où débarquent les bateaux à vapeur. Près de là est Clarens, village célèbre dans l'histoire de la littérature, car c'est là que J.-J. Rousseau place l'un des héros de sa *Nouvelle Héloïse*, et l'on croit retrouver encore à Clarens le *bosquet de Julie*.

Le chemin de fer funiculaire et à crémaillère part de Montreux, ou plutôt de Territet-Montreux, et monte, sans arrêt, à Glion.

FIG. 76. — MONTREUX ET LE LAC DE GENÈVE

Ce chemin de fer est né d'une promenade que M. Riggenbach trouva trop fatigante. Un de ses amis, qui arrivait des Indes, l'avait chargé d'une mission particulière pour sa femme, qui habitait sur les hauteurs de Glion. M. Riggenbach débarque à Montreux, et commence, à pied, l'ascension de la montagne de Glion. Au bout d'un quart d'heure, il s'assied sur un des bancs

FIG. 77. — GLION ET LE LAC DE GENÈVE

dont la montagne est pourvue, non pour jouir de la vue du lac, mais pour se reposer ; puis il reprend sa marche pédestre.

Dix minutes après, il était forcé de s'asseoir de nouveau.

« Pourquoi n'y a-t-il pas là, se dit-il à lui-même, un de mes chemins de fer? Cela épargnerait de la fatigue à bien des gens. »

Un quart d'heure après, nouvelle station forcée.

« Et pourquoi ne ferait-on pas ici un chemin de fer à crémaillère ? » se demanda notre ingénieur, en reprenant sa marche.

En arrivant à Glion, épuisé de fatigue, M. Riggenbach se dit :

« Décidément, je ferai ici un chemin de fer à crémaillère. »

Sa visite à la dame de Glion une fois terminée, M. Riggenbach se hâta de redescendre à Montreux, et il n'eut rien de plus pressé que d'aller frapper à la porte de M. Mayor-Vauthier, un des gros bonnets de l'endroit, syndic du Châtelard.

M. Mayor-Vauthier n'accueillit ce projet qu'avec incrédulité. Il trouvait sans doute que si M. Josse était orfèvre et vendait des bijoux, M. Riggenbach était ingénieur et construisait des chemins de fer à crémaillère. Mais M. Riggenbach, en descendant les pentes du Glion, avait arrêté dans sa tête la place où l'on pourrait établir la voie ferrée et le tracé à adopter, et il avait réponse à toutes les objections.

M. Mayor-Vauthier finit par se laisser convaincre; de sorte qu'au bout de quelques jours, il était le plus chaud promoteur du projet.

M. Riggenbach passa une semaine à Montreux, au bout de laquelle tout était convenu et arrêté. Un comité de notables du canton de Vaud s'était formé, pour mener à bonne fin l'exécution du projet. Les études furent aussitôt entreprises, et le comité obtenait, le 21 juin 1881, la concession des chambres fédérales de la Suisse, pour le nouveau chemin de fer.

Les statuts de la petite société qui s'était formée, furent approuvés par le Conseil helvétique supérieur, le 4 novembre 1881, et les travaux furent entrepris au milieu d'août 1882.

L'exploitation de ce chemin de fer a commencé le 19 août 1883.

Le point de départ est à Territet, bourg aux portes de Montreux, à proximité du débarcadère des bateaux à vapeur. Le point d'arrivée est à Glion. A Montreux est une petite gare, bien aménagée.

La longueur de la ligne est de 680 mètres. La pente maxima est de 56 à 57 pour 100. Elle est, par conséquent, au moins égale à celle du Vésuve, que l'on considérait jusqu'ici comme la plus forte. On gravit, du point de départ à l'arrivée, une hauteur de 304 mètres.

La voie est posée sur deux murs très solides, établis d'un bout à l'autre de la ligne. Les supports des traverses, en fer forgé, sur lesquelles est fixée la superstructure, sont scellés dans des blocs en granit.

Le trajet s'effectue en 7 à 8 minutes. Il fallait, auparavant, une heure en voiture pour monter de Montreux à Glion.

La voie et le système de traction sont les mêmes que sur le chemin de fer funiculaire du Giesbach, que nous avons décrit plus haut. Le câble est actionné par le seul poids de l'eau contenue dans une caisse, installée sous le wagon. Le train montant, formé d'un wagon unique, est rattaché par un câble, qui s'enroule, au sommet, sur une poulie, au train descendant ; lequel est constitué lui-même par un second wagon, de même poids que le premier. Le train descendant forme ainsi contre-poids, pour soulever le train montant. Il faut, bien entendu, que le train descendant soit plus lourd que le train montant. On arrive à ce résultat en remplissant d'eau, à Glion, le réservoir, qui se trouve au-dessous du wagon. Une fois celui-ci descendu au bas de la rampe, il se vide au moyen d'une soupape, laquelle s'ouvre automatiquement, grâce a un obstacle qui se trouve placé au point d'arrêt du wagon, et l'eau s'écoule.

Sans eau ni voyageurs, l'unique voiture qui compose le convoi, pèse huit tonnes. Moins les personnes qu'il porte, c'est le poids du train ascendant. Pour obtenir la mise en mouvement, il faut, en supposant que le wagon ascendant soit complet, amener le wagon descendant à peser quinze tonnes, c'est-à-dire qu'il faut ajouter au poids net sept tonnes, soit d'eau, soit de voyageurs. A chaque voyage le télégraphe indique, à la station de Glion, le nombre de touristes qui ont pris place dans le train, à Territet, et l'on ajoute la quantité d'eau nécessaire à la rupture de l'équilibre.

L'inclinaison totale de la voie est de 312 mètres. Mais la pente n'est pas uniforme, elle est de 57 pour 100 dans la partie supérieure sur une longueur de 300 mètres environ, et, dans le bas, de 30 pour 100 seulement, sur un parcours presque égal. Ces deux pentes sont raccordées par une courbe.

La voie est pourvue d'une crémaillère, mais cette crémaillère n'est destinée qu'à retenir le train descendant sur la rampe. Elle ne sert nullement, comme celle du Righi, à fournir un point d'appui à la force motrice. Cette crémaillère est, d'ailleurs, identique à celle du Righi.

Le câble est en fils d'acier entourant une âme de chanvre. Il est enroulé, au sommet du plan incliné, sur une poulie, de 3^m,5 de diamètre, et les deux brins sont ramenés dans l'axe des voies, par des godets latéraux.

La voiture est à trois étages, formant, chacun, un compartiment à huit places. On peut donc mettre, dans le wagon, vingt-quatre voyageurs. Il est encore possible de placer un certain nombre de personnes debout, sur une galerie qui règne à l'arrière de la voiture.

A l'extrémité inférieure du wagon est une plate-forme, sur laquelle se trouve le mécanicien.

La voiture se compose de deux parties, bien distinctes : la caisse, destinée à recevoir les voyageurs, et le châssis qui la supporte et contient tout le mécanisme.

Le châssis, ou la carcasse du wagon, est complètement en fer, et ne manque pas d'analogie avec un châssis de locomotive. Il est porté sur deux paires de roues, dont les essieux tournent dans des boîtes à graisse, comme dans un wagon ordinaire, ou dans une locomotive.

Le wagon étant en pente, puisque la rampe de la ligne atteint en certaines parties, 57 pour 100, l'un des essieux est plus élevé que l'autre ; les roues ont le même diamètre.

L'essieu supérieur commande le frein à air ; celui-ci fonctionne toujours plus ou moins pendant la marche descendante du wagon. L'essieu inférieur porte le frein à friction, pouvant fonctionner soit à la main, soit automatiquement.

Entre les deux essieux se trouve la caisse à eau, destinée à être remplie à Glion et vidée à Territet. L'eau donne au wagon descendant un poids supérieur à celui du wagon montant. On conçoit que les deux wagons étant, comme on vient de le dire, suspendus aux deux extrémités d'un même câble, qui passe à Glion sur une poulie, le wagon le plus lourd descendant sur l'une des voies, fera remonter sur l'autre voie le wagon le plus léger.

Tel est le mécanisme du chemin de fer de Territet-Montreux-Glion.

Les freins, question capitale dans une pareille entreprise, sont au nombre de trois par voiture ; ils ont chacun une fonction spéciale, un peu différente, tout en concourant au même but. La voiture ayant deux essieux, un frein est fixé sur chacun des essieux.

Une roue dentée, en acier, engrène avec la crémaillère. Celle-ci est formée de deux joues en fer, de 12 millimètres d'épaisseur, assemblées par la denture rivée, en acier. La largeur de la denture est de 120 millimètres, le pas de 100 millimètres, les dimensions des dents sont 43 et 36 millimètres. Des griffes en fer, fixées à la voiture, embrassent, par-dessous, le rebord supérieur des roues, et empêchent le dégrènement.

Sur l'essieu inférieur sont fixés, à droite et à gauche de la roue dentée, deux tambours-freins, à gorges nombreuses, enfermés entre deux sabots de friction, en bronze, pouvant se serrer par des genouillères. Un de ces systèmes est manœuvré par le conducteur de la voiture descendante, qui ne doit jamais abandonner son levier. L'autre système est automatique, et ne doit fonctionner qu'en cas de rupture du câble. Néanmoins, au besoin, le conducteur peut

M. RIGGENBACH

également le faire agir au moyen d'une poignée qu'il a sous la main.

Pour faire mieux comprendre le fonctionnement de ce frein, nous en donnerons un dessin théorique (fig. 79).

Sur un axe destiné à faire serrer le frein automatique, sont fixées, en équerre, deux leviers : l'un court, auquel est relié le câble; l'autre plus long, chargé d'un lourd contre-poids, soutenu par un doigt de déclic, très sensible. En cas de rupture du câble, le ressort R, se détend et fait échapper, par l'intermédiaire de la tige T, le levier de déclanchement, D, qui porte l'extrémité du levier, L. Celui-ci, laissé libre, tombe, en entraînant le poids

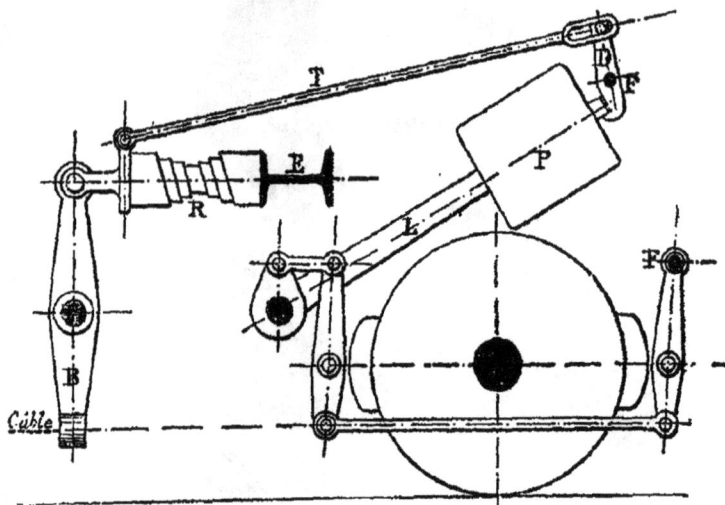

Fig. 79. — FREIN DES VOITURES DU CHEMIN D. FER DE MONTREUX A GLION

K,L,E,K, axes fixes par rapport au wagon; — B, balancier comprimant le ressort R lorsque le câble agit; — E, entretoise du châssis du wagon; — T, tige qui, sous l'action du ressort R, fait échapper le levier de déclanchement D, — L, levier portant un contrepoids P.

P; et, serrant le frein qui enraye l'essieu, vient s'appuyer contre les dents de la crémaillère fixée au milieu de la voie.

Un modèle en petit sert à démontrer au public, s'il veut être rassuré, le fonctionnement de cet appareil; mais des expériences en grand se font quelquefois involontairement, lorsque, par quelque irrégularité de marche, le câble éprouve un instant de détente.

Le troisième frein qui est appliqué à l'autre essieu, est à air comprimé. Il est destiné à modérer automatiquement la descente. A cet effet, l'essieu porte une seconde roue d'engrenage, faisant marcher, par un pignon, un arbre à manivelle. Cette manivelle actionne une pompe, qui comprime de l'air dans un réservoir. Plus l'air se comprime, plus la force qui fait tourner l'arbre à manivelle et qui est produite par la progression de la voiture, éprouve de résistance. Le conducteur en règle et en modère le fonctionnement à volonté. Quand la voiture monte, la pompe

Le chemin de fer de Montreux à Glion présente, avons-nous dit, une pente à peu près égale à celle du Vésuve : de 56 à 57 pour 100.

Cette pente extraordinaire effrayait singulièrement, il faut le dire, les voyageurs, aussi bien que les gens du pays. Pour répondre à toutes ces craintes, M. Riggenbach annonça, pour le jour de l'inauguration, une expérience extraordinaire. Il se vanta de descendre la montagne sans le secours du câble, c'est-à-dire avec le seul soutien des freins et de la crémaillère.

Cette expérience hardie eut lieu le jour de l'inauguration, le 8 août 1883. M. Riggenbach descendit la montagne du Glion, en retenant seulement son wagon par les freins, sans avoir recours au câble de suspension. Le wagon avançait seul, sur cette pente vertigineuse. Il marchait ou s'arrêtait au gré du conducteur, qui agissait sur les freins, comme s'il eût été retenu par le câble. Il convient d'autant mieux de conserver le souvenir et le récit de cette expérience, qu'elle témoigne à la fois du courage et du sang-froid de l'ingénieur qui osa l'exécuter, et en même temps de l'efficacité des dispositions adoptées pour prévenir toute catastrophe.

Quand on connaît la pente du Glion, qui se dresse presque à pic au-dessus du Léman, il semble impossible de faire remonter des wagons sur cette rampe, dont le sommet ne peut être vu qu'en se renversant en arrière. Il semble surtout impossible que les wagons puissent y descendre autrement que pour se précipiter dans le lac, avec une vitesse effroyable, et après avoir tout broyé sur leur passage.

L'expérience du 8 août 1883 a prouvé que l'on peut faire descendre le wagon, sans sa contre-partie, le train montant, avec un seul point d'arrêt et d'appui, à savoir, les freins.

On était accouru de Lausanne, de Vevey, de Clarens, de Montreux et des environs, pour voir ce spectacle. A Territet, six ou sept cents curieux étaient échelonnés le long des routes, entassés sur les deux ponts qui dominent la voie, juchés sur le toit en terrasse du café de Territet.

Il est cinq heures. Les membres du Conseil d'administration et quelques invités ont pris place, dans la gare de Territet, sur les quais et l'escalier d'embarquement. Leur président M. Mayor-Vauthier, tient un drapeau rouge, qui doit servir à donner le signal. En haut du Glion, au-dessus des têtes, le wagon attend, suspendu à ses amarres, sous le premier pont. à mi-chemin de la rampe, à environ deux cents mètres au-dessus de Territet, M. Riggenbach y est déjà monté. C'est un homme de soixante-trois ans, à l'aspect puissant, aux épaules carrées, au torse athlétique. M. Kelterborn, ingénieur, un de ses collaborateurs, M. Meyer, chef de pose, prennent place à ses côtés. Derrière se tiennent MM. Faucherre, membre du Conseil d'administration, et Émery, qu ont voulu partager les périls de la descente.

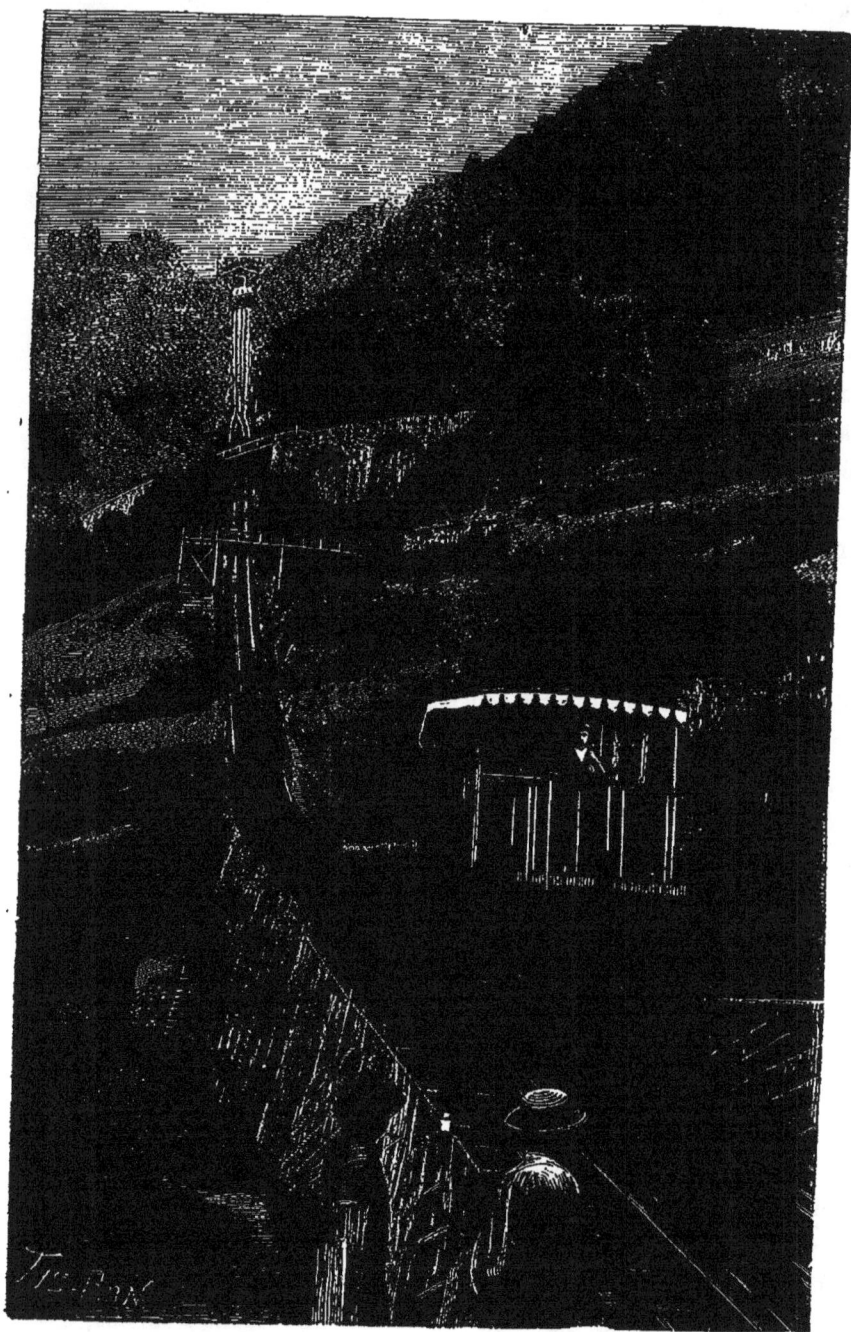

FIG. 80. — LE CHEMIN DE FER FUNICULAIRE DE TERRITET-MONTREUX-GLION

Il était convenu que, pour donner le signal, on attendrait le train de Lausanne, qui arrive à 5 heures.

À 5 heures le train paraît. M. Mayor-Vauthier lève son drapeau rouge.
Toutes les lorgnettes se braquent, avec l'inclinaison que lui donne, dans un

Fig. 181. — WAGON DU CHEMIN DE FER FUNICULAIRE DE TERRITET-MONTREUX-GLION

théâtre, un spectateur de l'orchestre qui veut regarder le lustre. Un autre
drapeau répond à ce signal, du haut de la montagne.

Le wagon s'ébranle et commence de descendre avec lenteur. M. Mayor-
Vauthier abaisse le drapeau, le wagon s'arrête ; il le lève de nouveau, le wagon

se remet en marche, toujours avec la même allure, singulièrement calme. Aucun câble ne l'attache ; c'est par le seul effet des freins qu'il est retenu sur cette pente vertigineuse. On se demande quelle main mystérieuse l'arrête sur l'abîme, quel phénomène étrange dompte ainsi les lois de la pesanteur, et fixe dans l'espace cette masse énorme. Ce spectacle est effrayant et admirable à la fois.

Au bout de trois minutes, le wagon est au bas de la rampe. Chacun respire, le danger est passé. On acclame M. Riggenbach, qui a fait cet émouvant essai, dans lequel sa responsabilité était si gravement engagée. Lui, cependant, saute à terre, le cigare aux lèvres, et de l'air le plus indifférent du monde. Alors des coupes se remplissent de vin d'honneur, on les tend aux voyageurs, et une petite fille remet une couronne à M. Riggenbach ; M. Mayor-Vautier l'embrasse avec effusion, au milieu des bravos et des applaudissements de tous.

Deux jours après, c'est-à-dire le 10 août 1883, eut lieu l'inauguration de cette espèce d'ascenseur à 56 pour 100 de pente, au milieu d'un grand concours de populations voisines, et bientôt les étrangers affluaient, pour faire l'ascension de la montagne.

Nous ajouterons, pourtant, qu'en dépit de toutes les mesures de précaution, le chemin de fer de Montreux-Glion ne laisse pas que de faire naître quelques appréhensions. On y regarde à deux fois avant d'entreprendre un pareil voyage. Mille billets seulement furent distribués dans le premier mois, huit mille seulement dans le second.

Je n'ai pas vu le nouveau railway du canton de Vaud, mais une personne revenue de Suisse, cette année, m'a assuré que l'impression du touriste sur ce vertigineux hissoir est vraiment trop pénible, et que bien des gens préfèrent la simple montée pédestre à ce grand mât de Cocagne en fer, qui vous donne le vertige et l'épouvante, à la montée comme à la descente.

On a dit de l'avocat Crémieux, qui fut un des ornements du gouvernement de la Défense nationale, en 1871, qu'il « abusait de la permission qu'ont les hommes d'être laids ». La voie ferrée de Territet-Glion abuse de la permission qu'ont les chemins de fer de montagne, de faire peur.

Les chemins de fer construits sur les types divers que nous avons décrits dans cette Notice, se multiplient chaque jour. La Suisse, pays naturellement désigné pour ce genre de constructions mécaniques, voit sans cesse en augmenter le nombre, et les autres pays de montagne, dans les régions fréquentées par les touristes, s'empressent d'entrer dans la même voie.

Pour ne parler que du créateur de ce système, M. Riggenbach a établi, depuis 1883, plusieurs autres chemins de fer funiculaires à crémaillère, en Suisse et dans d'autres pays. Il en a posé un à Lucerne même, pour monter au Gütsch. La longueur de cette voie n'est que de 180 mètres et la hauteur à vaincre de 80 mètres. Le trajet se fait en 2 minutes.

M. Riggenbach a établi d'autres chemins de fer à crémaillère desservis par des locomotives, à savoir : au *Concovado* près de Rio de Janeiro (longueur 3,5 kilomètres ; pente maxima 30 pour 100 ; hauteur à gravir, 800 mètres). — Au *Rudenheim*, pour monter au Niederwald, où se trouve le grand monument national allemand (longueur 2 1/2 kilom. hauteur à gravir 250 mètres ; pente maxima 20 pour 100.) près de Stuttgart, pour monter à Digenlach (longueur 2 kilomètres ; hauteur à gravir 200 mètres ; pente maxima 18 pour 100), au Manienhutte, en Hongrie, chemin de fer du système mixte, pour desservir des carrières et mines appartenant à l'archiduc Albert d'Autriche.

Nous citerons enfin un second chemin de fer funiculaire créé à Lisbonne, pour relier le bas avec le haut de la ville, par la rue de la Gloxia.

De toutes ces voies de montagnes, la seule qui présente quelque intérêt, c'est la ligne ascendante allant de Rudenheim aux hauteurs du Niederwald, près de Bingen, à quelques lieues de Mayence.

C'est que le bourg de Rudenheim est situé sur la rive gauche du Rhin, presque en regard du lieu où se dresse, en plein fleuve, la sombre *Tour des rats*, la *Maüesthurn*.

Une vieille gravure représente la *Maüesthurn*, tout entourée d'eaux noires et profondes, délabrée, en ruines, sous l'abri de longues collines, qui la couvrent d'une ombre éternelle. Le ciel est noir et plein de nuages. La tour, déchiquetée au sommet, est percée d'une porte à quelques pieds du niveau de l'eau, et de quatre fenêtres, inégales, à travers lesquelles transpire un jour gris et blafard. Tout le paysage est lugubre et désolé.

La *Tour des rats* est populaire en Allemagne, grâce à la légende qui s'y rattache, et elle est également célèbre en Angleterre, parce que l'un de ses poètes, Southey, en a fait le sujet d'un long récit en vers.

J'ai entrevu, dans un voyage en Allemagne, la vieille tour du Rhin, et si vous le permettez, lecteur, je vous dirai, pour terminer ce chapitre, dans quelles circonstances, assez singulières, j'eus cette fantastique vision.

J'avais publié, en 1848, de concert avec un chimiste, aujourd'hui membre de l'Académie de médecine de Paris, une série d'analyses d'eaux minérales chlorurées françaises, et d'eaux minérales chlorurées d'Allemagne, afin d'établir la complète analogie entre ces deux groupes d'eaux naturelles.

Il était prouvé, dans ce mémoire, que les eaux minérales françaises de Bourbonne, de Balaruc, de Niedederbronn, etc., sont les parfaits analogues des eaux de Wiesbade, de Hombourg, de Bade, de Baden, de Nauheim, de Kissingen, de Kreusnach, etc., et que, par conséquent, il n'y avait aucune raison d'aller demander aux eaux d'Allemagne un traitement que l'on pouvait trouver avec autant d'avantages en France.

Ce travail a dû porter ses fruits, si l'on considère que les Français ont déserté, depuis bien des années, les eaux minérales de l'Allemagne, et que le courant des malades qui se dirigeait autrefois vers Bade, Hombourg, Nauheim, Kreusnach, ou Kissingen, se porte aujourd'hui à Bourbonne, à Balaru, etc.

Quelque vingt ans après la publication de ce travail, j'eus l'idée d'aller visiter les eaux minérales des bords du Rhin, afin de faire connaissance sur place avec des eaux que je n'avais examinées qu'en bouteilles, afin de voir en pleine nature ce que je n'avais vu qu'au fond d'un laboratoire.

Mais pour aller à Wiesbade, à Kissingen, à Kreusnach, il faut traverser Cologne, Francfort et Mayence. Je fis donc ce que l'on appelait alors *le voyage des bords du Rhin*, et ce que l'on désigne encore aujourd'hui sous ce même nom, bien que, voyageant toujours en chemin de fer, on n'aperçoive le Rhin que sur l'une de ses rives, et à travers les vitres d'un wagon.

Je ne dirai rien de ce voyage le long du fleuve allemand, sinon que les vues pittoresques y abondent, et que cette longue succession de collines verdoyantes, de vieux châteaux perchés sur des hauteurs, et de prairies, plus ou moins ombragées, est un charme continuel pour les yeux ; mais que, d'autre part, les villes où l'on croit devoir s'arrêter, offrent à l'esprit bien peu de satisfactions artistiques et de motifs d'instruction. Les villes d'Allemagne m'ont laissé singulièrement froid, et sans aucune impression, ni souvenir utile. Comment se fait-il, que le plus petit bourg de l'Italie vous réserve de charmantes surprises artistiques, tandis que les plus grandes villes d'Allemagne soient si pauvres en produits de la science et de l'art ? Francfort est un vaste marché, dans une ville froide et nue ; Mayence, avec ses gares de chemins de fer fortifiées, ses glacis et ses talus, n'est qu'une ville de guerre rébarbative et maussade ; Cologne, une cité sans physionomie. Seules, les petites villes de Hombourg et de Wiesbade m'ont séduit, parce qu'elles s'étendent toutes deux dans des plaines riantes et fertiles ; peut-être aussi parce que les eaux minérales de ces deux stations répondirent à tout ce que j'allais y chercher, et que mon bonheur était, comme disent les métaphysiciens allemands, *subjectif* et non *objectif*, c'est-à-dire, en français, pris en dedans de moi et non au dehors.

Quoiqu'il en soit, et dût-on me jeter toutes les pierres des musées de

FIG. 82. — LA TOUR DES RATS

Mayence et de Francfort, les villes des bords du Rhin m'avaient « ennuyé ferme », comme dit un vieux critique de théâtre, tandis que les bords du

III.   23

Rhin m'avaient enchanté. C'est pour cela qu'en revenant de Kreusnach, pour rentrer à Paris, je voulus laisser dans mon esprit une impression quelque peu forte et durable de l'Allemagne que j'allais quitter, et que je résolus, dans ce but, de m'arrêter à Bingen, pour voir la tour fantastique du Rhin.

Parti de Kreusnach, à deux heures, j'arrivais à Bingen à six heures du soir. A peine a-t-on quitté Bingen, et laissé à droite l'embouchure de la Nahe, que l'on passe à côté d'un rocher de quartz, sur lequel s'élève, au milieu du fleuve, le *Maüesthurm*. Là est une station du chemin de fer. Je me hâtai d'y descendre, pour aller visiter la *Tour des rats*.

Mais la marche, pour se rendre au bord du fleuve, fut difficile. Il était huit heures, et la nuit était venue quand j'arrivai au Rhin. Aucun bateau ne se voyait en ce moment sur le fleuve, aucun batelier sur le bord. Et le premier train venant de Bingen partait le lendemain, de très bonne heure. Il fallait se contenter de contempler de loin le vieux monument perdu dans la brume des eaux et les ténèbres de la nuit.

Je m'assis sur la rive, et me remémorai mentalement la légende à laquelle le *Maüesthurm* doit sa célébrité.

Vers l'an 1050, l'évêque de Mayence s'appelait Hatto. C'était un homme cruel et avide. Pendant une disette qui sévissait en Allemagne, il eut l'idée d'acheter tout le blé des pays environnants, et de l'enfermer dans ses greniers, pour le revendre à des prix exorbitants. Aussi le peuple mourait-il de faim. Bientôt une émeute éclata. La foule entourait le palais de l'archevêque, demandant à grands cris du pain. Mais le méchant prêtre demeurait insensible aux plaintes, comme aux menaces. Et, la sédition ne s'arrêtant pas, il donna l'ordre à ses archers de saisir hommes, femmes, vieillards, et de les enfermer dans une grange.

Le peuple entoura la grange, menaçant d'enlever les prisonniers.

Alors le terrible archevêque ordonna de mettre le feu à la grange, et tous les malheureux qui s'y trouvaient périrent dans les flammes, en poussant des cris lamentables.

Hatto ne fit que rire de ce spectacle affreux, et par une allusion aux cris de douleur de ses victimes il s'écria :

« Entendez-vous siffler les rats ? On me remerciera d'avoir débarrassé le pays des rats qui mangeaient tout son blé ! »

Le lendemain, Mayence était consterné et la sédition du peuple apaisée. Seulement, dit la légende, on vit alors un étrange spectacle. De la grange réduite en cendres, sortaient des légions de rats. Ils venaient de dessous terre, ils surgissaient d'entre les pavés ; ils remontaient des caves et descendaient des murs, inondant les rues, les places et les maisons. Toute cette pullulante engeance, tous ces hideux et noirâtres bataillons, se dirigeaient vers le palais de l'archevêque, lequel, effrayé, se hâta de quitter Mayence et de gagner la plaine.

Les rats le suivirent dans la plaine.

Hatto courut s'enfermer dans Bingen, ville défendue par de hautes murailles ; mais la fourmillante armée le suivait toujours. Elle franchit, de ses millions de pattes velues, les remparts de Bingen, chassant devant elle le coupable auteur du forfait de Mayence.

L'archevêque quitta précipitamment Bingen, et, traversant le Rhin, il alla se cacher dans une tour qui se dressait au milieu du fleuve. Il espérait que la barrière naturelle des eaux le défendrait. Mais les rats sont bons nageurs. Ils passent le Rhin à la nage, et pénètrent dans la tour, où l'archevêque, bloqué entre les murailles, ne peut trouver d'issue. Hatto se réfugie dans une basse fosse, mais les rats vengeurs l'y suivent, et le dévorent tout vivant.

C'est pour cela que le peuple, dit la légende, appelle cette tour la *Tour des rats*.

Hâtons-nous de dire que l'histoire est loin d'être d'accord avec la tradition populaire. L'austère dame prétend que la tour de Bingen n'existait pas au onzième siècle et qu'elle ne fut construite que deux siècles après la mort de Hatto, par l'archevêque de Mayence, Sigfried.

Quant à la destination réelle de cette tour, les érudits assurent qu'elle servait à percevoir, au profit de la ville de Bingen, un droit de péage sur les bateaux qui franchissaient cette partie du Rhin, le lit du fleuve étant fort rétréci en ce point. En effet, *Maus* en allemand veut dire *péage*. Les mêmes érudits ajoutent qu'il y avait, au commencement de notre siècle, à Strasbourg, deux tours pareilles, consacrées à une perception d'impôt sur une partie du cours du Rhin, et qui, pour cette raison, s'appelaient aussi *Maüesthurm*.

Victor Hugo, dans le *Rhin*, estime que ces deux opinions peuvent se concilier.

« Il n'est pas absolument impossible, dit l'illustre écrivain, que vers le seizième ou le dix-septième siècle, après Luther, après Érasme, des bourgmestres, esprits forts, aient utilisé la tour Hatto, et momentanément installé quelque taxe et quelque péage dans cette ruine mal hantée. Pourquoi pas ? Rome a bien fait du temple d'Antonia, sa douane (1). »

Chacun peut choisir entre la légende et l'histoire. Pour moi, il me suffit d'avoir entrevu, dans le glauque brouillard des eaux, et à travers les ombres

(1) In-18, tome II, édition de 1855, page 55.

du soir, la fantastique tour, dont l'aspect me laissa une impression vive et profonde. N'est-ce pas beaucoup, pour l'artiste, qu'une poétique et saisissante vision, qu'elle soit légende ou vérité?

En contemplant la sombre tour à demi noyée dans les ténèbres et dressant encore vers le ciel ses longues murailles éventrées, il me semblait en voir sortir tous les fantastiques héros des légendes, gracieuses ou terribles, de la vieille Allemagne.

Hélas! nous en étions encore, en 1868, à croire aux légendes qui nous représentaient l'Allemagne comme une tranquille et inépuisable source de poésie et de sentiments. Nous croyions alors à la tendre Gretschen, à la rêveuse Marguerite, aux jeunes filles allant à la fontaine, en longues tresses blondes, aux cœurs naïfs et tendres des adolescents d'outre-Rhin. Le canon de Sedan et nos villes incendiées ont fait cruellement évanouir la menteus' auréole que notre crédulité avait mise au front des habitants de l'Allemagne; de sorte que quelquefois, au fond de moi-même, je me prends à me reprocher, comme une erreur, l'heure de rêverie passée, par une nuit sombre, aux bords solitaires du Rhin.

Pour en revenir, non à nos moutons, mais à nos crémaillères, nous dirons que c'est sur l'autre rive du Rhin, non loin de la *Tour des rats*, c'est-à-dire à Rudesheim, que commence la ligne du chemin de fer *funiculaire à crémaillère*, construite par M. Riggenbach, en 1880. La voie serpente pour s'élever jusqu'au sommet du Niederwald où se trouve la statue monumentale, *la Germania*, que le gouvernement prussien fit élever, en 1883, en l'honneur de ses victoires.

Mes lecteurs savent par le procès jugé à Leipsig, à la fin de décembre 1884, que c'est au Niederwald que les trois socialistes allemands, Reinsdorf, Rupsch et Küchler, avaient comploté de faire sauter, par une mine chargée de dynamite, et placée sous la statue *la Germania*, l'empereur Guillaume et les princes allemands le jour de l'inauguration de ce monument national

XII

En 1868, me trouvant à Bruxelles, et ouvrant volontiers les yeux, comme un voyageur avide de s'instruire, je remarquai deux choses nouvelles, pour moi, du moins : de petites charrettes traînées dans les rues, par des chiens, et de grandes voitures traînées sur des rails, par des chevaux.

C'était un assez curieux spectacle que cette armée de caniches attelés à de tout petits véhicules, par des marchands de comestibles et denrées. Aux premières heures du matin, les rues et les places de Bruxelles étaient sillonnées de ces étranges et économiques coureurs, qui allaient ensuite se ranger docilement en bataille, sur la place de l'église de Sainte-Gudule.

La curiosité qu'inspirait ce dernier spectacle, assez banal, au fond, était vite épuisée ; c'était autre chose pour les voitures traînées sur des rails de fer, par des chevaux. Depuis le bois de la Cambre jusqu'à la place du Gouvernement, et sur un sol de niveau, ce qui est assez rare à Bruxelles, on voyait une longue file de rails, et sur ces rails circulaient, comme sur une voie de chemin de fer, des voitures à chevaux, remplissant le rôle de nos omnibus, c'est-à-dire prenant et déposant sans cesse des voyageurs sur leur trajet.

Rien de semblable n'existait alors à Paris. Sans doute on avait établi, à peu près hors de la ville, le long de la Seine, au cours la Reine, une sorte de chemin de fer dont les voitures étaient traînées par des chevaux, et que l'on nommait *voitures américaines*, mais personne n'y faisait grande attention. Leur service était peu régulier et l'entreprise peu fructueuse. Dans tous les cas, il ne serait alors venu à personne l'idée de faire circuler au milieu des rues de la capitale des voitures énormes, telles que celles qui traversaient Bruxelles et qui suppléaient le service des omnibus.

C'est qu'en 1868, Paris était gouverné, au point de vue édilitaire, par les continuateurs de l'œuvre de M. Haussmann. Or, M. Haussmann, au génie duquel le Paris moderne doit sa création et ses embellissements, a eu deux torts : il a laissé les gares de chemins de fer à trop de distance du centre de la ville, et il a dédaigné les tramways.

Les tramways paraissaient au rénovateur de la capitale une création trop démocratique. Lancer, à travers les rues et les places, de volumineux véhicules, qui se seraient emparés du haut du pavé, au risque de broyer d'élégants équipages, c'est ce que ne pouvait admettre l'esprit aristocratique de l'administration du second Empire. Il fallut l'avènement de la République, et la glorification du populaire, pour accorder au démocratique tramway son droit de cité dans Paris.

En 1868 donc, rien d'analogue aux tramways de Bruxelles ne se voyait à Paris. Ce ne fut qu'en 1872, que la grande ville reçut le don de ces économiques et commodes véhicules.

Les tramways parurent alors une invention récente, et l'on se demanda, avec curiosité, d'où venait cette utile innovation. Comme Paris n'est point, d'habitude, en arrière du progrès dans les arts mécaniques, on s'imaginait généralement que les tramways venaient d'être créés de la veille. C'était là une complète erreur, car, depuis 1852, ce moyen de transport en commun était en usage en Amérique, et depuis 1869 il était adopté en Angleterre.

C'est ce que nous allons établir dans le présent chapitre.

Mais, d'abord, d'où vient le mot de *tramway?* quelle est son origine, sa signification propre ?

Le Conseil général des ponts et chaussées a donné une excellente définition du tramway. Il l'a défini en ces termes :

« *Un tramway est une voie ferrée à rails non saillants, établie sur une route, et qui n'enlève pas la partie de la voie qu'elle occupe à sa destination primitive.* »

Mais quelle est l'étymologie du mot *tramway ?* M. Kinnear Clark, auteur de l'ouvrage *Tramways, their construction and working*, traduit en francais, en 1880, nous dit :

« Un *tram* est le brancard d'une charrette ou d'une voiture; c'est aussi le nom d'un wagon à charbon : d'où est dérivé le mot composé *tramvay* ou *tram-road*, route formée d'étroites bandes ou bois, pierre ou fer, pour *trains* ou wagons (1). »

D'après un autre auteur, le mot *tramway* viendrait du nom d'un certain

(1) *Tramways, construction et exploitation*, par D. Kinnear Clark, traduit par O. Chemin. Paris, 1880, in-8°.

Outram, qui, au dix-huitième siècle, construisait, dans les houillères d'Angleterre, des voies à rails plats en fonte munis d'un rebord.

On donnait à ces routes ferrées le nom de *Outramroads*, ou *Outramway*, d'où vint le nom des *tramway*.

Cette étymologie tendrait à faire attribuer aux tramways une origine plus ancienne qu'elle ne l'est réellement. Sans doute, au siècle dernier, il existait, dans les mines de houille de l'Angleterre, et dans les mines métalliques de l'Europe et de l'Amérique, des chemins à ornière de bois ou de fer, qui

FIG. 83. — LA FUSÉE, PREMIÈRE LOCOMOTIVE CONSTRUITE PAR GEORGE STEPHENSON

ont été l'origine de nos chemins de fer actuels. Mais on ne peut appliquer l'idée de *tramway* qu'à une voie ferrée circulant dans les villes. Or, les chemins de fer proprement dits ne remontent guère qu'à l'année 1829, alors que George Stephenson, en Angleterre, et Marc Seguin, en France, créèrent cet admirable moyen de transport.

On doit faire remonter l'origine des chemins de fer à l'année 1829, parce que c'est pendant cette année qu'eut lieu l'inauguration du chemin de fer de Darlington à Storkton, qui fut desservi par la locomotive de Stephenson, *la Fusée*. Cette locomotive venait de remporter au concours de Liverpool le prix offert par les compagnies des transports de la houille de Newcastle aux constructeurs de machines. La *Fusée* que nous représentons ici (fig. 83) contenait en germe la plupart des perfectionnements qui furent apportés plus tard à la locomotive, particulièrement par Trewelhick.

Il ne faut donc pas faire remonter avant la création des chemins de fer, qui ne date que de 1829, l'invention des tramways.

En se plaçant à ce point de vue, quand on recherche quel est le pays du monde qui a, le premier, fait circuler un chemin de fer à l'intérieur d'une ville, on trouve que la cité de New York, aux États-Unis, peut seule revendiquer cet honneur.

Les chemins de fer étaient à peine créés, ils commençaient depuis quelques années seulement à prendre quelque extension, lorsqu'un ingénieur

Fig. 84.

américain, associé à un fabricant de voitures, nommé (circonstance assez étrange) Stephenson, établit à New York le premier tramway, dans la 4ᵉ avenue (Harlem).

Le rail dont fit usage l'ingénieur américain, avait une section semblable à celle généralement employée aujourd'hui, mais il était plus lourd. Le contre-rail était en contre-bas du rail d'environ 37 millimètres.

En sa qualité de fabricant de voitures, M. Stephenson construisit pour le tramway des *cars* (chars) à trois corps, suspendus par des lames de cuir semblables à nos diligences, c'est-à-dire avec entrées sur les côtés.

L'avant et l'arrière étaient symétriques ; à chaque extrémité était un siège élevé où se tenait un cocher. Le tout circulait sur des rails de fer posés le long des rues.

FIG. 85. — LE PREMIER TRAMWAY DE BERLIN

Nous sommes fâché d'avoir à dire que le tramway établi dans la 4ᵉ avenue de New York, fut fort mal accueilli par la population. La largeur excessive de l'ornière de fer et la saillie du rail sur la route, embarrassaient singulièrement la circulation des voitures, et occasionnaient des accidents. Une clameur générale s'éleva contre la malheureuse innovation ; de sorte que le carrossier Stephenson et ses associés furent contraints d'enlever la voie.

Vingt ans se passèrent. On avait à peu près oublié, à New York, la tentative du carrossier Stephenson, lorsqu'on apprit qu'un ingénieur français se proposait de recommencer l'entreprise qui avait si mal réussi à ses débuts.

Cet ingénieur français s'appelait Loubat. Il devait attacher doublement son nom à la réussite des tramways : d'abord, en les inaugurant à New York, ensuite, en les introduisant en France.

Les rails de fer dont fit usage M. Loubat, à New York, en 1852, formaient une ornière plus étroite que celle qui avait suscité tant de réclamations et de récriminations dans la même ville. Ils reposaient sur des traverses de bois, et ne faisaient que fort peu de saillie sur la chaussée. Seulement, la forme de l'ornière gênait encore les voitures légères, dont les roues s'engageaient trop facilement dans les creux des rails ; ce qui amenait la rupture de leurs essieux.

Toutefois, à New York et dans quelques autres villes des États-Unis, les tramways de M. Loubat obtinrent une grande faveur. Le tramway était, en effet, d'un précieux secours dans les villes de l'Union américaine, où les distances à parcourir sont longues, les routes généralement en mauvais état et peu nombreuses. On prit l'habitude de ce genre de voitures, et l'on arriva à ne plus pouvoir s'en passer.

La largeur de l'ornière était toujours, néanmoins, un inconvénient sérieux. Les écrivains techniques de ce temps parlent avec effroi de cette « gouttière de fer » qui composait l'ornière.

Un ingénieur anglais, M. Charles Light, pour parer à l'inconvénient de cette gouttière, où les pieds des chevaux et les roues des voitures venaient s'engager, occasionnant de fréquents accidents, employa à Boston, en 1857, un rail à ornière moins profonde (0ᵐ, 019), tandis que l'intérieur de l'ornière formait un plan incliné, disposé de telle manière que la poussière ou les pierres fussent chassées par le passage du boudin de la roue.

On s'occupait alors, à Philadelphie, de créer des tramways. Le rail de Boston fut examiné, et jugé insuffisant. On adopta alors un rail plat, muni d'un bourrelet. Ce système, qui était proposé par l'ingénieur en chef de la ville, M. Strickland Kneass, fut imposé à toutes les Compagnies de tramways de

Philadelphie. La largeur de la voie fut fixée à 1ᵐ,59, pour répondre aux dimensions des voitures.

On se trouva bien à Philadelphie de ce nouveau rail, qui pouvait être utilisé par les voitures de roulage, et qui s'établissait dans les rues étroites.

Le *step-rail* (*rail à gradin*) de Philadelphie se généralisa aux États-Unis, et il contribua à faire adopter les tramways dans beaucoup de villes de l'Amérique. Les populations, jusque-là assez hostiles à cette innovation, l'acceptèrent quand on eut obvié, avec le *rail à gradin*, aux inconvénients qu'avaient présentés les voies ferrées de New York et de Boston.

A partir de ce moment, c'est-à-dire vers 1865, les chemins de fer des rues prirent, dans les villes des États-Unis, la place qu'avaient occupée jusque-là les omnibus. La largeur des rues dans les villes nouvelles de l'Union américaine, leur longueur et leur rectitude, facilitaient singulièrement le succès de ce mode de transport en commun, économique et rapide. En 1875, dans le seul État de New York, il y avait 87 Compagnies de voies ferrées urbaines, occupant une longueur totale de 700 kilomètres de voie.

On peut citer, comme exemple de la rapide diffusion des tramways en Amérique, la ville de Buenos-Ayres, capitale de la république Argentine. La population n'est que de 200,000 habitants, mais la ville est très régulièrement coupée de pâtés de maisons carrés, avec des rues en ligne droite, parallèles ou perpendiculaires les unes aux autres. En 1872, il y avait, à Buenos-Ayres, une longueur de 112 kilomètres de tramways en exploitation. Chaque rue principale avait sa ligne de tramways.

Fait curieux ! Dans les premiers temps de l'établissement des tramways en Amérique, il y avait des hommes à cheval, qui allaient au-devant de chaque voiture, en sonnant de la trompette, pour avertir véhicules et passants d'avoir à se ranger. On sait que, plus tard, ces cavaliers sonneurs furent remplacés par une trompette fixée à l'avant du *car*, et qui sonne au moyen de l'air comprimé, par la pression de la main ou du pied du conducteur ou du cocher.

Le succès des tramways, dans les principales villes de l'Amérique, devait amener leur prompte importation en Europe. En Allemagne, dès 1867, quelques villes étaient déjà parcourues par des voitures traînées sur des rails par des chevaux, et Berlin, en particulier comptait, en 1867, un service régulier de ce genre de transport.

Nous représentons (fig. 85) le premier tramway de Berlin.

L'Angleterre reçut les tramways d'un de ses ingénieurs, qui portait un nom prédestiné : il s'appelait M. Train !

Fig. 86. — FAÇADE DE LA STATION DE SAINT-PANCRAS, A LONDRES

M. Georges Train, qui avait été témoin des premiers succès des tramways
en Amérique, se mit à la tête d'une Compagnie qui se proposait de les
introduire dans les principales villes du Royaume-Uni. Mais son projet rencontra des résistances auxquelles il était loin de s'attendre.

La demande qu'il adressa au Parlement, en 1859, pour l'établissement
de tramways à Londres, fut rejetée, à la suite de la vive opposition faite
à ce projet par sir Benjamin Hall, commissaire en chef des travaux publics.

Cependant, une année après, l'autorité municipale de Londres, s'affran-
chissant des craintes qu'avait manifestées le Parlement, autorisa M. Train à
construire deux lignes d'essai : l'une de Marble Arch à Notting-Hill, l'autre
le long de Kensington-Road. Enfin, en 1863, M. Train posa entre Burslem
et Hanley, pour le compte de la Compagnie du *Staffordshire Potteries
Steet Railway*, un tramway, long de 3 kilomètres. Le rail qui fut adopté
par M. Francis Train, était celui de Philadelphie.

La population de Londres continuait de voir de mauvais œil ce nouveau
mode de transport. Dans les deux lignes d'essai qui furent construites dans
la métropole, on avait eu le tort de rejeter le *rail à gradin* de Philadelphie,
qui n'apporte aucune gêne à la circulation, pour adopter celui de Boston,
dont le rebord est beaucoup plus saillant. Les voitures buttaient souvent
contre ce rail, et il en résultait de graves accidents. D'ailleurs, les rues de
Londres n'ayant pas la régularité, la rectitude de celles des États-Unis,
l'établissement de la voie offrait toujours des difficultés. Enfin, le bon
état des voies publiques et le grand nombre d'omnibus et de voitures particulières qui circulent à l'intérieur de Londres, faisaient considérer ce nouveau système comme une superfétation.

En définitive, l'essai des deux voies ferrées tenté à Londres, en 1864,
fut si malheureux que M. Train fut obligé d'enlever les rails et de
renoncer à son entreprise. A Burcken-Head, on ne toléra la ligne de M. Train
qu'en obligeant ce dernier à remplacer les rails à bourrelet par des rails à
gorge. Dans une troisième ville, aux *Potteries*, la même substitution lui fut
imposée.

L'insuccès de M. Train arrêta, pour quelque temps, l'essor des
tramways en Angleterre.

Cependant cette résistance ne pouvait être d'une longue durée. En 1866
et 1867, le Parlement reçut la demande d'une autorisation de construire
des tramways à Liverpool, et cette autorisation fut accordée en 1868.

Les travaux furent exécutés par des entrepreneurs de Philadelphie, sous
la direction de M. Georges Hopkins. On fit usage d'un rail à gorge, sem-

blable à celui qui avait remplacé le *step rail* de M. Train, à Birkenhead et aux Potteries, mais avec une ornière encore plus étroite.

Le système de voies adopté à Liverpool a servi de type à tous ceux qui ont été ultérieurement établis en Angleterre. La largeur de voie fut celle des chemins de fer (1ᵐ, 44). Cette largeur de voie fut adoptée dans l'espoir de voir les routes ferrées des tramways recevoir les wagons des usines, pour les amener aux chemins de fer, sans transbordement. Mais cet espoir ne devait pas se réaliser, car l'épaisseur des roues des grands wagons ne peut trouver sa place dans une gorge de 0ᵐ, 035. De plus, les wagons de chemin de fer ne peuvent tourner dans des courbes de moins de 100 mètres de rayon, et on ne saurait, sur le tracé des tramways, s'astreindre à de pareilles courbes.

Quoi qu'il en soit, la largeur normale de la voie des chemins de fer fut adoptée pour les tramways de Londres, comme elle l'avait été pour les tramways de Liverpool; de sorte qu'aujourd'hui, dans toute l'Angleterre et l'Écosse, les tramways ont la largeur de voie des grandes lignes de chemins de fer, ce qui n'est pas un mal.

Pour prendre un exemple, les trains de marchandises qui sortent du hall du chemin de fer de Saint-Pancras, passent, sans rien changer à leur chargement, des rails du chemin de fer à ceux des tramways (fig. 86).

L'établissement définitif des tramways à Londres ne date que de 1869. Il se forma alors trois Compagnies. La première (*Tramway nord métropolitain*) posa des rails dans White Chapel, Mile-End et Bow. Pendant les années suivantes, elle étendit beaucoup son réseau, qui comprend aujourd'hui, à lui seul, 53 kilomètres. Elle possède 2,393 chevaux et 210 *cars*. La deuxième compagnie (*Métropolitain street tramway*) dessert Kensington, Brixton et Clapham. La troisième (*London street tramway*) dessert les parties nord-ouest de Londres.

Au commencement de 1873, 67 kilomètres de tramways existaient à Londres, et, en 1876, on en comptait 98 kilomètres.

Le résultat financier ayant été favorable, on demanda et obtint du Parlement, des autorisations pour établir des tramways dans un grand nombre de villes.

En 1869, on créait, dans les villes de l'Angleterre, 3 tramways; en 1870, 7; en 1871, 7; en 1872, 15; en 1873, 10; en 1874, 6; et en 1875, 7.

La longueur totale des rues traversées par des tramways, dans le Royaume-Uni, au 30 juin 1876, était la suivante:

Angleterre et Pays de Galles	211,550 kilomètres.
Écosse	66,080
Irlande	40,160
	317,790 kilomètres.

FIG. 87. — HALL DE LA STATION DE SAINT-PANCRACE, A LONDRES

Depuis 1876 le nombre des lignes de tramways s'est singulièrement accru dans la Grande-Bretagne; de sorte qu'il serait bien difficile de le dire exactement.

Sur le continent de l'Europe, Bruxelles est la première ville qui ait adopté les tramways.

Aujourd'hui quatre compagnies distinctes les exploitent. La plus ancienne ligne, qui a été ouverte en 1869, va de Schaerbeck au bois de la Cambre ; elle a 7 kilomètres de long. Toutes les autres lignes ont été construites depuis 1870.

A la fin de 1874, les longueurs des lignes des tramways, à l'intérieur de Bruxelles, étaient les suivantes :

Railway belge sur rues	13,200 mètres.
Compagnie brésilienne	10,800
Compagnie des villes ferrées belges (bois de la Cambre)	7,000
Compagnie Becquet	6,000
Total des tramways ouverts dans Bruxelles. .	37.000

Dans les autres villes de Belgique, il y avait, en 1874 :

à Anvers.	9,911 mètres.
à Liège	7.691
à Gand	7.497

Ce qui donne une longueur totale d'environ 62 kilomètres de tramways ouverts en Belgique, à cette date.

Nous n'avons pas besoin d'ajouter que le réseau belge a singulièrement pris d'extension depuis 1874.

Les lignes sont à double voie, dans les trois premiers tramways de Bruxelles. La quatrième ligne est à voie simple. Dans les trois autres villes, les lignes sont aussi à voie simple, excepté sur une petite portion des tramways de Gand.

La largeur de voie est de 1 mètre à Bruxelles; excepté dans les rues étroites, où elle n'a que 0^m, 80. A Anvers, elle est de 1 mètre ; à Gand de 1^m,05. A Liège, elle varie de 1^m, 50 à 1^m, 75 en vue de donner l'espace nécessaire au passage de grands wagons.

Le rayon minimum de courbure permis dans un tramway, en Belgique, est de 44 mètres. A Bruxelles, ce rayon est ordinairement de 30 à 43 mètres. Quelquefois, à cause du manque d'espace, il descend à 20 mètres, mais rarement il va jusqu'à 14 mètres. A Anvers, le rayon minimum est de 25 mètres, excepté pour les parties traversées par le matériel des chemins de fer, où le rayon ne peut être inférieur à 75 mètres.

La voie se compose généralement de rails à ornière en fer, placés sur une substructure en bois, composée de longuerines reposant sur des traverses.

Les tramways ont été introduits en Belgique par une compagnie anglaise.

On sait que les tramways ne transportent que des voyageurs sans bagages, et point de marchandises: A Liège, on avait essayé, au début, d'utiliser les tramways, tout à la fois pour le transport des voyageurs et pour celui des marchandises. Pour cela, on se serait servi du matériel des chemins de fer à traction de locomotives, comme sur les embranchements industriels ordinaires à traction de chevaux. La voie de Liège fut construite d'après ce programme, et le cahier des charges autorisait le concessionnaire à effectuer un service de ce genre. Il aurait pu transporter, pendant le jour, les colis pesant moins de 100 kilogrammes ; et le service des marchandises pondéreuses se serait fait par trains spéciaux, de dix heures du soir à six heures du matin.

Toutefois, ce service ne fut pas organisé. Depuis que le réseau de Liège existe, on ne s'en est servi que pour transporter des voyageurs.

La question du transport des marchandises par les tramways est donc restée en Belgique, comme dans les autres pays, à l'état de projet.

XIII

Les tramways à Paris et en province.

Nous avons dit que l'ingénieur français, Loubat, avait, dès l'année 1852, établi à New York les premiers tramways, mais que les résistances de la population l'avaient obligé de renoncer à cette entreprise. Il espéra être plus heureux dans son pays, et il revint en France, dans le but d'introduire à Paris ce système de transport.

Le 16 août 1853, M. Loubat obtenait, par une décision ministérielle, l'autorisation d'expérimenter son système de voies ferrées urbaines, sur le quai de Billy. Le 18 février 1854, il recevait la concession d'un réseau de tramways à établir de Vincennes à Sèvres, avec embranchement sur Boulogne.

Mais le gouvernement impérial, nous l'avons dit, ne voyait qu'à regret une entreprise qui n'était qu'à l'usage du peuple et du bourgeois. Il redoutait les collisions qui pouvaient s'établir, à l'intérieur de Paris, entre les énormes voitures à 40 places, et les légers véhicules, ou les lourdes charrettes, qui encombraient les rues populeuses. On limita donc, autant que possible, la concession de M. Loubat. Elle embrassait toute la ligne de Vincennes à Sèvres, ce qui comprenait la traversée de tout Paris, par le faubourg Saint-Antoine. Mais l'idée de poser des rails de voie ferrée en plein faubourg Saint-Antoine et dans la rue de Rivoli, faisait dresser les cheveux aux administrateurs de ce temps. On ne permit à M. Loubat d'établir ses rails que de la place de la Concorde à Sèvres.

Ce n'est pas ce qu'il avait espéré. Aussi se décida-t-il à céder son privilège à la compagnie des Omnibus. En 1855 seulement, la compagnie des Omnibus put achever de construire le réseau qui lui était rétrocédé. Mais, réduite à sa partie la moins fructueuse, l'entreprise des *chemins de fer américains*, comme on l'appelait à Paris, ne put prospérer. Établie sur une route où ne manquaient pas les moyens de communication, la voiture américaine était généralement délaissée.

La compagnie des Omnibus qui avait acheté à M. Loubat sa concession, s'était d'abord servie des voitures que cet ingénieur avait fait construire d'après le type américain. Les roues étaient calées sur les essieux ; de sorte qu'elles étaient forcées de demeurer toujours sur les rails, sans pouvoir en sortir, si un accident venait à se produire. Le public parisien goûtait peu ce genre de voitures, auquel il n'était pas accoutumé. D'un autre côté, les conducteurs des autres attelages, c'est-à-dire des voitures de luxe, des voitures de place ou des charrettes, mettaient beaucoup de mauvaise volonté à se ranger à leur approche : de là de fréquentes querelles et des arrêts désagréables.

Il fallut en venir à des voitures capables de dérailler, quand le cas l'exigeait, et de marcher sur la route ordinaire. C'est alors que l'on adopta de grands omnibus, capables de quitter les rails, quand il le fallait, et qui contenaient 50 personnes. Ils pesaient 3,000 kilogrammes à vide, et plus de 6,000 kilogrammes à pleine charge. De leurs quatre roues, deux seulement étaient munies d'un boudin, destiné à s'engager dans la gorge du rail.

Ce type est aujourd'hui abandonné. Toutes les voitures des tramways de Paris sont munies d'un boudin intérieur, et ne contiennent que 40 places.

En résumé, le *chemin de fer américain de la place de la Concorde à Sèvres* n'obtint qu'un succès d'estime. La compagnie des Omnibus, qui en était propriétaire, ne réalisait que des pertes, et cette situation resta la même tant que dura l'Empire.

Il en fut autrement après l'avènement de la République.

En 1872, le projet d'un réseau de 105 kilomètres de tramways fut préparé, sur la demande du Conseil général de la Seine, et la concession en fut faite au département, par un décret du 18 août 1873.

Le réseau des tramways parisiens fut, dès l'origine, très largement conçu. Il comprenait une ligne suivant les anciens boulevards extérieurs, et quinze lignes rayonnantes, ayant leurs points de départ sur les places de l'Étoile, Saint-Augustin, Moncey, la Chapelle, au Château-d'Eau, à la place de la Bastille, à la place Walhubert, au square de Cluny, à la place Saint-Germain des Prés, et desservant dans la banlieue : Neuilly, Courbevoie, Suresnes, Clichy, Asnières, Gennevilliers, Saint-Ouen, Saint-Denis, Aubervilliers, Pantin, Montreuil, Saint-Mandé, Charenton, Saint-Maurice, Ivry, Vitry, Villejuif, Montrouge, Châtillon, Fontenay-aux-Roses, Issy, Vanves et Clamart.

C'était un ensemble important, qui assurait le service complet de Paris et de la banlieue. Mais, en vertu d'un traité antérieur, la ville de Paris avait accordé à la compagnie des Omnibus le privilège des transports en commun jusqu'en 1884. Il fallait, ou lui racheter ses droits, ou lui concéder tout ou partie du réseau projeté pour les tramways. On fit une transaction. Le réseau général fut divisé en trois groupes. Celui qui devait traverser Paris, avec quelques amorces des lignes extérieures, fut concédé à la compagnie des Omnibus ; les deux autres devinrent le privilège de la *compagnie des Tramways-Nord* et de celle des *Tramways-Sud*.

La *compagnie des Tramways-Sud* a, en outre, repris quelques-unes des lignes appartenant à la compagnie des Omnibus. Elle s'est chargée de leur construction et de leur exploitation.

Les compagnies de tramways payent à la ville de Paris une redevance annuelle de 6,000 francs, par kilomètre de voie.

Le réseau de voies ferrées projeté en 1873 est aujourd'hui terminé, et il tend à s'accroître chaque année. Ce mode de locomotion est parfaitement accueilli par la population. Le réseau départemental prend beaucoup d'extension, et l'administration municipale s'efforce, de son côté, de créer de nouvelles lignes, dans le but de faciliter les transports dans Paris.

Les tramways se distinguent, avons-nous dit, des autres systèmes de voies ferrées, en ce que les rails, au lieu d'occuper un terrain qui leur soit spécialement réservé, sont établis sur les chaussées ou revers des routes ordinaires, des chemins ou des rues, en laissant ces chaussées complètement libres pour la circulation. Les rails ne doivent donc faire aucune saillie sur le sol. Le *rail et le contre-rail* forment une gorge, dans laquelle s'engage le boudin des roues des voitures spéciales du tramway, sans que les jantes des roues des voitures ordinaires puissent y entrer.

A Paris, la gorge a 0^m,035 de largeur, et la table de roulement 0^m,04 ; dans tout leur ensemble, le *rail et le contre-rail* ont 0^m,09 de largeur. Ils sont posés sur une longrine en chêne, et y sont fixés, soit par des tire-fonds, soit par des crampons latéraux. Quand la route est pavée, on maintient le parallélisme des longrines à la distance normale, au moyen d'entre-toises en fer qui se placent entre les rangées des pavés et qui sont pourvues de clavettes permettant de régler l'écartement.

La largeur de la voie avait été fixée à 1^m,54 lors de la concession Loubat. En 1873, on adopta celle des chemins de fer : 1^m,44, espérant que l'on pourrait ainsi relier les usines aux grandes gares de marchandises. Cet espoir paraît mal fondé, ainsi que nous l'avons dit, la largeur de la gorge et des rayons de courbure sur les voies de tramways, étant insuffisante pour le passage des grands wagons de chemins de fer.

Le principal avantage des tramways consiste dans la diminution du coefficient de frottement. Cette réduction permet de remorquer, avec le même effort, un poids presque double de celui que l'on traîne sur les routes pavées ou empierrées. Elle fournit le moyen d'avoir des voitures plus spacieuses, plus commodes, et d'accéder aux impériales par des escaliers, ce qui permet d'y admettre les femmes. Elle motive enfin une réduction des frais de transport. Ainsi, dans le département de la Seine, le prix moyen du transport d'un voyageur, pour 1 kilomètre, est de 6 centimes 5, en première classe, et de 4 centimes en deuxième classe, c'est-à-dire la moitié environ de ce qui est perçu en chemin de fer. Ces prix comportent, d'ailleurs, la délivrance gratuite de billets de correspondance pour les omnibus et les tramways rencontrés.

Les véhicules employés pour le transport des voyageurs varient suivant les compagnies. Dans ceux de la compagnie des Omnibus, la caisse contient 20 personnes, l'impériale 22 ; la plate-forme en reçoit 6. Le poids de la voiture vide est 2,950 kilogrammes : quand elle est pleine, elle pèse 6,000 à 6,500 kilogrammes. Un siège est disposé à l'avant, pour le cocher, et à chaque extrémité du parcours, la voiture se retourne sur des rails en forme de boucles.

La *compagnie des Tramways-Nord* emploie le *car* américain, sans impériale. La caisse, affectée à la première classe, a 16 places assises ; les deux plates-formes ont chacune 8 places debout, pour la deuxième classe. La voiture est symétrique, et, grâce à un avant-train mobile, l'attelage se porte successivement à chaque extrémité, sans que l'on ait à faire retourner la voiture. Le poids est de 1,625 kilogrammes quand la voiture est vide et de 4,500 à 4,800 kilogrammes, lorsqu'elle est pleine.

Le matériel roulant de la *compagnie du Sud* participe des deux systèmes précédents. La voiture est symétrique, mais elle est à impériale : elle pèse 2,200 kilogrammes vide et 5,000 à 5,200 kilogrammes, avec les voyageurs, qui sont au nombre de 46, à savoir : 16 dans l'intérieur, 12 sur les plates-formes et 18 sur l'impériale. Elle s'attèle successivement à chaque extrémité, par la mobilité de son avant-train.

Chaque voiture de tramway est desservie par 8, 10 ou 12 chevaux, qui se relayent, et parcourent environ 10 kilomètres par jour. Elle parcourt, elle-même, de 85 à 90 kilomètres par jour.

Toutes les voitures sont munies de freins, pour modérer la vitesse dans les pentes, et les arrêter, lorsqu'un voyageur veut monter ou descendre. Des expériences ont prouvé que l'arrêt complet est obtenu après un parcours de 8 à 10 mètres si les voitures sont légères, et de 10 à 20 mètres si elles sont lourdes, le frein étant une fois serré.

Le mouvement qui s'était produit à Paris, en 1873, ne tarda pas à s'étendre à la province ; car chacun comprenait les avantages de ce nouveau mode

FIG. 88. — TRAMWAY DU HAVRE

de transport en commun. Départs réguliers, locomotion prompte et exempte de tout cahot, prix modiques, multiplication des rapports, tels sont les principaux avantages des tramways, et ce qui fit leur rapide et universel succès.

Lille fut une des premières villes de France à adopter les tramways. En présence du succès des railways belges, elle demanda à l'État une concession, qui lui fut accordée le 4 octobre 1873 ; et, le 1er janvier 1874, deux lignes importantes étaient livrées à l'exploitation.

En même temps qu'il concédait à la ville de Lille son réseau de tramways, l'État accordait à celle du Havre une concession analogue. M. de la Hault, l'entrepreneur général, se mit tout de suite à l'œuvre, et dans les premiers mois de 1874 deux lignes étaient en circulation.

La figure 88 représente deux voitures de tramways se croisant devant l'Hôtel de ville.

Les tramways du Havre furent inaugurés le 1er février 1874. Commencés le 10 novembre 1873, ils étaient terminés le 24 janvier.

Les travaux avaient été exécutés par les forges de l'Est et du Nord, pour les rails, et par la Compagnie générale de matériel des chemins de fer d'Ivry (Seine) pour le reste du matériel.

Le directeur de l'entreprise des tramways du Havre, M. F. de la Haut, est un industriel belge. Il ne lui avait pas fallu moins de trois ans et demi de sollicitations aux ministères et à la municipalité, pour obtenir la concession.

Afin que l'on puisse apprécier les services que peuvent rendre les tramways, il est indispensable de dire que la statistique donne, comme chiffre de voyageurs, usant des tramways dans les villes qui les possèdent, depuis 20 jusqu'à 150 fois celui de la population de chacune d'elles, suivant leur importance et l'étendue de certains réseaux.

A partir de 1874, le mouvement qui nous occupe devint général en France. Nancy, Versailles, Marseille, obtiennent de l'État des concessions, qu'elles rétrocèdent à des compagnies financières.

En 1875, Nice, Dunkerque et Roubaix, ont leurs concessions ; en 1876, Rouen, Tours et Orléans. En 1877, Boulogne, Montpellier, Valenciennes et Nantes, reçoivent la même autorisation.

Bordeaux, Lyon, Saint-Étienne, etc., obtenaient de l'État des concessions semblables, et les cédaient, soit directement, soit par adjudication, à des compagnies.

Malheureusement, les municipalités se montraient un peu trop âpres au gain ; au lieu de favoriser des entreprises conçues en vue des intérêts des classes pauvres, elles imposaient aux compagnies des cahiers de charges faits pour les ruiner.

C'est pour cela que la plupart des compagnies de tramways, en France, n'ont réalisé que des pertes. L'établissement des premières lignes est revenu fort cher, par suite de l'inexpérience des ingénieurs ou des exigences des entrepreneurs ; et, d'autre part, les redevances des villes les ont privées de tout bénéfice. Il est à désirer que les municipalités se montrent, à l'avenir, plus favorables aux intérêts des Compagnies, et que celles-ci, de leur côté,

FIG. 89. — TRAMWAY DE MARSEILLE (PORT)

evitent les frais inutiles, et sachent réduire leurs dépenses au minimum possible, par une bonne administration.

Nous dirons quelques mots des entreprises de tramways dans les villes de France, où ils offrent un intérêt particulier.

Tramways du Havre. — Les tramways du Havre appartiennent à la *compagnie générale française des Tramways.*

La longueur totale du réseau exploité est de 9,145 mètres ; mais, par suite de l'existence de doubles voies, elle est aujourd'hui de 14,011 mètres. Le réseau général se compose de deux lignes principales, subdivisées, chacune, en trois sections.

On avait d'abord établi la voie avec des rails en fer posés sur des longrines, et des traverses en bois de sapin. Mais elle était beaucoup trop faible ; on a pris des rails en acier ; les nouvelles longrines sont en bois de chêne.

Tramways de Rouen. — Les tramways de Rouen ont été rétrocédés par la ville à M. Palmer Harding, en vertu d'un décret du 16 juin 1877.

La voie est simple, en règle générale. Elle n'est double que par exception, et seulement sur une longeur de 2,830 mètres. Le surplus forme une voie unique.

La largeur de la voie est de 1^m,445. Les rails sont en acier, à ornière du type des tramways-Sud de Paris. Ils reposent sur des longrines en chêne, portées sur des traverses du même bois.

Fig. 90. — TRAMWAY DE MARSEILLE (CANNEBIÈRE)

Tramways de Nice. — Les tramways de Nice ont été concédés par décret du 9 septembre 1875. Tout le réseau est à voie simple.

La longueur totale des voies construites jusqu'ici est de 6,647 mètres. Le réseau projeté est, en totalité, de 13,524 mètres.

Tramways de Marseille. — A Marseille, les rues, qui n'ont que de 7 mètres à 9 mètres, n'ont, en général, qu'une voie de tramways, sans évitement : l'aller se fait par une rue, et le retour par une autre rue parallèle.

Les changements de voie s'effectuent au moyen d'aiguilles fixes et d'aiguilles mobiles. Les dernières fonctionnent automatiquement, grâce à des ressorts qui se mettent en action par la main du conducteur pressant une tige, au moment d'opérer le changement. Les aiguilles mobiles, qu'il faut mouvoir à la main, ne sont employées que pour les voies peu fréquentées.

Tramways de Nantes, de Lyon, etc. — La voie de Nantes est l'application d'un système particulier, la *voie Marsillon*, qui consiste à se servir, pour les traimways, des rails ordinaires des voies ferrées en usage pour les passages à niveau. Il paraît que c'est le système qui présente le moins de résistance à la traction.

A Lyon, la même voie a été choisie.

Tramways de Bordeaux. — Ils ont été construits sur le modèle des tramways Sud de Paris, par une compagnie anglaise, qui en a obtenu la concession en 1879.

Roubaix, Turcoing et Nantes ont été pourvus du même système Marsillon.

Nous ne pousserons pas plus loin cette énumération. Nous avons voulu, par quelques exemples, donner une idée de l'installation des tramways dans quelques villes de France. Nous passons à l'exposé rapide de la construction des tramways, ensuite à la description des véhicules, enfin à l'étude des moteurs qui ont été successivement essayés, ou mis en usage, pour la traction des voitures.

XIV

Construction des tramways. — Les rails. — Les voitures. — Les divers modes de
traction

Les rails de tramways ne sont autre chose qu'une ornière métallique, à
l'intérieur de laquelle roule un boudin dont la roue du véhicule est garnie,
à son côté intérieur. Ils diffèrent essentiellement des rails de chemin de
fer, qui sont plats, et dans lesquels l'ornière est composée, non aux dépens
du rail, mais au moyen du seul boudin de la roue, qui fait saillie hors de sa
circonférence.

Dans un rail de tramway, la gorge, ou ornière, doit être assez profonde
pour que le boudin intérieur de la roue de la voiture y demeure engagé,
mais pas assez large pour que les roues des petites voitures étrangères, qui
rencontrent cette voie, puissent y pénétrer.

Rien de plus variable que les dimensions et les formes des rails, et, par
conséquent, de l'ornière qu'ils composent. Il importe seulement qu'elle ne
fasse aucune saillie, ou qu'une saillie très légère sur la chaussée, pour ne
pas entraver la marche des autres voitures.

Chaque ville a son rail particulier. Bien plus, dans une grande ville,
comme Paris, Londres, Bruxelles, Lyon, etc., chaque ligne de tramway
peut avoir son rail spécial. Décrire chacune de ces formes serait une
œuvre fastidieuse, et bonne à consulter seulement pour les constructeurs
et entrepreneurs. Aussi nous contenterons-nous de parler du rail le plus
communément en usage, le *rail Loubat*, que son inventeur posa, pour la
première fois, en France, sur la ligne de la place de la Concorde à Sèvres,
et qui est le plus généralement adopté aujourd'hui.

Le *rail Loubat* est presque entièrement plat. Il ne fait aucune saillie au-
dessus de la chaussée. Le boudin intérieur de la roue de la voiture pénètre
de 4 centimètres dans sa gorge.

Les rails des tramways sont presque toujours en fer, de bonne qualité,
et quelquefois en acier. Leur poids, par mètre courant, varie de 15 à 28

kilogrammes. On les pose sur deux longrines, en bois de chêne, qui sont reliées, de distance en distance, par des traverses en bois ou en fer.

Les traverses qui relient les deux files parallèles de rails, n'existent pas toujours. On les supprime dans les rues pavées, car un pavage bien posé suffit à maintenir l'écartement des rails. On se contente alors de les réunir par de petites bandes de fer posées entre les pavés.

Nous représentons ici (fig. 91) le rail Loubat, en usage à Paris. La largeur de l'ornière, ou gorge, est de 4 centimètres, sa profondeur de 25 centimètres.

Les voitures des tramways sont trop connues, pour que nous ayons besoin de les décrire. Tout le monde sait qu'il y a, à Paris, deux modèles de voitures : le *car américain*, avec ou sans impériale, dont fait usage la *compagnie des Tramways-Sud*, et la voiture dite à *quarante places*, toujours munie d'une impériale, et d'un escalier unique pour y accéder.

Les *cars* américains sont symétriques, c'est-à-dire ont l'avant et l'arrière semblables. Les *voitures à quarante places* sont semblables aux grands omnibus, et doivent faire un tour sur une voie courbe, pour reprendre leur route.

Dans les villes de la France et de l'étranger, les formes des voitures varient selon les goûts des populations, et quelquefois, selon la saison. Dans beaucoup de villes, comme au Havre, le tramway est divisé en deux compartiments, à l'instar des anciennes diligences, au lieu d'être à un seul compartiment longitudinal, comme les omnibus. Dans ce dernier cas, il n'y a pas d'impériale ; la différence des prix est fixée d'après le compartiment occupé.

Dans les villes du Midi, les voitures sont découvertes, et pourvues, ou non, de rideaux.

Rien, en un mot, de plus variable que les véhicules des tramways.

La question la plus intéressante, la seule scientifique, en ce qui touche les tramways, concerne les genres de moteurs appliqués à leur traction.

Les premiers tramways furent traînés par des chevaux, et c'est encore à ce moyen que l'on s'en tient généralement, bien qu'il soit le plus dispendieux.

Les chevaux employés à traîner les voitures des tramways, ont certains avantages. On peut réduire au minimum le poids de la voiture, parce qu'il n'y a pas à lui demander beaucoup d'adhérence sur les rails, l'effort du moteur se faisant dans le sens horizontal. A l'intérieur des voies populeuses, la conduite du véhicule est plus facile. En outre, les arrêts nécessaires pour prendre et laisser, à chaque instant, des voyageurs, s'effectuent facilement avec les chevaux, dont l'intelligence et l'habitude secondent admirablement le conducteur ; car ils obéissent à sa main avec une singulière docilité, et même la préviennent quelquefois. Quand il faut dérailler, par suite d'un obstacle ou d'un accident, pour reprendre ensuite la voie de fer, l'adresse des chevaux facilite beaucoup cette opération. Avec les chevaux point de bruit de machines, inséparable de l'emploi d'un moteur mécanique.

Cependant, dans notre siècle, tout se fait, ou tend à se faire mécanique-

Fig. 91. — COUPE DU RAIL DES TRAMWAYS EN USAGE A PARIS

ment, l'économie étant la règle et le but de toute entreprise. Les tramways ne pouvaient échapper à cette loi generale. D'ailleurs, un train de chemin de fer est mû mécaniquement. Issu du chemin de fer, le tramway devait se modeler sur son aîné. De là une longue série d'efforts pour appliquer aux tramways la traction mécanique.

Nous passerons en revue, dans le chapitre suivant, les modes divers de traction mécanique qui ont été expérimentés pour la traction des tramways, depuis leur origine jusqu'à nos jours.

XV

La traction mécanique appliquée aux tramways. — La machine à vapeur. — *Cars* à vapeur, et remorqueurs à vapeur. — La *locomotive à eau chaude;* son invention et son premier emploi en Amérique; son importation en France. — Description de la *locomotive à eau chaude,* perfectionnée par M. Léon Francq. — Applications qu'elle a reçues.

Les moteurs mécaniques que l'on a appliqués aux tramways, peuvent être ainsi classés :

1° La machine à vapeur, que l'on place, tantôt sur la voiture même, tantôt sur un truc séparé, qui sert alors de remorqueur à une ou plusieurs voitures;

2° L'eau bouillante contenue, sous pression, dans une chaudière, et émettant de la vapeur, ou la *locomotive à eau chaude;*

3° L'air comprimé ;

4° L'électricité ;

5° La traction funiculaire.

MACHINES A VAPEUR APPLIQUÉES AUX TRAMWAYS.

Pour circuler au milieu des rues, une machine à vapeur locomotive doit se plier à bien des conditions diverses. Elle ne doit exposer à aucun danger les voyageurs ni les riverains;—ne produire aucun bruit;—ne répandre ni fumée, ni escarbilles, ni flammèches, ni cendres, ni vapeur d'eau excédant l'échappement régulier des cylindres ; — ne laisser voir aucune trace de feu ; — pouvoir passer dans des courbes d'un rayon excessivement petit (20 à 30 mètres) ; — pouvoir dérailler et être remise sur les rails sans difficulté — marcher dans les deux sens, afin de ne pas nécessiter de plaques tournantes.

Voilà bien des difficultés accumulées. Nous allons voir comment les efforts des inventeurs sont arrivés à les surmonter tous.

Il importe d'établir une distinction entre les diverses locomotives à vapeur qui ont été appliquées à la traction des tramways. La machine à vapeur peut être portée par la voiture même qui contient les voyageurs ; — on l'appelle alors *voiture à vapeur automobile*, — ou être placée sur un truck spécial, rattaché, par une chaîne, à la voiture qui contient les voyageurs ; — c'est alors le *remorqueur à vapeur*.

FIG. 92. — REMORQUEUR A VAPEUR POUR LES VOITURES DE TRAMWAYS EXPÉRIMENTÉ A PARIS, SUR LA LIGNE DE SAINT-DENIS

Nous allons passer en revue les principales machines qui ont été mises en usage dans chacun de ces deux groupes.

Machines à vapeur et voitures automobiles. — Le *car Baldwin*, qui tire son nom de l'usine américaine qui le construit, se compose d'une chaudière verticale, placée sur la plate-forme de devant. Le mécanisme moteur, c'est-à-dire les cylindres et les bielles, sont au-dessous de la caisse de la voiture. Il y a quatre roues couplées. Ce *car*, qui franchit des rampes de 4 pour 100, fonctionne sans bruit ni fumée, et brûle 2 kilogrammes 252 de charbon, par kilomètre.

Le *car Ted*, du nom de son constructeur, ressemble au précédent, avec cette particularité que la chaudière est séparée des voyageurs par un matelas d'air, de 15 centimètres d'épaisseur. Il peut recevoir 40 personnes.

Le *car Ranson*, construit par M. Ranson, de Philadelphie, est semblable au précédent, mais ne peut recevoir que 20 voyageurs.

Le *car Grantham* est à chaudière verticale et à machine motrice placées à l'avant. Il est porté, à l'avant et à l'arrière, sur de petites roues couplées. Construit en Angleterre, ce *car à vapeur* a été employé avec succès en Autriche, en Italie, en Angleterre et en France.

Le *car Brünner*, construit en Suisse, à Wintherthür, dans l'atelier de fabrication de locomotives de MM. Brünner frères, comporte une impériale. La caisse repose sur deux trucks, dont l'un supporte les chaudières et le mécanisme moteur, et l'autre un pavillon pour les fumeurs. Cette voiture fait le service de Lausanne à Echaelens.

Le *car Perret*, construit en Angleterre, à Nottingham, contient deux machines à vapeur verticales, l'une à l'avant, l'autre à l'arrière, et communiquant entre elles. Portée sur quatre roues couplées, elle est à impériale couverte. Le mécanisme moteur est au-dessous de la caisse.

Nous pourrions citer un certain nombre d'autres *cars à vapeur*, qui ont été mis en service ou construits, en Allemagne, en Angleterre et en Suisse ; mais les détails qui précèdent suffiront pour se faire une idée exacte des *voitures à vapeur automobiles pour tramways*, c'est-à-dire portant, en même temps, les voyageurs et le mécanisme moteur, y compris les chaudières.

Remorqueurs à vapeur. — Ce genre de moteur a obtenu généralement la préférence sur celui qui précède, le trop grand voisinage du foyer et des appareils mécaniques, n'étant pas toujours du goût des voyageurs.

Voici les principaux *remorqueurs à vapeur* dont on a fait usage jusqu'ici.

En première ligne, il faut citer la *locomotive Merrywheater*, construite à Londres, et importée en France par M. Harding. La chaudière est tubulaire et horizontale, comme celle des locomotives ordinaires. Le mécanisme est placé sous la plate-forme. Ce mécanisme se compose de deux cylindres à vapeur horizontaux, agissant sur un essieu coudé. Il est caché, aux yeux des passants, par deux panneaux de tôle, qui descendent jusqu'au sol.

Les *locomotives Merrywheater* ont fonctionné dans beaucoup de pays de

Fig. 93. — REMORQUEUR A VAPEUR EXPÉRIMENTÉ A PARIS, DE LA GARE MONTPARNASSE A LA BASTILLE

l'Europe : à Barcelone, à Cassel (Allemagne), à Guernesey, à Bristol (Angleterre) ; en France : à Rouen et à Paris. Dans cette dernière ville, elles ont fait le service sur la ligne de tramways de la gare Montparnasse à la Bastille, de la Bastille à Saint-Mandé, enfin, sur le réseau nord.

D'après M. Arthur Wright, ingénieur-directeur de la Compagnie des tramways de Rouen, ces machines, perfectionnées par lui, ne dépenseraient que 40 à 42 centimes par kilomètre. La traction par les chevaux coûte 70 centimes, en moyenne.

Nous représentons sur la figure 92 le tramway à vapeur qui a fonctionné en 1879 sur la ligne de Saint-Denis, faisant partie du réseau nord, et sur la figure 93 celui qui a été expérimenté de la gare Montparnasse à la Bastille.

La *locomotive Brown*, ou *remorqueur à vapeur*, construite à Wintherthür (Suisse), a fonctionné à Hambourg, à Bruxelles, à Florence, à Milan, à Turin, à Rome, à Genève, à

FIG. 94. — TRAMWAY A VAPEUR DE VERCELLI (PIÉMONT)

Madrid, à Saint-Étienne et à Paris. Elle présente une série de particularités importantes à connaître pour les ingénieurs, mais qui n'intéresseraient pas suffisamment nos lecteurs. On prétend qu'elle ne dépense pas plus de 33 centimes par kilomètre.

Cette locomotive a fonctionné, en 1880, sur la ligne de la place de l'Étoile à Courbevoie.

La *Société Aulnoy Berlaimont* a fait fonctionner à Paris, en 1878, sur la ligne de Saint-Denis, un remorqueur à vapeur de voitures de tramways. La chaudière, verticale, était placée au milieu du truck ; les cylindres étaient disposés extérieurement ; le charbon et les caisses à eau logés au-dessus des cylindres. La machine était symétrique et pouvait marcher dans les deux sens. La vapeur était lancée dans les foyers, pour activer le tirage. Un frein à vapeur agissait sur les roues.

Nous ne pousserons pas plus loin cette description des *remorqueurs à vapeur*, ou *locomotives pour tramways*. Il est facile de comprendre que les constructeurs de locomotives et de locomobiles se soient appliqués, en tout pays, à construire des locomotives à faible puissance, capables de traîner, avec économie, des voitures de tramways. Ce problème, au fond assez simple, à été résolu par un grand nombre de constructeurs. Nous avons cité leurs principaux types.

Chacun a pu voir, en 1879, sur le trajet de la gare Montparnasse à la Bastille, les locomotives Merrywheater, et sur la ligne de la place de l'Étoile à Courbevoie, la machine Brown, de Wintherthür. En ma qualité d'habitant du quartier de la place de l'Étoile, j'ai souvent navigué sur le tramway à vapeur de l'Arc de triomphe à Courbevoie. Je dis navigué, parce que le petit remorqueur à vapeur de Wintherthür tressautait sur les rails, à la façon d'une barque agitée par les vagues de la mer ; ce qui n'était pas un agrément pour les voyageurs qui, même à distance du remorqueur, ressentaient les effets de ce roulis terrestre.

En Italie, on a fait usage, en 1879, sur le tramway de Vercelli (Piémont), d'une machine locomotive à vapeur. Comme elle était destinée à faire un service de routes, cette locomotive traînait deux ou trois wagons.

Nous représentons, sur la figure 94, la voiture à vapeur de Vercelli.

LOCOMOTIVE A EAU CHAUDE

Nous passons à une manière nouvelle et fort originale de faire usage de la vapeur d'eau, comme agent moteur des voitures de tramways.

Les dangers d'un foyer que l'on promène dans les rues, et qui est sujet à semer sur le sol des fragments de charbon enflammé, ou à lancer de dangereuses étincelles ; — les jets de vapeur sortant des cylindres, qui ont l'inconvénient d'effrayer les chevaux ; — la difficulté d'éviter la production de la fumée ; — le tout inséparable de l'emploi de la locomotive à vapeur, ont conduit à l'idée, extrêmement ingénieuse, de supprimer tout foyer, en faisant agir, sur les cylindres moteurs, de la vapeur à très forte tension, fournie par de l'eau bouillante, contenue dans un réservoir clos. Dès lors, point de foyer, point de bruit, point de fumée, enfin aucun mécanisme sujet à des dérangements en pleine route.

Ce système, connu sous les noms divers de *locomotive sans foyer*, de *locomotive sans feu*, et de *locomotive à eau chaude*, est originaire d'Amérique. Il a été perfectionné, introduit en Europe et popularisé par un ingénieur français, M. Léon Francq, et peut-être sera-t-il, dans l'avenir, le mode de propulsion préféré pour les tramways. A Vienne, il a été choisi, comme nous l'avons dit dans le précédent volume de cet ouvrage, pour le railway métropolitain à créer dans cette ville, et il n'est pas impossible que le chemin de fer métropolitain de Paris l'adopte également.

Il ne sera donc pas sans intérêt de rechercher l'origine, en Amérique, et de rappeler les perfectionnements qu'a reçus, en France, cet intéressant mode d'emploi de la vapeur.

C'est à un Américain, le docteur Lamm, qu'est due l'idée remarquable d'emmagasiner, dans un réservoir, de l'eau bouillante, suffisamment chauffée, sous pression, pour obtenir ensuite de cette vapeur une quantité de travail capable de remorquer, sur une voie de tramways, une voiture à voyageurs, pesamment chargée.

La *locomotive sans foyer* du docteur Lamm repose sur ce principe de physique, que le pouvoir d'ébullition de l'eau croît où décroît selon que la pression augmente ou diminue à sa surface ; en d'autres termes, que dans un vase clos, plus on échauffe l'eau, plus la pression augmente à sa surface.

C'est à la Nouvelle-Orléans que fut appliqué ce curieux système. En 1871, le docteur Lamm mit en circulation, sur la ligne du tramway qui existe entre la Nouvelle-Orléans et Carrolton, une *machine sans foyer*. Cette locomotive se composait d'un réservoir clos, d'environ 1 mètre de diamètre et de 3 mètres de long, monté sur quatre roues et rempli d'eau chauffée à la pression suffisante pour fournir, à l'intérieur, de la vapeur à très forte pression. Les cylindres à vapeur, placés près du réservoir, actionnaient une manivelle, qui faisait tourner l'essieu, au moyen de roues dentées. Le réservoir, de la capacité d'un mètre cube, était d'abord rempli d'eau froide ; puis on le mettait en communication avec le tuyau d'un générateur fixe, dont la pression était de 14 kilogrammes par centimètre carré. L'eau s'échauffait rapidement, par l'arrivée de l'eau bouillante, et sa pression arrivait à 12 kilogrammes 6, par centimètre carré. On supprimait alors la communication avec le générateur d'eau bouillante, et la *locomotive à eau chaude* était prête à fonctionner. Une fois remplie à Carrolton, la locomotive pouvait faire le voyage pour aller jusqu'à la Nouvelle-Orléans et en revenir, et elle conservait encore une pression de 3 kilogrammes 5, par centimètre carré. La vapeur sortant des cylindres était simplement déversée dans l'atmosphère.

Il paraît qu'en 1875 les locomotives à eau chaude étaient constamment en marche sur le tramway de la Nouvelle-Orléans à Carrolton, et donnaient des résultats satisfaisants.

Un ingénieur français, M. Léon Francq, ayant eu connaissance de la *locomotive sans foyer* du docteur Lamm, se proposa de l'introduire en France.

Depuis longtemps, d'ailleurs, M. Léon Francq se consacrait à l'étude et au perfectionnement des tramways. C'est à lui que l'on doit l'introduction en France de la voiture de tramways capable de dérailler et de reprendre la voie, qui remplaça la voiture primitive de M. Loubat, sur le chemin de fer, dit *américain*, allant de la place de la Concorde à Sèvres, modèle qui a pris, depuis 1872, un si grand développement. Il a attaché son concours à la création des tramways de Paris, de Lille (dont il est ingénieur-conseil) ainsi qu'à ceux de Roubaix, Turcoing, Calais, Montpellier, Versailles, Saint-Étienne, Alger, Rueil-Marly, etc. Sur la demande de l'administration, il a fait divers essais de rails de plusieurs systèmes, sur des points très fréquentés de Paris, par exemple au carrefour de la rue de Rivoli et du boulevard Sébastopol.

C'est dans le cours de ces études, que M. Léon Francq ayant eu connaissance des résultats constatés à la Nouvelle-Orléans, sous le rapport de l'économie, par la *locomotive sans foyer*, se proposa de l'importer en France. Il en acquit le privilège de l'inventeur, et s'occupa de lui apporter les perfectionnements dont elle avait besoin pour servir à un trafic régulier.

Comme nous l'avons dit, le docteur Lamm alimentait les récipients de sa locomotive, en y introduisant de l'eau bouillante, fournie par un générateur. M. Léon Francq a obtenu un chauffage plus égal et bien meilleur en introduisant, dans l'eau du récipient, la vapeur qui se dégage d'un générateur.

Les machines américaines à eau chaude, construites par le docteur Lamm, ne permettaient pas de concilier la puissance de traction sur les rampes avec la facilité de circulation dans les courbes, et comme la pression diminue sans cesse pendant la marche, par suite du travail effectué, le mécanicien était constamment obligé de manœuvrer le régulateur, pour rendre la vitesse uniforme sur tout le parcours. Cette opération ne pouvait se faire qu'au détriment de la surveillance de la voie, surveillance déjà fort difficile, à cause de la position du conducteur à l'arrière du remorqueur.

M. Léon Francq a fait disparattre la majeure partie de ces inconvénients. Le renvoi dans l'atmosphère de la vapeur sortant des cylindres, a l'inconvénient d'effrayer les chevaux, dans la traversée des rues. Au lieu de rejeter directement la vapeur au dehors, M. Francq la dirige dans un *condenseur*, où sa liquéfaction est à peu près complète. Dès lors, il y a très peu d'émission de vapeur à l'extérieur, et, en même temps, le bruit de l'échappement est à peine perceptible.

. Enfin, un *détendeur automatique* pour la vapeur donne la possibilité de régler d'avance, et à volonté. la pression de la vapeur à son entrée dans les cylindres.

M. Léon Francq a également porté remède à un défaut que présentent la plupart des machines américaines : la nécessité du retournement au bout de chaque parcours. Son remorqueur à vapeur peut marcher indifféremment dans les deux sens, comme la locomotive Brown.

M. Léon Francq, qui s'est rendu, ainsi que nous l'avons dit, cessionnaire des droits de M. Lamm, aujourd'hui décédé, a poursuivi avec une grande persévérance les applications de la locomotive à eau chaude, et il y a industriellement réussi par l'établissement successif de la ligne de tramways de *Rueil à Marly*, de celle de *Lille à Roubaix*, et aussi de celle de *Java* (aux Indes hollandaises) aujourd'hui en plein fonctionnement, et qui ne compte pas moins de vingt et une machines.

Dans les *machines locomotives sans foyer* de M. Léon Francq, un disque denté facilite le passage dans les courbes.

Disons, toutefois; que cette locomotive est lourde ; vide, elle pèse 6,604 kilogrammes, et, pleine, 8,433 kilogrammes.

Dans les essais qui ont été faits à Paris, sur la ligne de tramways, entre l'église Saint-Augustin et le boulevard Bineau, trajet qui est d'environ 8 kilomètres, aller et retour, la machine de M. Francq remorquait un omnibus de 2,000 kilogrammes contenant huit voyageurs. La pression dans le réservoir tomba de 10 kilogrammes 968, à 3 kilogrammes 515 par centimètre carré, pendant le parcours, aller et retour. Pendant les dix premières minutes de marche, on n'apercevait aucune émission de vapeur de la machine ; mais, dans la suite, il s'en échappait une quantité considérable, qui fut une cause d'ennui pour les voyageurs qui se trouvaient dans le *car* suivant, mené par des chevaux.

Dans les machines Francq construites par M. Cail, le réservoir d'eau bouillante est entouré d'une enveloppe de bois et de liège. Les roues ont 0ᵐ,762 de diamètre, et les essieux sont à une distance de 1ᵐ,30 l'un de l'autre, pour que la machine puisse passer facilement dans des courbes de 15 mètres de rayon. Le réservoir, cylindrique, est en tôle d'acier, épaisse de 0ᵐ,014. Il a 1 mètre de diamètre et 2 mètres de long. La limite de pression qu'on a autorisée, est de 15 kilogrammes par centimètre carré (15 atmosphères).

Pour résumer les perfectionnements apportés par M. Léon Francq à la machine américaine, nous dirons que les principales difficultés qu'on avait rencontrées dans les applications de la *locomotive sans foyer* qui fonctionnait en Amérique, résultaient de ce que la pression était constamment décroissante, depuis le départ jusqu'à l'arrivée à destination. M. Léon Francq a muni la machine d'un régulateur spécial et augmenté, en même temps, l'étendue de la période d'introduction de la vapeur. Celle-ci est d'abord amenée dans un *détendeur*, et se réchauffe ensuite en passant dans un tuyau qui plonge dans l'eau chaude du récipient, ce qui la ravive, en quelque sorte, avant qu'elle ait agi sur le piston.

L'échappement de la vapeur donnait lieu à un bruit; et, par les temps de soleil, à des ombres fuligineuses, qui effrayaient les chevaux, à la rencontre de la locomotive. On a corrigé ces défauts en obtenant, au moyen d'un *condenseur à surface* exposé au refroidissement de l'air ambiant, une liquéfaction de 40 pour 100 environ du poids de la vapeur dépensée.

Quelques chiffres donneront, d'ailleurs, la mesure des progrès accomplis.

La machine de Lamm était chargée d'eau à température inégale, au maximum de + 180°, celle de M. Francq contient de l'eau chauffée à + 200°.

Le récipient primitif cubait, à la Nouvelle-Orléans, 1,300 litres; ceux de Java jaugent 2,500 litres.

Les premiers parcours étaient très courts et un peu incertains; ils peuvent aujourd'hui être prolongés, sur une voie même accidentée, jusqu'à 20 kilomètres, avec deux voitures, soit 10 kilomètres aller et retour, avec unique rechargement d'eau à l'une des extrémités de la ligne.

La ligne de Lille à Roubaix a une longueur de 11,208 mètres, et donne lieu à une exploitation non interrompue de 23,000 kilomètres par mois, dans des conditions vraiment pratiques.

FIG. 93. — LA LOCOMOTIVE A EAU CHAUDE

Telle est la *locomotive à eau chaude*, que nous représentons sur la figure 95. Cette machine tend à acquérir de jour en jour plus d'importance. Depuis 1880, elle dessert la petite ligne de tramways, allant de Rueil à Marly, et l'expérience démontre qu'elle peut traîner, en faisant un service régulier, plus de 20 tonnes, à une vitesse de 20 kilomètres par heure, et qu'elle franchit, sur l'embranchement de Marly, une rampe de près de 2,000 mètres, sur laquelle se trouvent des déclivités de 6 pour 100.

Nous représentons, sur la figure 96, la *locomotive à eau chaude* remorquant deux voitures de tramways sur la route de Rueil à Marly.

La dépense pour la traction, sur cette ligne, n'est que de 0 fr. 45 par kilomètre. Le tramway de Lille à Roubaix qui fait, sur une longueur de 11 kilomètres, une recette brute de 400,000 francs, ne laissait aucun bénéfice avec les locomotives à vapeur ordinaires ; avec la locomotive sans foyer, un bénéfice notable a été constaté en 1884.

Quelques détails pratiques sur la manière de mettre en usage la nouvelle locomotive, termineront cet exposé.

La *locomotive à eau chaude*, ou *sans foyer*, est tout simplement une locomotive ordinaire, où l'on remplace la chaudière tubulaire et tout l'attirail qui en dépend, par un réservoir dans lequel on introduit de l'eau aux trois quarts. On met ce récipient en communication avec une chaudière à vapeur (à haute pression autant que possible) ; l'eau se réchauffe et prend une température égale à celle de la vapeur qui vient se mélanger avec elle. Quand on rompt la communication, la chaleur emmagasinée par l'eau suffit pour transformer une partie de celle-ci en vapeur, dont l'énergie est suffisante pour effectuer un travail important.

Ainsi, une tonne d'eau chaude à + 200 degrés, montée sur une petite locomotive de trois tonnes à vide, peut fournir un parcours horizontal de 10 kilomètres au moins (aller et retour) avec une charge de dix tonnes environ. Dans chaque cas, on peut faire varier la charge ou la distance à parcourir en plus ou en moins.

Pour chauffer l'eau à + 200 degrés (pression, 15 atmosphères), une chaudière spéciale à haute pression est nécessaire. Mais si l'on veut employer les chaudières ordinaires des usines, il faut augmenter la capacité du réservoir d'eau, pour avoir le même travail produit. Dans l'un et l'autre cas, les cylindres moteurs de la *locomotive sans foyer* sont calculés pour travailler régulièrement à faible pression, par l'effet du *détendeur* imaginé par M. Francq, qui amène la vapeur toujours à la même pression sur les pistons, quelle que soit celle du réservoir d'eau chaude. Cette pression ne peut varier, dans les limites fixées à l'avance, que par la volonté du machiniste quand celui-ci doit franchir une courbe ou une rampe qui exige une traction plus puissante.

Nous venons de passer en revue les différents modes d'emploi de la vapeur, qui ont été employés pour la traction des voitures de tramways. Il nous reste à dire que la force de la vapeur, de quelque manière qu'on l'emploie, serait le moyen le plus rationnel pour le service des tramways.

Fig. 96. — LE TRAMWAY DE RUEIL A MARLY MENÉ PAR LA LOCOMOTIVE A EAU CHAUDE

Bien qu'en ce moment, une certaine défaveur pèse sur tout procédé de traction mécanique appliqué aux chemins de fer des rues, on ne se tromperait pas en affirmant que l'avenir appartient à la vapeur, pour ce genre de service.

L'auteur, très compétent, d'un ouvrage sur les *Tramways*, auquel nous avons fait divers emprunts, dans le cours de cette Notice, M. Sérafon, ancien directeur des tramways de Lille et ancien ingénieur en chef d'une société de chemins de fer sur routes, exprime son opinion sur ce point, en termes si vifs et si catégoriques, que nous ne pouvons nous empêcher de la consigner ici.

« L'emploi des chevaux, dit M. Sérafon, est la plaie des tramways. Le prix des fourrages, si variable qu'on ne peut déterminer à l'avance ce que coûtera la ration, le renchérissement des chevaux, leur usure rapide, les épidémies qui les déciment à certaines époques, tout concourt à rendre ce mode de traction très onéreux et très préjudiciable aux compagnies.

Tandis que les frais de traction sur un chemin de fer à locomotives n'entrent que pour 30 à 35 pour 100 dans les dépenses d'exploitation, la traction animale représente les 65 à 75 pour 100 de celles d'un tramway.

Avec les chevaux, les moyens de transport sont forcément limités. Une compagnie ne peut pas nourrir toute la semaine des chevaux, qu'elle n'utilise que le dimanche et les jours de fête où le mouvement des voyageurs augmente considérablement. Il faut, pour qu'un tramway prospère, qu'il transporte beaucoup, et que la traction ne prenne pas la majeure partie de la recette.

Ces deux conditions ne peuvent pas être remplies avec emploi des chevaux.

Les compagnies sont préoccupées depuis longtemps de cette situation préjudiciable, et beaucoup ont cherché à l'améliorer en ayant recours à la traction mécanique. Si on ne peut pas encore considérer les machines comme pouvant remplacer les chevaux sur les tramways, il faut reconnaître qu'un grand pas a été fait dans cette voie (1). »

(1) *Les Tramways*, in-12. Paris, 1882, page 214.

XVI

Les voitures de tramways mues par l'air comprimé. — La locomotive Mekarski, sa description, son fonctionnement, ses avantages.

Dans la Notice sur le *percement du mont Saint-Gothard*, qui fait partie du tome III° de cet ouvage, on a vu que les *locomotives à air comprimé*, furent constamment employées pour le transport des déblais, et l'on a pu apprécier les services que ces machines ont rendus, grâce aux intelligentes et efficaces dispositions imaginées par le professeur Daniel Colladon, de Genève. On ne sera donc pas surpris d'apprendre que les locomotives à air comprimé aient été appliquées à la traction des voitures de tramways.

C'est que l'air comprimé présente des avantages de premier ordre pour traîner des voitures, au milieu des grands centres de population. La locomotive à air comprimé n'émet point de vapeur, ne fait pas de bruit, et ne répand pas de fumée; elle part et s'arrête, avec une grande facilité. Aussi plusieurs constructeurs ont-ils essayé de rendre ce système d'un usage pratique.

En France, M. Mekarski a attaché son nom à la création d'une locomotive mue par l'air comprimé, qui a attiré à juste titre l'attention publique. Nous donnons, dans les figures 97 et 98, la vue perspective de la locomotive à air comprimé de M. Mekarski, avec l'appareil régulateur de la pression.

La *locomotive à air comprimé* présente, dans son ensemble, l'aspect d'un wagon de tramway. A l'avant est la plate-forme, sur laquelle se place le conducteur. Sous le châssis de support de la caisse sont disposés, transversalement, des cylindres de tôle, A, B, C (fig. 78), capables de résister à l'effort de trente atmosphères, dans lesquels on peut comprimer de l'air au moyen d'une machine à vapeur. Mais quoique emmagasiné à l'énorme pression de 25 atmosphères, afin de n'occuper qu'un volume des plus restreints, l'air comprimé ne doit être employé que sous la pression, beaucoup moindre, de 3, 4 ou 5 atmosphères, suivant les poids à entraîner ou les difficultés que présente la route. Il a donc fallu imaginer un système particulier pour ne laisser passer, dans le mécanisme moteur, que la quantité exacte d'air comprimé nécessaire pour produire l'effet voulu. Ce mécanisme, disposé sur la plate-

FIG. 97. — APPAREIL RÉGULATEUR DE LA PRESSION DE LA LOCOMOTIVE MÉKARSKI

forme d'avant, est manœuvré à la main, au moyen d'une roue, par le conducteur, qui peut, en suivant des yeux les indications de pression de deux mano-

nètres, M, M′ (fig. 97), régler l'affluence plus ou moins grande de l'air dans les

FIG. 98. — LOCOMOTIVE A AIR COMPRIMÉ

cylindres moteurs, et, par suite, augmenter ou ralentir la vitesse de la voiture.

Mais on sait que l'air comprimé, quand il revient à la pression ordinaire, se refroidit. En passant de 25 à 5 atmosphères, il se refroidirait au point d'amener la congélation des huiles de graissage, de causer, par suite, des grippements dans le cylindre, et finalement une mise hors d'état du mécanisme. M. Mekarski a obvié à ce danger en faisant passer l'air dans une bouillotte ou réservoir d'eau E (fig. 97), surchauffée à + 180°. C'est donc réchauffé et chargé d'humidité, que l'air pénètre dans les cylindres moteurs placés sous la voiture. Ces cylindres sont garantis de la poussière et de la boue par une enveloppe qui les recouvre entièrement ; de telle sorte que, du dehors, on n'aperçoit, qu'une voiture-wagon un peu plus élevée que les voitures ordinaires des tramways.

Il est facile de se rendre compte des grands avantages de ce système de machine, qui fonctionne sans foyer, sans fumée, et est exempt de ce bruit particulier aux véhicules mécaniques, enfin qui ne présente aucun danger d'incendie ni d'explosion.

Les expériences faites en 1878 démontrèrent que la voiture automobile à air comprimé emportait avec elle une provision d'air suffisante pour accomplir le trajet complet, aller et retour, du rond-point de l'Étoile jusqu'à Courbevoie, en réservant une provision suffisante pour parer à toutes les éventualités. Elle réalisait une vitesse suffisante, gravissant sans difficulté les longues rampes de l'avenue, et s'arrêtant très rapidement.

A la suite de ces essais, les locomotives à air comprimé de M. Mekarski furent mises en service sur la ligne des tramways Sud, de la place de l'Étoile à Courbevoie ; mais leur usage n'y fut pas longtemps conservé. Aujourd'hui, les chevaux font la traction sur cette ligne ; mais les mêmes locomotives fonctionnent sur les tramways de Nantes.

Ce système n'est point, comme on l'a dit, dispendieux ; car, d'après le directeur des tramways de Nantes, la traction ne coûte que 0 fr. 37 par kilomètre, tandis que la traction des tramways à vapeur sur le réseau Nord, à Paris, était du prix de 0 fr. 55 et des tramways Sud, du prix de 0 fr. 57.

En Angleterre, le colonel Beaumont, le même dont nous avons parlé dans la Notice sur le *Tunnel sous-marin du pas de Calais*, qui fait partie du tome II° de ce recueil, et à qui l'on doit la remarquable machine perforatrice pour les roches tendres, dont nous avons donné la description et le dessin, a exécuté une locomotive à air comprimé que nous représentons dans la figure 99.

Le *car à air comprimé* du colonel Beaumont a été construit à Londres par MM. Greenwood et Batley. Ces constructeurs donnent à l'air une forte

compression, pour augmenter son effet utile. Cette pression est de 70 kilogrammes par centimètre carré, avec un réservoir de 1,840 litres d'air. La compression de l'air s'effectue avec une machine à vapeur Compound. Cette machine est à quatre cylindres. L'air s'y détend successivement, depuis la pression initiale de 70 kilogrammes jusqu'à la pression de l'air qui est renvoyé à l'extérieur, après avoir produit son effet mécanique.

Les volumes des quatre cylindres qui se font suite sont dans le rapport de 1, 3 à 9, 27 ; de sorte que dans cette machine, l'air peut se détendre à 27 fois de son volume à l'état de compression. Quand la pression baisse, le premier cylindre est fermé à l'air, qui va directement au second ; si besoin est, le second est fermé, et l'air va directement au troisième, et finalement au quatrième.

M. Kinnear Klark, décrivant la machine à air comprimé du colonel Beaumont. s'exprime ainsi :

« M. Greenwood fait remarquer qu'on ne peut tirer la même puissance de la machine à air comprimé sous une pression décroissante. Il a calculé qu'on perd les 4/5 de la force de la vapeur employée à la compression, mais il espère réduire la perte aux 2/3 et conserver 1/3 de la puissance de la vapeur comme travail utile effectué. La force en chevaux que donne un pied cubique d'air à une pression de 70 kilog. 31 est d'environ 5 chevaux.

La machine ci-dessus mentionnée a parcouru 10,460 mètres avec un poids de 4 à 5,000 kil. MM. Greenwood estiment qu'avec un réservoir de 2,831 litres de capacité complètement chargé, on pourrait parcourir 16,000 mètres.

Le poids d'une pareille machine serait de 4,000 à 4,500 kilogrammes [1]. »

Un constructeur d'Écosse, M. Scott-Moncrieff, a fait circuler, en 1875, sur une ligne de tramways qui parcourt la vallée de la Clyde, un *car* à air comprimé.

Le *car* de M. Scott-Moncrieff, qui est mû par l'air comprimé, ressemble, en apparence, à une voiture ordinaire de tramways. Le réservoir et le mécanisme sont portés sur un châssis, en dessous du plancher de la voiture, et les machines sont dans la partie centrale.

M. Kinnear Clark donne la description suivante de la *locomotive à air comprimé* de M. Scott-Moncrieff.

« Dans le premier car construit et mis en service, comme essai, vers le milieu de 1875 sur le tramway de la vallée de la Clyde, il y avait six réservoirs contenant

(1) *Les Tramways*, par Kinnear Clark, traduit de l'anglais par O. Chemin, Paris, in-8°, 1880, page 276.

de l'air comprimé — trois à chaque extrémité du car. L'air était fourni aux réservoirs à la pression de 24 kilog. 605 par centimètre carré. Il y avait deux cylindres à air de 0ᵐ, 151 de diamètre avec une course de 0ᵐ, 356. La provision d'air passait dans un orifice étroit avant d'être admise dans les cylindres; l'admission était arrêtée, de manière que la détente se fît jusqu'à ce que la pression se réduisît à celle de l'atmosphère ; l'air moteur était expulsé à cette pression. Le poids total du car était de 6,838 kilog. ; avec 40 voyageurs, il était de 10,668 kilog. M. Scott-Moncrieff rapporte que pendant une épreuve qui a duré 14 jours, sur la ligne entre Gavan et Paisley-Toll, les réservoirs étaient chargés, après chaque parcours de 4,800 mètres, avec de l'air comprimé ayant une pression de 21 kilog. 800 par centimètre carré et qui servait jusqu'à ce que la pression fût descendue à 7 kilog. 031 à 7 kilog. 731. La pression moyenne de l'air dans les cylindres était d'environ 1 kilòg. 585. M. Scott-Moncrieff fait connaître que son car consommait par kilomètre de 7,040 à 8,800 litres d'air estimé à la pression atmosphérique, et il pense qu'une machine de 150 chevaux suffirait à entretenir un service de 1,600 kilomètres par jour.

La machine de M. Scott-Moncrieff a repris pendant quelques semaines un service régulier sur la vallée de la Clyde au commencement de 1877. Des résultats de son expérience il a conclu que le prix de revient de l'exploitation (y compris les gages des conducteurs, l'éclairage, le nettoyage) était compris entre 0 fr. 194 et 0 fr. 259 par kilomètre parcouru (1). »

(1) *Les Tramways*, page 275.

XVII

Les tramways mus par l'électricité. — La traction funiculaire appliquée aux tramways.

Les avantages que présentent les locomotives à eau chaude et les locomotives à air comprimé, de ne point promener un foyer au milieu des rues, seraient également réalisés par l'électricité servant d'agent moteur aux wagons des tramways.

Cet essai a été fait déjà bien des fois. Nous avons parlé, dans le volume précédent de cet ouvrage, des tramways de Berlin mus par l'électricité, d'après le système de M. Werner-Siemens, et nous avons dit ce qui a été fait à Paris pendant l'Exposition de 1881, pour reproduire aux abords du palais de l'Industrie l'installation du tramway électrique qui avait été étudié et expérimenté à l'Exposition de Berlin en 1879, par MM. Werner Siemens et Halske.

A Berlin, en 1879, les rails étaient utilisés pour transmettre le courant électrique. Mais à Paris on ne put employer cette disposition, par suite du *veto* prononcé par la Préfecture de police. On fut donc obligé de disposer, sur le côté de la voie, de gros tubes en laiton, qui étaient soutenus à une certaine hauteur, par des poteaux. Ces tubes, isolés entre eux, communiquaient avec les deux pôles de la machine dynamo-électrique placée dans le palais de l'Industrie, et qui engendrait, par le mouvement, le courant électrique. A l'intérieur de ces tubes, deux curseurs, ou chariots métalliques, suivaient les fils, et étaient en communication avec la voiture, au moyen de simples cordes.

L'électricité ne pourrait servir à la traction des voitures de tramways, dans le cours d'un service régulier, en prenant les rails pour conducteur. Il faudrait donc isoler la voie en la plaçant sur des tabliers métalliques élevés sur des arcades, comme on le fait pour les railways métropolitains de New York. Mais alors, on ne se trouve plus en présence d'un tramway : on a un véritable chemin de fer électrique.

Dans la première partie du présent volume, nous avons longuement décrit le railway électrique proposé par M. J. Chrétien, pour le chemin

30

de fer métropolitain de la ville de Paris. Cette disposition aurait évidemment de grands avantages, et le mode de traction par l'électricité est digne d'être mis en balance avec la *locomotive à eau chaude* de M. Léon Francq. Mais dans ce cas, comme dans celui du railway électrique de MM. Siemens et Halske, il faut élever la voie sur des arcades, en maçonnerie ou en fer, et alors on n'est plus, nous le répétons, en face d'un tramway, mais bien d'un chemin de fer urbain.

La figure 100 (page 237) montre les conditions dans lesquelles il faudrait installer l'électricité comme agent moteur des convois, à l'intérieur d'une ville. La voie est élevée sur des arcades, et avec cette installation, rien n'empêche que l'on se serve des rails comme conducteurs du courant électrique. C'est le système de traction électrique, tel que M. Chrétien le conçoit, et que nous croyons devoir figurer ici de nouveau, pour bien établir les conditions dans lesquelles un tramway électrique devrait être installé. Nous nous hâtons d'ajouter que jusqu'ici la traction électrique sur une voie aérienne n'a été réalisée dans aucune ville.

En 1883, un essai de traction électrique a été fait à Paris, par un système tout particulier, et qui rentre bien dans le service des tramways. Le moteur électrique est porté par le wagon même; on n'a donc pas besoin d'isoler la voie, de sorte que le système peut dire, comme le philosophe Bias : *Omnia mecum porto* (*je porte tout avec moi*).

La voiture électrique qui fut essayée à Paris, pendant l'été et l'automne de 1883, était actionnée par une machine dynamo-électrique, alimentée d'électricité par des accumulateurs. Cette expérience attira une juste curiosité. Il était intéressant, en effet, de voir les accumulateurs employés comme source régulière d'électricité ; et, d'un autre côté, la progression d'un véhicule, non sur des rails, mais sur une route ordinaire, à la façon d'une locomotive routière, était un trait d'audace auquel on devait applaudir.

Un certain succès n'a pas manqué, d'ailleurs, à cette démonstration pratique de l'utilité des accumulateurs. La question de dépense n'est pas, en effet, précisément ce dont il faut s'occuper à l'origine d'une invention. Il faut commencer par s'assurer de son bon fonctionnement, les comptes viennent plus tard.

C'est le 24 juin 1883, à quatre heures du matin, que le *tramcar* partait pour la première fois, de la place de la Nation, à Paris, emportant 30 voyageurs, sur la ligne des boulevards extérieurs. Il passait place de l'Étoile, prenait l'avenue Kléber, le Trocadéro, et arrivait, vers cinq heures vingt minutes, à la Muette, près Passy. Il sortait alors des rails, pour se retourner, les reprenait, après une halte d'une demi-heure, et finalement était de retour à son point de départ à sept heures, après avoir effectué un trajet d'environ 32 kilomètres, avec une vitesse moyenne de 11 à 12 kilomètres à l'heure.

Cette expérience a été répétée un grand nombre de fois, et toujours avec succès.

Donnons maintenant la description du mécanisme moteur de la *voiture électrique.*

Près de la plate-forme et sous le plancher de l'omnibus, est fixée une machine dynamo-électrique Siemens, qui reçoit le courant de 80 accumulateurs placés sous les banquettes, et que commande un arbre intermédiaire. La transmission se compose de deux chaînes Galle et de deux couronnes dentées rapportées sur les roues.

La poulie, à mouvement différentiel, est folle sur l'arbre ; deux petits pignons d'angle engrènent, chacun avec deux roues d'angle. L'une de ces roues est clavetée sur l'arbre, et communique à l'une des roues motrices de la voiture par l'intermédiaire d'un pignon claveté sur le même arbre. L'autre roue est folle, et commande directement l'autre roue motrice de la voiture, à l'aide d'un autre pignon.

L'une des roues motrices de l'essieu d'arrière est fixe, l'autre est folle sur cet essieu. Il en est de même pour celles de l'essieu d'avant-train mobile, commandé par un pignon et un segment denté.

On peut ainsi proportionner à chaque instant, dans une courbe, l'effort moteur appliqué à chaque roue motrice du travail résistant, et l'ensemble du mécanisme est doué d'une grande souplesse.

La possibilité de mettre en action un véhicule sur les routes ordinaires, au moyen de la traction électrique, a été assez bien démontrée par cette expérience. C'est là le fait important, car les accumulateurs pourront être remplacés avec avantage par la pile au bichromate de potasse, ou par une autre pile dont l'action soit plus longue et moins irrégulière ; et rien ne s'opposera, dès lors, à la mise en pratique des voitures électriques sur les routes ordinaires. Remarquons, en effet, que la traction sur les voies ferrées est une chose assez simple avec une machine dynamo-électrique fixe et une machine réceptrice portée par le véhicule, mais que, pour un transport sur les routes ordinaires, ce moyen ferait entièrement défaut.

Nous ne nous étendrons pas davantage sur l'application de l'électricité à la traction des *cars* de tramways, car ce sujet va revenir, avec plus de développements techniques, dans le chapitre où nous traiterons des *chemins de fer électriques.* La différence qui existe entre les *tramways électriques* et les *chemins de fer électriques*, n'est pas, en effet, facile à tracer, et ce que nous dirons des chemins de fer électriques pourra s'appliquer aux tramways de même nom.

Sur les lignes des tramways présentant de fortes rampes, on a essayé la *traction funiculaire*, c'est-à-dire la traction par câbles, que nous avons étudiée dans la première partie de ce volume, consacré aux *chemins de fer de montagnes*.

C'est à San Francisco que cet essai a été fait, et il a donné de bons résultats, sauf que les câbles s'usent vite, ce qui constitue une assez forte dépense.

L'installation d'un *chemin de fer à ficelle*, comme on l'appelle à Lyon, ne présente pas de grandes difficultés aux ingénieurs. Que l'on se serve du procédé employé à Lyon ; — que l'on emploie le système funiculaire de M. Agudio adopté au Pausilippe de Naples, et plus récemment, sur la rampe du chemin de fer de Turin à Gênes, à la Superga ; — ou que l'on prenne pour moteur le poids de l'eau, comme au Giesbach, et au chemin de fer de Montreux-Glion ; — on dispose d'une voie spéciale où n'est admis aucun passant, et rien n'y gêne la circulation des voitures. Mais c'est autre chose pour un tramway, c'est-à-dire pour une voie ferrée posée à niveau du sol, au milieu des rues et des places, à travers tous les embarras de la circulation publique. Pour placer un câble de traction, il faut nécessairement le loger sous le sol, et imaginer un système mécanique qui relie avec la voiture la corde cachée sous terre. Une autre difficulté consiste à produire aisément les arrêts et les départs, c'est-à-dire à rompre, par intervalles, la relation entre le câble de traction et le véhicule. Voici comment ces difficultés ont été vaincues, sur le tramway *funiculaire* de San Francisco.

Le câble est installé, comme on le voit sur la figure 104, au-dessus du sol, dans un petit canal de fer. Ce canal résulte de l'assemblage d'une suite de tronçons. Chaque tronçon est composé, lui-même, de feuilles de forte tôle, ajustées sur une base commune, et convergeant entre elles, de manière à former une capacité ovoïde. Les feuilles ne se touchent pas ; elle laissent entre elles une rainure, qui donne passage à une tige de fer, fixée à la partie inférieure de la caisse de la voiture. De cette manière le câble tire la voiture par le procédé ordinaire de la traction funiculaire, c'est-à-dire au moyen d'une machine à vapeur fixe, qui enroule le câble autour d'un cabestan, sur une poulie, placée à une distance convenable.

Comment produit-on les arrêts et les nouveaux départs ? D'une manière très ingénieuse, et grâce à une invention, qui caractérise le nouveau

FIG. 100. — UN TRAMWAY A TRACTION ÉLECTRIQUE

tramway. La tige verticale, B, placée au-dessous de la voiture, et qui suit la rainure supérieure du canal métallique, A, est pourvue, à son extrémité supérieure, d'une sorte de griffe, qui saisit la voiture, quand il s'agit de marcher, et qui s'ouvre, quand il faut s'arrêter. La griffe étant ouverte, grâce à la simple pression de la main du conducteur, il n'y a plus de relation entre le câble et le véhicule, et, les freins aidant, la voiture s'arrête. Pour repartir,

FIG. 101 — TRAMWAY FUNICULAIRE DE SAN-FRANCISCO, A ROUES VISIBLES

il suffit que le conducteur remette la griffe en prise; alors, le câble étant rattaché à la voiture, la marche recommence.

Le canal métallique devant conserver constamment son plan horizontal, on assure sa stabilité en le faisant porter sur des traverses, c,c', et le renforçant par des montants de fer, m,m', qui relient les sommets de chaque feuille de tôle avec la base commune. Par ces dispositions l'écartement régulier des feuilles qui forment la rainure, est assuré, et la pression du sol est suffisamment supportée par ce canal métallique.

Pour installer ce canal métallique, on pratique une tranchée dans le sol; on y pose les traverses de bois, destinées à supporter le corps du conduit, et sur ces traverses, on fixe les deux parties du tube, ainsi que les montants de fer destinés à la renforcer. On boulonne les tronçons de tôle, et on recouvre de béton le reste de la tranchée, autour du canal et par-dessus. Le tout est recouvert d'un pavage de grès, disposé de telle sorte que les deux bords de la rainure ne dépassent pas le niveau du pavé.

Pour permettre de nettoyer, de visiter le tube et de graisser les parties métalliques exposées au frottement, on ménage des *regards*, de distance en distance.

On a encore perfectionné ce système, qui est devenu, dès lors, le dernier mot du *comfort* pour les voyageurs.

Les roues, dans une voiture, sont, assurément, essentielles. Elles caractérisent ce véhicule, et il semblerait difficile de construire des voitures sans roues. Cependant, l'esprit inventif des ingénieurs a réalisé ce tour de force, cette sorte de paradoxe mécanique. On voit aujourd'hui, en effet, circuler, sur les tramways de San Francisco, des *voitures sans roues*.

Les citoyens de la Californie, habitués à aller vite en toutes choses, trouvaient que les roues les gênaient, pour monter rapidement en tramway. Ils voulaient y sauter et en descendre, sans faire arrêter le *car*. Sur le désir exprimé par les habitants du pays par excellence où le *times is money*, on a supprimé les roues, ou, si l'on veut, on les a rendues invisibles, en les cachant sous le sol, avec le câble et le mécanisme de traction.

Les roues, placées sous terre, glissent sur des rails, posés dans les deux conduits métalliques qui reçoivent chacun des câbles. La voiture court seule sur la chaussée, et il est facile d'y monter et d'en descendre sans la faire arrêter.

On voit sur la figure 102 les dispositions mécaniques qui réalisent l'effet ci-dessus énoncé.

Les deux conduits métalliques A, B, composent une double caisse de fer, qui donne à la voie de la solidité; et le reste de la tranchée, C D', est rempli de béton. Les deux rails, r, r', sont placés à la partie inférieure des conduits métalliques. Près des roues, s, s' sont les poulies, p, p', sur lesquelles glisse et s'enroule le câble remorqueur. Les griffes qui doivent saisir ou lâcher la voiture, pour la laisser marcher ou pour l'arrêter, sont mises en action par le pied du conducteur, au moyen de la tige, ee'.

Une innovation digne d'être signalée, est relative à la substitution, que l'on peut faire à volonté, d'un câble à grande vitesse à un câble à vitesse moindre. Il y a deux câbles dans le conduit métallique, et comme les deux leviers de droite et de gauche sont indépendants l'un de l'autre, on peut, à volonté, tirer la voiture par le câble à grande où à petite vitesse. Dans les quartiers populeux où l'encombrement est grand, on fait usage du câble à petite vitesse ; quand on se trouve dans des rues peu fréquentées, ou quand

FIG. 102. — TRAMWAY FUNICULAIRE DE SAN FRANCISCO, A ROUES INVISIBLES

on marche le matin et le soir, aux heures où les passants sont rares, on se sert du câble à grande vitesse.

Des balais *chasse-neige* servent, en hiver, à balayer la voie au-devant du véhicule. C'est au câble que sont attachés ces balais, qui assurent la propreté du rail, et le débarrassent de la neige, au fur et à mesure qu'elle tombe.

Ajoutons que le conduit métallique souterrain est assez large pour recevoir, outre les roues, le câble et les engins métalliques qu'il comporte, des fils conducteurs, pour le télégraphe électrique et le téléphone.

Voilà, assurément, un ensemble de dispositions mécaniques originales.

Le système funiculaire souterrain de San Francisco mériterait d'être introduit en Europe, où il ferait peut-être une révolution dans le mode de traction des tramways, en leur apportant la sécurité et l'économie.

Sans doute le système souterrain de la Californie a été imaginé pour remonter les rampes, mais nous ne voyons pas pourquoi on ne l'établirait pas sur les voies de niveau. Il a tous les avantages de l'air comprimé, de la locomotive à eau chaude et de l'électricité, et il est plus économique que la traction par les chevaux. Il se substituerait donc, peut-être, à tous les procédés aujourd'hui en usage. La dernière venue parmi les inventions qui viennent de nous occuper, supplanterait toutes les autres. Ces coups du sort, qui ne sont pas rares dans l'histoire de l'humanité, se voient quelquefois aussi dans l'évolution des arts mécaniques.

XVIII

Les chemins de fer électriques. — Principes de l'emploi de l'électricité comme agent moteur sur les voies ferrées. — Premier essai de traction électrique fait en 1879, par MM. Werner Siemens et Halske, à l'Exposition d'électricité de Berlin. — Description du véhicule remorqueur et de la voie. — Création du premier chemin de fer électrique sur la ligne de Lichterfelde à l'École des Cadets, près de Berlin. — La voiture électrique de Berlin à l'Exposition de Paris, en 1881.

L'application de l'électricité à la traction des wagons de chemin de fer est une des adaptations de cette force le plus naturellement indiquées, une de celles qui présentent le plus d'espérances pour l'avenir.

Considérez, en effet, les inconvénients qu'entraîne l'emploi de la vapeur pour la traction des convois sur les voies ferrées. Avec nos locomotives, il faut que le moteur commence par se traîner lui-même. Et quel poids ne représente-t-il pas ! Il faut porter avec soi, la provision de charbon et d'eau. Il faut donner à la locomotive, pour assurer son adhérence sur les rails, un poids de 8 à 10 tonnes. Vraiment, quand on voit certaines locomotives, ce qui étonne, c'est qu'elles puissent encore remorquer des wagons, après s'être traînées elles-mêmes. Une locomotive de marchandises, pesant 12 à 15 tonnes, absorbe la moitié de sa propre force pour progresser sur les rails ; le reste, c'est-à-dire 50 pour 100 seulement, est disponible pour la traction. Avec l'électricité, au contraire, le poids du moteur, que porte la locomotive, est tellement faible qu'il peut être considéré comme négligeable. La force est développée au loin, dans un atelier convenablement choisi pour y trouver toutes les facilités d'installation, au milieu d'un centre fixe, où l'on peut placer autant de machines et emmagasiner autant de charbon qu'on le désire. Le convoi est le seul poids à traîner. N'est-ce pas plus conforme aux lois de la logique et de l'économie ?

Avec une locomotive actionnée par l'électricité, plus de chaudière à faire voyager; plus de provision d'eau et de charbon à emporter, c'est-à-dire plus de tender; plus de mécanisme compliqué et lourd à faire fonctionner ; plus de flammèches ni d'escarbilles projetées sur la voie. Enfin, sécurité complète, le courant électrique pouvant être renversé par un simple commutateur, pour agir en sens inverse, et faire office de frein instantané.

Un autre avantage de la traction électrique consiste dans la possibilité de diviser la voie en un certain nombre de *blocks*, c'est-à-dire de régions spécialement affectées à un système de surveillance. Cette suite de *blocks* résulte du nombre de machines fixes à vapeur établies sur le parcours de la route, pour envoyer l'électricité aux locomotives circulant sur la ligne.

Ajoutez que, par l'absence de fumée, la locomotive électrique s'impose, pour ainsi dire, dans la traversée des tunnels, des souterrains et des travaux des mines. L'air comprimé et l'électricité sont les seuls agents de traction applicables avec sécurité aux travaux souterrains.

Quant à la liaison à établir entre la machine productrice d'électricité et la locomotive, elle peut se faire de diverses manières, mais jamais elle ne peut gêner la circulation sur la voie.

Ces considérations ont frappé de bonne heure les mécaniciens et les électriciens. Mais la difficulté était de transporter ces vues dans la pratique.

Disons tout de suite comment cette idée a fini par être réalisée.

Nous avons expliqué, dans le premier volume de cet ouvrage, entièrement consacré à l'*Électricité*, les principes du transport de la force à distance. Nous les rappellerons ici.

Une machine dynamo-électrique, c'est-à-dire produisant un courant électrique par le mouvement, — ce mouvement étant provoqué par le jeu d'une machine à vapeur, — envoie le courant qu'elle détermine, dans un fil métallique conducteur. On peut appeler cette machine, installée en un lieu fixe, la *machine productrice d'électricité*. Le courant électrique formé par la *machine dynamo-électrique productrice d'électricité*, recueilli dans le fil conducteur, est envoyé à une pareille machine, installée à distance, sur un *truck* de chemin de fer, qui se déplace sur les rails. Le courant circulant dans cette seconde machine, et animant les électro-aimants qui la composent, y produit du mouvement, c'est-à-dire fait tourner un axe ou un arbre ; et cet axe ou cet arbre étant relié par des fils de cuivre avec les roues qui supportent le *truck* mobile, celui-ci avance sur les rails ; et si sa force est suffisante, il entraîne le convoi auquel il est attaché par une chaîne.

Ces principes étant posés, on comprendra comment on peut, dans la pratique, établir la liaison entre la machine *dynamo-électrique productrice fixe* et la machine mobile. Le courant peut être envoyé de la machine fixe à la machine mobile, en prenant pour conducteurs les rails du chemin de fer. Et si ce moyen présente des difficultés dans l'application, on peut établir la liaison entre les deux machines, en faisant porter le fil conducteur sur des poteaux échelonnés le long de la voie. Pour mettre la machine mobile continuellement en rapport avec le pôle de la machine dynamo-électrique qui lui distribue l'électricité, on peut munir le haut de la loco-motive d'une tige verticale, portant un *cavalier*, en d'autres termes, un petit *curseur* métallique, qui, tout en se déplaçant avec le véhicule, ne cesse jamais de reposer sur le fil, et d'établir ainsi une communication perma-nente entre le fil et la locomotive, ou plutôt entre les deux machines productrices et réceptrices d'électricité, l'une fixe, l'autre mobile.

Le grand principe sur lequel repose l'application de l'électricité à la traction sur les voies ferrées, c'est donc, comme l'appellent les physiciens, la *réversibilité* des machines dynamo-électriques. Mais ce principe est d'invention assez récente. Ce n'est, comme nous l'avons dit dans le volume consacré à l'*Électricité*, qu'en 1873, à l'Exposition d'électricité de Vienne, que ce principe fondamental, et si riche d'avenir, fut mis en évidence par les représentants de la Société de la machine Gramme. L'invention qui nous occupe ne pouvait donc se produire avant l'année 1873, date de la découverte de la *réversibilité* des moteurs électriques.

Quels sont les physiciens qui peuvent revendiquer l'honneur d'avoir, les premiers, réalisé la traction électrique sur les voies ferrées?

On ne peut contester ce mérite aux constructeurs de Berlin, MM. Werner Siemens et Halske qui, par l'étude attentive de toutes les conditions à remplir, réussirent à créer la traction des wagons de chemin de fer par deux machines dynamo-électriques *conjuguées*, l'une fixe, l'autre mobile avec le convoi.

C'est à l'Exposition de Berlin, en 1879, que cette belle invention mécanique vit le jour. Une voiture circula sur un petit chemin de fer de démonstration, de dimensions sans doute fort exiguës, mais suffisantes pour établir la certitude du fait.

La longueur du trajet n'était pas de plus de 300 mètres. La ligne composait une courbe ovale fermée; de sorte que les voyageurs reve-naient à leur point de départ, ou pouvaient faire plusieurs fois le tour de cette sorte de piste.

Les voitures n'étaient que des petites banquettes à deux faces adossées, semblables à celles que des chevaux nains traînent, depuis l'entrée du bois de Boulogne à Paris, jusqu'au Jardin d'acclimatation, sur un chemin de fer en miniature.

Le moteur était une machine dynamo-électrique fixe, qui envoyait le courant électrique engendré par elle, à une seconde machine semblable, portée par le véhicule en mouvement. Le courant était recueilli par une paire de *balais*, analogues à ceux de la machine Gramme, lesquels s'appliquaient constamment contre un rail central, ou plutôt une barre de fer posée au milieu de la voie. Cette barre conductrice était ainsi continuellement en rapport avec la machine dynamo-électrique fixe, dont les deux pôles étaient reliés, par des pièces métalliques conductrices, aux deux rails ordinaires de la voie. Le courant, après avoir animé et mis en mouvement les bobines du véhicule remorqueur, repassait par les roues et les rails, puis revenait à la machine fixe. Pour établir la communication électrique générale, toutes les roues des wagons et celles du remorqueur communiquaient par des fils de cuivre.

Le conducteur était assis au-dessus du remorqueur, ayant à sa disposition, à main gauche un *commutateur électrique*, pour établir les communications électriques selon les besoins, c'est-à-dire pour mettre le train en marche ou pour l'arrêter. Pour ce dernier cas, il manœuvrait de la main droite un *sabot*, ou frein à friction, qui arrêtait les roues de devant du véhicule remorqueur.

Les figures 103-106 feront comprendre le mécanisme que nous venons d'expliquer en traits généraux. La figure 106 représente la locomotive, ou véhicule remorqueur, et deux voitures, le tout à l'échelle de 1/40.

La figure 103 est une coupe transversale et la figure 104 une coupe longitudinale de la locomotive ; la figure 105 une coupe de l'un des bouts de la voiture, pour indiquer ses dimensions.

On voit sur les figures 103 et 104 le rail central en fer, N, contre lequel viennent s'appliquer les *balais* conducteurs servant à établir la relation électrique avec la machine fixe génératrice. Le courant qui arrivait par le rail central N et par les *balais*, est relié au pôle positif. Après avoir actionné les bobines d'induction du moteur, il retourne à la machine génératrice, par l'intermédiaire des roues de la locomotive et des rails.

La machine génératrice d'électricité était une machine Siemens, à courant continu. Le remorqueur représenté figure 106 avec le mécanicien qui le conduit, était aussi une machine Siemens transmettant le mouvement aux roues par une série d'engrenages que l'on voit représentés sur la figure 104 dans la coupe transversale du remorqueur, et à une échelle plus grande et en coupe longitudinale sur la figure 103.

La locomotive électrique de l'Exposition de Berlin, remorquait trois petits wagons qui ne contenaient que six places chacun, trois de chaque côté.

On voit sur la figure 106 le mécanicien tenant dans sa main gauche le com-

mutateur qui sert à interrompre le courant, et dans sa main droite le levier
d'un frein à sabot qui vient agir sur les roues de devant du remorqueur. Il

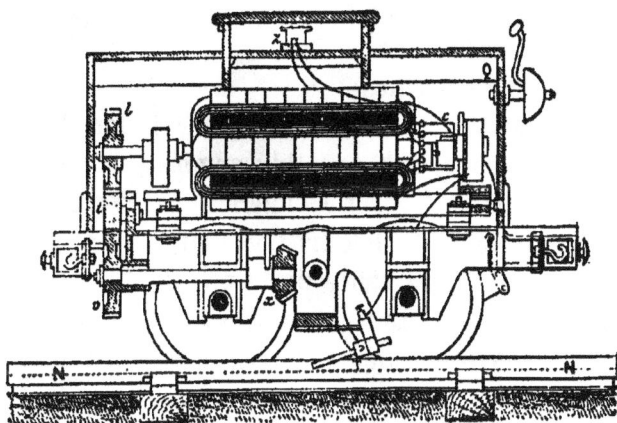

Fig. 103

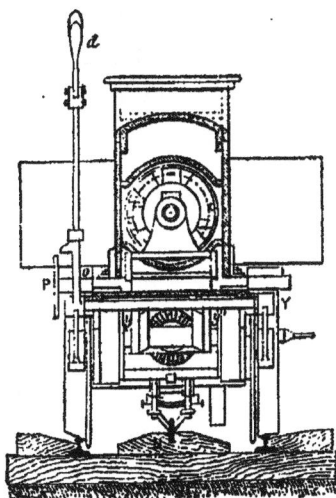

Fig. 104

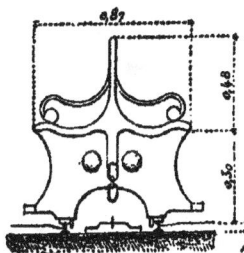

Fig. 105

Fig. 106. — LE WAGON ÉLECTRIQUE DU CHEMIN DE FER D'ESSAI DE L'EXPOSITION DE BERLIN EN 1879

suffisait d'inverser le sens du courant dans la bobine de la machine motrice,   .
pour changer le sens de la marche de la machine;

Voici les dimensions principales de cette installation mécanique :

Largeur de la voie, 49 centimètres.

Diamètre des roues, 50 centimètres.

Largeur la plus profonde, 86 centimètres.

Hauteur maxima, 95 centimètres.

Malgré ces dimensions minuscules du remorqueur, l'effort detraction, à la vitesse de $1^m,88$ par seconde, était de 75 kilogrammes, ce qui représente un travail de près de deux chevaux-vapeur. A l'intérieur de l'Exposition, la vitesse était de $3^m,15$ par seconde. L'effort de traction était, dans ce dernier cas, de 40 kilogrammes, et le travail total était estimé à près de trois chevaux-vapeur.

Ces chiffres sont importants, car ils montrent que dès les premiers essais, en 1879, on put transmettre une force assez considérable à une locomotive en marche.

L'expérience de traction électrique faite par MM. Siemens et Halske, à l'Exposition de Berlin, en 1879, n'avait duré que quelques mois, mais elle eut un grand retentissement en Allemagne. Aussi ce même petit chemin électrique d'essai fut-il bientôt transporté à Francfort, à Dusseldorf et à Bruxelles.

A Francfort la voie allait de l'Exposition à une gare de railways. Sa longueur était de 250 mètres. On avait installé sur son parcours trois tunnels en miniature, qui rendaient le trajet plus pittoresque.

Un résultat sérieux devait bientôt dériver de ces premiers essais. Un service régulier de communication par procédé électrique, sur une ligne ferrée, fut établi aux portes de Berlin, entre l'*École des Cadets*, ou *École militaire*, et Lichterfelde, par MM. Siemens et Halske. Lichterfelde est une station du chemin de fer de Berlin à Anhalt; la longueur du trajet entre ces deux points est de 2,450 mètres. L'inauguration, de ce premier *chemin de fer électrique* eut lieu le 12 mai 1881.

Il faut dire, toutefois, que MM. Siemens et Halske avaient onçu un projet beaucoup plus hardi. Ils avaient étudié, et ils furent sur le point d'obtenir la création d'un railway métropolitain électrique pour la traversée de la ville de Berlin. Mais ce projet, quoi que appuyé sur les meilleures études, et dont tout le système mécanique était prêt à fonctionner, ne reçut point l'approbation de l'État. M. Siemens se proposait d'élever la voie sur des arcades. Il s'agissait donc d'un *railway métropolitain aérien*. Dans ce cas, la communication de l'électricité par les rails offre les plus grandes facilités, la voie n'étant accessible, ni aux piétons, ni aux véhicules étrangers. Malheureusement, les habitants de Berlin virent avec déplaisir ce projet. Il leur répugnait de penser qu'un train de chemin de fer passerait devant leurs fenêtres. Le

FIG. 107. — CHEMIN DE FER ÉLECTRIQUE DE LICHTERFELDE A L'ÉCOLE DES CADETS, A BERLIN

mur de la vie privée leur semblait trop exposé à être percé à jour, par un indiscret coup d'œil jeté à travers la portière d'un wagon.

On fit tant et si bien que l'empereur Guillaume se mêla de l'affaire. On menaçait de faire traverser au railway électrique l'allée des Tilleuls, sa promenade favorite. Cette perspective décida le vieil empereur à mettre son *veto* sur l'entreprise. C'est à la suite de cette décision impériale, que MM. Siemens et Halske, forcés de porter leurs vues ailleurs, se décidèrent à créer la petite ligne de l'*École des Cadets* à Lichterfelde.

Seulement, et voici la morale de l'histoire, les habitants de Berlin ne gagnèrent rien à leur opposition aux vues de la science. Les trains du railway passèrent, malgré eux, devant leurs croisées. Nous avons décrit, dans le deuxième volume de cet ouvrage, le railway métropolitain de Berlin, et montré que, sur une partie de son parcours, la voie, portée sur des arcades, passe souvent au niveau des premiers étages des rues. Au lieu d'un wagon électrique, ce fut un wagon à vapeur qui frisa les demeures des Berlinois et des Berlinoises. Au lieu de la locomotive électrique silencieuse, les bourgeois récalcitrants eurent dans les oreilles le bruit de la vapeur et de la ferraille.

Avec la ligne terrestre de l'École des Cadets à Lichterfelde, l'installation du système électrique était plus difficile que sur des arcades aériennes, les rails étant exposés à tous les contacts qui résultent de la circulation publique. MM. Siemens et Halske durent se mettre en frais d'invention pour accommoder la conduction de l'électricité à ces conditions anormales.

Voici les dispositions qui furent adoptées par ces physiciens constructeurs pour la voie de Lichterfelde à l'École militaire. Les rails, devant être isolés l'un de l'autre, sont disposés de façon à ne toucher que des traverses de bois, et à n'être pas directement en contact avec le sol sur lequel elles reposent. Dans les conditions où l'on se trouvait, cet isolement suffisait. On pourrait d'ailleurs le rendre plus sûr, soit en revêtant les traverses de matières bitumeuses isolantes, soit en plaçant entre les rails et les traverses, des isolateurs en verre ou en porcelaine.

La machine dynamo-électrique destinée à fournir le courant, était installée dans un bâtiment dépendant de la station de Litchterfelde. Elle était actionnée par une machine à vapeur rotative. Des câbles conducteurs, partant du pôle nord de la machine dynamo-électrique, passaient sous le sol, et allaient porter le courant à la locomotive, en suivant les rails, grâce au contact des rails avec les roues de la locomotive. Le chemin de fer d'essai, établi par MM. Siemens et Halske à l'Exposition de Berlin de 1879, se composait, comme on l'a vu, d'un wagon moteur pouvant traîner plusieurs voitures. A Lichterfelde, il en fut autrement : chaque voiture avait son moteur électrique, actionné à distance, par la machine dynamo-électrique fixe.

Les voitures du chemin de fer de Lichterfelde ressemblent à celles des tramways sud de Paris. On en voit un modèle représenté sur les figures 108 et 109. On voit, sur la figure 109, la petite machine dynamo-électrique, A, posée entre les deux roues, sous la caisse, et actionnant l'essieu de chaque paire de roues. C'est une petite machine Siemens. La bobine tournante est placée perpendiculairement à l'axe de la voie. Le mouvement des essieux est transmis aux roues par des courroies qui, partant d'un tambour extérieur C, vont s'enrouler sur la circonférence même des roues C. C'est ce que l'on voit dans la figure 108.

Ces voitures peuvent contenir 26 personnes. Elles sont pourvues de freins à sabot. La prise de courant pouvant être opérée de l'un ou de l'autre bout de la voiture, celle-ci peut marcher alternativement dans un sens ou dans l'autre, sans être retournée, comme le font, en général, les voitures des tramways.

Le passage ou l'interruption du courant électrique se fait à l'aide d'un commutateur, qui se trouve sous la main du conducteur.

L'autorité allemande exige que la vitesse ne dépasse pas 20 kilomètres à l'heure. On marche habituellement à la vitesse de 15 kilomètres, mais on pourrait aller beaucoup plus vite.

Telle est l'intéressante installation du premier chemin de fer électrique qui ait été consacré à un service régulier.

MM. Siemens et Halske, à l'époque de l'inauguration de cette voie électrique, ont publié une Notice, qui met bien en évidence les avantages de ce nouveau système de transport par l'électricité. Comme les arguments mis en avant par les inventeurs, viennent compléter ce que nous disions, au commencement de ce chapitre, sur les avantages inhérents à la locomotion par l'électricité sur les voies ferrées, nous reproduirons les principaux de ces arguments.

« Le moteur, disent MM. Werner Siemens et Halske, n'est pas établi sur le wagon même, comme avec la vapeur, ou l'air comprimé. Par conséquent on n'est pas forcé de transporter une charge inerte, très considérable. Le wagon devient beaucoup moins lourd ; il est susceptible d'une construction très légère. On peut, par suite, diminuer la force motrice et économiser considérablement sur les frais de rails, coussinets, ponts, etc., dans l'établissement d'une force hydraulique naturelle qui n'a nullement besoin de se trouver à proximité de la voie ; l'électricité dans ce cas permettra de supprimer l'emploi des combustibles avec une facilité que ne présente aucun autre système.

Le chemin de fer électrique offre, sous certains rapports, une supériorité incontestable. Quand il y a deux voies de rails, la machine qui produit le courant dynamo-électrique peut fournir à elle seule la force d'impulsion dont elle a besoin.

FIG. 108. — COUPE DU WAGON DU CHEMIN DE FER ÉLECTRIQUE DE LICHTERFELDE VU PAR LE BOUT

En prenant les mesures convenables, deux ou plusieurs wagons pourront former un train sur la même voie, on partir isolément, à intervalles fixes.

FIG. 109. — WAGON DU CHEMIN DE FER ÉLECTRIQUE DE LICHTERFELDE

Assurément le système électrique est encore susceptible de nombreuses améliorations, de nombreux perfectionnements ; mais, tel qu'il est maintenant, tel qu'il s'est montré lors des expériences faites à la fin de mai 1881 sur le chemin de fer de Lichterfelde, il peut être sûr d'un brillant avenir. »

Le chemin de fer électrique de l'*École militaire* à Lichterfelde ayant effectué son service pendant un temps suffisant, d'une manière très régulière, on se décida à le prolonger jusqu'au milieu du village de Lichterfelde, puis jusqu'à la gare de Steglitz, sur la ligne du chemin de fer de Potsdam. Enfin MM. Werner Siemens et Halske obtinrent de remplacer par leur système électrique la traction par les chevaux qui s'effectuait sur le tramway de Charlottenbourg à Spandau.

L'établissement du système électrique sur le tramway de Charlottenbourg à Spandau, amena MM. Siemens et Halske à modifier le mode de communication électrique entre les machines dynamo-électriques fixes et les petites machines du même type qui actionnent les roues des voitures. La route suivie par un tramway n'est pas défendue par des barrières et inaccessible aux autres véhicules, comme l'est une voie ferrée ordinaire. La circulation générale qui s'y établit, met, à chaque instant, les rails en contact avec les roues d'une foule de voitures étrangères. Or, lorsque deux rails sont touchés en même temps par un cheval, le courant passe par le corps du cheval, et non par les rails. Dès lors, le cheval peut être, non pas foudroyé, mais, atteint par une décharge électrique. De là, la nécessité pour MM. Siemens et Halske, de renoncer aux rails, comme conducteurs du courant. C'est alors que ces ingénieurs imaginèrent de dresser le long de la voie des poteaux de bois, sur lesquels les fils conducteurs étaient élevés et soutenus en l'air, et sur lesquels un petit chariot mobile, une sorte de navette en laiton, établissait une communication permanente du courant au véhicule en mouvement.

La figure 108 donne une vue pittoresque du railway électrique de Charlottenbourg à Spandau.

L'occasion se présenta bientôt, pour MM. Siemens et Halske, de soumettre à l'examen des savants français leur système de transport électrique. L'Exposition d'électricité de 1881 venait de s'ouvrir à Paris, et M. Werner Siemens ne manqua pas d'y envoyer un spécimen de son chemin de fer électrique de Charlottenbourg à Spandau.

Nous avons décrit dans le premier volume de cet ouvrage, consacré à l'*Électricité*, le *tramway électrique* qui fut établi, pendant l'Exposition d'électricité de Paris, en 1881, de la place de la Concorde au Palais de l'Industrie. Nous renvoyons à ce volume pour ce qui concerne cette période

-Fig. 110. — CHEMIN DE FER ÉLECTRIQUE DE CHARLOTTENBOURG A SPANDAU

de l'histoire des chemins de fer électriques. Nous rappellerons seulement, que la disposition adoptée reproduisait le système qui fonctionne sur la ligne de tramways de Charlottenbourg à Spandau.

Les fils conducteurs, suspendus en l'air sur des poteaux, étaient parcourus par un petit chariot en cuivre, qui les mettait en communication avec la voiture. La petite machine dynamo-électrique, placée sur le véhicule moteur, était, comme dans le wagon de Lichterfelde et de Charlottenbourg, cachée entre les roues du véhicule, auxquelles elle communiquait son mouvement de rotation, par une chaîne sans fin.

La longueur du parcours était de 500 mètres environ. La voiture locomobile la franchissait, en moyenne, en deux minutes; ce qui représente une vitesse de 17 kilomètres à l'heure. La voiture, semblable à celle des tramways nord et sud de Paris, pouvait recevoir 50 voyageurs. La voie présentait deux courbes, l'une de 55 mètres, l'autre de 30 mètres de rayon; sur une certaine partie du parcours il existait une rampe de 2 0/0. Le travail développé par la machine fut environ de 3,5 chevaux-vapeur, sur la voie droite; sur les courbes, il atteignait 7,5 chevaux, et sur la rampe 8,5 chevaux. En raison des variations de vitesse, il fallait un régulateur. A cet effet, le conducteur avait à sa disposition la manette d'un rhéostat, avec laquelle il introduisait, à volonté, dans le circuit, les résistances convenables, qui produisaient le ralentissement, au moment nécessaire.

L'omnibus électrique de Berlin, transporté à l'Exposition de Paris, et qui fonctionnait depuis la place de la Concorde jusqu'à l'entrée Est du Palais de l'industrie, fut une des grandes curiosités de cette Exposition. Dans le volume de cet ouvrage consacré à l'*Électricité*, nous avons représenté par un dessin, la voiture électrique de MM. Siemens et Halske (1). Nous ne reviendrons pas sur cette description. Mais nous n'avons rien dit, dans ce volume, du mode de rattachement des fils conducteurs avec la voiture en mouvement sur les rails. Cette particularité mécanique est d'autant plus intéressante à connaître qu'elle a été reproduite sur les chemins de fer électriques qui ont été établis depuis cette époque, particulièrement sur ceux de Vienne et d'Offenbach.

Nous représentons, par les deux figures 111, 112, le mode de liaison des fils conducteurs avec la voiture du railway électrique.

Les deux fils conducteurs, placés sur l'un et l'autre côté de la voie, sont pourvus du même système mécanique assurant la communication des fils avec les voitures en marche. Nous n'en décrirons qu'un seul, l'un et l'autre étant semblables.

(1) Tome I, page 529.

C'est un *chariot mobile* qui a mission d'établir la communication dont il s'agit.

La figure 111 représente ce *chariot mobile*. Son ensemble forme un châssis rectangulaire E, S, E′, S′, H, dont voici les divers éléments. Au milieu du châssis est un galet, ou roulette, R, dont la gorge, demi-cylindrique, vient s'appuyer contre la partie extérieure du fil, ou plutôt du canal conducteur du courant, *t*, *t′*. Ce canal conducteur est en laiton. Il a 2 centimètres de diamètre (22 millimètres) et il est fendu par le bas, sur une longueur d'environ 1 centimètre. A l'intérieur glisse un noyau cylindrique, N, de 12 centimètres de longueur, et aux extrémités de ce noyau cylindrique sont fixées deux tiges verticales, S, S′ qui supportent la roulette R. Deux ressorts à boudin poussent, de bas en haut, la roulette, R, contre le canal de cuivre, *t*, *t′*, en s'appuyant sur ces tiges verticales S, S′, et ils établissent ainsi un contact, doué d'une certaine élasticité, entre la roulette et le canal conducteur. Le contact est ainsi assuré ; et, pendant que le chariot se déplace, dans son ensemble, la roulette R roule contre le canal conducteur, et le noyau N glisse dans l'intérieur de ce tube, sans que le contact soit interrompu. Le courant électrique descend à la petite machine dynamo-électrique de la voiture, par le conducteur vertical, F, qui est en cuivre et rattaché solidement par la jointure, B.

Ajoutons qu'une corde attachée, d'une part au-dessous de la traverse E, E′, et, d'autre part, à la voiture, sert à tirer l'appareil de contact, selon le sens que l'on veut imprimer à la marche de la voiture. Il y a donc quatre cordes pour relier la voiture à l'ensemble des deux contacts mobiles.

Cet ingénieux système qui est dû à MM. Boistel et Sapé, ingénieurs de MM. Siemens à Paris, a donné d'excellents résultats. A force de servir, les pièces de contact s'usent ; mais l'usure porte surtout sur le noyau, ou navette N, qu'il est facile de remplacer.

La vitesse moyenne de la voiture électrique qui fonctionna en 1881, de la place de la Concorde à l'entrée Est de l'Exposition, était de 17 kilomètres par heure. Pour régler cette vitesse, le conducteur du *car* avait sous la main, comme nous l'avons dit, la manette d'un rhéostat ; il pouvait ainsi introduire dans le circuit des résistances plus ou moins grandes. On arrêtait la voiture en interrompant le circuit électrique ; pour éviter une trop brusque rupture du courant, cette interruption était précédée de l'introduction dans le circuit d'une très grande résistance. Le conducteur tournait la manette de son commutateur de manière à augmenter graduellement la résistance. Quand la manette était arrivée à l'extrémité de sa course, le courant était rompu.

La voiture était munie, d'ailleurs, d'un frein à sabot.

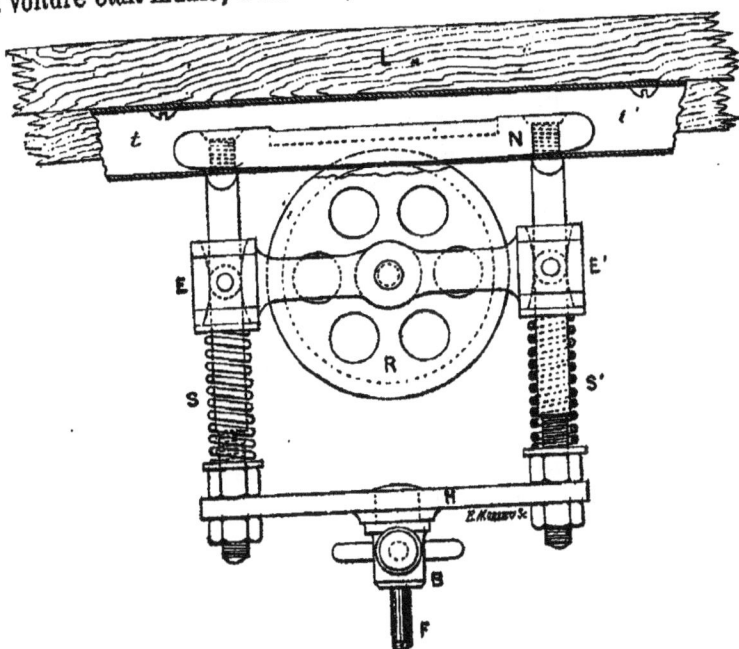

FIG. 111. — CONDUCTEUR ET CONTACT MOBILE DU TRAMWAY ÉLECTRIQUE DE M. SIEMENS
AU PALAIS DE L'INDUSTRIE EN 1881.

Les deux chariots qui suivent, dans leurs tubes respectifs, les déplacements du véhicule, sont une très ingénieuse combinaison mécanique, qui est restée acquise à l'art nouveau de la locomotion électrique sur les voies ferrées. Le système de chemin de fer du Palais de l'Industrie, construit pour marcher, à l'instar d'un tramway, sur un

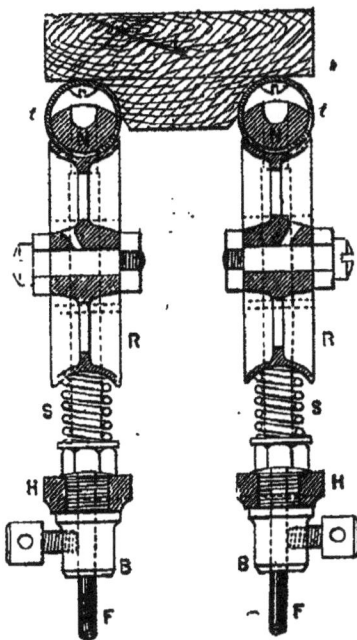

FIG 112. — CONDUCTEUR ET CONTACT MOBILE

chemin ordinaire, a été, en effet, établi plus tard, sur des lignes des chemins de fer électriques.

Quant à la ligne du chemin de fer électrique de Charlottenbourg à Spandau, elle a toujours bien fonctionné et c'est la régularité de son service à laquelle nous revenons, en terminant ce chapitre, qui donna la confiance de continuer l'essai

de ce nouveau système de transport sur une voie ferrée.

XIX

Le chemin de fer électrique de la *chaussée des Géants*, en Irlande. — Les merveilles
naturelles de l'île de Staffa, et de la grotte de Fingal (Écosse). — La *chaussée
des géants* des rivages de l'Irlande. — Dispositions spéciales du chemin de fer
électrique de l'Irlande. — Le chemin de fer électrique de Brighton. — Système
mécanique et électrique en usage sur cette voie ferrée. — Le chemin de fer
électrique de l'Exposition de Vienne, en 1883; disposition de la voie, et mode de
communication de l'électricité avec les voitures. — Le chemin de fer électrique
sur la ligne de Francfort à Offenbach, en 1884, ses dispositions particulières. —
Conclusion touchant l'avenir des voies ferrées électriques.

De nouvelles lignes électriques ne tardèrent pas à se créer, en présence
des résultats des premières. Le journal anglais, l'*Engineer*, écrivait, à
la date du 29 septembre 1882 :

« La longueur totale des chemins de fer et tramways électriques concédés ou
en cours de construction, est de 160 kilomètres environ.

Les lignes actuellement en exploitation sont :

En Allemagne, celle de Lichterfelde (9 kil. 300) et de Spandau à Charlottenburg
près de Berlin.

En Irlande, celle du Port Rush à Bush Mills, 18 kilomètres.

En Hollande, la ligne de Zandwoort à Kostverloren, 2 kilomètres 10.

Les principales lignes concédées ou en construction, sont:

En Autriche, la ligne de Mœdling près de Vienne, 2 kilomètres 5, construite par
la Sudbalm.

En Allemagne, celle de Wiesbaden à Nuremberg, 2 kilomètres, et celle des mines
royales de Saxe à Zankerode, 2 kilomètres.

En Angleterre, à Londres, la ligne de Charing-Cros à Waterloo. Station en
passant sous la Tamise, 1 kilomètre 2, et dans le sud du pays de Galles, une ligne de
60 kilomètres, alimentée par des chutes d'eau.

En Italie, on est sur le point d'en établir à Turin et à Milan.

Aux États-Unis, la compagnie Edison va exploiter par l'électricité une des principales lignes de l'État de New York, sur une longueur de 80 kilomètres. M. Husler
construit, à Saint-Louis, une ligne électrique de 1 kilomètre 700. »

L'un des nouveaux railways de ce genre les mieux établis, est celui de

Port Rush, en Irlande, qui est destiné à accéder à la célèbre *chaussée des géants*, le gisement de basalte, si éminemment pittoresque, qui a été tant de fois cité dans les ouvrages d'histoire naturelle, et qui est depuis longtemps visité par un grand nombre de touristes et d'amateurs des beautés de la nature.

Rien de plus curieux, en effet, que ces réunions de colonnes prismatiques accolées, composées d'une pierre d'un noir intense et d'une dureté considérable, qui constituent ce que l'on nomme *chaussée des géants*, par suite de cette idée, singulière, que de telles masses si régulièrement modelées, et qui présentent un si grand développement en surface et en hauteur, ne peuvent sortir que des mains de géants, c'est-à-dire de colosses appartenant à l'humanité primitive. La géologie donne une explication moins fantaisiste de l'origine de ces assises, en apparence cristallines.

Les *chaussées des géants* sont des roches basaltiques ; et ces roches elles-mêmes sont des laves sorties, aux temps géologiques, des cratères de volcans, aujourd'hui éteints, qui ont existé pendant les périodes secondaire et tertiaire de l'histoire de notre globe : ce sont des roches *ignées*. Ce qui le prouve, c'est qu'il existe des coulées de basaltes en courants bien déterminés, qui se rattachent à des cratères encore apparents aujourd'hui.

Mais comment les laves basaltiques, descendues de l'orifice du cratère volcanique, ont-elles pris une structure géométrique si régulière ? Comment offrent-elles une forme prismatique souvent parfaite ? Cette lave, qui est homogène et à grains très fins, se compose essentiellement de pyroxène, noir et compact. En passant de l'état de lave liquide et rouge de feu, à l'état solide, en se figeant par le refroidissement, ces laves basaltiques ont obéi aux lois physiques qui règlent la direction des fissures de retrait dans les corps qui passent de l'état liquide à l'état solide, par le refroidissement : elles ont pris l'aspect de prismes réguliers. Aussi représentent-elles souvent des colonnades, des prismes à 5 ou 6 pans, et dont la direction paraît perpendiculaire aux surfaces de refroidissement. D'autres fois, ces colonnes, brisées au même niveau, composent des sortes de pavés, formés de pièces à pans régulièrement accolés, qui s'étendent sur des espaces considérables, et qui sont placés en amphithéâtre les uns au-dessus des autres. De là le nom de *pavés des géants*, que l'on donne fréquemment à ces dépôts réguliers.

Les *chaussées*, ou *pavés des géants*, abondent dans les régions volcaniques de la France, particulièrement dans le Vivarais, le Velay et l'Ardèche. La petite rivière du *Volant*, dans l'Ardèche, coule sur une chaussée basaltique, qui tapisse ses bords de pavés noirs et réguliers. Sur les flancs de la montagne de la *Coupe*, dans le Vivarais, on voit le basalte prismatique, avec les traces qu'a laissées le courant de lave descendant du cratère.

En Allemagne, aux bords du Rhin, à Coblenz, se voient de grandes coulées de basalte, que l'on exploite, pour en faire des meules, en raison de leur dureté.

Dans beaucoup de villes, ces laves basaltiques servent au pavage. En effet, si l'on scie ces colonnes prismatiques, on obtient d'excellents pavés, tout taillés, et qui s'assemblent parfaitement les uns avec les autres, comme ils le faisaient dans leur situation naturelle. Sur les bords du Rhin, on se sert de ces colonnes tronquées, pour faire des bornes et des garde-fous, le long des routes. La ville antique de Pompéi était pavée en lave du Vésuve, et ce pavage y subsiste encore.

Les laves basaltiques servent même de pierres à bâtir. L'église de Clermont, en Auvergne, et celle de Riom, sont construites avec de la lave. Ces matériaux sont de très longue durée, comme le prouve l'église de Riom, qui ne compte pas moins de huit cents ans d'existence.

Quand les colonnes basaltiques occupent de grands espaces, elles présentent des aspects très pittoresques, qui ont toujours frappé l'imagination des hommes. Il existe, entre Trève et Coblenz, une grotte très remarquable en ce genre. Elle est connue sous le nom de *grotte des fromages*, parce que ses colonnes sont formées de pièces circulaires, semblables entre elles, et superposées régulièrement.

Mais les plus remarquables dépôts de ce genre se voient dans un îlot situé entre l'Écosse et l'Irlande : l'*île de Staffa*, l'une des Hébrides (fig. 113). Ce n'est guère qu'un rocher désert, inaccessible à l'industrie humaine, et impropre à la culture, parce qu'il est uniquement composé de coulées de basalte s'enchevêtrant si bien qu'il n'y a pas place pour la terre végétale.

C'est là que se trouve la grotte de *Fingal*, célèbre dans le monde entier.

La *grotte de Fingal* (fig. 114), est une longue galerie que la mer traverse de part en part, et qui se compose de prismes basaltiques, formant une double enfilade de hautes colonnes.

Souvent, les flots agités et les tourbillons de vent, s'engouffrant à travers cette grotte marine, produisent des sons d'une merveilleuse harmonie. Les Écossais prétendent que ces sons émanent des harpes éoliennes que vient faire vibrer l'ombre du vieux Fingal, père d'Ossian, le barde vénéré de l'Écosse.

La *caverne de Fingal* ressemble à une grande église gothique, dont la nef présenterait deux rangées de colonnes qui auraient été brisées et transportées tout debout, mais ayant des hauteurs inégales, à la droite et à la gauche de 'édifice. Le fond de la grotte est ténébreux, et fermé, comme le chœur d'une chapelle. La grève qui touche à cette caverne merveilleuse, est triste et sombre.

Quant à la grotte, elle a la forme d'un vaste escalier de marbre noir, qu'un cataclysme souterrain aurait bouleversé. On remarque au milieu un réduit, pareil à un confessionnal obscur. Cet enfoncement bizarre se rétrécit tellement, qu'il n'a, dans la partie la plus reculée, que la largeur d'un fauteuil : aussi l'a-t-on nommé le *fauteuil de Fingal*.

La voûte est composée, comme les parois, de colonnades séparées entre elles, à distances à peu près égales, et dont l'une des parties est restée suspendue, tandis que l'autre partie, en tombant, a laissé libre le long espace qui forme la caverne. Les prismes du bas et du haut se correspondent avec beaucoup d'exactitude. Les basaltes sont étroitement unis, et comme cimentés

Fig. 113. — L'ILE DE STAFFA

entre eux par une matière calcaire jaune, qui se détache sur la nuance de fer, qui est dominante. A l'intérieur de la galerie, la pierre se revêt des teintes vert et orange du plus joli effet, et la transparence des eaux, lorsque la mer est calme, ajoute à l'effet et à la variété de ces couleurs.

La partie extérieure de la grotte est couverte, à son sommet, d'une couche très mince de terre végétale. On a défriché un coin de ce plateau aride, et quelques épis d'avoine y poussent à grand'peine. Des vaches et des chevaux, tous de petite taille, paissent l'herbe rare qui croît entre ces rochers. Quelques pâtres vivent, avec leurs maigres troupeaux, sur leurs flancs dénudés. Mais comme d'effroyables tempêtes se déchaînent sur l'île, pendant les trois quarts de l'année, les pâtres ne peuvent y séjourner. Ils viennent de l'île d'Iora, avec leurs troupeaux, pendant les jours de l'été, et y passent quelques semaines. Au milieu de brumes continuelles qui couvrent ces tristes grèves, ils n'ont d'autres distractions que la chasse aux cormorans, aux pingouins, aux mouettes et aux guillemots, qui viennent jouer à la surface des flots, en livrant leurs ailes aux rafales des vents.

En face de l'île de Staffa, sur le rivage de l'Irlande, se trouve la *chaussée des géants*, pour l'accession de laquelle on a construit, en 1883, un chemin de fer électrique à l'usage des touristes.

En effet, tandis que Staffa, aux bords escarpés dans presque toute sa circonférence, n'est qu'un îlot aride et sauvage, la *chaussée des géants* des rives de l'Irlande, est, au contraire, située près de grands centres de population, et par conséquent, est fréquemment visitée par les touristes de toutes les nations. Elle s'étend, au bord de la mer, à une demi-lieue de Bush Mills, au nord de l'Irlande, dans le comté d'Antrim.

Le comté d'Antrim, le plus septentrional de la province d'Ulster, est couvert, dans toute son étendue, principalement sur la côte, de basalte aux prismes gigantesques, dressant partout ses édifices, ses colonnades, ses obélisques, ses digues et ses remparts, que la nature semble avoir pris plaisir à façonner de sa puissante main. Mais toutes ces merveilles s'effacent devant la *chaussée des géants*.

Deux routes y conduisent. On peut, en quittant la commerçante cité de Belfast, longer le rivage jusqu'à Carrickfergus, ou bien aller par Antrim et le lac Neag. On part de la petite ville de Coleraine, et pour arriver à la plage, où s'étend le champ basaltique que l'on vient admirer, on traverse des landes désertes et des collines incultes, en ne rencontrant devant soi que quelques cahuttes de terre, dont les habitants, debout sur le seuil, le visage livide, l'œil sombre, les pieds et les jambes nus, le corps à demi couvert de tristes lambeaux, semblent étaler avec ostentation cette misère irlandaise, la plus effrayante qui soit au monde.

En longeant le rivage, on salue, avec émotion, une de ces anciennes demeures des chefs de clans, immortalisés par les vers d'Ossian. On a devant soi le château de Dunluce, gothique manoir, bâti sur la crête d'une vaste roche haute et droite, que des murailles de basalte couvrent tout entière, et qui, taillée à pic de tous côtés, se tient debout à 60 mètres au-dessus de l'Océan, comme un géant sourcilleux. Des hauteurs de ce château en ruines, on écoute le bruit des flots que le vent a poussés des rives de l'Amérique; car on est sur la dernière pierre du territoire européen. Au loin s'étend l'Atlantique, sous le ciel du nord de l'Irlande et de l'Écosse, dont la brume, transparente et profonde, a quelque chose de vague, de mystérieux et d'éminemment poétique. On comprend qu'Ossian se soit inspiré de cette atmosphère embrumée. On croit voir les mystérieux héros du barde écossais dans ces nuages sombres, et l'on écoute avec admiration le guide qui vous accompagne, repéter les chants du vieux poète national.

A mesure qu'on avance, soit que l'on plane du haut de la superbe falaise que nous venons de décrire, soit que l'on suive un sentier tracé sur la grève, les monuments laissés par les convulsions volcaniques, se multiplient. On arrive devant un golfe large et profond. La falaise âpre et noire qui la dessine, s'élève à 130 mètres au-dessus du niveau de la mer. Par les particularité

Fig. 114. — LA GROTTE DE FINGAL, DANS L'ILE DE STAFFA

de sa construction, cette haute muraille fixerait d'abord les regards du touriste, si son attention n'était tout entière enchaînée à la scène étrange qui se déroule à ses yeux. On est dans un entassement d'édifices. Partout des fûts de colonnes, des piliers étendus à terre, matériaux préparés pour quelque grand ouvrage inconnu. On est arrivé à la *chaussée des géants* (fig. 115).

Quand on jette un coup d'œil sur son ensemble, on reconnaît trois chaussées, deux plus petites, une plus grande, qui, toutes les deux, s'avancent majestueusement du sein des flots, vers la falaise, et tout à coup s'arrêtent, interrompues.

III.

34

Des trois chaussées, la plus grande s'avance environ durant 230 mètres sous la mer.

Les piliers basaltiques qui s'enfoncent perpendiculairement dans la terre, à des profondeurs inconnues, se dressent hauts, droits, pressés les uns contre les autres, de manière à ne laisser aucun vide entre eux. Ils ont de trois à neuf faces ; mais les formes hexagonales dominent, et, chez tous, les angles sont admirablement taillés et les faces parfaitement polies.

Presque partout les colonnes sont en contact entre elles par leurs faces latérales, en sorte que leur assemblage ne laisse point de vide : on ne pourrait glisser la lame d'un canif entre leurs assemblages. Et remarquez que ces prismes ne sont pas d'un seul jet ; mais qu'ils se composent d'assises super-posées, de 1 mètre de hauteur environ chacune. On dirait que le sublime auteur de cette construction merveilleuse, après avoir dressé ces colonnes hautes et droites, a fait passer un plan vertical, qui les coupe en tranches régulières, par une section générale.

On voit pourtant quelques colonnes isolées, mais très rapprochées, et composées, comme les autres, de pierres superposées. On remarque surtout un groupe de cette espèce sur l'une des faces de la montagne dont la *chaussée des géants* est un contrefort. Les colonnes y décroissent avec une régularité qui a fait donner à leur assemblage le nom d'*orgues*. Bien que ces assises soient coupées régulièrement à l'œil, on trouve, en les détachant, qu'elles s'emboîtent entre elles, les unes étant convexes, les autres concaves, mais toutes calculées de manière à ne pouvoir s'ajuster qu'à celles qui les surmontent. L'adhérence est telle que, pour les séparer, on s'expose à les briser.

Quand on embrasse, d'un coup d'œil, ce large parquet de colonnes, on se demande quel bras puissant les a ainsi amoncelées, et on ne voit, d'un côté que la mer, qui les bat de ses vaines fureurs, de l'autre côté, que le désert. On se sent écrasé sous la main inconnue qui a jeté ces monuments sur le sable, comme un défi à notre faiblesse. Partout se déploient les plus curieuses per-spectives. Là, coule une fontaine creusée dans un lit de colonnes régulières : c'est la *fontaine des géants*. Des digues défendent le rivage contre les invasions de l'Océan : elles ne sont pas de main d'homme, mais des œuvres de la nature.

Le sol s'élève en amphithéâtre, par une suite de gradins. Les colonnes qui le composent, s'interrompent, reprennent, et suivent toujours des lignes si régulières que notre architecture n'a rien de plus uniforme ni de mieux construit. Les prismes présentent quelquefois des formes bizarres. En face de l'*Orgue des géants*, est le *Métier des géants*, ailleurs la *Chaise des géants*. Les géants partout, et l'homme nulle part !

Une colonne isolée, avec les cinquante ou soixante assises dont elle se compose, se dresse, fière et superbe, après avoir résisté, depuis l'origine des âges, aux assauts de la tempête. Les monuments, œuvres des hommes, disparaissent sous l'injure du temps ; tandis que les monuments créés par la nature, bravent la durée des siècles.

A l'une de ces colonnes solitaires se rattache un grand souvenir historique. Il ne s'agit de rien moins que de la destruction de la flotte que l'orgueil espagnol avait baptisée du nom d'*invincible Armada*. On sait que le fils de Charles-Quint, Philippe II, l'avait équipée à grands frais pour la conquête de l'Angleterre, et que son anéantissement amena la ruine de la marine d'Espagne.

La colonne de *Pleaskin* s'élève, haute et droite, et les mamelons prismatiques qui l'entourent, ressemblent, de loin, à des tours et à des forteresses. La flotte de Philippe II crut voir dans cette haute colonne le sommet d'une forteresse, et elle s'avança, pour la foudroyer. Mais les navires en s'approchant de la côte, s'échouèrent, et bientôt le reste de l'*invincible Armada* fut détruit par la fureur de la mer, sur les côtes occidentales de l'Écosse et de l'Irlande. Depuis ce jour, l'Espagne n'eut plus de marine. Une baie de ces parages a gardé le nom de *Port de Spagna*, en souvenir de cette catastrophe. La colonne de *Pleaskin* est donc le monument funèbre de la gloire navale de l'Espagne.

C'est pour donner aux touristes de tous les pays les moyens de parvenir à la *chaussée des géants*, que l'on a construit le chemin de fer électrique dont nous allons donner la description.

La construction de la voie électrique qui aboutit à la *chaussée des géants*, est due à l'initiative du Haut Shériff d'Antrim, le docteur Trecill. Destinée au transport des voyageurs et à celui des marchandises, cette voie ferrée a une longueur de plus de 6 milles anglais. Elle est portée sur un des côtés de la route qui va de Port Rush à la *chaussée des géants*. La double ligne occupe un espace de 3 mètres de large ; un petit exhaussement en granit empêche la circulation d'autres véhicules sur la voie. Les rails sont en acier et placés au niveau d'une surface de gravier. Parallèlement aux rails, s'étend un troisième rail en fer, qui sert à conduire le courant de la machine dynamo-électrique aux voitures. Le contact entre le rail et la voiture s'effectue à l'aide d'une brosse de fils métalliques, attachée sous la voiture. La source d'électricité est située à la station centrale de Port Rush. Des turbines, placées sur la rivière Bush, engendrent l'électricité, par le mouvement de l'eau. A leur défaut, on emploie une machine à vapeur.

La gare du chemin de fer électrique de la *chaussée des géants*, est un bâtiment solidement édifié avec de gros blocs de pierre. Les wagons, fabriqués à Birmingham, ont 6 mètres de long et 2 mètres de large, et sont décorés avec élégance.

La voie, qui est de la largeur de $0^m,90$, traverse, sur une longueur de 800 mètres environ, la principale rue de Port Rush; pendant le reste du trajet, elle suit l'accotement de la route.

Les pentes sont très raides ; elles atteignent, en certains points, 35 millimètres par mètre; les courbes sont très accentuées.

On se propose de prolonger cette ligne jusqu'à Dewock, de manière à compléter le réseau des voies étroites de $0^m,90$ entre Ballgmeria Lorme et Cushendall.

Le journal *la Lumière électrique* a publié sur le chemin de fer électrique de la *chaussée des géants*, quelques détails techniques, concernant les appareils destinés à conduire le courant aux voitures.

« Le système de transmission de l'électricité aux véhicules du chemin de fer, dit *la Lumière électrique*, est à conducteur séparé. Ce conducteur est formé par un rail en T, pesant 9 kilogrammes 5 par mètre, supporté à $0^m,43$ du sol et à $0^m,56$ du rail intérieur sur des poteaux de sapin bouillis dans le goudron, et écartés de 3 mètres, il est relié par un câble souterrain à une *shunt-dynamo* mue par une machine à vapeur de 25 chevaux environ.

Le courant est amené du conducteur à la voiture locomotive par deux ressorts d'acier fixés, aux extrémités de la voiture, à des barres d'acier. Ces balais s'usent trèspeu sur le fer des rails; en temps secs, il faut un peu les graisser; en temps humide, l'eau déposée à la surface des rails suffit.

Les doubles balais placés aux éxtrémités des voitures suffisent pour franchir les interruptions du conducteur occasionnées par les passages à niveau, etc., le balai d'arrière touchant encore le rail quand celui d'avant l'a quitté, il ne représente que deux ou trois interruptions qui ne peuvent pas être franchies de cette manière, et pour lesquelles le passage du courant est interrompu sur son parcours de 9 ou 10 mètres.

Le courant passe sous les interruptions à travers un câble de cuivre isolé dans un tube de fer à une profondeur de $0^m,45$.

Le courant est amené des balais à un commutateur manœuvré par un levier qui introduit dans le circuit un nombre variable de résistances placées sur la voiture; ce même levier change la position des balais, sur le commutateur de la dynamo dont il permet de renverser la marche, le courant revient de la dynamo-locomotive à la génératrice par les boîtes à graisses, les essieux, les bandages et les rails.

Les rails qui forment le conducteur et la voie sont reliés par des éclisses et des doubles boucles de cuivre soudées au fer; le contact électrique des éclisses ordinaires est tout à fait insuffisant.

La machine dynamo-électrique se trouve au centre de la voiture, sous le plancher, et commande un des essieux seulement de la voiture par une chaîne, au moyen d'une transmission intermédiaire.

FIG. 115. — LA CHAUSSÉE DES GÉANTS, DES RIVAGES DE L'IRLANDE

Les leviers de changement de marche, qui commandent ainsi les freins, sont reliés aux deux bouts de la voiture de manière que le mécanicien puisse toujours se tenir à l'avant, condition essentielle à la réussite d'une ligne longeant une route.

Les voitures sont de première et de troisième classe, les unes couvertes, les autres découvertes, et peuvent tenir 20 voyageurs, il y en aura bientôt cinq munies de machines dynamo-électriques, le matériel se composera, en tout, de sept voitures. »

En 1883, un essai de ligne électrique a été fait à Brighton (Angleterre) par un ingénieur électricien de la localité, M. Magnus Wolk. Cette petite ligne, destinée aux plaisirs des touristes et des baigneurs de Brighton, a été construite en fort peu de temps, puisque vingt jours ont suffi à son installation.

Le *car*, ou wagon, peut contenir dix personnes, cinq de chaque côté, et la machine dynamo-électrique réceptrice, mobile, commandée par une machine dynamo-électrique Siemens, établie fixement à l'extrémité de la ligne, est cachée dans une caisse située à l'arrière. La longueur de la voie, est de $0^m,60$. La vitesse est d'environ 9 kilomètres à l'heure.

Le générateur d'électricité, c'est-à-dire la machine dynamo-électrique Siemens, est actionnée par une machine à gaz. Elle envoie son courant, comme il vient d'être dit, à une petite machine semblable, placée sous la caisse de la voiture, et qui ne pèse que 275 livres anglaises.

La vitesse, sur une pente de 1 pour 100, est de 5 milles par heure environ. Le retour, en descendant le plan, se fait avec une vitesse de 10 milles par heure. La voiture transporte ordinairement 12 voyageurs, sans compter le conducteur ; ce nombre a pourtant été porté jusqu'à 16. L'éclairage se fait, la nuit, par une lampe électrique Swan, de la force de 20 bougies.

Le mouvement en sens inverse s'opère au moyen d'un commutateur, qui introduit un certain nombre de résistances dans le circuit, avant de l'interrompre, diminuant ainsi considérablement les étincelles qui peuvent se produire, entre les contacts métalliques. Le même levier qui actionne ce commutateur, change également la direction des *balais collecteurs*, dont une seule paire est employée. L'usure de ces balais a été tellement insignifiante qu'on n'a eu besoin de les changer qu'après trois semaines d'un usage presque constant.

La ligne, d'une longueur d'un quart de mille, est placée sur des traverses ; on se sert de rails ordinaires et de longrines longitudinales. Les rails sont en communication entre eux par des brides de fer et de cuivre, mais tenus par des chevilles de 3/8 de pouce.

Le 6 août 1883, jour de l'inauguration, la voiture fut employée pendant onze heures, sans arrêt. Le nombre de passagers transportés, s'éleva à 1200, et la distance parcourue à 50 milles. Depuis ce jour, le service s'est fait régulièrement tous les jours, sans interruption. La perte de courant n'excède pas, dit-on, 10 pour 100, même par un temps humide, et par un temps sec il n'atteint pas même 5 pour 100. Les rails seuls sont employés comme conducteurs et l'humidité n'a donné lieu à aucune difficulté.

Le journal *la Lumière électrique*, qui nous fournit ces détails, ajoute :

« Les frais de transport de 12 passagers en 60 voyages d'un demi-mille chaque, c'est-à-dire du transport de 12 passagers à une distance de 30 milles ou d'une personne à 360 milles, ont été ainsi calculés :

Gaz, 10 heures à 30 centimes.	. . . .	3 »
Huile et perte. Total.	. . . .	» 80
Conducteur	. . . .	4 »
Ouvrier pour nettoyer et soigner la machine.	. . .	3 20
Dépréciation 15 0/0 sur 12 500 fr., soit	. . . . . .	8 25
		19 25

ou un peu plus que 5 centimes par mille. Comme la voiture ne marche actuellement que 5 minutes et ensuite s'arrête pendant 6 minutes, sa capacité de transport peut être multipliée par 2, sans autre augmentation de dépenses que 50 pour 100 de plus de gaz, les frais pour salaires restant les mêmes, de sorte qu'en supposant la voiture pleine à chaque voyage, le coût ne serait que de 2 1/2 pour 100 par mille et par voyageur. »

Pendant l'Exposition d'électricité de Vienne de 1883, un nouveau chemin de fer fut établi par MM. Siemens et Halske, pour amener les visiteurs du quartier de la *Schwimsurh-Allee* jusqu'à la rotonde du palais. Ce chemin de fer, qui présentait trois légères rampes et trois courbes, constituait un progrès sur celui de l'Exposition d'électricité de Paris de 1881. Ce n'était plus, en effet, comme à Paris, une simple voiture de tramway, parcourant un trajet de 500 mètres, mais un petit train, composé de deux et quelquefois de trois voitures ; et la longueur du trajet était de 1528 mètres.

Les machines dynamo-électriques qui fournissaient le courant, étaient placées dans la galerie ouest de la rotonde, et étaient mises en action par une puissante machine à vapeur.

Le courant empruntait les rails, comme agents conducteurs. A cet effet, un des pôles de la machine aboutissait à un fil de cuivre, isolé par une envelopppe de gutta-percha, et était mis en contact avec le rail. Le courant suivait le rail jusqu'au point où se trouvait la voiture. Là il arrivait, par la circonférence métallique des roues, à l'un des pôles de la petite machine

FIG. 116. — LE CHEMIN DE FER ÉLECTRIQUE DE MM. SIEMENS ET HALSKE A L'EXPOSITION DE VIENNE

dynamo-électrique installée sous la caisse de la voiture, et passait à l'autre pôle de la même machine, pour revenir, par les roues et les rails, au second pôle de la machine dynamo-électrique fixe, établie dans la galerie de la rotonde.

La petite machine dynamo-électrique agissait sur les deux essieux de la voiture, et faisait ainsi tourner les roues, pour faire progresser le train. Ce n'était qu'au moment du départ que les pôles de la machine électrique génératrice étaient mis, par un commutateur, en contact avec les rails.

C'est pourtant un procédé singulièrement délicat, dans la pratique, que de se servir, comme conducteurs du courant, des rails posés au niveau du sol. Cette installation n'est guère possible que sur une voie aérienne, c'est-à-dire élevée sur des arcades, afin qu'aucun véhicule étranger ne puisse y pénétrer. Si une voiture attelée d'un cheval venait à rencontrer les rails, le cheval, ainsi que nous l'avons dit, touchant les deux rails, donnerait passage au courant, et serait foudroyé, ou frappé gravement.

De tels accidents se seraient certainement produits, en certains points du parcours du petit chemin de fer électrique de l'Exposition de Vienne. Aussi avait-on pris les mesures nécessaires pour parer à ce danger, dans les *passages à niveau* où d'autres véhicules devaient croiser la voie électrique.

Cette partie de la voie était isolée, et mise en communication avec le conducteur, également isolé, au moment des passages des voitures électriques dans la rue. La communication avec les rails était alors exécutée, au moyen de conducteurs souterrains, et par un commutateur; de sorte qu'il était facile de laisser passer ou d'interrompre le courant à un moment quelconque.

La figure 116 donne une idée du chemin de fer électrique de l'Exposition de Vienne. On voit, sous chacune des trois voitures qui composent le train, la petite machine dynamo-électrique qui fait tourner l'essieu des deux roues, et les courroies qui s'enroulent autour de la circonférence de la roue elle-même, pour leur transmettre le mouvement.

Cette disposition spéciale du railway électrique de l'Exposition de Vienne, dans les passages à niveau, fait parfaitement comprendre, ce que nous avons d'ailleurs déjà établi, que les rails ne sauraient servir de conducteurs dans les conditions du service habituel des voies ferrées, où se rencontrent naturellement beaucoup de passages à niveau. On ne peut donner aux rails l'office de conducteurs du courant électrique que sur un *chemin de fer aérien*, c'est-à-dire porté sur des arcades. Mais quand on veut poser une voie électrique au ras du sol, il faut que les fils conducteurs soient élevés en l'air, sur des poteaux, ainsi qu'on le fait sur le chemin de fer de Lichterfelde à l'École des Cadets, à Berlin. Les poteaux soutiennent les conducteurs électriques, auxquels on donne de larges dimensions; et c'est sur ce gros conducteur que des organes d'une construction spéciale viennent prendre le courant.

Ce mode d'installation des conducteurs sert aujourd'hui sur le plus important des chemins de fer électriques qui aient été construits jusqu'à présent. Nous voulons parler de celui qui existe, à titre d'essai, depuis 1884, sur une partie de la ligne de Francfort à Offenbach.

Offenbach est une petite ville manufacturière, située au bord du Mein, et que l'on traverse quand on va de Francfort à Bade. MM. Siemens et Halske ont choisi la distance de Sacchausen à Offenbach, pour y établir un chemin de fer électrique, afin que chacun puisse apprécier l'utilité et l'économie de ce nouveau genre de chemin de fer. Il ne s'agit plus ici, en effet, d'une sorte de joujou, comme ceux que l'on voyait aux Expositions d'électricité de Paris et de Berlin. C'est une construction parfaitement étudiée. Trois années ont été consacrées à des expériences attentives, et aujourd'hui cette voie électrique accomplit un service aussi régulier qu'un chemin de fer ordinaire à locomotives mues par la vapeur. Sa longueur est de 6,655 mètres.

Nous avons décrit et représenté par des figures (page 259) le mode de communication que MM. Siemens et Halske avaient adopté sur le chemin de fer électrique de l'Exposition de Paris, en 1881, pour la prise du courant. Cette disposition consiste en deux tuyaux fendus, auxquels sont suspendus deux petits chariots de contact, rattachés eux-mêmes avec le wagon électrique, par l'intermédiaire de deux simples cordes. C'est ce même système qui a été adopté sur le chemin de fer posé en 1884 entre Sacchausen et Offenbach.

On voit, sur la figure 117, le wagon électrique de ce chemin de fer. Les deux tuyaux à rainures sont suspendus à des isolateurs, fixés sur des supports extérieurs en fonte. Les conducteurs du courant qui prennent leurs points d'appui sur des isolateurs ordinaires, montés au sommet de ces mêmes supports, sont des câbles, composés de fils de cuivre et d'acier. Ils servent, tout à la fois, à amener le courant et à porter les tuyaux.

Les dispositions mécaniques qui permettent de maintenir le passage du courant au moment d'un croisement de voies sont très ingénieusement combinées. Nous les représentons sur la figure 118, et nous en emprunterons la description au journal *la Lumière électrique*.

«À l'endroit du croisement, dit *la Lumière électrique*, les tubes sont coupés sur une certaine longueur et assemblés avec un bloc de bois dur, J, J. Des pièces métalliques v et a, situées dans des plans horizontaux différents, assurent le passage du courant du tronçon III au tronçon IV d'une part et du tronçon V au tronçon VI de l'autre Ces pièces sont vissées sur les tubes R et isolées l'une de l'autre à travers la

FIG. 117. — WAGON DU CHEMIN DE FER ÉLECTRIQUE DE SACCHAUSEN A OFFENBACH

masse de bois, comme il est facile de le voir dans les figures 118 et 119 qui représentent des coupes faites suivant l'axe des conducteurs. La longueur de la glissière précédemment décrite est telle qu'une des extrémités pénètre dans le tube III avant que l'extrémité opposée n'ait quitté le tube IV. Grâce à cette disposition, on est certain de n'avoir ni interruption, ni renversement de courant à craindre

Les aiguilles sont formées par deux tiges métalliques z, z (fig. 117), qui sont ramenées ou maintenues dans la position de la figure par un ressort antagoniste. De cette façon les trains qui arrivent de droite sont toujours obligés de s'aiguiller sur la même voie, ceux qui arrivent de gauche déplaçant les aiguilles lesquelles reprennent leur position primitive sous l'influence des ressorts f. Quant au passage des courbes, il s'effectue sans difficulté, grâce à la propriété qu'offrent les glissières de se courber en arc de cercle. »

Les machines à vapeur qui produisent le mouvement destiné à se transformer en électricité, dans la machine dynamo-électrique du chemin de fer

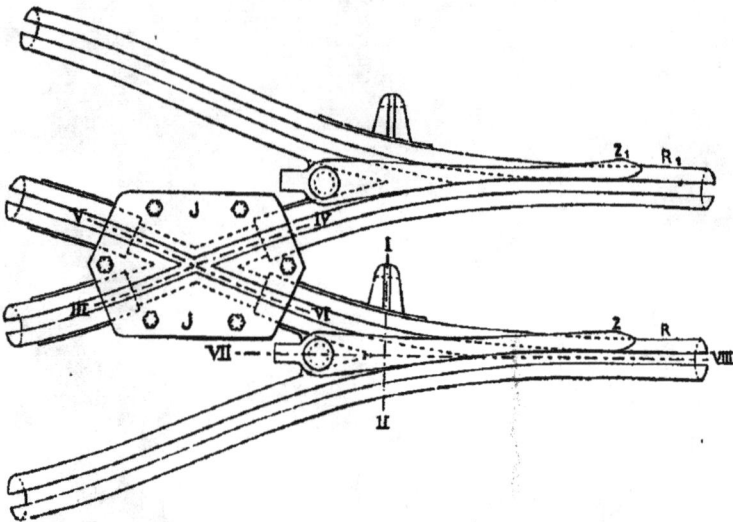

Fig. 118 — CROISEMENT DE VOIES SUR LE CHEMIN DE FER ÉLECTRIQUE DE SACCHAUSEN A OFFENBACH

électrique de Sacchausen à Offenbach, développent une force de 240 chevaux.

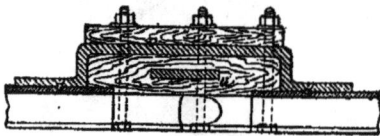

Fig. 119.

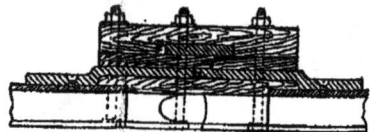

Fig. 120.

Cette énergie est transmise, par un arbre tournant à la vitesse de 240 tours par minute, à l'axe de la machine dynamo-électrique. Il y a sept chaudières donnant de la vapeur à la pression de 4 atmosphères.

L'appareil dynamo-électrique de M. Siemens, actionné par cette machine à vapeur, n'a pas moins de 2 mètres de hauteur; le diamètre des *anneaux* est de 45 centimètres et leur longueur de 70 centimètres. Il y a deux machines de cette force pour actionner les petites machines dynamo-électriques des wagons, lesquelles sont, généralement, au nombre de 4, en route. Nous donnons dans la figure 121 le plan de l'usine électrique d'Offenbach.

La compagnie possède six wagons fermés et cinq ouverts. Les wagons fermés peuvent contenir 22 personnes. Le poids de ces wagons est de trois tonnes et demie à quatre tonnes.

En résumé, le chemin de fer des bords du Mein donne la démonstration

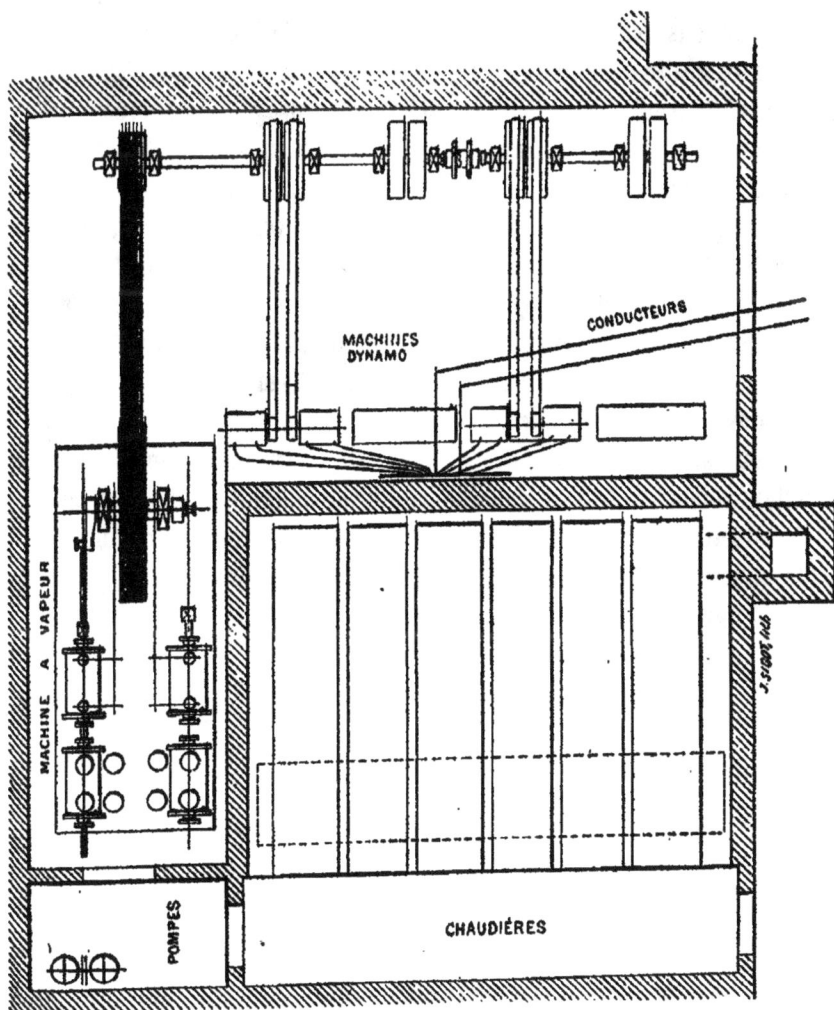

FIG. 121. — PLAN DE L'USINE ÉLECTRIQUE DU CHEMIN DE FER DE SACCHAUSEN À OFFENBACH

pratique de la possibilité d'opérer un service régulier par la traction électrique. Il permettra d'étudier les avantages et les inconvénients de cette intéressante création, et de savoir dans quelle mesure le procédé électrique pourra se poser en rival de son puissant prédécesseur, le chemin de fer à locomotives mues par la vapeur. Nous ne sommes pas de ceux qui disent, en comparant les deux systèmes : « *Ceci tuera cela.* » Nous disons seulement : « *Attendons et observons.* » La traction électrique sur les voies ferrées n'en est qu'à son aurore, et l'on ne possède pas encore les données suffisantes pour prouoncer sur son avenir. Mais, d'ores et déjà, elle est fondée : le temps et l'expérience prononceront sur sa valeur.

Nous terminerons en faisant remarquer que ce n'est pas seulement sur les voies ferrées destinées au transport des voyageurs et des marchandises, que le procédé de traction électrique a été mis en usage. On a créé, dans un certain nombre d'usines, des chemins de fer mus par l'électricité, pour le transport des matériaux ou des produits manufacturés.

Nous n'entreprendrons pas la description de ces voies spéciales, ni des moteurs particuliers qui opèrent la traction. Ces appareils diffèrent peu de ceux que nous avons décrits et représentés par des dessins. Qu'il nous suffise de dire que les usines qui, autrefois, faisaient usage de chemins de fer à locomotives, de tramways à chevaux ou de locomotives à air comprimé, se sont bien trouvées de substituer l'énergie électrique à la vapeur, à l'air comprimé, ou aux moteurs animés. C'est un horizon nouveau ouvert au perfectionnement du travail des usines et manufactures, mais les chemins de fer électriques à l'usage des usines sont encore trop peu nombreux, et ont été construits pour des besoins trop spéciaux, pour qu'on puisse généraliser la question, et prononcer avec confiance sur l'avenir réservé à cette création nouvelle du génie industriel.

FIG. 122. — LE CHEMIN DE FER ÉLECTRIQUE DE SHACCCHAUSEN A OFFENBACH

XX

Les chemins de fer atmosphériques. — Le chemin de fer atmosphérique de Sydenham, marchant par aspiration de l'air. — Les chemins de fer atmosphériques
à air comprimé de New York et de Genève.

Pour terminer cette revue des nouveaux procédés mécaniques introduits
dans l'exploitation des voies ferrées, il nous reste à mentionner l'application à la traction du vide et de l'air comprimé.

L'aspiration de l'air à l'intérieur d'un tube posé au milieu de la voie,
vide obtenu par des pompes aspirantes, mues elles-mêmes par la vapeur, et
établies à une distance convenable, doit produire un effet de traction permettant de supprimer la locomotive, et de remonter, au besoin, des pentes
d'une forte inclinaison.

Cette idée, très séduisante en théorie, a donné naissance au système dit
atmosphérique, qui fut essayé dans les plus larges conditions, sur la
rampe de chemin de fer de Paris à Saint-Germain, de 1847 à 1859. Nous
avons longuement décrit le chemin de fer atmosphérique de Saint-Germain
dans notre ouvrage, *les Merveilles de la Science*, et exposé les motifs qui
devaient faire et qui firent échouer cette grande expérience (1). Nous ne
reviendrons pas sur cette question. Nous rappellerons seulement que la
difficulté de maintenir le vide dans un long tube de fer — qu'il faut nécessairement ouvrir, au moment de l'arrivée du convoi, pour laisser passer la
barre d'attelage — est telle, qu'elle équivaut à une impossibilité.

Sur le chemin de fer atmosphérique de Saint-Germain, on avait disposé
les choses comme il suit, pour ouvrir et refermer promptement le tube, au
moment du passage du convoi. Le tube était percé, à son sommet, d'une
fente, par laquelle passait la tige verticale en fer, qui reliait le piston
atmosphérique au premier wagon du train. En avant du train, c'est-à-dire
du côté du vide, la fente était fermée par une bande de cuir garnie de
lames de tôle, qui faisaient fonction de soupape. De petits galets, placés en

(1) Tome Ier, pages 384-385.

avant du piston, soulevaient cette soupape, à mesure que s'avançait la tige qui reliait le piston au train. Après le passage du convoi, une plaque chaude placée derrière le piston, à l'extérieur, pressait les lames de cuir et de tôle, pour leur faire reprendre leur première position ; ce qui assurait l'occlusion du tube.

Ce mécanisme, fort ingénieux en principe, resta toujours défectueux dans la pratique. Au bout de dix à douze ans d'essais malheureux, la Compagnie du chemin de fer de Saint-Germain dut renoncer à ce procédé de traction, et le remplacer, en 1859, par de puissantes locomotives, construites par le directeur de la Compagnie, M. Ad. Jullien.

Il est bon, d'ailleurs, de faire remarquer, d'une manière générale, que si la pression de l'air s'exerçant sur le piston, est l'agent de la traction, le premier moteur c'est la machine à vapeur, puisque c'est une machine à vapeur qui actionne les pompes qui aspirent l'air à l'intérieur du tube. Avec ce double mécanisme, c'est-à-dire avec l'emploi primordial d'une machine à vapeur, et l'usage secondaire de pompes faisant le vide dans le tube, il y a nécessairement perte de force. D'où cette conclusion, que le système atmosphérique opérant par le vide, doit être moins économique que la traction directe par une locomotive à vapeur.

L'impossibilité de maintenir le vide dans un tube de grande dimension, conduisit à remplacer le vide par l'air comprimé. Tout le monde connaît la *poste pneumatique* qui, dans les grandes villes des deux mondes, supplée la télégraphie électrique. La *poste pneumatique*, ou les *tubes postaux pneumatiques* consistent en un long tube métallique, continu, dans lequel circule un petit piston, porteur des messages télégraphiques écrits. Le petit piston postal est poussé à l'intérieur de ce tube par de l'air comprimé, ou, pour mieux dire, par une insufflation d'air dans le *tube postal*.

En agrandissant le *tube pneumatique postal*, on a réalisé un chemin de fer *atmosphérique à air comprimé*, qui est beaucoup plus pratique, dans son usage, que le chemin de fer atmosphérique fonctionnant par le vide.

Le premier essai de ce genre a été fait en Angleterre, au palais de Sydenham, et ce système y fonctionne encore aujourd'hui.

Dans un tunnel en maçonnerie, assez large pour recevoir un wagon ordinaire de chemin de fer, sont posés des rails, sur lesquels roule un wagon. Le contour du tunnel arrase un disque circulaire en feutre ou en crins de brosse, placé à l'extérieur du wagon, ce qui intercepte suffisamment le passage de l'air. Ce tunnel n'a d'ailleurs, que 550 mètres de long et le trajet est parcouru en une seule minute.

Le wagon est donc véritablement le piston de ce grand tube atmosphé-

FIG. 123. — CHEMIN DE FER ATMOSPHÉRIQUE DE NEW YORK

rique. Pour le départ, comme il existe une pente, un ventilateur à vapeur

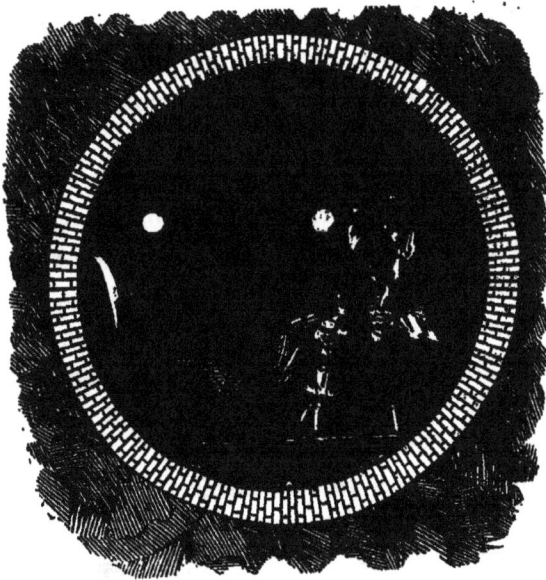

FIG. 124. — WAGON DU CHEMIN DE FER ATMOSPHÉRIQUE DE NEW YORK

raréfie légèrement l'air du tunnel, et la différence de pression entre l'air ainsi raréfié et la pression extérieure, lance le wagon dans le tunnel pneumatique. Pour la descente, l'action est inverse. C'est l'excès de pression déterminé par l'effet du ventilateur, qui pousse, qui *souffle*, pour ainsi dire, la voiture, et qui détermine sa progression. Dans l'un et l'autre cas, c'est à l'arrière que s'exerce toujours la pression.

Au fond, le chemin de fer pneumatique du Palais de Cristal, n'est qu'un joujou, destiné à amuser les visiteurs. Personne n'a songé à faire usage, sur une ligne un peu étendue, d'un système de traction qui oblige à enfermer les voyageurs dans un conduit ténébreux.

On peut nous objecter qu'à New York, il y a peu d'années, un spéculateur a établi un petit chemin de fer atmosphérique, entièrement semblable à celui du Palais de Cristal de Sydenham. Il a été construit à Warren Street, près de la rivière nord, à l'extrémité de la cité. Ce tunnel, d'une forme cylindrique, porte deux rails sur lesquels se meut un wagon unique, contenant les voyageurs. Le wagon a les mêmes dimensions que les parois du tunnel en maçonnerie, et il est poussé à l'intérieur de ce tunnel par la pression de l'air. Nous représentons (fig. 123, 124) le *chemin de fer atmosphérique de New York*, qui n'est qu'une reproduction de celui de Sydenham, et qui n'a pas de vues plus ambitieuses.

En augmentant l'intensité de la compression de l'air, un ingénieur italien, M. Turrettini, établit à titre d'essai, il y a quelques années, sur la pente d'une colline des bords du Rhône, un chemin de fer, ou plutôt un ascenseur à air comprimé.

Voici les dispositions de ce plan incliné.

Un grand réservoir sert à comprimer l'air à plusieurs atmosphères. De ce réservoir, l'air est envoyé dans un tube, pour chasser un piston qui le parcourt. Circonstance particulière, et disposition très ingénieuse, ce même air comprimé qui a chassé le piston en avant, est renvoyé dans le même réservoir, par le train descendant qui suit. Cet air comprimé qui fait retour au réservoir, en même temps qu'il pousse le train, rend ainsi de nouveau disponible l'air comprimé, pour un nouveau voyage.

Le poids du train descendant est, de cette manière, utilisé aussi complètement que possible. Et si l'on considère que l'air peut être comprimé dans le réservoir, non par des machines à vapeur, qui nécessitent une dépense assez considérable, mais par de simples chutes d'eau, qui existent le long de la colline des bords du Rhône, on comprendra que le système proposé par

M. Turrettini doive réaliser, dans des conditions très économiques, l'application de l'air comprimé à la traction sur les voies ferrées.

Le tube pneumatique destiné à faire monter le convoi le long de la pente est fixé au milieu de la voie ferrée, sur les mêmes traverses que les rails, lesquels sont élevés sur des longrines de bois, de manière à se trouver au même niveau que la partie supérieure du tube. Il ne s'agit pas ici, d'ailleurs, comme à Sydenham ou à New York, de la conception fantaisiste consistant à enfermer les wagons et les voyageurs dans un tunnel obscur, et à les faire voyager, pour ainsi dire, dans un étui. Le train circule comme sur un chemin de fer ordinaire.

Mais il faut, comme à l'ancien chemin de fer de Saint-Germain, qui agissait par le vide, donner passage, au moment de l'arrivée du train, à la tige qui relie la première voiture au piston intérieur que chasse l'air comprimé. M. Turrettini a reproduit, en les modifiant légèrement, le dispositif employé autrefois sur la rampe de Saint-Germain. Une fente règne tout le long du tube-ascenseur, et cette fente doit toujours être fermée à l'arrivée, de manière à empêcher l'air comprimé de fuir au dehors par l'effet de sa tension. Une soupape particulière, composée de fer, de cuivre et de bois, est soulevée par le piston, au moment de son passage, et elle vient alors s'appliquer sur un siège de même forme que lui, et ménagé sur les deux lèvres de la fente. Après le passage de la barre d'attelage et du piston, cette soupape retombe par son seul poids, et referme hermétiquement le tube.

L'air comprimé agit à la pression de 6 atmosphères.

Ce système est très ingénieusement combiné. Cependant, par suite de la difficulté que l'on éprouve toujours à faire ouvrir et refermer sans cesse un tube plein d'air à une autre pression que celle de l'extérieur, l'*ascenseur à air comprimé* de M. Turrettini n'a donné que de médiocres résultats et n'a pas été conservé.

En résumé, l'application du vide ou de l'air comprimé à la traction sur les voies ferrées, n'a pas répondu aux espérances que l'on en avait conçues, et on ne saurait, à aucun point de vue, comparer un tel procédé de traction à ceux que nous avons étudiés jusqu'ici, c'est-à-dire au chemin de fer à traction de câble, à cremaillère centrale, à poids moteur, même au chemin de fer électrique, auxquels l'art des chemins de fer devra peut-être, un jour, une transformation radicale.

XXI

Les lignes à voie étroite. — Avantages et applications de la voie étroite. — Emploi des lignes à voie étroite pour les travaux des mines, des ateliers, des chantiers de terrassement, etc. — Le *porteur universel Decauville*. — Les lignes à voie étroite et les chemins de fer militaires. — Matériel des chemins de fer militaires, en temps de paix et en temps de guerre.

Ce fut une pensée de génie que celle qui décréta, dès l'origine des chemins de fer, l'uniformité de largeur de la voie dans tous les pays civilisés, et qui fixa cette largeur à 1ᵐ,445, entre les rails, ou 1ᵐ,50 pour la totalité de la voie. C'était, en effet, fonder la solidarité universelle des nations dans l'entreprise des transports. On voulut que tout wagon de voyageurs ou de marchandises, partant d'un lieu quelconque de l'Europe, pût passer, sans rompre charge, sans effectuer aucun transbordement, de la voie ferrée d'un pays sur la voie d'un autre pays. C'est grâce à cette entente, à laquelle toutes les nations modernes (à l'exception de la Russie) ont obéi et sont restées fidèles, que les chemins de fer ont dû les principaux avantages qu'ils apportent au commerce international et à la civilisation générale.

Cependant, comme il n'y a rien d'absolu, ni dans le monde moral, ni dans le monde économique, ce principe fondamental et fécond a subi, de nos jours, une modification importante. A mesure que s'est étendu le réseau de nos voies ferrées, le besoin s'est fait de plus en plus sentir de faire participer les petits centres de population, et surtout des populations manufacturières, aux avantages de la possession de voies ferrées.

Ces nouvelles lignes, qui ont été dénommées, avec juste raison, *d'intérêt local*, n'ont pas besoin d'être reliées avec le réseau général des chemins de fer. Leurs modestes prétentions se bornent au service régional. Il leur suffit d'être un chemin de fer, sans songer à se prolonger dans le réseau commun.

C'est ainsi que l'on a été conduit à créer les *chemins de fer à voie étroite*, qui, depuis quelques années, se sont beaucoup multipliés en France, et qui avait pris antérieurement un grand développement en Angleterre.

Fig. 123. — LOCOMOTIVE A SIX COUPLÉES POUR CHEMIN DE FER DÉPARTEMENTAL ET D'INTÉRÊT LOCAL
Type construit par la Compagnie de Fives-Lille.

Les avantages particuliers des chemins de fer à voie étroite, ou *départe-mentaux*, comme on les a encore appelés, c'est de comporter des courbes d'un rayon beaucoup moindre que celles des lignes du type général, et de permettre, dès lors, de créer des voies ferrées sans travaux d'art dispendieux, de ne demander qu'un développement très court, et de n'exiger qu'un matériel peu coûteux. C'est par ce moyen que, dans de grands centres manu-facturiers qui se trouvent dans des pays au sol accidenté, on crée aujour-d'hui des lignes ferrées auxquelles on n'aurait jamais pu songer s'il avait fallu exécuter le tracé avec une grande largeur de voie.

Il faut, sans doute, avec les chemins à voie étroite, opérer un transborde-ment, pour passer de la ligne départementale au réseau général, mais on peut réduire les frais de ce transbordement en construisant des caisses spéciales, qui sont chargées directement sur les trucks de la voie étroite, et transportées de là, au moyen de grues, sur les trucks des lignes à voie ordinaire. C'est ce que l'on a fait, par exemple, sur les lignes à voie étroite de Ribeauvillé, qui sont reliées au chemin de fer de Strasbourg à Bâle.

Les lignes à voie étroite comportent des locomotives d'un faible poids re-latif, et dans lesquelles le tender et la chaudière sont réunis, ce qui a le double avantage d'augmenter leur adhérence sur les rails et de diminuer leur prix.

Nous représentons dans la figure 125 une locomotive pour l'usage spécial des chemins de fer d'intérêt local, ou départementaux. Ce type de locomo-tive est construit par la Compagnie de Fives-Lille. Ses dimensions sont les suivantes :

Diamètre des cylindres.		0m,350
Course des pistons.		0m,600
Diamètre des roues.		1m,400
Timbre de la chaudière (pression effective par centi-		
mètre carré)		8k,500
Grille	Longueur.	1m,199
	Largeur.	0m,999
	Surface.	1m,200
Tubes	Diamètre extérieur	0m,050
	Longueur entre les plaques tubulaires.	4m,150
	Nombre.	108
Surface de chauffe	du foyer	5mq,80
	des tubes	67mq,56
	totale	73mq,36
Capacité des caisses à eau.		3500 litres.
Capacité des caisses à combustible		1000 litres.
Poids de la machine vide.		24500 k.
Poids de la machine en service		30000 k.

Les chemins de fer à voie étroite commencent à se multiplier beaucoup en France. Le plan général élaboré par le ministre Freycinet, et qui a reçu de sérieux commencements d'exécution, comporte un grand nombre de chemins de fer départementaux. Les lignes à voie étroite sont donc appelées à beaucoup s'accroître dans notre pays.

La ligne à voie étroite d'Anvin à Calais, et celle d'Hermes à Beaumont ont donné, en France, le signal, et on pourrait dire le modèle, de ce nouveau type de lignes ferrées.

Nous trouvons dans le dernier Bulletin de la *Société des ingénieurs civils*, une communication intéressante d'un savant ingénieur, M. Auguste Moreau, l'un des rédacteurs de l'important recueil, *le Génie civil*, qui résume, avec précision, les avantages propres aux lignes à voie étroite, et la place qu'il convient de leur assigner dans le système économique actuel des transports par les voies ferrées.

« Dans quelle condition, dit M. Auguste Moreau, doit-● faire usage de la voie étroite ?

« Il est certain, dit cet ingénieur, que la voie large est indispensable lorsque la ligne présente un trafic important, comme cela arrive pour les grandes artères des Compagnies du Nord ou de Paris-Lyon-Méditerranée, qui font au moins 150,000 francs de recette par kilomètre. Mais, vouloir employer le grand matériel et faire de grandes dépenses pour établir un chemin de fer cantonal, dont les recettes ne dépasseront pas le plus souvent 1,500 à 2,000 francs par kilomètre, cela paraît un non-sens absolu.

« Il y a donc lieu d'adopter la voie étroite lorsqu'on a affaire à un trafic restreint. Seulement, fait observer M. Auguste Moreau, il ne faut pas comprendre le mot restreint comme on le fait généralement en France, où l'on considère comme sérieuses des recettes analogues à celles des chemins de fer de l'État, par exemple, qui s'élèvent à environ 10,000 francs par kilomètre. La voie étroite possède assez de puissance pour faire face aisément à un trafic de 50,000 francs par kilomètre, comme le prouve surabondamment l'exemple si connu du chemin de fer de Festiniog en Angleterre, qui fait 35,000 francs de recettes par kilomètre, avec sa petite voie de $0^m,60$. Il est donc facile de comprendre qu'avec une voie d'un mètre, on pourrait aller beaucoup plus loin.

« La voie étroite s'est répandue surtout, d'abord à l'étranger, mais nous en possédons de nombreux exemples en France, sans compter plus de 3,000 kilomètres actuellement concédés, à voie d'un mètre, et non encore construits. »

Le chemin de fer à voie étroite de Festiniog, dans le pays de Galles (Angleterre), dont parle M. Aug. Moreau, est un des plus anciens connus, et il suffit à un trafic que n'atteignent pas bien des routes de fer à voie normale.

La plus ancienne des voies de ce réseau est celle qui va de Dinas à Port-Madoc, sur une distance de 21 kilomètres.

Nous représentons (fig. 126) la partie la plus pittoresque de cette voie, la station de Tan-y-Bltch, située dans un pays abrupt et accidenté. Les courbes sont nombreuses, les rampes très prononcées.

La largeur de la voie n'est que de 60 centimètres. Les voitures de voyageurs ont 3^m,50 à 4^m,50 de long.

Fig. 126. — CHEMIN DE FER DE FESTINIOG, A VOIE DE 0^m,60. — LA STATION DE TAN-Y-BLTCH

Le matériel de marchandises, plus important que celui des voyageurs, car il s'agit de transporter les ardoises extraites des carrières du pays, se compose de 50 wagons par kilomètre exploité. Les machines sont du type Farlie, c'est-à-dire à train mobile articulé, pour pouvoir tourner dans les plus petites courbes. La vitesse moyenne de marche est de 16 à 19 kilomètres à l'heure. Les recettes normales sont de près de 30,000 francs par kilomètre. Il est vraiment remarquable qu'une voie de 60 centimètres puisse donner lieu à un trafic si important.

« La voie étroite étant admise, dit M. Auguste Moreau, au travail de qui nous revenons, on peut se demander quelle est la largeur de voie à adopter.

En théorie, on ne doit préconiser aucune largeur spéciale si l'on veut proportionner l'instrument au travail qu'il a à effectuer. Mais, en pratique, il est bon de ne pas trop multiplier le nombre des types, afin de trouver facilement et économiquement dans les usines le matériel courant et les pièces de rechange nécessaires. Aussi est-il bon de se fixer à deux largeurs extrêmes, qui sont : un mètre, et $0^m,75$, selon que l'on a un trafic presque nul ou appréciable. »

M. Auguste Moreau examine alors les différents chapitres de la construction et de l'exploitation d'un chemin de fer dont la voie est supposée égale seulement à un mètre, et il en conclut les économies que ce type réalise sur la voie large ordinaire de $1^m,50$.

« Les économies, dit-il, sont surtout dues à la flexibilité de la voie étroite, qui peut employer des rayons de courbe deux fois plus petits que ceux de la voie normale, à résistance égale, tout en conservant le matériel rigide et les roues calées sur les essieux, nécessairement en usage sur les chemins de fer. En outre, comme on a moins de poids mort, on peut avoir également des déclivités plus fortes, dans tous les éléments ; d'ailleurs il y a une réduction de longueur, de largeur, de cube, de poids, de prix, qui entraîne forcément des différences notables dans la dépense de premier établissement. Voici le résumé de ces chiffres :

Infrastructure.	40 à 50 0/0 au minimum
Superstructure.	35 à 40 — —
Matériel roulant	30 à 35 — —

« La conclusion qu'on peut tirer de ces chiffres, c'est que l'adoption de la voie étroite entraîne une économie qui est *au minimum représentée par la réduction de largeur de la voie*. Mais très souvent cette proportion est notablement dépassée, à mesure que le terrain devient plus difficile.

« Dans l'exploitation et l'entretien, les économies se font sentir également sur tous les chapitres ; les frais d'entretien sont en effet une fraction déterminée de ceux de premier établissement ; quant aux manœuvres, elles sont beaucoup plus économiques parce que le matériel est plus léger ; enfin la consommation des matières est réduite sensiblement comme le poids des machines. En somme, là aussi, l'économie réalisée sur la voie large est représentée par *la différence qui existe entre les largeurs des voies*. »

M. Auguste Moreau insiste sur ces conclusions qui n'ont jamais été tirées d'une façon bien nette, et qui résultent en grande partie d'une expérience personnelle s'étendant à plus de 2,000 kilomètres de travaux ou de projets.

Il fait justice ensuite des principales objections soulevées contre la voie étroite, entre autres de l'épouvantail du transbordement. Il fait remarquer, d'abord, que les lignes à voie étroite ont rarement quelque chose à transborder, puisque leur trafic est exclusivement local. En outre, avec le prix maximum de 0 fr. 15 c. que ce transbordement atteint aujourd'hui, il représente un allongement de parcours de deux kilomètres au plus sur la ligne.

Quant aux petites lignes, à plus forte raison sont-elles obligées de transborder leurs marchandises, même lorsqu'elles ont la même voie que le grand réseau. En effet, vu le faible trafic, et par suite de l'impossibilité, pour chaque gare, de charger un wagon complet à destination d'une gare déterminée du grand réseau, il faut procéder forcément à un triage au point de soudure.

« Enfin, on ne peut éviter le transbordement qu'au moyen de traités d'échange de matériel, qui sont toujours au désavantage de la petite exploitation. C'est à ce point que certaines Compagnies, qui avaient au début fait de grands frais d'installation de gares communes, pour éviter le transbordement, se sont vues, par la suite, dans l'obligation de laisser tout cela inutilisé au moment de l'exploitation, c'est ce qui est arrivé à Mamers, à Saint-Calais, gare de Connéré. »

On a prétendu qu'en simplifiant les installations de la voie normale, on pourrait arriver à construire des chemins de fer ne coûtant que 60,000 francs par kilomètre, c'est-à-dire à peu près le prix de la construction en voie étroite. M. Auguste Moreau combat cette opinion, en s'appuyant sur des chiffres précis.

« Le prix de la construction d'une voie ferrée du type ordinaire ($1^m,50$) ne peut jamais tomber, dit M. Moreau, au-dessous de 100,000 francs par kilomètre, en admettant même un matériel articulé qui permette à la voie large de passer dans les mêmes courbes que la voie d'un mètre ; la première coûtera toujours sensiblement plus cher par ce seul fait que tous les éléments en sont plus longs, plus larges, partant plus épais et plus lourds. Mais l'inconvénient le plus grand de ce genre d'adaptation est de conserver pour l'exploitation économique un matériel beaucoup trop grand, qui n'est jamais complètement utilisé et entraîne un transport de poids mort tout à fait anormal. L'exemple des grandes Compagnies est absolument topique à ce point de vue. En Angleterre, les wagons de la grande voie qui peuvent porter 8 tonnes en moyenne, d'après les statistiques n'en portent qu'*une* ; en France où, grâce au monopole dont jouissent les Compagnies, l'exploitation est beaucoup mieux faite, il faut mettre en mouvement, pour remorquer une tonne de charge utile, **4 *tonnes*** de poids mort ! On conçoit d'après cela qu'il faut, au contraire, chercher à réduire le plus possible les véhicules, et non pas adapter ceux de la grande voie à la petite exploitation.

« Au point de vue de l'exploitation, comme sous le rapport de la construction, la voie large prétendue économique est donc toujours une erreur. »

M. Auguste Moreau conclut que la voie étroite réalise parfaitement le desideratum cherché de la *sécurité*, de l'*efficacité* et de l'*économie;* le chiffre *minimum* de réduction de dépenses obtenu par l'emploi de la voie réduite étant représenté par la *diminution de largeur de la voie*, aussi bien dans la construction que dans l'exploitation. La cause paraît d'ailleurs aujourd'hui absolument gagnée; le ministère actuel des Travaux publics, montrant en cela une compétence et une justesse de vues dont n'ont guère fait preuve ses prédécesseurs, est absolument décidé à faire établir à voie d'un mètre toutes les lignes *d'intérêt général* qui n'ont pu être rétrocédées aux grandes Compagnies par les Conventions.

« Il n'y a, en résumé, dit M. Auguste Moreau, plus aucun chemin de fer à voie large à construire en France, à l'exception des lignes stratégiques, pour lesquelles l'hésitation n'est même pas permise ; mais il faut espérer qu'il n'y a plus aujourd'hui dans notre pays une seule ligne de ce genre à construire. ».

C'est par une application du principe des lignes à voie étroite que l'on construit aujourd'hui des lignes ferrées provisoires pour le service des grands ateliers et chantiers divers. Pour le creusement d'un canal, pour le percement d'une montagne, pour l'extraction des produits miniers et le transport de minerai ou matériaux d'un pays à l'autre, les ingénieurs établissent des voies de chemin de fer, à échelle très réduite, pour lesquels un matériel spécial est construit.

Nous représentons par la figure 127, le type d'une locomotive à l'usage des usines et travaux de terrassements, que construit l'usine de Fives-Lille. Comme dans la précédente, la chaudière et le tender sont réunis sur le même bâti de fer.

Voici ses dimensions et conditions principales.

Diamètre des cylindres.	0^m,210
Course des pistons	0^m,360
Diamètre des roues.	0^m,810
Timbre de la chaudière (pression effective par cent. carré.	8^k,500

FIG. 127. — LOCOMOTIVE-TENDER A QUATRE ROUES COUPLÉES, POUR SERVICES D'USINE ET TRAVAUX DE TERRASSEMENTS
Type construit par la compagnie de (Fives, Lille).

Grille	Longueur	$0^m,706$
	Largeur	$0^m,698$
	Surface	$0^{mil},49$
Tubes	Diamètre extérieur	$0^{mil},040$
	Longueur entre les plaques tubulaires	$2^{mil},000$
	Nombre	76
Surface de chauffe	du foyer	$2^m,30$
	des tubes	$18^{mil},14$
	totale	$20^{mil},44$
Capacité des caisses à eau		800 litres.
Capacité des caisses à combustible		200 kilos.
Poids de la machine vide		9600 kilos.
Poids de la machine en service		11500 kilos.

Par un perfectionnement nouveau du matériel des lignes à voie étroite, un constructeur français, M. Decauville, de Petit-Bourg (Seine-et-Oise), fabrique un matériel de chemin de fer qui offre cette particularité de pouvoir se démonter et se transporter de place en place, suivant les circonstances. Ses voies sont munies, à cet effet, de traverses en fer, et constituent une sorte de *porteur* qu'il est facile de déplacer d'un lieu à un autre.

Le *vorteur Decauville* convient parfaitement aux travaux de la petite industrie manufacturière et même aux travaux agricoles. On peut, sans terrassement préalable, improviser des voies ferrées qui rendent de réels services.

Nous dirons quelques mots des locomotives et de quelques modèles de wagons construits par l'usine de Petit-Bourg, et nous représenterons par des dessins pittoresques les principales applications qu'a reçues le *chemin de fer portatif à pose instantanée* de M. Decauville, pour les travaux de diverses industries.

La locomotive la plus employée, et que nous représentons dans la figure 132 (page 302) a pour nom *Passe-partout*. Elle est du poids de 2 tonnes et demie et circule sur des voies de $0^m,50$ seulement.

Un autre type (*Fédora*), pesant 4 tonnes, est muni d'un tender et peut traîner des charges plus considérables (fig. 133, page 302).

Quant aux wagons, on conçoit que leurs formes varient selon les transports divers auxquels ils sont destinés. Nous parlerons seulement des wagons à l'usage des terrassements, des transports de charbon, de sable, de matériaux de construction, etc.

Pour ce genre particulier de transports on emploie des wagons dont la caisse est à bascule, équilibrée et sans portes, qui décharge tout d'un coup son contenu. Ces wagons sont construits en tôle, de l'épaisseur de 3 milli-

FIG. 128. — APPLICATION DE LA VOIE TRANSPORTABLE DECAUVILLE AUX TRAVAUX D'ENDIGUEMENT

FIG. 129. — APPLICATION DE LA VOIE TRANSPORTABLE DECAUVILLE AUX TRAVAUX DE CONSTRUCTION
EN MAÇONNERIE

FIG. 130. — APPLICATION DE LA VOIE DECAUVILLE AU SERVICE D'UN PARC A HUITRES

FIG. 131. — APPLICATION DE LA VOIE DECAUVILLE AU TRANSPORT DES CANNES A SUCRE, JAVA

mètres. La caisse reste parfaitement en équilibre dans les parcours les plus accidentés. Pour la faire basculer à droite ou à gauche, il faut la pousser du côté opposé, et le contenu se vide complètement. Elle peut être munie de deux crochets, pour l'enlever au moyen d'une grue.

FIG. 132. — TYPE DE LOCOMOTIVE DU CHEMIN DE FER A VOIE ÉTROITE TRANSPORTABLE DE M. DECAUVILLE

Dans les travaux du canal de Panama plus de 5,000 wagons de ce genre circulent sur des voies de 0^m,50.

Nous représentons dans les figures 134 et 135 le type des wagons pour

FIG. 133. — TYPE DE LOCOMOTIVE DU CHEMIN DE FER A VOIE ÉTROITE TRANSPORTABLE DE M. DECAUVILLE

le transport des matériaux. Ce wagon peut être muni d'un frein à vis, que l'on actionne au moyen du pied agissant sur une poulie à crans placée dans la barre d'attelage.

Ajoutons que, pendant la guerre, on a souvent à construire des voies ferrées pour le transport de troupes et de matériel. Chaque État de l'Europe dispose aujourd'hui d'un corps d'ouvriers militaires, qui exécutent sur tout terrain, sans aucun terrassement, une voie ferrée provisoire, laquelle, quelquefois, rivaliserait avec nos lignes du type ordinaire.

Fig. 134. — TYPE D'UN WAGON A CLAIR-VOIE POUR LE TRANSPORT DES MATÉRIAUX

Ceci nous amène à dire quelques mots de l'importante question des *chemins de fer militaires.*

Au point de vue militaire, les chemins de fer ont à effectuer des

Fig. 135. — WAGON A CLAIRE-VOIE BASCULANT

transports de troupes et de matériel, aussi bien en temps de paix qu'en temps de guerre.

En temps de paix, les transports de troupes et du matériel militaire, s'opèrent facilement, sans interrompre le service habituel de la ligne ferrrée. Il ne s'agit que d'embarquer et de débarquer rapidement des compagnies d'infanterie et de cavalerie, de l'artillerie, des bagages, des fourgons et tout ce qui se rattache au service des troupes. Les wagons de troisième classe, et les *wagons-écurie* suffisent au transport des troupes, des chevaux et d'un matériel varié. Mais les conditions sont tout autres pendant la guerre,

FIG. 136. — APPLICATION DE LA VOIE DECAUVILLE AU TRAVAIL DES BRIQUETERIES

FIG. 137. — APPLICATION DE LA VOIE DECAUVILLE AUX TRAVAUX DES CHEMINS DE FER

Fig. 138. — APPLICATION DU PORTEUR DECAUVILLE (VOIE DE 0ᵐ, 50) AU TRANSPORT DES VOYAGEURS
AU JARDIN D'ACCLIMATATION DU BOIS DE BOULOGNE, A PARIS

Fig. 139. — TRANSPORT DES VOYAGEURS SUR UNE VOIE DE CHEMIN DE FER DECAUVILLE
DANS LA RÉPUBLIQUE ARGENTINE

alors qu'il faut faire voyager rapidement un corps d'armée avec son artillerie, ses munitions, et ses immenses *impedimenta*. Une administration
spéciale a été créée dans ce but, chez toutes les nations de l'Europe. En
France, une *Commission militaire supérieure*, qui siège au ministère de la
guerre, et qui est composée d'officiers supérieurs et d'ingénieurs, dirige ce
service. La *Commission supérieure des chemins de fer militaires* a sous
ses ordres des sous-commissions chargées d'exécuter ses prescriptions.
Ces sous-commissions s'occupent de la composition des trains et de leur
surveillance. Les transports sur la ligne se font, néanmoins, par les
soins des agents ordinaires des Compagnies de chemins de fer.

On distingue les transports militaires en temps de guerre, selon qu'il
s'agit d'opérer sur le réseau de notre territoire, ou sur le territoire ennemi.
La première section est du domaine de la *Commission supérieure des
chemins de fer militaires;* mais c'est l'État-major général de l'armée
qui a la direction des *chemins de fer de campagne*. Comme il est, d'ailleurs,
difficile, en temps de guerre, de savoir quel est le territoire national ou le
territoire ennemi, et que ces deux bases d'opérations varient suivant les
évènements de la campagne, on comprend qu'on n'ait pu établir ici de
règles bien fixes. L'État-major général qui dirige les *chemins de fer de
campagne*, doit donc faire face à bien des indications et des besoins
imprévus, nécessités par les péripéties de la guerre. Il faut pouvoir transporter rapidement des masses considérables d'hommes sur des routes
ferrées, souvent endommagées. Il faut pouvoir refaire, avec promptitude,
des portions de voies détruites par l'ennemi, prévenir tout déraillement
pendant le transport et tout accident de route. Il faut débarquer les
troupes et le matériel, au point exactement fixé par les instruc-
tions des chefs de corps. Quelquefois, enfin, on a à détruire des voies existantes et à les remplacer par de nouvelles. L'état-major général dirige
toutes ces opérations, par les agents divers qu'il a sous ses ordres.

L'état-major général distingue les transports militaires, en temps de
guerre, selon qu'il s'agit de transports de *mobilisation*, de *concentration*,
de *ravitaillement* et d'*évacuation*. Les services administratifs constitués
pour répondre à ces diverses opérations, comportent un *matériel fixe* et un
matériel roulant.

Pour le *matériel fixe*, il faut avoir étudié, d'avance, le territoire ennemi, de
manière à y choisir, principalement sur les frontières, les gares les plus importantes, dans lesquelles les quais d'embarquement et de débarquement
soient assez larges pour recevoir des masses de troupes. Quand on transporte de la cavalerie, le train est composé de 30 à 40 wagons, dont

chacun a 7 mètres de longueur. Il faut donc que les quais d'embarquement et de débarquement aient 250 à 300 mètres de long, pour que le train tout entier puisse être déchargé à l'abri et à couvert. Il faut, en même temps, que les gares choisies comme points de départ et d'arrivée, ne soient pas trop éloignées d'une ville, pour que l'intendance y trouve, en quantités suffisantes, des vivres et des fourrages.

Le *matériel roulant* des chemins de fer de campagne diffère de celui qui sert en temps de paix. Il se compose de wagons aménagés de façon à recevoir le plus grand nombre d'hommes possible, sans trop les gêner, sans les priver de leurs armes et de leurs munitions. Ces wagons sont pourvus de plusieurs portes distinctes, de manière à faciliter l'entrée et la sortie rapide des soldats porteurs de leurs armes. Plus d'une fois, au milieu du voyage, un détachement militaire est forcé de s'arrêter, et de débarquer ses hommes, qui vont faire le coup de feu, et remontent ensuite en wagon. Il faut pouvoir répondre à ce cas fortuit.

D'autres fois, l'ennemi a réussi à faire dérailler un train militaire, et il faut que les troupes ainsi surprises puissent, malgré cet accident redoutable, descendre rapidement de wagon et repousser l'agression.

La figure 140, qui a été exécutée d'après le croquis d'un témoin oculaire, retrace un événement de ce genre.

Pendant la guerre civile d'Espagne, en 1873, un train militaire parti de Madrid, dans la soirée du 11 mars, et devant arriver le lendemain, à onze heures du matin, à Hendaye, fut assailli par une bande de soldats de Don Carlos, à son passage dans la province de Guipuzcoa, en sortant du tunnel de Ycastigueta. Les carlistes avaient enlevé des rails à quelques mètres d'un pont qui traverse le torrent d'Orio, qui se trouve immédiatement à la sortie du tunnel, du côté de la France. En sortant du tunnel, le train essuya une décharge de mousqueterie partant de deux groupes de carlistes, l'un posté sur la montagne, à deux ou trois cents mètres de la voie, l'autre occupant une ferme à soixante ou quatre-vingts mètres du tunnel.

Quelques secondes après la première décharge, le déraillement du train eut lieu, et la locomotive, roulant le long du talus, fut précipitée dans un ravin.

Pendant que les hommes du train cherchaient à sortir des wagons, la fusillade continuait. Les carabiniers, qui se trouvaient dans le train, s'élancèrent, le fusil à la main, les officiers en tête, à la poursuite des carlistes. Mais ceux-ci abandonnèrent le terrain, en laissant un des leurs grièvement blessé·

Le mécanicien, le conducteur et le garde-frein, furent tués. Les funérailles de ces malheureux agents eurent lieu à Tolosa, avec solennité. Les autorités de la ville, les volontaires et des détachements de l'armée, y assistèrent.

Le plus intéressant de l'histoire c'est que l'administration des chemins de fer du Nord de l'Espagne, terrifiée par cet événement, jugea prudent de traiter avec les rebelles, pour garantir la sûreté de la ligne. Elle signa, avec les chefs carlistes qui opéraient dans les provinces basques, un traité analogue à celui que Saballs avait signé avec les compagnies de chemins de fer de la Catalogne.

Aux termes de cet arrangement, les carlistes s'engageaient à ne pas interrompre la circulation des trains entre Miranda de Ebro et la frontière française, à ne pas couper les fils télégraphiques, et à respecter la vie des employés, ainsi que les propriétés de la Compagnie. En échange, la direction du chemin de fer promettait de ne plus transporter de troupes républicaines dans ses wagons, et de raser toutes les fortifications que l'on avait élevées à l'entrée des tunnels et aux gares.

La direction de la Compagnie demanda l'acquiescement du pouvoir exécutif de Madrid aux stipulations contenues dans ce traité; et le gouvernement ne refusa pas à la Compagnie des chemins de fer du Nord de l'Espagne ce qu'elle avait accordé à celles des voies ferrées de la Catalogne.

Les wagons destinés au transport de la cavalerie, hommes et chevaux, ont été l'objet de beaucoup d'études, et ce service ne laisse plus rien à désirer aujourd'hui en France.

Les *trucks* destinés à porter les pièces d'artillerie, les forges de campagne, les fourgons à bagages et les voitures d'ambulance, se posent sur des wagons spéciaux, lesquels sont souvent munis de *ponts-volants*, pour les raccorder entre eux, ou pour les mettre en rapport avec le quai. Pour faire monter sur les wagons tout ce matériel divers, comme aussi pour embarquer ou débarquer les chevaux, on a des rampes mobiles, en charpente ou en fer, qui se posent entre les wagons et le quai.

Dans toutes les nations militaires de l'Europe, le service des chemins de fer pour les transports, en temps de paix et en temps de guerre, a été l'objet, depuis 1870, des études les plus attentives, et l'on a soin, pendant la période des grandes manœuvres, d'exercer les régiments de chaque corps d'armée à la mise en pratique de ces mouvements. En France, on eut malheureusement à regretter, en 1870-1871 l'absence à peu près complète d'études et de prévisions de ce genre: et c'est à cette cause que l'on peut attribuer le triste désordre qui marqua les mouvements de nos troupes, au début de la guerre. Rien de semblable, on peut l'affirmer, n'est à redouter pour l'avenir.

Une invention d'une certaine utilité pratique, sur laquelle l'attention a été attirée par l'emploi qu'en ont fait les Anglais, au début de leur campagne d'Egypte, en 1883, c'est le *wagon-blindé*.

Une pièce de siège est montée sur un wagon ordinaire, que l'on a entouré, à l'avant, de plaques métalliques, destinées à protéger les artilleurs servants. Un fourgon plein de projectiles, suit le wagon blindé. Puis viennent une série d'autres wagons fermés, contenant des soldats armés de fusils ; vient enfin la locomotive, laquelle, dans un train blindé, se trouve toujours à l'arrière.

Par le fait de sa mise sur roues, une pièce de siège est transformée en pièce de campagne. Par sa mobilité, par son va-et-vient incessant, elle met les batteries ennemies dans l'impossibilité de rectifier leur tir.

Les batteries attelées dont on se sert en campagne, sont obligées de rester stationnaires pendant le tir, et, dès que les pointeurs ennemis ont trouvé leur distance, ces batteries sont forcées de changer de place. Il faut remettre des prolonges et prendre une autre position. C'est là une perte de temps très fâcheuse au plus fort de l'attaque. Ce grave inconvénient, inséparable des batteries attelées, disparaît avec une batterie portée sur des rails, qui est toujours en mouvement.

Le train blindé abrite un petit détachement d'infanterie, destiné à soutenir l'attaque. Ce détachement est placé, comme nous l'avons dit, dans les fourgons fermés, lesquels sont percés de meurtrières, qui deviennent de véritables casemates roulantes. Des employés de chemins de fer, tirés de l'armée, accompagnent également le train, qui porte des rails de rechange.

Les rails que l'ennemi a enlevés sont, d'ailleurs, beaucoup plus faciles à remplacer qu'on ne le croyait. L'expérience l'a bien prouvé à Kafr-Dawar, en 1883. Toutes les nuits, la voie ferrée était endommagée par les soldats d'Arabi, et le lendemain la voie était réparée par les ajusteurs de rails au service du général Wood.

Les pièces de l'artillerie blindée sont d'un calibre au moins double de celui des pièces ordinaires de campagne.

Les Anglais, comme nous l'avons dit plus haut, se sont servis du *wagon blindé*, pendant leurs combats contre Arabi, en 1883. Mais c'est à tort que l'on a attribué au général Wolseley l'invention des *trains blindés*. C'est également sans aucune raison qu'on a fait aux Allemands l'honneur de la même découverte. Cette invention est française. En 1870-1871, un ancien ingénieur du chemin de fer d'Orléans, M. Delaunay, fut cité avec éloges par le gouvernement de la Défense nationale, pour ses « *travaux sur le blindage des wagons pendant le siège de Paris.* »

Mais il paraît que le véritable inventeur de ce système serait M. Alexandre Prevel, qui, pendant le siège, était chef de la gare des marchandises de la Compagnie d'Orléans, à Ivry. C'est sur les conseils de M. Alexandre Prevel et sous la direction de Dupuy de Lôme, que furent construits, en 1870, les deux trains blindés qui prirent part à la bataille de Champigny, et qui, plus tard, saisis par les insurgés de la Commune, leur servirent de batteries mobiles entre Asnières et Paris.

Quelques détails sur les *wagons blindés* qui furent employés pendant le siège de Paris, ne seront pas de trop ici.

C'est aux ateliers du chemin de fer d'Orléans au delà de la gare d'Ivry qu'on fabriquait ces sortes de batteries mobiles.

Sur un *truck* de chemin de fer on avait placé un affût, supportant une des énormes pièces de canons de marine, se chargeant par la culasse. La pièce et son affût étaient enfermés dans une chambre cuirassée, dont les parois, à l'abri des boulets, étaient faites de sept feuilles de blindage, dont l'épaisseur totale atteignait 8 centimètres, et d'une pièce de chêne, épaisse de 50 centimètres.

Ce wagon blindé pivotait sur son axe, comme les tourelles des navires cuirassés ; en sorte que la gueule du canon de marine, placée à l'avant, pouvait, au besoin, regarder l'ennemi de tous côtés.

Ces forteresses ambulantes étaient amenées sur le champ de bataille par une locomobile posée sur un truck et enfermée, comme elle, dans une chambre à l'abri des projectiles lancés par des pièces de campagne.

Celles qui furent conduites sur le chemin de fer d'Orléans, pour donner un peu d'aide au corps du général Vinoy, étaient servies par des marins de la *Gloire* et de la *Dévastation*.

En les voyant arriver sur le terrain, les Allemands crurent que ces wagons étaient chargés de provisions pour les troupes. L'envie leur vint de s'en emparer, et ils commencèrent à les canonner. Mais les boulets tombèrent sur leur carapace comme des pois sur une vitre, et firent le même effet. Les Prussiens furent bien vite désillusionnés, et ils se sauvèrent en voyant de quelle manière cette machine les recevait.

Fig. 141. — LES WAGONS BLINDÉS EMPLOYÉS PENDANT LE SIÈGE DE PARIS, EN 1870

XXII

Coup d'œil sur les types actuels de locomotives en usage sur les chemins de fer de l'Europe : locomotives à voyageurs, locomotives à marchandises et locomotives mixtes. — Types spéciaux : les locomotives Farlie et Rarchaërt.

Après l'examen des lignes à voie étroite, et pour continuer la revue des perfectionnements apportés, depuis quelques années, à l'art et à l'industrie des chemins de fer, considérés en Europe, il nous reste à parler des moyens de sûreté adoptés aujourd'hui, pour éviter la rencontre des trains et des accidents, et à décrire les nouveaux types de locomotives et de wagons en usage sur les voies ferrées de l'Europe. Les locomotives et les wagons ont reçu, en effet depuis peu d'années, d'importantes modifications, que nous ne saurions passer sous silence.

Tout le monde sait que l'on classe les locomotives, suivant la nature de leur service, en trois catégories : les *locomotives à voyageurs*, ou à grande vitesse — les *locomotives à marchandises*, ou à petite vitesse — et les *locomotives mixtes*, qui sont consacrées alternativement et selon les besoins du trafic, au train des voyageurs ou à celui des marchandises.

Locomotives à voyageurs. — Jusqu'en 1875 environ, la *locomotive Crampton* fut le type le plus généralement adopté sur toutes les lignes de l'Europe, pour le service des voyageurs. Bien qu'elle ait été combinée à l'origine par un ingénieur anglais, Crampton, cette locomotive est devenue, on peut le dire, française, par l'usage général qu'on en fit dans notre pays, peu après son invention ; par le nombre considérable que les constructeurs du Creusot, de Fives-Lille et de Paris, en ont livré aux Compagnies ; enfin par le grand nombre de machines de ce type qui sont sorties des ateliers de nos grandes Compagnies.

La *locomotive Crampton* qui fit, en 1849, une révolution dans l'art des chemins de fer, en réalisant, pour la première fois, les transports rapides, avait dû son succès à l'idée fondamentale de Crampton, de n'employer que deux roues motrices de grandes dimension (plus de 2 mètres de diamètre) en les plaçant à l'arrière du foyer de la chaudière et du mécanisme. Le diamètre considérable des roues assure nécessairement une grande vitesse, parce que le développement de la roue sur le rail est plus allongé, et l'action motrice multipliée dans la même proportion.

La *machine Crampton* jouit d'une grande stabilité, en raison de l'abaissement du centre de gravité de tout son ensemble, et de l'écartement des essieux. Ajoutons qu'elle produit une force motrice considérable, par suite de l'énorme surface de chauffe de sa chaudière tubulaire, qui dépasse 100 mètres carrés. La course du piston des cylindres à vapeur est, sans doute, un peu courte ; mais les pièces mobiles du mécanisme à vapeur, ne marchant qu'à une vitesse médiocre, sont d'une plus longue durée.

La *locomotive Crampton*, c'est-à-dire à grandes roues motrices libres, est restée en usage pendant trente ans, en France, sur les chemins de fer de l'Est, du Nord et de Paris-Lyon-Méditerranée.

Dans le reste de l'Europe, le même système, un peu modifié, a été également conservé très longtemps. On peut citer, en particulier, les *Crampton badoises*, qui sont munies d'une articulation, mobile, dans une certaine mesure, pour remorquer les trains de voyageurs dans des courbes de petit rayon ; et les *locomotives Mac-Connel* et *Sturrock*, qui ont remplacé, en Angleterre, les Crampton primitives, et sont remarquables par les dimensions du foyer ; enfin la *locomotive Stéphenson*, dans laquelle on fait usage de trois cylindres à vapeur, au lieu de deux, pour remédier à l'insuffisance de la longueur des cylindres à vapeur et des pistons, que l'on reprochait, avec juste raison, au premier type anglais.

Cependant, les changements survenus dans le service des trains de voyageurs, ont créé des conditions nouvelles, auxquelles la locomotive Crampton ne répondait plus. Cette machine rapide ne marche bien que sur des lignes à très grandes courbes et à très faible pente. Or, on demande aujourd'hui aux locomotives à grande vitesse de remorquer des charges énormes, puisqu'on adjoint aux trains rapides des voitures de 2° classe, quelquefois même des voitures de 3° classe. D'autre part, on construit les nouvelles lignes de chemins de fer avec des courbes d'un rayon beaucoup plus petit qu'autrefois, et l'on ne recule plus devant des rampes d'une assez forte inclinaison.

Il a donc fallu renoncer à la machine Crampton. Dans les locomotives à grande vitesse que l'on construit aujourd'hui, on continue de donner aux roues motrices un grand diamètre, mais on prend quatre roues motrices, au lieu de deux, et on les accouple, c'est-à-dire on réunit les moyeux de chaque

FIG. 142. — LOCOMOTIVE A VOYAGEURS
(Type construit par la compagnie de Fives-Lille).

paire de roues par une barre d'acier, ou *bielle*, articulée, qui les rend solidaires. On a ainsi une plus grande puissance motrice, sans nuire à la stabilité générale du système.

La *locomotive Polonceau* fut la première modification apportée au type Crampton, dans le sens qui vient d'être expliqué. Mais, depuis Polonceau, on a encore perfectionné la machine à grande vitesse, par d'heureuses dispositions des organes secondaires du mouvement. En définitive, le type Crampton, c'est-à-dire la locomotive à grande vitesse, composée de deux roues de grand diamètre et indépendantes, est aujourd'hui remplacé par une machine à quatre roues motrices solidaires, c'est-à-dire couplées deux à deux, par leurs essieux, tout en leur donnant le plus grand diamètre possible.

Pour faire connaître dans leurs détails les locomotives à grande vitesse les plus répandues aujourd'hui en Europe, nous donnerons le dessin du type de la locomotive à voyageurs que construit l'usine de Fives-Lille, et qui consiste essentiellement à coupler chaque paire de roues, et à placer les cylindres à vapeur sous la chaudière, dans l'espace libre existant entre les roues non motrices.

Voici quelles sont les *conditions principales* de la locomotive à voyageurs de Fives-Lille que nous représentons dans la figure 142.

Locomotives à marchandises. — Nous avons parlé, à propos des chemins de fer de montagne, de l'invention du type primitif des machines

Diamètre des cylindres.		0m,420
Course des pistons		0m,560
Diamètre des roues.		1m,800
Timbre de la chaudière (pression effective par centimètre carré)		8k,500
Grille	Longueur.	1m,558
	Largeur.	0m,978
	Surface.	1mil,52
Tubes	Diamètre extérieur	0m,050
	Longueur entre les plaques tubulaires.	3m,815
	Nombre.	156
Surface de chauffe	du foyer.	7mil. carr.,47
	des tubes	89mil. carr.,72
	totale	97mil. carr.,19
Capacité des caisses à eau.		»
Capacité des caisses à combustible.		»
Poids de la machine vide		29,000 k.
Poids de la machine en service		32,500 k.

à petite vitesse. C'est en 1851, qu'Engerth établit les principes généraux sur lesquels repose la construction des machines à petite vitesse ; et ces principes ont été si bien posés par l'ingénieur autrichien, qu'on n'y a jamais apporté de changements sérieux.

Rappelons que, pour réaliser la traction de lourds convois, à petite vitesse, il faut prendre l'inverse des dispositions propres aux machines à grande vitesse. Au lieu de deux ou de quatre grandes roues motrices, qui prennent sur le rail un long développement, afin d'accélérer la marche, il faut employer de petites roues, qui progressent lentement, mais qui fournissent un point d'appui considérable et une adhérence proportionnée ; et il faut réunir, c'est-à-dire *coupler* les six à huit roues motrices. Le couplement des roues répartit plus uniformément le poids de toute la machine, et, en augmentant l'adhérence des roues, les empêche de *patiner*, c'est-à-dire de tourner sur place. Autre condition essentielle : il faut que les cylindres à vapeur aient de grandes dimensions, pour donner à la tige du piston une plus grande longueu,, afin qu'elle agisse sur l'essieu moteur par un bras de levier plus long. Il n'est pas difficile, d'ailleurs, de loger de gros cylindres à vapeur et de longues tiges de piston sur les machines à petite vitesse, où la place ne fait pas défaut, en raison de leur grand volume. On les installe à l'extérieur et à l'avant.

Tandis que, sur les machines à grande vitesse, les roues motrices atteignent des dimensions de 2 mètres de diamètre, sur les machines à petite vitesse les roues n'ont pas plus de 1 mètre.

La vitesse à réaliser avec un train de marchandises n'est que de 30 kilomètres à l'heure.

Dans toute machine à marchandises, ainsi qu'on le fit sur les machines Engerth, dès l'origine de cette invention, le *tender*, c'est-à-dire les caisses à eau et au charbon, est réunie à la locomotive, sur le même support, et la surface de chauffe des tubes de la chaudière est très considérable.

Toutes ces dispositions, nous le répétons, étaient réalisées sur le type primitif de la locomotive d'Engerth, que l'on conserve aujourd'hui sur tous les chemins de fer de l'Europe, pour la traction des lourds convois à petite vitesse.

La figure 143, qui reproduit le type des machines à marchandises construites par l'usine de Fives-Lille, fixera les idées à cet égard, en mettant sous les yeux du lecteur l'aspect exact de ce type. Le tableau des dimensions et des *conditions principales de construction* de la même machine, complétera la notion résultant de la simple inspection du dessin.

Voici donc les *conditions principales de construction* de la machine

FIG. 143. — LOCOMOTIVE A MARCHANDISES
Type construit par la Compagnie de Fives-Lille.)

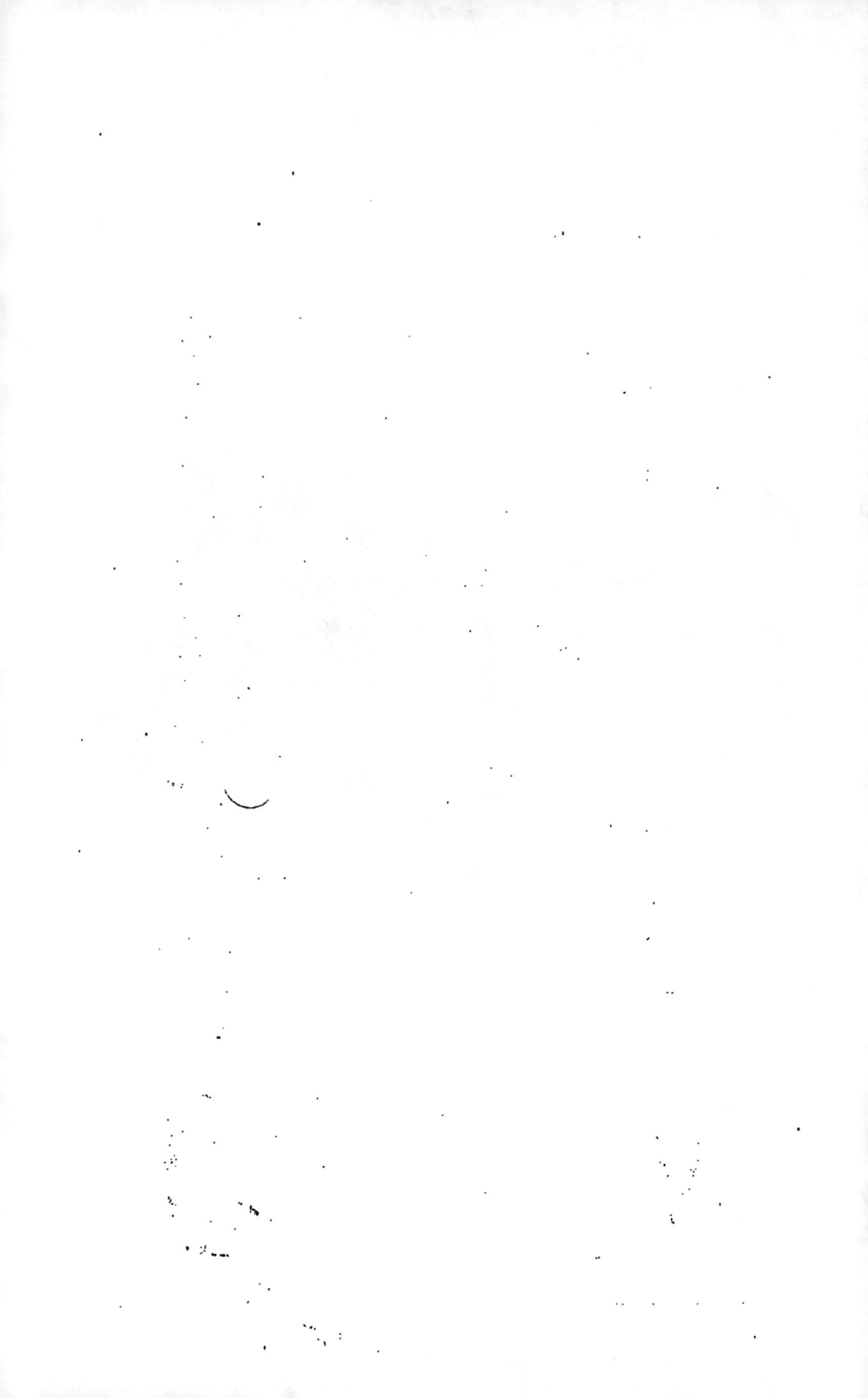

à six roues couplées et à cylindres extérieurs pour train de marchandises, construite à l'usine de Fives-Lille.

Diamètre des cylindres.		0^m,450
Course des pistons.		0^m,650
Diamètre des roues.		1^m,300
Timbre de la chaudière (pression effective par cent. carré).		9^k,000
Grille	Longueur.	1^m,340
	Largeur.	1^m,000
	Surface.	1^{mil},34
Tubes	Diamètre extérieur.	0^m,050
	Longueur entre les plaques tubulaires.	4^m,852
	Nombre.	177
Surface de chauffe	du foyer.	7^{mil},15
	des tubes.	113^{mil},50
	totale.	180^{mil},65
Capacité des caisses à eau.		»
Capacité des caisses à combustible.		»
Poids de la machine vide.		30,500^k.
Poids de la machine en service.		34,700^k.

Locomotives mixtes. — Les *locomotives mixtes* remorquent tantôt de forts trains de voyageurs ; tantôt des convois de marchandises médiocrement lourds ; tantôt enfin, des trains où se trouvent à la fois des wagons de marchandises et des trains de voyageurs. Elles réalisent une vitesse de 35 à 50 kilomètres à l'heure, suivant la charge qu'elles traînent et l'inclinaison de la voie.

Un convoi ordinaire de marchandises se compose de vingt à vingt-cinq wagons chargés.

Il est facile de comprendre que, devant répondre à une vitesse moyenne, ce type de locomotives soit formé d'éléments empruntés aux types extrêmes. Le diamètre des roues motrices est intermédiaire entre celui des deux autres types, c'est-à-dire de 1^m,50 environ. Comme les locomotives à grande vitesse en usage aujourd'hui, elles ont les roues motrices couplées ensemble. Les cylindres à vapeur sont extérieurs. La longueur de la course du piston et de sa tige motrice, est moyenne. On peut en dire autant de la surface de chauffe de la chaudière.

Le dessin d'un type de machine mixte fera, d'ailleurs, suffisamment connaître les dispositions d'ensemble de ce troisième ordre de locomotives, et le tableau des *conditions principales de sa construction* en précisera les détails. La figure 144 représente la *locomotive à quatre roues couplées et à cylindres extérieurs* qui est construite par l'usine Fives-Lille, pour les trains mixtes. Le tableau suivant fait connaître les *conditions principales de construction* de cette machine :

Diamètre des cylindres.		$0^m,420$
Course des pistons		$0^m,600$
Diamètre des roues motrices.		$1^m,650$
Diamètre des roues porteuses		$1^m,150$
Timbre de la chaudière (pression effective par centimètre carré)		$8^k,5$
Grille {	Longueur	$1^m,496$
	Largeur.	$1^m,008$
	Surface.	$1^{mil},50$
Tubes {	Diamètre extérieur	$0^m,050$
	Longueur entre les plaques tubulaires.	$4^m,250$
	Nombre.	175
Surface de chauffe {	du foyer.	$7^{mil},62$
	des tubes	$112^{mil},12$
	totale.	$119^{mil},74$
Poids approximatif de la machine {	vide.	29,000k.
	en service.	32,500k.

La classification des locomotives que nous avons adoptée et qui est généralement suivie, c'est-à-dire celle qui a pour base le service en grande ou petite vitesse, ne peut comprendre tous les types de locomotives en usage de nos jours. Pour être complet, il faudrait ajouter un quatrième type. Nous voulons parler du type de locomotive, fort intéressant d'ailleurs, qui joue sur les voies ferrées, le rôle d'une sorte de *factotum*.

Pour débarrasser la voie des trains de voyageurs ou de marchandises venant de décharger leur contenu, ou pour composer un train, au moment du départ, une locomotive d'une grande force, mais d'un petit volume, est nécessaire. S'il s'agit de remorquer un convoi sur un faible parcours, comme sur les lignes de banlieues des grandes villes, où il peut se présenter des courbes et des rampes assez prononcées, un remorqueur spécial est encore utile, et il ne peut rentrer dans aucune des trois catégories de locomotives citées plus haut. Ce dernier type qui est devenu d'un usage général dans nos gares, porte le nom de *machine-tender*.

La *machine-tender*, ou *locomotive de gare et de banlieue*, est assez petite pour pénétrer, grâce aux plaques tournantes, dans toutes les parties des gares de marchandises, mais elle peut déployer une grande puissance d'efforts, et servir aux manœuvres diverses qui s'exécutent dans les

FIG. 144. — LOCOMOTIVE MIXTE
(Type construit par la Compagnie de Fives Lille.)

gares, pour le démarrage des trains ou des wagons de marchandises.

Pour répondre à ces diverses conditions, on supprime le tender, et on emmagasine l'eau et le charbon dans un très petit espace, autour de la chaudière et du foyer. La *machine-tender* est, ordinairement, à 8 roues, couplées quatre par quatre et d'un petit diamètre. L'ensemble a peu d'élévation. C'est un moteur, pour ainsi dire, bas et ramassé, pour exercer une grande puissance de traction. Il serait superflu de consacrer un dessin à la *locomotive de gare et de banlieue*. Si le lecteur veut bien se reporter à la figure 125 (page 289), qui représente la *locomotive-tender à six roues*

Fig. 145. LOCOMOTIVE FAIRLIE, A TRAIN ARTICULÉ.

couplées pour chemin de fer départemental et *d'intérêt local*, il aura une idée suffisante de ce type particulier de locomotive.

Pour compléter l'énumération des types de locomotives en usage aujourd'hui sur les voies ferrées européennes, il faudrait signaler encore les *locomotives articulées*, dont on a fait usage en France, en Angleterre, en Allemagne, sur des lignes à voies étroites, dans lesquelles les courbes de la voie sont très prononcées, et où l'on admet d'assez fortes rampes. Il est évident que, pour circuler dans des courbes qui peuvent descendre jusqu'à 50 mètres de rayon, il faut que la locomotive, comme une voiture, ait une sorte d'avant-train mobile. Les *locomotives articulées de Fairlie* et de *Rarchaërt* répondent à ce desideratum.

Nous avons déjà dit un mot de ce type de locomotive, en parlant des chemins de fer de montagnes (page 24). Il nous suffira donc de mettre sous les yeux du lecteur celle de ces deux machines qui est le plus en usage, c'est-à-dire la *locomotive Fairlie*. La figure 145 représente cette locomotive. On voit, en examinant ce dessin, que la locomotive se compose, comme nous l'avons dit, de deux machines posées, pour ainsi dire, dos à dos, et portées sur deux trucs mobiles.

La *machine Fairlie* est d'origine américaine ; c'est ce qu'il est facile de reconnaître au rateau d'avant-train, ou chasse-pierre à claire voie, dont elle est munie, et qui caractérise les locomotives américaines ; mais elle a été importée en France, et en raison de sa mobilité, qui lui permet de tourner dans de petites courbes, elle est en usage en Europe pour les chemins de fer à voie étroite, ainsi que pour les travaux divers qui s'exécutent au moyen des petites voies ferrées transportables, que nous avons décrites dans le chapitre précédent.

La *locomotive Rarchaërt*, destinée à circuler dans des courbes de 40 à 50 mètres de rayon, est due à un constructeur français et sert aux transports pour les différents travaux de l'industrie, aussi bien que pour l'exploitation des lignes de chemins de fer à voie étroite. La mobilité qui la caractérise a été obtenue par M. Rarchaërt par un moyen nouveau. Les pistons des cylindres à vapeur actionnent, non les essieux eux-mêmes, comme dans la locomotive ordinaire, mais un arbre coudé, intermédiaire, placé entre les deux chariots qui supportent l'ensemble de la locomotive, et qui met en mouvement chacun des deux essieux. Ces essieux peuvent tourner dans les plus petites courbes, grâce à leur mode d'articulation avec l'arbre coudé.

XXIII

Les nouveaux wagons de chemins de fer en Europe. — Voiture permettant de circuler d'un bout à l'autre du train, à l'imitation du type américain. — Les *voitures à compartiments communiquants* du chemin de fer de Berlin à Paris. — Les *wagons-galerie* du chemin de fer d'Amiens au Tréport. — Les *wagons-lits*. — Premiers essais d'imitation des *Pulmans' cars* américains. — Les *wagons-lits* en France et en Allemagne. — Le train d'Orient. — Les wagons de luxe et de gala.

Dans la revue que nous allons faire des améliorations ou modifications apportées, dans ces dernières années, aux voitures et wagons de chemins de fer, nous devons commencer par ce qui concerne leur aménagement intérieur. On sait qu'en Europe, à l'exception peut-être de l'Italie et de la Suisse, tous les wagons, de quelque classe qu'ils soient, sont divisés en trois compartiments, à la manière des anciennes diligences. Une distribution absolument opposée existe en Amérique, où les bancs sont disposés transversalement, et séparés par un couloir central, permettant de circuler d'un bout à l'autre de la voiture. Les banquettes sont placées de manière que le voyageur regarde la tête du train. Chaque siège est, néanmoins, mobile sur son axe; de sorte que le touriste peut changer son point de vue, et regarder, successivement, par le vitrage, ou retourner son siège vers la queue du train. De cette manière, les voyageurs occupant deux banquettes successives, peuvent se placer en face les uns des autres, en formant, pour ainsi dire, un groupe. Ils peuvent, d'ailleurs, quitter leur place, et circuler à volonté d'un bout du train à l'autre, pour prendre leur repas dans le wagon-restaurant qui accompagne les voitures, pour se placer sur une balustrade extérieure d'un wagon disposé à cet effet, etc. On appelle, en Amérique, les wagons communiquants les *Pulman's cars* (voitures de Pulman).

De telles facilités pendant le voyage ont assurément un bon côté; mais le type américain a ses inconvénients, qui l'ont empêché d'être accepté d'une manière générale, en Europe, tant par les voyageurs que par les Compagnies

D'abord, cette distribution des banquettes fait perdre beaucoup de place, et nécessite des voitures plus longues et plus lourdes, pour un assez petit nombre de voyageurs. L'existence de deux portes seulement, à l'avant et à l'arrière, est un grand désavantage. En effet, au moment des arrêts, il y a encombrement, par l'insuffisance des issues. En Amérique, où l'on fait de longs trajets sans descendre de wagon, et où des voyages, tels que celui de New York à San-Francisco, durent trois jours, il y a peu de stations, et les arrêts ne sont pas fréquents, le convoi emportant tout ce qui est nécessaire aux besoins des voyageurs. Mais les conditions sont tout autres sur les voies ferrées de l'Europe. Les stations y sont nombreuses et, le voyageur a la facilité de descendre souvent pour s'approvisionner ou se réconforter aux buffets des stations ou des gares.

Il faut remarquer aussi que sur les chemins de fer américains, on ne connaît qu'une classe de voyageurs, et que notre division en trois compartiments, selon le rang social, ou, si l'on veut, selon la fortune, n'est pas admise. L'égalité règne parmi les citoyens des États-Unis en voyage. Ajoutons, toutefois, que si l'on ne connaît, dans la démocratique Union américaine, qu'une seule classe de voyageurs, c'est que l'on a soin de reléguer les gens de couleur, — on ne dit plus les esclaves — dans le wagon aux bagages. On sait que la même exclusion est pratiquée dans les voitures publiques, et au théâtre, où tout nègre est cantonné au paradis. Question d'aristocratie, dira-t-on? Non, question d'odeur!

Le véritable avantage des wagons américains, c'est que, si un danger quelconque se révèle, comme la rupture du bandage de roues ou d'un essieu, un voyageur peut aussitôt quitter sa place, et aller prévenir le conducteur du train.

Quant à la sécurité que cette forme de wagon assure, dit-on, au voyageur américain, lequel n'est jamais isolé, l'assertion est contestable ; car il arrive souvent qu'en dépit du grand nombre de banquettes, les voyageurs sont en très petit nombre. Un crime peut avoir été concerté par quelques malfaiteurs, montés ensemble dans la voiture; rien ne les empêche alors d'accomplir leur agression.

Quoi qu'il en soit, le type du wagon américain, le *Pulman's car*, ayant séduit beaucoup de personnes, on a fait, en Italie, en Allemagne et en France, des emprunts à ce système. Nous avons voyagé sur les chemins de fer du nord et du centre de l'Italie et de la Suisse, dans des voitures disposées à peu près à l'américaine, c'est-à-dire avec des rangs de deux banquettes groupées, mais pourtant immobiles; d'autres fois avec des banquettes latérales, à peu près comme dans nos omnibus et tramways. Toutes ces voitures étaient extrêmement agréables et commodes.

En Allemagne, l'*Union des ingénieurs* a fait adopter des dispositions mixtes, qui concilient les deux systèmes. On a placé les banquettes latéralement, comme dans nos tramways et omnibus, mais on a ménagé entre ces banquettes un passage, ou un compartiment longitudinal, fermé et muni de portes, pour la communication d'une rangée de sièges à l'autre. On a, en Allemagne, pour les petites distances à parcourir, des voitures de 1re, 2e, 3e et 4e classes avec un passage central. On a encore des voitures de 1re et 2e classes, avec un couloir latéral, ces dernières fermées par un compartiment et qui servent aux voyages plus longs. On a enfin des voitures de 1re et 2e classes à compartiments isolés. Cette dernière disposition est, d'ailleurs, celle qui est en usage en Angleterre, pour les trains express. Ces voitures sont munies de *water-closets.*

A l'exposition de Dusseldorf, en 1880, la Compagnie de *Bergisch Markirch* avait présenté une voiture de ce modèle, et aujourd'hui ce type est adopté pour le trajet de Berlin à Paris. La voiture est mixte, c'est-à-dire à quatre compartiments, dont deux de deuxième classe, placés aux deux extrémités, et deux de première classe, au milieu. Chaque compartiment de deuxième classe est séparé du compartiment voisin de première classe par deux *waters-closets,* qui occupent toute la largeur de la voiture et communiquent, par une porte placée dans la cloison, avec un des *water-closets,* lequel est ainsi commun aux deux compartiments.

En France, on a construit, d'après le type américain, des voitures, qui laissent peu à désirer, mais qui ne sont pas encore assez répandues. C'est la Compagnie du Nord qui a fait construire ce premier modèle.

Sur la ligne de Tréport à Longpré, on inaugura, en 1872, une forme de voiture qui vint réaliser dans les aménagements, le progrès réclamé depuis longtemps par l'opinion publique, c'est-à-dire des wagons sur lesquels on peut circuler grâce à une galerie latérale et extérieure communiquant d'un véhicule à l'autre, et dans lesquels les *waters-closets* ne sont pas oubliés.

Grâce au *wagon-galerie* dû aux ingénieurs Delahante et Desgranges, le conducteur placé dans le fourgon de tête du train et celui placé dans le wagon de queue, peuvent circuler sur toute la longueur du train, et visiter chaque voiture. Les voyageurs peuvent sortir de leur compartiment, circuler sur le balcon, ou, changer de voiture, et se rendre au compartiment des fumeurs, dans le fourgon à bagages, où se trouve « l'endroit indispensable », soit, enfin, pour aller trouver le conducteur du train, donner ou appeler du secours.

Ce système de voitures, qui présente des avantages incontestables pour tous les trains de voyageurs des grandes lignes, ou des lignes secondaires, est appelé à rendre des services d'un autre ordre pour les petites lignes et les chemins d'intérêt local. En effet, la plupart de ces dernières lignes ne sont possibles qu'à la condition d'être exploitées économiquement. Or, la première économie à faire, c'est la suppression du personnel des petites stations affectées à la délivrance des billets et à l'enregistrement des bagages. Cette simplification dans le service des stations, est facile avec les nouvelles voitures à galerie. Les petites stations deviennent de simples halles, où les voyageurs peuvent monter dans les trains, sans billet. Les conducteurs délivrent eux-mêmes ces billets, et procèdent au pesage et à l'enregistrement des bagages.

Les figures 146, 147 représentent le wagon-galerie du chemin de fer de Tréport, avec le plan du train et des deux fourgons à bagages.

Un autre emprunt heureux a été fait par l'Europe à l'Amérique, en ce qui concerne les voyages en chemins de fer : nous voulons parler des *wagons-lits*.

Les longues lignes ferrées de l'Union américaine traversaient autrefois d'immenses étendues de pays, à peine façonnés à la civilisation, ou d'immenses solitudes, dans lesquelles on ne rencontrait ni habitations ni auberges. En traversant, par exemple les plaines du Far-West, il fallait nécessairement, sous peine de mourir de faim, se munir des objets nécessaires à la satisfaction des besoins de nourriture et de sommeil. C'est ainsi que l'on fut conduit à créer, sur les convois de chemins de fer américains, de véritables hôtelleries ambulantes, c'est-à-dire un restaurant et des lits. Les *Pulman's cars* offrent aux voyageurs des lignes américaines tout le confortable nécessaire pour boire, manger, dormir, sans interrompre un moment sa course. Nous donnerons, en traitant des chemins de fer en Amérique, le dessin représentant les *Pulman's cars*. Nous les signalons seulement ici, pour constater que les *wagons-lits* de nos chemins de fer européens, sont un emprunt fait au matériel roulant des railways de l'Amérique.

Cet emprunt fut, d'ailleurs, accompli en Europe, d'une manière assez timide, et pour ainsi dire, par étapes. Au début, les trajets en chemins de fer étaient assez courts sur nos lignes. Ce n'est que plus tard que l'on eut des trains d'un long parcours ; de sorte que la création des *voitures à dormir*, comme on les appelle en Angleterre (*Sleeping cars*) ne se fit qu'assez lentement.

La première amélioration faite, en France, aux wagons de chemins de fer,

Fig. 146. — WAGON A GALERIE DE COMMUNICATION, INAUGURÉ PAR LA COMPAGNIE DU CHEMIN DE FER DU NORD

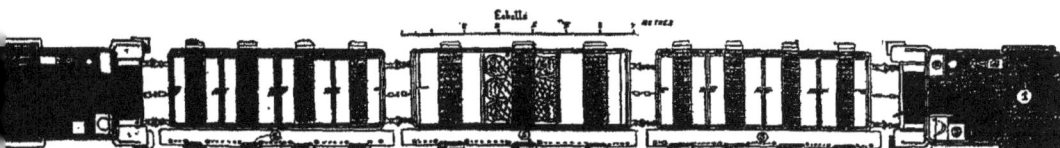

Échelle

Fig. 147. — PLAN DU WAGON A GALERIE DE COMMUNICATION

pour les rendre plus confortables, consista dans l'adjonction à quelques voitures de première classe, de *coupés*, c'est-à-dire de compartiments à quatre places seulement, placées à l'avant et à l'arrière de chaque voiture, et regardant l'une en avant, l'autre en arrière du train.

Dans les *coupés*, la deuxième banquette est supprimée, et remplacée par un vitrage, qui permet à la vue de s'étendre sur le paysage, ou du moins sur les côtés non masqués par la voiture antérieure.

C'est quelque chose que d'avoir le spectacle de la campagne, même quand on n'en jouit que par une échappée latérale, plus ou moins étendue. Mais la nuit, cet avantage disparaît, et il faut alors songer au sommeil. La Compagnie du chemin de fer de l'Est sut, la première en France, répondre à ce *desideratum*. Au-dessous du grand vitrage du *coupé*, elle ménagea une planche garnie d'étoffe rembourrée, qui, en basculant, venait offrir aux jambes du voyageur fatigué une sorte de chaise-longue, pouvant, à la rigueur, passer pour un lit. Les Compagnies du Nord, d'Orléans et de Paris-Lyon-Méditerranée s'empressèrent d'adopter le *coupé-lit*, et, pour ne pas être en reste d'inventions, en vue du bien-être des voyageurs, elles surent adapter à la chaise-longue un petit lavabo, dissimulé sous le coussin, et même une lunette..... *proh pudor !*

En même temps, on réduisit à trois le nombre des places du *coupé-lit*, en augmentant, bien entendu, le prix du voyage dans la proportion de la place supprimée.

Bientôt on construisit des *compartiments-lits.* Puis vinrent les *salons de famille*, créés par la Compagnie de Paris-Lyon-Méditerranée.

Dans ces nouvelles voitures, à l'usage des familles qui se rendent dans les villes d'hiver de la Méditerranée, on trouve un salon, pouvant recevoir quatorze personnes. La voiture est divisée en trois compartiments. Dans l'un sont quatre fauteuils, que l'on peut transformer en lits, et quatre chaises. A chaque extrémité de la voiture est un autre compartiment à quatre sièges, qui peuvent également se transformer en lits, ou en tabourets. L'un de ces tabourets peut même, selon les *besoins*, se transformer en *waters-closets*, ou en table de toilette. L'autre compartiment n'a que des banquettes, pour la domesticité.

Le modèle de cette *voiture de famille* fut présenté à l'Exposition internationale universelle de Paris, en 1878. Un autre modèle était disposé pour recevoir six à huit personnes pendant le jour, et quatre pendant la nuit. Une cuisine et une table de toilette, complétaient ce mobilier volant.

C'est peu de temps après l'adoption du *salon de famille* qu'une Compagnie internationale s'empara des *Pulman's cars* américains, et les perfec-

Calorifère ou Thermosiphon

Couloir

FIG. 148. — UN WAGON-LIT

Cabinet de toilette

La nuit.   Cabinet de toilette.   Le jour.

FIG. 149. — UN VAGON-LIT

tionnant avec beaucoup d'art, enfanta les *wagons-lits*, qui font les délices de ceux qui aiment leurs aises et qui ont la bourse bien garnie.

C'est en 1875 que l'on vit, pour la première fois, circuler des wagons de ce modèle. La Compagnie de l'Est soumit alors à des essais, qui démontrèrent tous leurs avantages, des *wagons-salons*, munis de banquettes superposées, lesquelles se transformaient en lits, pendant la nuit.

Ces wagons composant un train devant circuler sur les grandes lignes de France, d'Allemagne et des confins de la Russie, avaient été construits à Berlin, et étaient aussi remarquables par le luxe que par la bonne entente de leurs dispositions extérieures. Chaque wagon était divisé en plusieurs compartiments, pouvant contenir, les uns quatre, les autres, deux voyageurs. Tous ces compartiments, isolés les uns des autres, s'ouvrent sur un couloir latéral. Les ouvertures sont à glaces doubles, pour mieux garantir du froid, et ces glaces baissées peuvent être remplacées par des châssis garnis de toile métallique, quand on veut avoir de l'air, sans de la poussière.

Dans chaque compartiment sont des divans, sur lesquels, le jour, les voyageurs peuvent demeurer assis, mais qui, la nuit venue, se transforment en couchettes, garnies d'un matelas, d'oreillers et de couvertures. Circonstance à noter, les deux couchettes d'un même côté sont superposées, comme à bord des paquebots : la couchette inférieure est constituée par le siège du divan, la supérieure par le dossier, qui se relève et se fixe au moyen de courroies. Le voyageur grimpe sur ce dernier lit, au moyen d'un escabeau, lequel sert, en même temps, de table, grâce à l'adjonction d'une tablette fixée au sommet.

Des *water-closets*, des cabinets de toilette et un office, où l'on trouve des rafraîchissements et des pâtisseries sèches, permettent d'attendre avec patience l'arrivée à une gare-buffet.

Les menuiseries du wagon-lit sont en bois de noyer poli et verni, les glaces intérieures dépolies et ornementées. Les cabines, comme le couloir, sont garnis d'un épais tapis de moquette ; les divans-lits recouverts d'une étoffe épaisse à dessins. Le système de suspension sur ressorts supprime en grande partie la trépidation ; de telle sorte que l'on peut écrire sans trop de difficulté. Enfin, tout cet intérieur est chauffé par un calorifère à circulation d'eau chaude (thermosiphon), et éclairé par de nombreuses lanternes de cuivre, brillantes comme de l'or. En résumé, le *wagon-lit* est plutôt un hôtel roulant qu'une voiture de chemin de fer.

Comme ces voitures peuvent, grâce à des conventions spéciales entre les Compagnies de diverses nationalités, circuler sur les différentes lignes des pays traversés, elles ne sont soumises à aucune des lenteurs qui résultent des changements de train, des transbordements des bagages, des visites des douaniers, etc. Il en résulte une grande économie de temps, et, par conséquent, une rapidité considérable.

Nous représentons dans les figures 148 et 149 les divers compartiments d'un *wagon-lit*.

Nous ajouterons que la Russie, qui ne peut admettre sur ses rails les *wagons-lits* internationaux, en raison de la largeur spéciale de voie adoptée dans l'empire des Czars, dans le but, — bien digne de ce pays, si en arrière des idées modernes, de s'isoler des autres nations, au point de vue des transports, — la Russie a voulu pourtant jouir, comme les autres États de l'Europe, des avantages qui se rattachent aux *wagons-lits*, et les Compagnies de chemins de fer russes ont fait construire des wagons de ce genre, calqués sur les wagons-lits d'origine allemande.

On s'est demandé, au début, si de telles voitures, très longues et très lourdes, et ne contenant qu'un petit nombre de places, ne seraient pas onéreuses pour la Compagnie qui les exploite. Le prix de la construction d'un tel véhicule est excessif ; car on prétend qu'un wagon ainsi aménagé revient à 100,000 francs. Il est probable, pourtant, que la Société des wagons-lits, grâce aux arrangements conclus avec les grandes Compagnies de chemins de fer européennes, réalise des bénéfices, puisque le nombre de ces voitures de luxe va toujours en augmentant.

En résumé, les *Pulman's cars* américains, sont bien distancés par les *wagons-lits* qui circulent sur le réseau européen.

La rapidité de transport qui résulte de l'usage des *wagons-lits*, a permis de créer un train d'une rapidité exceptionnelle, pour aller de Paris à Constantinople, par Vienne. C'est ce que l'on appelle le *train d'Orient*, qui effectue en trois jours le voyage de Paris à Constantinople.

L'un des wagons de ce train sert de salle à manger : c'est le *wagon-restaurant*. Le *wagon-salon* se transforme, la nuit, en chambre à coucher. Tout le train est chauffé et éclairé. Chaque voiture, longue de 15 mètres, comprend, outre les compartiments ci-dessus indiqués, deux plates-formes extrêmes, qui permettent au touriste de prendre l'air et de fumer, si tel est son plaisir, ainsi qu'un couloir, sur lequel s'ouvrent les portes de tous les compartiments. Ces compartiments sont au nombre de sept, composant le salon, qui se change, la nuit, en dortoir, comme il est dit plus haut.

Les figures 150 et 151 montrent l'aspect extérieur et la vue intérieure du *wagon-restaurant*, faisant partie de l'ensemble du *train d'Orient*, et la figure 152 la vue générale d'un *train d'Orient*.

Les wagons qui composent ce train, sont montés sur des châssis doubles à quatre roues, dits *châssis boggies*, du nom de l'inventeur américain Boggy. Ils sont très larges, parce que la caisse bénéficie de l'espace gagné par la suppression des marche-pieds latéraux, que remplacent des marche-pieds disposés à chaque extrémité.

Le compartiment où séjournent les voyageurs, est le *wagon-salon*, avec divans ou canapés, table de lecture, de travail ou de jeu, et large baie à glace, permettant de suivre le panorama fuyant des pays traversés. La nuit, le salon devient une chambre à coucher, semblable à la cabine d'un navire. De chaque côté du compartiment, les divans se déboublent : leur dossier, relevé et fortement maintenu par des barres de fer, forme, pour chaque compartiment, quatre couchettes, deux supérieures, deux inférieures, avec rideau isolant les deux groupes. L'un des compartiments est un cabinet de toilette avec lavabo, robinets d'eau chaude ou d'eau froide, et bouches d'expulsion des eaux.

Le *wagon-restaurant* (fig. 149) est une véritable salle à manger, de riche décoration, dont les tables sont groupées sur les côtés du wagon, de manière à laisser libre un couloir central, qui permet de circuler d'un bout à l'autre, non seulement du wagon, mais même du train tout entier, les plates-formes des différentes voitures se reliant les unes aux autres. Grâce au mode de suppor de la caisse, à ses ressorts, à ses tampons, la stabilité du wagon est telle son roulement est si doux et si égal, malgré une vitesse de 15 à 20 lieues à l'heure, que rien ne bouge sur les petites tables garnies de bouteilles et de cristaux délicats. Aussi, aucune précaution n'est-elle nécessaire. La cuisine est au milieu, ménagée, en quelque sorte, dans une armoire. C'est miracle, d'ailleurs, qu'un cuisinier parvienne à se mouvoir dans un aussi petit espace et à y confectionner des rôtis ou des sauces. Tous les compartiments sont chauffés au thermo-siphon, et éclairés au gaz, dont le wagon possède une provision, comprimée dans un solide réservoir de tôle, disposé au-dessous du wagon.

La Compagnie possède actuellement 175 *wagons-salons*, ou *wagons-restaurants*, qu'elle attelle aux trains reliant entre elles toutes les capitales, grâce à des traités qui leur assurent la circulation sur toutes les lignes ferrées du continent. Le voyageur, parti de Paris, va à Berlin, à Vienne, sans changer de voiture ou plutôt d'hôtel, sans être arrêté par les exigences de la vie matérielle, ou aux passages des frontières par les formalités des douanes, les bagages étant visités dans le fourgon même de transport.

Le train général de l'*Orient express*, se compose de deux wagons-lits à vingt places, avec salon de dames et fumoir, d'un restaurant de vingt-quatre places, de deux fourgons, destinés, l'un aux bagages, l'autre au logement du

FIG. 150. — INTÉRIEUR D'UN WAGON RESTAURENT DU *train d'Orient*

personnel de service : interprètes, domestiques, cuisiniers. Le voyageur, parti par l'*Orient-express*, traverse l'Europe en 80 heures, c'est-à-dire trois jours et demi, y compris cinq heures d'arrêt sur différents points, et arrive à Giurgewo, en Valachie, point *terminus* de la ligne, tant que la jonction des chemins serbes aux chemins turcs ne sera pas effectuée. A Giurgewo, on traverse le Danube, pour aller prendre, à Routschouk, le chemin de fer de cette ville à Varna, et de Varna, on gagne Constantinople, par paquebot.

Si, pour les grands trajets, le *wagon-restaurant* est une nécessité du convoi, pour les trajets moindres, — pour celui de Paris au Havre, ou de Paris à Trouville, par exemple, — il constitue un agrément très apprécié de l'homme d'affaires, qui peut, de son bureau, sauter dans le train, et, le temps seulement de dîner, arriver à destination ; ou, s'il part de Trouville, de Dieppe, du Tréport, déjeuner pendant la route, pour, une fois arrivé à Paris et à peine descendu du wagon, courir à ses affaires. Le *wagon-restaurant* des lignes de bains de mer est devenu l'un des éléments de la vie à outrance.

Le luxe qui s'introduit partout, et qui se montre avec tant de recherche sur les voitures et attelages aristocratiques, ne pouvait manquer d'étaler ses magnificences dans les véhicules de chemins de fer. On connaît les splendeurs des trains que les souverains de quelques États monarchiques se sont fait construire, pour voyager, eux et leur suite, dans des wagons de *gala*. On a conservé les dessins des wagons de la reine Victoria, de la princesse de Galles, de l'empereur Napoléon III, du Czar, etc. Nous donnerons un échantillon *de* ces wagons de luxe, en décrivant le wagon du train impérial que la Compagnie des chemins de fer ottomans offrit au sultan de Turquie.

A l'occasion de l'inauguration de la ligne ferrée qui va de Constantinople à Andrinople, l'administration de ce chemin de fer fit exécuter un *wagon* de *gala* orné de toutes sortes de festons et d'astragales. Il avait été construit dans les ateliers de la Compagnie de l'Est, à Paris, sous la direction de M. Dietz, un de ses ingénieurs.

Couvertes d'arabesques et de rinceaux en bronze blanc, la partie inférieure de la caisse, en forme de balustrade, supporte, au moyen de sveltes colonnes torses, un pavillon découpé en volutes et en coquilles délicates et gracieuses. Les portes latérales, surmontées du croissant de rigueur, et sur lesquelles resplendit, dans un écusson, le sceau impérial, sont un ouvrage de serrurerie et de sculpture remarquable. Des grandes glaces à biseau ferment le wagon de toutes parts, ouvrant ainsi de larges espaces au jour et au soleil. Des rideaux d'un rouge vif et à bordures de velours noir piqué de pois d'or, sont retenus aux patères de bronze par des cordelières à crépines filigranées. Le plafond coupé par des baguettes en losanges, les cartouches en chêne fouillé qui encadrent les lampes, le plancher en marqueterie, sont de petits chefs-d'œuvre.

Le fauteuil impérial, en satin vert capitonné, occupe la place principale du salon. En face, à droite et à gauche, — sans doute pour donner plus de vigueur au contraste, — sont disposées deux banquettes, mesquines et sèches, pour les serviteurs de ce palais ambulant.

Par le grand axe, des portes de communication donnent accès sur les autres véhicules du train, reliés entre eux par des passerelles à jour. C'est d'abord le grand salon du sultan, tendu de soie d'un rouge cramoisi à grands lampas jaunes, au meuble éblouissant d'or, au plafond ornementé ; puis la chambre à coucher à tenture bleue et mauve. On passe ensuite dans le salon des sultanes, divisé en trois compartiments, à savoir, deux chambres à coucher et un petit salon de *buen-retiro*, au pavillon étoilé de moire blanche.

Plus loin, c'est la salle à manger, en chêne sculpté, avec son meuble en cuir de Cordoue repoussé, l'office où se préparent les sorbets parfumés, les limonades à l'encens et les *cherbets* roses, enfin de spacieuses et confortables voitures, réservées au personnel de la suite impériale.

Nous omettons les appareils télégraphiques communiquant les ordres dans tous les véhicules du train ; les épais tapis aux riches couleurs, baromètres ; horloges, etc., encadrées dans des cartouches sculptés et dorés, etc. !

Tout cela est superbe ; on se demande seulement si ce magnifique train doit rouler en Turquie, un pays dont le sol est sans doute riche en produits de toutes sortes, mais où les routes ferrées sont rares et en mauvais état.

COMPAGNIE INTERNⁿ DES WAGONS LITS

Nᵒ 151 D   DINING CAR   WAGON RESTAURANT

Fig. 151. — LES WAGON : LE WAGON RESTAURANT

Fig. 153. — LE WAGON DU SULTAN

XXIV

Le chauffage et l'éclairage des wagons. — La sonnette d'alarme.

Deux améliorations importantes ont été réalisées, depuis quelques années, dans le service des chemins de fer. Nous voulons parler du chauffage et de l'éclairage des voitures et wagons.

Dans les premiers temps de l'exploitation, les voitures de première classe étaient seules chauffées. Vinrent ensuite les deuxièmes classes. Enfin, aujourd'hui, les troisièmes classes sont également chauffées, ce que prescrivait d'ailleurs, l'humanité la plus élementaire. Ce sont, en effet, ces derniers compartiments qu'il importe le plus de chauffer, le froid y pénétrant plus aisément, en raison des clôtures imparfaites des portes et fenêtres, et de l'absence de coussins rembourrés et de tapis, qui conservent le calorique.

Mais si tout le monde est d'accord sur la nécessité de chauffer tous les compartiments d'un train, on est loin de cette unanimité quand il s'agit de choisir le mode de chauffage le meilleur, au point de vue de l'économie, de la salubrité et de la facilité de mise en pratique.

Les moyens de chauffage des voitures sont, en effet, très divers, selon les pays, et même pour chaque pays. Eau chaude, air chaud, vapeur, briquettes de sable ou d'argile tassée, thermo-siphons, *charbon chimique*, tous ces modes de chauffage ont été expérimentés, sans amener de préférence bien marquée pour l'un ou pour l'autre.

Une série d'expériences fut exécutée, en 1876, par un des ingénieurs de la Compagnie de l'Est, pour comparer les différents procédés de chauffage connus, et choisir les plus avantageux. Ces expériences avaient été entreprises à la suite de la convention arrêtée entre l'État et les six grandes Compagnies, de chauffer les wagons de toutes les classes, dès que l'on aurait trouvé un moyen pratique et économique d'effectuer ce chauffage.

En France, les voitures de chemins de fer étaient chauffées, avant 1876, au moyen de bouilloires en tôle étamée, de près d'un mètre de longueur, et de 20 centimètres de largeur, contenant 10 litres d'eau, à la température d'environ + .80°. Il fallait, au bout d'un certain intervalle de temps, retirer les chaufferettes refroidies, dévisser le tampon de la boîte, la vider, la remplir de nouvelle eau chaude, visser de nouveau le tampon, et reporter la chaufferette dans le wagon. Cette opération, longue et compliquée, exigeait un personnel spécial ; et les embarras qu'elle occasionnait auraient suffi pour engager à restreindre le chauffage, au lieu de le développer. On ne pouvait pas songer, en effet, à chauffer ainsi tout un train de 18 à 20 wagons, qui aurait exigé plus de 150 bouillottes.

Pour remplacer ce système, il fallait expérimenter les moyens employés à l'étranger. Les grandes compagnies chargèrent la Compagnie de l'Est d'étudier les procédés employés à l'étranger, de les expérimenter, et de faire elle-même les recherches nécessaires pour obtenir la meilleure solution du problème.

Pour remplir la mission qui lui était donnée, la Compagnie de l'Est fit installer dans les trains de voyageurs des wagons chauffés par les différents procédés connus, et elle confia à l'un de ses ingénieurs, M. Regray, le soin d'exécuter les comparaisons et les mesures. C'est d'après le mémoire très complet, publié, en 1876, par M. Regray, que nous allons donner un tableau de la question des divers procédés de chauffage des wagons.

Le chauffage par les poêles, très acceptable dans le nord de l'Europe, où ce mode de caléfaction est usuel, est intolérable en France. Il chauffe la tête et non les pieds, et répartit très mal la chaleur dans le wagon, surtout lorsque quelques-uns des voyageurs ouvrent accidentellement les fenêtres et les portières. Il est dangereux, parce que tout le combustible, étant contenu dans le wagon, peut, en cas d'accident, augmenter ou provoquer un incendie.

Les briquettes chaudes, que l'on emploie en Allemagne, sont un mauvais procédé. Ces briquettes sont formées de charbon de bois pulvérisé, aggloméré par une matière agglutinante additionnée d'un peu de salpêtre. Leur température s'abaisse dès qu'elles sont recouvertes par les cendres. Pour mettre ces briquettes chaudes sous les pieds des voyageurs, dans les chemins de fer français, il aurait fallu refondre tout le matériel des wagons.

Le chauffage par un courant de vapeur, puisée soit dans la chaudière de la locomotive, soit dans un générateur spécial, compris dans le train, a le grand inconvénient d'obliger à rendre tous les wagons solidaires, ce qui entraîne à de grandes difficultés lors des manœuvres d'un convoi, quand il faut retrancher ou ajouter des voitures, placées en un point quelconque du train.

L'air chaud, qui a été employé à l'étranger, pour le chauffage des wagons, est un système plus mauvais encore. L'air s'échauffe difficilement ; il tient la tête des voyageurs chaude et les pieds froids, ce qui va contre le but qu'on veut atteindre ; et, comme tout chauffage de ce genre, il est nuisible à la santé des voyageurs, en raison de la trop grande sécheresse de l'air ainsi chauffé.

Voici un procédé de chauffage par l'air, inventé par M. Mallet, qui a l'avantage de n'exiger aucune manutention à l'intérieur ou à l'extérieur des voitures, et qui n'entraîne aucune modification dans l'aménagement des voitures.

Entre les banquettes et sur le plancher, M. Mallet établit un tuyau méplat et creux, en tôle et cuivre. Ce tuyau porte en dessous, en son milieu, une bouche, qui va s'ouvrir sous le wagon, à l'air libre. Aux deux extrémités, sous les portières, sont installés deux coffres métalliques en tôle, dans lesquels on place une petite chaufferette, où brûle un combustible quelconque, charbon, poussier, etc. L'air chaud passe par le tube méplat, lui cède une partie de sa chaleur, et sort ensuite, presque froid, par le tuyau inférieur.

C'est là, au fond, un procédé de chauffage par l'air chaud qui est débarrassé des inconvénients si souvent reprochés au point de vue de l'odeur, de la viciation de l'atmosphère des wagons, etc. Le chargement des chaufferettes se fait par l'extérieur et sans déranger les personnes installées dans le compartiment. Mais, pour se prononcer sur la valeur de ce procédé, il aurait fallu savoir quels résultats il donnerait sur un wagon en service ordinaire et quel serait le prix de revient.

Le chauffage par la circulation de l'eau chaude, ou le *thermosiphon*, est un système qui a paru à M. Regray supérieur à tous ceux qui sont actuellement en usage. M. Regray a réglé les conditions de son emploi, de manière à satisfaire les plus exigeants. L'appareil pour échauffer l'eau, est placé hors des voitures. Le combustible est du coke, placé dans une trémie qui alimente automatiquement le foyer. L'eau, circulant en vertu d'une différence de niveau de 0^m,60 entre la sortie et l'entrée, passe dans des bouillottes fixes placées sous les pieds des voyageurs, où elle entretient une température constante de + 60 à + 66 degrés.

La Compagnie de l'Est, frappée des avantages de ce dernier système de chauffage par l'eau, a fait construire 50 wagons, munis de *thermosiphons*, qui ont circulé sur ses différentes lignes. Seulement, le poids de ces appareils est de 750 kilogrammes, et correspond, pour chaque wagon, à celui de 10 voyageurs. Les frais de chauffage sont donc assez élevés, et les réparations de l'appareil mettent le wagon hors de service, pendant tout le temps qu'elles durent.

Malgré ces inconvénients secondaires, le système des *thermosiphons* est celui qui fixa, en 1876, le choix de la Compagnie de l'Est.

Voici en quoi consiste le *thermosiphon* dont la Compagnie de l'Est fait usage aujourd'hui sur une partie de ses voitures.

Un générateur, rempli d'eau chaude, est placé au milieu de la voiture. Un tuyau, partant de cette chaudière, vient distribuer l'eau chaude dans des chaufferettes en fonte placées transversalement entre les banquettes de chaque compartiment, et retourne, de là, au générateur. Le foyer qui maintient la température de l'eau à + 50° ou à + 60°, est situé au centre de la chaudière, qui a la forme circulaire. Les gaz et la fumée résultant de la combustion du charbon, s'échappent par-dessus le toit des voitures, en suivant un tuyau plat, logé dans une des cloisons. Avec ce moyen de chauffage, on n'a pas besoin d'ouvrir les portières des wagons, pour remplacer les chaufferettes refroidies, et la dépense n'est pas de plus de 1 centime par heure, pour chaque voiture.

Ce système n'a pas, toutefois, généralement prévalu. La Compagnie de l'Est est la seule qui l'ait adopté ; encore ne l'a-t-elle pas établi sur toutes ses lignes.

On en est donc revenu au chauffage par les bouillottes, mais en perfectionnant la manière de remplacer les bouillottes refroidies.

· Au chemin de fer d'Orléans, M. Forquenot a établi une disposition très commode pour réchauffer rapidement l'eau des bouillottes.

Les bouillottes retirées froides des wagons sont placées, verticalement, au nombre de 20, sur un chariot. Leur goulot est ouvert, et au lieu de se fermer à vis, il se clôt par un mouvement de baïonnette. Ce chariot est introduit dans une chambre pleine de vapeur, et on le place sous le plancher d'un récipient à vapeur muni de vingt canules, lesquelles s'adaptent aux goulots des bouillottes, et qui fournissent à toutes à la fois la vapeur nécessaire pour les réchauffer. On ne remplace donc pas l'eau de la bouillotte : la vapeur qu'on y introduit échauffe l'eau très vite. Le chariot est ensuite retiré, et ramené sur le quai, pour livrer ses bouillottes et prendre celles qu'on a retirées refroidies.

M. Regray a imaginé, pour la Compagnie de l'Est, un moyen de chauffer les bouillottes qui est plus simple encore. Les goulots des bouillottes n'ont pas besoin d'être ouverts ; les bouillottes sont prises et plongées, au moyen d'une chaîne à godets dans un puits contenant de l'eau à + 100 degrés. Elles y restent cinq minutes, sont retirées, essuyées et reportées sur le quai.

Ce procédé, essayé en grand, a donné les meilleurs résultats, et c'est aujourd'hui le plus en usage sur nos lignes ferrées.

Aux Compagnies d'Orléans, de l'Ouest, du Nord et de Paris-Lyon-Médi⟨

terranée, on réchauffe les bouillottes en les dévissant, et y injectant, par une canule, un courant de vapeur, selon le procédé de M. Forquenot, décrit plus haut.

En 1880, un ingénieur français, M. Ancelin, ayant reconnu qu'un sel organique, l'acétate de soude cristallisé, reprend et emmagasine, quand il se dissout dans l'eau, une quantité considérable de *chaleur latente*, qu'il retient avec une grande énergie, a fait l'application de ce phénomène physique pour perfectionner le chauffage des wagons de chemins de fer. Si, en effet, on ajoute à l'eau de bouillotte, de l'acétate de soude cristallisé, on peut emmagasiner beaucoup plus de chaleur que n'en contient l'eau pure, dans les mêmes limites thermométriques.

« Une chaufferette de 11 litres contient, dit M. Ancelin, environ 15 kilogrammes d'acétate de soude; en supposant sa température initiale de + 80°, température maxima des chaufferettes à eau, lors de leur mise dans les wagons, elle dégagera :

Chaleur sensible de 80° à 60°	225 calories
Chaleur latente	1110
Chaleur sensible de 60° à 40°	96
Total	1431

« La même chaufferette remplie d'eau dégagera de 80° à 40°, 440 calories. L'acétate donnera donc environ quatre fois autant de chaleur que l'eau pure. »

Puisque une dissolution d'acétate de soude retient quatre fois autant de chaleur utile qu'un même volume d'eau pure, il suffit d'ajouter de l'acétate de soude à l'eau que l'on introduit dans les chaufferettes des wagons pendant le service d'hiver.

Dans une chaufferette de la capacité de 11 litres, on dissout 15 kilogrammes d'acétate de soude cristallisé. Si on compare cette chaufferette contenant une dissolution d'acétate de soude à une chaufferette contenant de l'eau chaude, sans aucune addition, il est facile de constater que la température extérieure de la chaufferette descend, parallèlement à celle des chaufferettes à eau pure, jusqu'à + 54° environ, température correspondant au point de solidification de l'acétate de soude. Au-dessous de + 54°, elle reste plusieurs heures à peu près stationnaire, puis descend de 2 degrés ou 3 degrés à l'heure, jusqu'à + 40 degrés, de telle façon que la chaleur se conserve au moins quatre fois plus qu'avec le chauffage à l'eau.

Les changements de chaufferettes, qui ont lieu sur les chemins de fer, toutes les deux heures et demie environ, ne seraient donc plus nécessaires que toutes les dix heures. Il y aurait ainsi économie des trois quarts de la main-d'œuvre et moins de dérangement pour les voyageurs.

Avec ce mode de chauffage, il y a économie notable de combustible; car, pour remettre les bouillottes en service, il faut, avec l'eau pure, emmagasiner 3520 calories pour chaque chaufferette de 11 litres, tandis que pour une chaufferette de la même capacité, contenant 15 kilogrammes d'acétate, il ne faut emmagasiner que 1987 calories. Il y a, de plus, économie par ce fait que les 1987 calories emmagasinées dans l'acétate, le sont en une seule fois, tandis que l'accumulation des 3,620 calories dans l'eau se fait en quatre opérations.

Le remplissage des chaufferettes contenant de l'acétate de soude se fait une fois pour toutes, en prenant certaines précautions, simples, mais nécessaires, qui ont pour but d'éviter la surfusion de l'acétate de soude. Les bouchons doivent être soudés, et les chaufferettes solides et parfaitement étanches, pour éviter toute perte d'acétate, et toute rentrée d'eau lors du réchauffage, qui se fait en plongeant les chaufferettes dans de l'eau bouillante.

L'acétate de soude étant un corps essentiellement stable, sa durée doit être, pour ainsi dire, indéfinie.

Des essais avec l'acétate de soude, furent faits, pendant l'hiver de 1881, aux chemins de fer de l'Ouest et de l'État. Pendant l'hiver de 1882, le nombre de chaufferettes en réserve fut notablement augmenté, et aujourd'hui sur les lignes de Paris au Havre et à Dieppe, on n'emploie que les chaufferettes à acétate de soude de M. Ancelin.

En Belgique, on chauffe aujourd'hui les voitures au moyen d'une circulation d'eau chaude, qui traverse, sous les pieds des voyageurs, un canal métallique, pour revenir au foyer, placé sur le tender, ou pour se rendre au réservoir d'eau chaude qui sert à l'alimentation de la chaudière.

En Allemagne, on se sert également d'un courant de vapeur, circulant dans un conduit, sous les pieds du voyageur.

En Suède, on a un système plus compliqué et plus efficace. L'air chaud et la vapeur sont employés simultanément. Une boîte métallique, pourvue d'ailettes, comme beaucoup de calorifères modernes, afin d'augmenter le rayonnement, enfermée dans une caisse en bois placée sous le châssis de chaque wagon, est chauffée par un mélange d'air chaud et de vapeur. L'air contenu dans la caisse de bois, une fois chaud, est dirigé dans les compartiments, au moyen de bouches de chaleur, qui viennent s'ouvrir sous les sièges, et chauffer tout l'intérieur de la voiture. Avec ce système on n'a pas besoin de déranger les voyageurs pour retirer les bouillottes, ce qui n'est pas indifférent dans des pays aussi froids que le Nord de l'Europe.

En Allemagne, on a adopté définitivement les charbons à combustion lente, qui sont en usage à Paris, depuis quelques années, pour chauffer les fiacres, pendant la mauvaise saison. Dans une boîte métallique ovoïde, on introduit un *charbon chimique*, c'est-à-dire un mélange particulier de houille en poudre et de matières résineuses et nitreuses, qui brûle avec beaucoup de lenteur, en développant une assez grande quantité de calorique. Mais ce *charbon chimique* répand souvent une odeur désagréable, ou émet des gaz irrespirables, que beaucoup de personnes supportent avec peine.

En résumé, le chauffage des voitures est loin d'être partout uniforme. Dans chaque pays de l'Europe on a son procédé particulier. Le moyen de chauffage est, d'ailleurs, indifférent au voyageur, pourvu que le chauffage existe, et c'est maintenant la règle universelle.

Une lampe à huile que l'on allume de l'extérieur, c'est-à-dire du haut de la voiture, et qui projette du dehors, dans le compartiment, une lueur assez pâle, tel est encore aujourd'hui le mode général d'éclairage, sur la plupart des trains de chemins de fer de l'Europe. Le support de la lampe perce le toit de la voiture, et une coupe de cristal réfléchit, tant bien que mal, la lumière à l'intérieur. Dans les pays froids on ajoute du pétrole à l'huile, pour l'empêcher de se solidifier.

Ce mode d'éclairage n'a, d'ailleurs, que l'inconvénient d'être peu brillant.

On a commencé, en Allemagne, en 1884, à faire usage du gaz pour l'éclairage intérieur des voitures. On place, au haut de chaque voiture, un petit réservoir de gaz comprimé, qu'on renouvelle à chaque arrivée dans une ville ayant une usine à gaz. En Italie et en Belgique, les mêmes essais ont été faits.

En France, la compagnie Paris-Lyon-Méditerranée a inauguré, en 1884, sur une grande partie de ses voitures, l'éclairage par le gaz. On se sert de gaz comprimé, qui est contenu dans un réservoir cylindrique posé sur le toit de chaque voiture. Le tuyau de gaz traverse le toit, et produit dans l'intérieur de la voiture un éclairage magnifique. La quantité de gaz contenue dans le réservoir est calculée pour suffire à un voyage d'un bout à l'autre de la ligne principale de la Compagnie. Il n'est donc pas nécessaire d'installer un tuyau de conduite communiquant d'une voiture à l'autre, ce qui est toujours gênant quand il faut ajouter ou supprimer un véhicule pendant le trajet.

Là préparation et la compression du gaz dans les réservoirs se fait dans une usine particulière appartenant à la Compagnie.

Il serait à désirer que les autres Compagnies de chemins de fer français suivissent, en ce qui concerne l'éclairage des wagons, l'exemple donné par la Compagnie Paris-Lyon-Méditerranée.

L'électricité paraît devoir offrir un moyen presque aussi pratique que le gaz, pour l'application qui nous occupe. Nous avons décrit, dans le premier volume de cet ouvrage, consacré à l'*Électricité* (1), les moyens divers que l'on a expérimentés pour transformer en électricité éclairante le mouvement d'un train de chemin de fer. Nous renvoyons à ce chapitre pour tout ce qui concerne les essais fait jusqu'à ce jour pour appliquer l'éclairage électrique aux voitures de chemins de fer. Nous rappelons seulement que les essais dont il s'agit ont laissé la question incertaine.

En 1884, M. D. Tommasi a proposé un système d'éclairage des trains, composé de l'union de l'électricité et du gaz. Il espère réduire ainsi la dépense et réaliser l'éclairage de la voie à l'avant des trains.

M. Tommasi a imaginé de ne se servir de l'éclairage au gaz que pendant les seules périodes des ralentissements, arrêts et mises en marche du train, parce que, pendant les arrêts, le mouvement étant suspendu, et le mouvement étant la cause productrice de l'électricité, l'éclairage électrique cesse forcément quand le train est au repos.

La lumière électrique et celle du gaz se substituent réciproquement l'une à l'autre, et ne brillent concurremment, qu'affaiblies, pendant les seules périodes de transition.

La machine destinée à produire l'électrité consiste en un appareil dynamo- ou magnéto-électrique, à courants continus ou à courants alternatifs. Elle est placée dans le fourgon à bagages, et reçoit son mouvement de l'un des essieux, de sorte que sa marche est absolument dépendante de celle du train.

On dispose sous le fourgon, à l'aplomb de l'arbre de la machine dynamo-électrique, un arbre de transmission intermédiaire, placé à la hauteur des essieux. Les supports de cet arbre de transmission sont fixés à la membrure du fourgon. La distance des centres des poulies de la courroie de la machine demeure donc invariable. Quant à la courroie, sensiblement horizontale, qui relie l'arbre intermédiaire à l'essieu moteur, elle n'éprouve que des variations de tension négligeables.

Dans chaque compartiment de voiture et dans les fourgons se trouve une

(1) Page 375.

lampe électrique à incandescence, d'un système quelconque, en même temps qu'un bec à gaz. Le réservoir de gaz, que l'on a préalablement comprimé, est placé dans le fourgon où est disposée la machine génératrice d'électricité: Le gaz se rend, de là, aux becs des voitures.

Un commutateur automatique, intercalé dans le circuit, permet, toutes les fois que l'intensité électrique baisse, de fournir aux becs de gaz la quantité de gaz nécessaire pour le maintien de l'éclairage.

Ce système s'applique aux trains dans lesquels le gaz est emmagasiné dans le fourgon, et distribué, de là, par une conduite qui s'étend sur toute la longueur du train. Mais il pourrait aussi être appliqué dans le cas où l'éclairage au gaz est particulier à chaque voiture, comme on le fait au chemin de fer de Paris-Lyon-Méditerranée; dans ce cas, il faudrait un commutateur par voiture.

Sonnerie d'alarme. — Autrefois, les voyageurs, parqués dans les wagons, étaient privés de tout rapport avec les agents de la voie. Il fallut le retentissement de crimes affreux, commis dans des voitures de chemins de fer, pour amener les Compagnies à donner aux voyageurs le moyen de communiquer avec le chef du train. Tout le monde se rappelle la terrible tentative d'assassinat, dont fut victime le docteur Constantin James, sur la ligne de Nice à Marseille, et l'événement semblable arrivé, sur la même ligne, à un autre médecin, le docteur Lubanski. C'est à la suite de ces deux tentatives de meurtre que la Compagnie de Paris-Lyon-Méditerranée, et bientôt toutes les autres Compagnies françaises, installèrent dans les voitures une sonnerie d'alarme.

Rien de plus simple, d'ailleurs, que ce mode d'appel, qui n'est autre chose qu'une sonnerie électrique d'appartement appliquée à un train. D'une voiture à l'autre, on établit la communication du fil conducteur, en entourant ce fil d'un cordon isolant. La source d'électricité est une pile Leclanché, installée dans le fourgon à bagages. Chaque voiture est pourvue d'un bouton d'appel, posé au plafond, et le fil conducteur fait communiquer ce bouton avec une sonnerie posée dans la cabine du conducteur du train. Pour que celui-ci puisse reconnaître de quelle voiture lui vient l'appel, dès que le bouton a été touché, un mécanisme électrique fait surgir, au-dessus de la voiture, un petit drapeau de fer, peint en blanc ou en rouge.

Tout cela est bien simple, et presque toutes les voitures de chemins de fer sont aujourd'hui pourvues de boutons d'alarme, avec cette indication : *Appel au chef de train, en cas de danger.*

Une seule question divise encore les Compagnies. Faut-il recouvrir le bouton d'alarme d'un petit carreau de vitre, que le voyageur est forcé de briser, pour atteindre au signal? Où vaut-il mieux laisser le bouton apparent? Les avis ne sont pas unanimes à cet égard : les uns soutiennent qu'il y a imprudence à laisser le signal d'appel à la disposition du public, qui peut en abuser, et faire retentir sans nécessité la sonnerie ; les autres prétendent que la précaution est inutile, attendu qu'en chemin de fer, chacun est fort timoré, et ne songe guère à jouer, sans nécessité, avec une pièce mécanique quelconque.

Pour moi, je suis pour le bouton découvert. Si un individu, d'apparence suspecte, vient à monter dans un compartiment que vous occupez seul, vous pouvez, sans doute, tirer de votre poche un revolver, et le braquer sur le dangereux compagnon que vous amène votre mauvaise étoile. Mais on n'a pas, d'habitude, un revolver sur soi; et, quand on en est pourvu, il y a beaucoup de chances pour que l'arme se décharge dans votre poche, sans avoir jamais servi à vous défendre d'une agression. Le vrai moyen de tenir en respect un malfaiteur qui vous fait vis-à-vis, dans un tête-à-tête inquiétant, c'est de se lever, et d'approcher sa main du bouton d'alarme. Ce simple geste vaut mieux qu'une arme à feu.

Et, quelquefois, cette petite manifestation a pour résultat de dissiper des appréhensions mal fondées. L'histoire suivante, qui m'a été contée, en donnera la preuve.

Un voyageur voit entrer, dans le compartiment où il se trouve seul, un homme armé d'un fusil, et portant à la main un gros sac de cuir. Le nouvel arrivant a une épaisse coiffure de loutre, avec des cache-oreilles retombant sur les yeux, et de terribles moustaches, qui lui donnent tout l'air d'un voleur de grand chemin. Effrayé à cet aspect, notre voyageur se lève, et dirige sa main vers le bouton de la sonnerie d'alarme. Mais le prétendu brigand est aussi effrayé que son compagnon ; car ce dernier a la figure enflammée, les cheveux épars, les vêtements négligés, et il roule des yeux furibonds. L'homme au fusil se lève donc, à son tour, et approche sa main du même bouton d'appel.

La peur réciproque avait rapproché les distances.

Mais quand les distances sont rapprochées, on voit mieux les physionomies, on se rend plus exactement compte des allures et des intentions. Deux pattes rouges, ressemblant à celles d'une perdrix, sortent du sac de cuir du nouveau venu, et sur le nez du second compagnon, se dresse une honnête paire de lunettes.

« Vous n'êtes donc pas un voleur? dit celui-ci.

— Non, je suis un chasseur. J'arrive d'un parc réservé, avec un coq d'Inde, trois faisannes et deux perdrix... Et vous, vous n'êtes donc pas un échappé de prison?

— Non, je suis un poète. Je viens de composer, dans la solitude de mon wagon, un sonnet aux étoiles. Cela m'a échauffé; j'ai passé longtemps ma main dans mes cheveux, ce qui me les a quelque peu ébouriffés, et l'inspiration me donne peut-être l'air un peu égaré.

— Je vois alors, reprit le chasseur, que nous pouvons nous tendre la main. »

Comme les mains se touchaient presque, elles n'eurent pas un long chemin à faire pour se donner une mutuelle étreinte; et les deux voyageurs, tranquillisés, allèrent, chacun, dormir tranquillement dans son coin.

C'est ainsi qu'une scène, commencée en tragédie, se termina en vaudeville.

Mais s'il avait fallu, pour atteindre le bouton d'appel, prendre un marteau ou un instrument contondant, et briser une glace, l'histoire, je vous le demande, aurait-elle pu avoir un dénouement heureux?

Voilà pourquoi je suis pour le bouton d'alarme laissé à découvert.

XXV

Les nouveaux moyens de sécurité sur les chemins de fer. — Les freins continus.
— Les freins à air comprimé et à vide.

Nous arrivons aux nouveaux moyens de sécurité qui, adoptés sur les voies ferrées de l'Europe, ont permis de réduire désormais, dans une proportion insignifiante, le nombre des accidents.

Les renseignements statistiques qui vont suivre établiront suffisamment le petit nombre d'accidents que l'on a aujourd'hui à regretter, comparativement aux quantités immenses de voyageurs qui ont parcouru les lignes. C'est ainsi qu'en 1875, tandis que 135 millions de personnes voyageaient sur les lignes des six grandes Compagnies de chemins de fer français, on ne comptait que 3 personnes tuées, c'est-à-dire une victime, sur 45 millions de voyageurs.

Le nombre des accidents sur les voies ferrées n'a pas toujours été aussi minime. Nous empruntons à une statistique officielle les renseignements suivants sur le nombre des victimes d'accidents de chemins de fer en France, en Angleterre et en Belgique.

Pendant la période de 1839 à 1854, c'est-à-dire pendant l'enfance des chemins de fer, on comptait :

	1 TUÉ sur	1 BLESSÉ sur
France	1.955.555	496.551
Angleterre	5.256.390	311.345
Belgique	8.861.804	2.000,000

La période qui s'étend de 1859 à 1869, accuse un sérieux progrès dans les trois pays.

On y compte :

	1 TUÉ sur	1 BLESSÉ sur
France	13.323.014	673.927
Angleterre	15.229.073	407.260
Belgique	13.000.033	1.793.108

Enfin, pendant la période qui s'étend de 1872 à 1879, les progrès ont continué en France, mais non en Angleterre, où le nombre des tués est, proportionnellement, deux fois plus élevé que dans notre pays, comme le témoignent les chiffres suivants :

	1 TUÉ sur
France	27.879.000
Angleterre	13.423.000
Belgique	25.289.421

Si maintenant, en ce qui concerne seulement la France, nous nous reportons à la statistique publiée en 1879, par le ministère des travaux publics, nous voyons que les accidents de chemins de fer, dans notre pays, se sont élevés, pendant la période décennale de 1868 à 1877, au chiffre total de 773, pour les six grandes Compagnies françaises.

Ces accidents ont été funestes à 2,376 personnes, parmi lesquelles 218 ont été tuées et 2,158 blessées. Les morts se répartissent pour chacune des dix années, de la manière suivante :

1868, 4 personnes tuées. — 1869, 2 personnes. — 1870, 35 personnes. — 1871, 155 personnes. — 1872, 7 personnes. — 1873, 0 personne. — 1874, 1 personne. — 1875, 3 personnes. — 1876, 6 personnes. — 1877, 5 personnes.

L'année 1871 est la plus chargée. Pourtant c'est l'année où il a été transporté le moins de voyageurs (environ 9 millions), tandis que la moyenne est de 140 à 150 millions. Mais il est facile de se rendre compte de cette augmentation, qui provenait de l'état défectueux de nos voies ferrées, à la suite de la guerre.

En 1875, comme il est dit plus haut, trois personnes seulement périrent en France, par suite d'accidents sur les voies ferrées. Aucune mort en 1873.

A quelles causes faut-il attribuer le petit nombre d'accidents que l'on est heureux de constater aujourd'hui sur les lignes françaises? Un rapport adressé en 1880, au Ministre des travaux publics, sur les *moyens de prévenir les accidents de chemins de fer*, donne à cet égard des renseignements intéressants. Aussi résumerons-nous ici ce travail, dû à un inspecteur général des mines, M. Guillebot de Nerville, et qui était le résultat des travaux d'une commission d'enquête, composée de MM. Cacarrié, Meissonnier, Tournaire, inspecteurs généraux des mines ; Milliard, Rousselle, Brame, inspecteurs des ponts et chaussées ; Collignon, ingénieur en chef des ponts et chaussées ; Vicaire, ingénieur des mines, et Ledoux, attaché au contrôle des chemins de fer Paris-Lyon-Méditerranée.

M. Guillebot de Nerville aborde successivement, dans son rapport, tout ce qui concerne la *voie*, les *signaux*, le *matériel roulant*, les *freins* et l'*exploitation*.

Voie. — Toutes les Compagnies, dit le rapporteur, font de la voie l'objet de leurs soins les plus constants, et l'on substitue partout les rails d'acier aux anciens rails de fer. Les Compagnies d'Orléans et du Midi emploient toujours le rail à double champignon, lequel paraît donner une voie fort stable. La Compagnie d'Orléans a en ce moment 1/5 de la totalité de ses voies en acier, celle du Midi n'en avait encore que 120 kilomètres en août 1880. Les quatre autres Compagnies ont adopté, en principe, le rail Vignole, qui a l'avantage de rendre la voie plus douce, et d'exclure l'emploi du coussinet et du coin. La Compagnie Paris-Lyon-Méditerranée n'a sur tout son réseau que 1,500 kilomètres de rails de fer; c'est la seule qui emploie exclusivement la voie Vignole. Le Nord, l'Est et l'Ouest ont conservé plusieurs centaines de kilomètres de rails à double champignon. La substitution du rail d'acier au rail de fer suit toujours sa marche ascendante. Sur le réseau de l'État enfin, on remplace le rail Vignole par le rail en acier à double champignon.

Les aiguilles prises en pointe et les passages à niveau sont les parties de la voie qui nécessitent le plus de précautions contre les accidents. La Commission a longuement examiné ce point. Elle a étudié les différents systèmes Viguier, Saxley, Lartigue, et elle a arrêté que les aiguilles qui par leur position peuvent être abordées en pointe par des trains à grande vitesse, doivent être maintenues très exactement fermées, quel que soit le système qui assure ce résultat.

Les passages à niveau offrent de grands dangers pour la sécurité publique; aussi sont-ils soumis à une réglementation très sévère; néanmoins ils ont occasionné de terribles accidents. Beaucoup d'inventeurs ont proposé l'emploi d'appareils avertisseurs automatiques, mis en mouvement au passage des trains, par des pédales, situées à 1,200 ou 1,500 mètres avant le passage à niveau. Aucun n'a paru recommandable à la Commission. Le moins imparfait était la pédale d'annonce de M. Lartigue; mais, après de nombreuses expériences faites par la Compagnie du Nord, son fonctionnement a été reconnu incertain. Actuellement, les appareils employés sont ceux de MM. Regnault (Ouest), Jousselin (P.-L.-M.), Siemens (Nord), qui offrent de nombreux avantages sur tous ceux présentés à la Commission. Aussi celle-ci se fait-elle un devoir de proposer au ministre d'en recommander l'emploi.

Signaux. — La sécurité de l'exploitation des chemins de fer repose surtout sur l'observation des signaux. Leur fonctionnement actuel est

FIG. 154. — UN ACCIDENT DE CHEMIN DE FER

généralement satisfaisant, et sur quelques lignes on s'applique encore à le perfectionner. Outre les signaux à couleur rouge, blanche, verte, etc., on emploie des signaux détonants, la nuit particulièrement, ainsi qu'en temps de brouillard.

Un grand nombre d'inventeurs ont cherché à rendre manifeste aux agents d'un train la présence sur la voie d'un autre train déjà engagé, soit dans le même sens, soit surtout en sens contraire, à l'aide de signaux automatiques mis en jeu par des transmissions mécaniques. Mais ils offrent de grandes difficultés en pratique, car il est certain qu'aucun ne saurait supporter un seul jour le mouvement des trains sur une ligne à trafic un peu élevé et à circulation rapide.

D'autres inventeurs, également très nombreux, se sont appliqués à chercher le moyen d'établir une communication télégraphique permanente des trains en marche, soit entre eux, soit avec les stations. M. de Baillehache, ancien inspecteur de chemin de fer, a étudié un mode de communication télégraphique qui, soumis à l'essai, en 1878, sur une ligne de Grenelle au Champ de Mars, n'a pas donné de résultats satisfaisants. Bien que l'expérience eût lieu dans des conditions assez défavorables, il a été reconnu très gênant et même dangereux, pour le service de l'entretien de la voie. Du reste, tous les instruments de ce genre soumis à la Commission étaient trop compliqués et trop délicats pour donner de bons résultats pratiques.

La disposition générale de ces signaux, et la précision des mouvements auxquels est assujettie leur manœuvre, pourraient, jusqu'à un certain point, suffire à donner les garanties requises de sécurité ; mais il faut compter avec les négligences, les oublis, les distractions. Aussi n'obtiendra-t-on le degré de sécurité indispensable que par l'emploi d'*appareils d'enclanchement* et de *conjugaison*, à l'aide desquels la manœuvre des aiguilles et des signaux optiques devient solidaire. Toutes les compagnies ont adopté, depuis longtemps déjà, ces systèmes de conjugaisons d'aiguilles et de signaux. La Compagnie de l'Ouest, à laquelle revient l'honneur d'avoir installé la première le principe si fécond de l'enclanchement, et la Compagnie du Midi, emploient exclusivement le verrou Viguier pour l'enclanchement des aiguilles et des signaux de toutes leurs bifurcations. Les autres Compagnies emploient surtout l'appareil Saxley, qui a donné jusqu'ici de bons résultats. Aussi la Commission, persuadée que l'emploi des appareils d'enclanchement peut seul donner toute la sécurité désirable, est-elle d'avis qu'il y a lieu d'appliquer ces appareils (sans désigner aucun système) à toutes les bifurcations et à tous les groupes d'aiguilles intéressant la sécurité de la circulation sur les voies principales.

Matériel roulant. — Le soin apporté à la construction et à l'entretien du matériel roulant, est une des bases les plus essentielles de sécurité.

Toutes les Compagnies ont complètement abandonné, dans la construction des chaudières de locomotives, l'emploi de la tôle d'acier, qui ne donnait pas assez de sécurité. On emploie généralement des tôles de fer, de premier choix. Les accidents de chaudières, ont, d'ailleurs, presque complètement disparu. Les Compagnies remplacent le fer par l'acier, dans certaines pièces du matériel roulant, telles que bandages de roues, essieux, etc., dont les ruptures en marche peuvent entraîner des accidents graves. Les attelages sont renforcés. Dans le réseau de Lyon, les crochets de tenders peuvent supporter une traction de 25,000 kilogrammes ; enfin, la plupart des pièces et des parties du nouveau matériel roulant, offrent une solidité des plus précieuses contre les chances d'accidents.

La Commission, afin de mettre un empêchement aux crimes de toute sorte qui peuvent se commettre dans les compartiments des différentes classes, s'est occupée des communications à établir entre les voyageurs et les agents des trains. Elle a émis l'avis que les Compagnies adoptassent toutes le mode de communication électrique qui fonctionne déjà sur les réseaux du Nord et de Lyon, avec une régularité très satisfaisante. Elle a également pensé qu'il serait très utile de prendre des mesures pour que la circulation le long des trains, par les marchepieds, soit toujours possible. Enfin elle croit qu'il serait très profitable d'établir des communications partielles avec les compartiments d'une même voiture, au moyen de petites ouvertures fermées par des glaces.

La Commission ne s'est point occupée de communications à établir entre les voyageurs et le chef du train, au moyen du téléphone. Cet instrument, qui a pris aujourd'hui dans toutes les branches de l'industrie une place si importante, sera probablement très facile à installer, et permettra aux voyageurs de tous les compartiments d'être en relation continuelle et directe avec le chef de train.

On évite toute chance de collision au moyen d'un intervalle de temps qu'on s'attache à maintenir entre les trains. En effet, aucun train, ou machine, ne doit partir d'une station ou la dépasser, avant qu'il se soit écoulé, depuis le départ ou le passage du train précédent, un intervalle de 5 ou de 10 minutes, suivant les cas. Mais ce système a le défaut de laisser une trop large place aux négligences des agents. Aussi nos Compagnies ont-elles adopté, totalement ou en partie, le système de cantonnement des trains dit *block system*, des Anglais, qui substitue la distance au temps, pour assurer l'intervalle entre deux trains. Cette méthode consiste à diviser la ligne en sections, ou cantons (*blocks*), de longueur convenable, et à ne jamais permettre que deux trains se trouvent simultanément dans une de ces sections, aucun train ne devant pénétrer dans une section que lorsque celui qui le précède en est sorti. C'est ce que l'on appelle le *block system absolu*, tel qu'il est généralement pratiqué en Angleterre et en Belgique ; mais, pour faciliter la circulation et pour éviter de réduire la capacité du trafic des lignes, on emploie généralement en France un système mixte, le système *permissif*, qui permet au mécanicien, au lieu de s'arrêter à l'entrée d'une section bloquée, de dépasser le signal d'arrêt avec prudence, une fois qu'il s'est rendu maître de sa vitesse, et de s'avancer avec précaution jusqu'au premier signal d'arrêt qu'il trouve sur la voie.

Le chemin de fer Paris-Lyon-Méditerranée et celui d'Orléans appliquent seuls le *block system absolu*. Les appareils, employés pour réaliser ce système de cantonnement, sont : soit les électro-sémaphores Lartigue-Tesse et Prud'homme, soit l'appareil Tyer, surtout usité en Angleterre, soit enfin l'appareil Regnault.

Après avoir bien examiné la question, la Commission est d'avis qu'il faut recommander aux Compagnies l'application du *block system absolu*.

Freins. — La question des freins se lie à celle des vitesses ; c'est une de celles qui intéressent le plus la sécurité de l'exploitation. Outre l'appareil de marche à contre-vapeur, le frein à vis et à sabots, dont sont munies presque toutes nos locomotives, les diverses Compagnies françaises emploient des freins très puissants, capables de produire l'enrayage simultané, et, pour ainsi dire, instantané, de tous les véhicules du train, de façon à obtenir l'arrêt le plus rapide et le plus court. La commission n'examine pas en détail, dans son rapport, les divers caractères qui différencient ces freins ; elle se borne à les nommer. La Compagnie de l'Ouest a adopté le frein Westinghouse (à air comprimé), celle du Nord, le frein Smith (à vide) ; Paris-Lyon-Méditerranée essaye concurremment les deux ; la Compagnie de l'Est étudie, perfectionne et applique le frein électrique Achard, le véritable frein français ; la Compagnie d'Orléans essaye le frein Smith, et développe l'application du frein Héberlin ; enfin celle du Midi commence un essai en grand du frein Westinghouse.

En résumé, la Commission est d'avis d'inviter les Compagnies à munir de freins continus tous les trains de voyageurs dont la vitesse normale, de pleine marche, atteint 60 kilomètres à l'heure, en y ajoutant, bien entendu, l'usage constant de la contre-vapeur.

Exploitation. — Le rapport se termine par l'examen de l'exploitation des lignes à voie unique.

Cette exploitation comprend 12,790 kilomètres, et elle est destinée à prendre un bien plus grand développement quand les lignes projetées seront construites. Toutes les Compagnies, sauf celles du Nord et de Lyon, font reposer la sécurité de cette exploitation sur une réglementation sévère, sans recourir à d'autres appareils que ceux de la télégraphie ordinaire.

L'exploitation à voie unique se fait de deux façons : ou il faut toujours demander l'état de la voie avant le départ de n'importe quel train, comme cela se fait sur le réseau de l'État ; ou bien il faut se servir d'un tableau, nommé « Tableau diurne », où sont inscrits, dans leur ordre de succession, tous les trains annoncés qui doivent traverser une station pendant toute une journée, ce qui est en usage dans les cinq grandes Compagnies.

Comme moyens de sécurité auxiliaire, il faut citer tous les appareils, légèrement modifiés, servant à établir le cantonnement des trains sur les lignes à double voie, et surtout les *cloches électriques*, qui, adoptées par le chemin de fer du Nord, sur la totalité de son réseau à voie unique (1,291 kilomètres), et par la Compagnie Paris-Lyon-Méditerranée sur une longueur de 924 kilomètres, ont donné les résultats les plus satisfaisants. Les *cloches électriques* ont déjà prévenu un grand nombre d'accidents ; aussi la Commission se fait-elle un devoir de signaler au ministre l'emploi de ces cloches, qui lui paraît le moyen le plus pratiquement utile pour augmenter la sécurité de l'exploitation des chemins de fer à voie unique

Tel est le résumé du rapport de M. Guillebot de Nerville, document d'un grand prix, car, en quelques pages, chaque question a son historique, et les phases qu'elle a traversées y sont indiquées clairement.

A la suite de cet important rapport, le Ministre des travaux publics adressa, le 20 septembre 1880, aux administrateurs des chemins de fer français, une circulaire sur les moyens de sûreté à adopter pour l'exploitation des lignes à voie double et à voie unique. Le Ministre, dans cette circulaire, après avoir rappelé les travaux de la Commission d'enquête, et fait ressortir toute l'utilité des vœux émis dans le rapport de cette Commission, que nous venons d'analyser, invitait les Compagnies :

1° A appliquer l'emploi d'appareils avertisseurs ou protecteurs aux passages à niveau, en ayant égard à leur fréquentation et à leur situation ;

2° A appliquer progressivement les appareils d'enclanchement et de conjugaison des signaux optiques et des aiguilles (sans désignation d'aucun système particulier) à toutes les bifurcations et à tous les groupes d'aiguilles intéressant la sécurité de la circulation sur les voies principales ;

3° A exécuter, dans toute son étendue, la prescription de l'article 23 de l'ordonnance de 1846, concernant la sécurité des voyageurs, et à prendre des mesures permettant à ceux-ci de faire appel aux agents du train ;

4° A appliquer le *block system* sur toutes les sections de lignes où le trafic atteint un mouvement de cinq trains à l'heure, dans le même sens, à certaines heures de la journée ;

5° A faire l'application du système de cantonnement à certains points particuliers de leurs réseaux, tels que les points de ramification ou de rebroussement des lignes ;

6° A appliquer également le *block system absolu* comme offrant plus de garanties de sécurité, en laissant à leur initiative le choix du système de cantonnement, ainsi que celui des appareils destinés à en effectuer la réalisation ;

7° A munir de freins continus tous les trains de voyageurs dont la vitesse normale, de pleine marche, atteint 60 kilomètres à l'heure, en y ajoutant l'usage constant de la contre-vapeur ;

8° Enfin, sur les sections à voie unique, ayant plus de six trains réguliers, dans chaque sens, en vingt-quatre heures, à appliquer progressivement, soit des cloches électriques, soit le *block system* à signaux extérieurs.

Ces invitations, adressées par le Ministre des travaux publics aux administrateurs des chemins de fer français, n'étaient que les conclusions du rapport de M. Guillebot de Nerville, dont nous avons fait connaître la substance à nos lecteurs.

C'est par l'application des principes posés dans la circulaire du Ministre des travaux publics aux administrateurs des chemins de fer français, que les moyens nouveaux d'assurer la sécurité sur nos lignes ferrées furent mis à exécution, à partir de l'année 1880, jusqu'au moment présent. Ces nouveaux moyens de sécurité concernent plus particulièrement les freins, les signaux et l'aiguillage. Nous allons donc étudier spécialement:

1° Les *nouveaux freins continus* qui assurent une sécurité complète à la circulation des trains, à savoir, les freins à air comprimé et à vide ;

2° Le nouvel ensemble de signaux visuels mécaniques et électriques ;

3° Les appareils assurant le fonctionnement et le contrôle du mécanisme de l'aiguillage, en reliant le sens des aiguilles à celui des signaux optiques, et les rendant solidaire les uns des autres.

Freins continus. — Pour comprendre le mécanisme des *freins continus*, c'est-à-dire du frein à air comprimé, comme celui du frein à vide, qui agit par un effet physique analogue, il faut se reporter au frein ordinaire des roues des wagons, qui est d'ailleurs à peu près le même que celui des véhicules ordinaires, et que l'on nomme les *freins à vis et à sabot*. Ce n'est, en définitive, qu'une pièce de bois que l'on pousse mécaniquement contre la roue, et qui l'empêche de tourner, qui *l'enraye*, selon le mot consacré.

Chacun peut voir, sur un wagon de chemin de fer, par quelles dispositions mécaniques on pousse le *sabot* contre la roue, ou plutôt simultanément deux sabots contre deux roues, pour les enrayer. La figure 155 représente ce mécanisme.

Le sabot F et le sabot F′ sont poussés simultanément contre les roues des wagons, par la tige C, qui reçoit elle-même son mouvement de la tige à

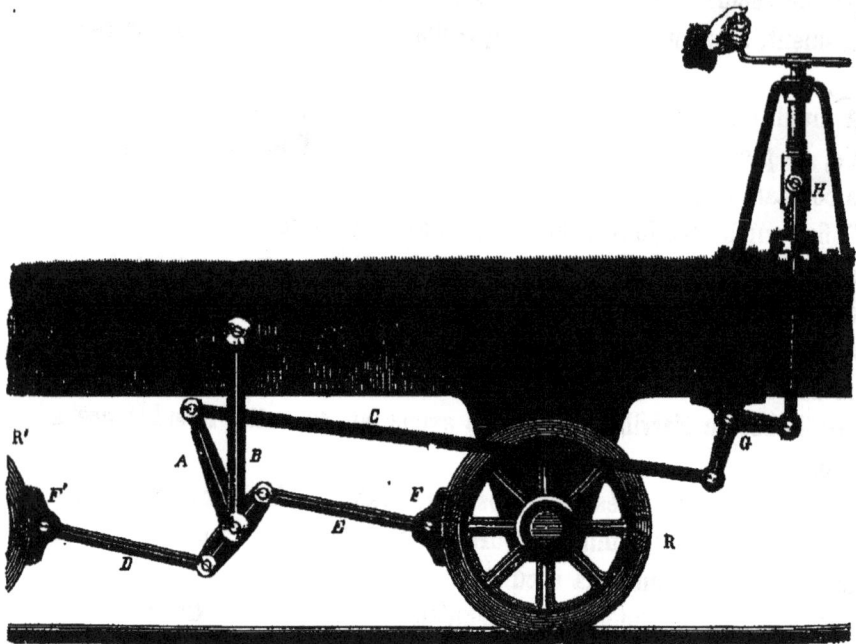

FIG. 155. — FREIN ORDINAIRE DES WAGONS DE CHEMIN DE FER, A VIS ET A SABOT

vis, H, grâce au renvoi articulé G. Le mouvement contraire, c'est-à-dire la rotation de la tige à vis dans un sens opposé, écarte les sabots des roues, et desserre le frein.

Nous disons que les deux sabots F, F′ sont poussés simultanément contre les roues des wagons. C'est à ce double mouvement qu'est affecté le levier A, lequel, comme on le voit sur la figure, est doublement articulé. En même temps que la tige E pousse le sabot F contre la roue R, par suite des deux articulations mobiles que porte ce levier A, le sabot F′ est poussé contre la roue R′.

C'est donc la tige H, qui par deux renvois de mouvement, produit la poussée du double frein à friction. Mais qui fait tourner cette tige H? C'est un employé du train, le *garde-frein*, posté sur le haut d'un fourgon. A un signal donné, ou quand il faut s'arrêter à une station, le garde-frein serre ou desserre le frein. Pour cela, il lui suffit de tourner la manivelle qui commande la tige H. Dans un convoi comprenant plusieurs voitures, le mécanicien lance un coup de sifflet à vapeur, pour donner aux gardes-frein le signal d'arrêt ou de départ.

Mais, nous n'avons pas besoin de le dire, *siffler aux freins*, et mettre en action les freins à sabot de chaque véhicule, demande du temps, une minute ou deux ; et si le train est animé d'une grande vitesse, il parcourt plus d'un kilomètre (1200 mètres) avant de pouvoir s'arrêter. Dans un danger pressant, lorsqu'il s'agit d'arrêter le train devant un obstacle, ou en présence d'un second train arrivant en sens contraire, sur la même voie, ces 1200 mètres parcourus, ces deux minutes perdues, suffisent pour engendrer une catastrophe. Comment abréger ce temps ? Comment arrêter le train, d'une manière, pour ainsi dire, instantanée ?

Ce problème a paru longtemps insoluble. On faisait remarquer qu'arrêter subitement un train animé d'une vitesse de marche de 60 kilomètres à l'heure, qui est la vitesse d'un train express en France, ce serait le briser sur place en miettes. « Un rocher tombé en travers sur la voie, écrivait « M. Jacqmin, assurerait l'arrêt instantané, mais au prix de la destruction « complète du train. » Et un ingénieur des mines, M. Gentil, calculait que le choc occasionné par l'arrêt instantané d'un convoi, équivaudrait à la chute de ce dernier de la hauteur d'un quatrième étage.

En dépit de ces évaluations aussi pessimistes que savantes, les inventeurs se sont appliqués à produire l'arrêt presque instantané, et ils y sont parvenus en provoquant le fonctionnement subit de chaque frein, dans toute la série des wagons et voitures qui forment un convoi. L'arrêt du mouvement étant produit simultanément sur un grand nombre de points d'un même train, n'a plus les inconvénients que l'on redoutait. Seulement, disons-le bien, l'effet mécanique ayant pour résultat de produire l'arrêt, n'est point, à proprement parler, instantané, mais bien gradué et progressif, quoique s'exerçant dans un temps très court.

Comment est-on parvenu à arrêter ainsi chaque wagon, ou voiture, par l'effet d'un frein agissant rapidement, mais graduellement ? L'emploi de ce que l'on appelle la *contre-vapeur*, avait déjà résolu le problème, mais en partie seulement.

On appelle *agir à contre-vapeur* renverser la distribution de la vapeur dans les cylindres, de manière que les roues tendent à marcher dans le sens opposé à leur mouvement actuel. Dès lors, la force vive du train qui empêchait son arrêt subit, est transformée, absorbée, pour produire un travail égal, mais d'une direction opposée, et le danger d'un arrêt trop brusque est écarté.

Mais l'emploi de la *contre-vapeur* s'accompagne de certaines difficultés pratiques. Le levier de changement de marche, qui est très long et très lourd, n'est pas facile à manœuvrer, quand il s'agit d'un train considérable et animé d'un mouvement très rapide. En outre, les gaz résultant de la combustion du charbon, s'introduisant dans les cylindres à vapeur, les échauffent beaucoup, et peuvent les détériorer.

En dépit de ces difficultés, la *contre-vapeur*, sous la direction de M. Le Châtelier, a eu longtemps une grande vogue, sur les voies ferrées françaises. On a vu, sur la ligne de Paris-Lyon-Méditerranée, 1400 locomotives pourvues du mécanisme de la contre-vapeur ; sur celui du Nord, 200 locomotives ; 80 au chemin de fer du Nord ; 85 à la compagnie du Midi, et 128 à celui de l'Est.

Cependant la contre-vapeur appliquée à produire l'arrêt subit du train, a dû céder la place au système des *freins continus*. C'est sous ce titre que l'on désigne les *freins à air comprimé* et *à vide*, auxquels nous arrivons maintenant, ainsi que le *frein électrique*.

Nous décrirons avec quelques détails le *frein à air comprimé* et le *frein à vide*, parce qu'ils représentent la plus grande amélioration apportée, de nos jours, au matériel roulant des voies ferrées, et que c'est leur généralisation sur les lignes européennes qui assure l'entière sécurité des voyages en chemins de fer, en permettant au conducteur ou au mécanicien d'arrêter subitement le train, à la rencontre d'un obstacle.

Les *freins à vide* et *à air comprimé*, grâce aux perfectionnements qu'on leur a apportés, dans ces dernières années, sont d'un effet tellement sûr que, destinés, à l'origine, à servir seulement dans le cas d'accidents imprévus pendant la route, ils sont devenus le moyen ordinaire d'arrêter et de laisser repartir le train, dans les conditions habituelles du service quotidien.

Frein Westinghouse, ou *à air comprimé*. — *L'air comprimé*, cette force si dédaignée au milieu de notre siècle, et qui est devenue, de nos jours, un si puissant et si commode auxiliaire des travaux les plus divers de l'industrie mécanique, depuis le percement des grands tunnels, jusqu'à la distribution de l'heure sur les cadrans, à l'intérieur des villes, est l'agent auquel a eu recours l'inventeur du frein instantané continu, l'américain Westinghouse. C'est l'air comprimé qui pousse, au même instant, tous les sabots contre les roues des véhicules d'un même train.

Voici les dispositions essentielles du *frein Westinghouse*.

Sur la locomotive est installée une petite pompe à vapeur, qui comprime de l'air à 5 atmosphères, dans un réservoir placé au-dessous du tender. De ce réservoir part un tuyau, qui va distribuer l'air comprimé dans de petites conduites métalliques, situées, elles-mêmes, au-dessous du châssis de chaque voiture. Des jointures en caoutchouc relient les tuyaux fixes d'une voiture à l'autre. Quand le mécanicien veut arrêter le train, il ouvre un robinet, qui envoie l'air comprimé dans les tuyaux dont chaque voiture est munie. Alors, le piston d'un cylindre, en rapport avec ces tuyaux, est fortement poussé en avant, et le sabot du piston avec lequel ce piston est en contact, se trouvant à son tour, poussé contre la roue, arrête son mouvement et enraye.

Une variante de cette disposition mécanique a remplacé celle que nous venons de décrire. Il n'y a pas de réservoir d'air comprimé sous le tender. La pompe de compression envoie directement l'air comprimé dans de petits réservoirs placés sous chaque voiture. Quand il veut arrêter le train, le mécanicien lâche dans l'atmosphère, en tournant un robinet, l'air comprimé qui remplit les petits réservoirs des voitures. Aussitôt, un organe assez compliqué, que l'on nomme la *triple valve*, est mis en action, et l'air comprimé de chaque réservoir pousse un piston, lequel, dans son mouvement, presse le sabot contre la roue de chaque voiture.

Dans cette disposition particulière, si une des jointures de caoutchouc qui relient les voitures l'une à l'autre, vient à se rompre, l'air comprimé s'échappant dans l'atmosphère, les pistons des petits réservoirs des voitures agissent, et les sabots des freins sont mis en mouvement, ce qui arrête le train, et prévient tout accident.

Le frein à air comprimé est donc *automatique*, selon le terme consacré ; ce qui veut dire que, si un accident arrive au mécanisme du frein, tel que rupture d'attelage, perte d'air comprimé, les freins entrent en action, et, par le fait même de cet accident, le train s'arrête.

Après l'exposé du principe général du *frein Westinghouse continu*, nous représenterons par des dessins les détails du mécanisme. Nous décrirons seulement, bien entendu, le dernier système, celui qui est seul en usage aujourd'hui, et qui consiste à placer sous chaque voiture un petit réservoir d'air comprimé. Ce dernier mérite le nom d'*automatique* puisque, de lui-même, il détermine l'arrêt du train, si un accident quelconque a rompu les jointures de caoutchouc qui rattachent entre elles les voitures, ou si une perte d'air comprimé s'est produite sur un point quelconque de la canalisation.

Dans le *frein Westinghouse*, la pression de l'air comprimé règne en permanence, et il faut rejeter au dehors cet air comprimé, pour que les freins agissent. Le conducteur du train placé dans le fourgon met les trains en action, en tournant simplement un robinet ; et même, si on le voulait, on pourrait donner aux voyageurs le moyen de faire eux-mêmes agir les freins, Pour desserrer les freins, le mécanicien n'a qu'à remplir de nouveau d'air comprimé les tuyaux, en tournant un autre robinet. La pression se rétablit dans la canalisation, et le sabot de friction abandonne la roue.

La figure 156 représente le *frein Westinghouse* appliqué à un wagon, et la figure 157 le dessous du même wagon, montrant la disposition des différents organes du frein automatique.

A E, est la conduite générale de l'air comprimé ; G, le petit réservoir placé sous la voiture ; H, le cylindre contenant de l'air comprimé, et parcouru par un piston, qui vient actionner le sabot à friction et le pousser contre la roue ; F, est l'organe appelé *triple valve*, qui sert à diriger l'air comprimé dans les différents petits conduits, comme nous le décrirons tout à l'heure. E' est les joint de deux véhicules consécutifs, *ee* le tube en caoutchouc opérant cette jonction. On voit dans la même figure le robinet D, que manœuvre le garde-frein, et au moyen duquel celui-ci peut faire agir les freins. *d* est le manomètre qui indique la pression de l'air à l'intérieur de la canalisation.

Quand on admet l'air du réservoir principal, G, fixé sous le wagon, dans le tuyau de conduite générale, A E, cet air pénètre, à travers la triple valve, F, et remplit le petit réservoir, H, à une pression égale à celle de la conduite elle-même. Tant que la pression de la conduite générale égale celle des petits réservoirs, les passages qui font communiquer les *triples valves* avec les cylindres à freins, H, restent fermés, et, en même temps, les cylindres sont mis en communication avec l'atmosphère : par suite les freins sont desserrés. Quand, au contraire, la pression dans la conduite générale est brusquement réduite, de façon à être inférieure à la pression dans les réservoirs, les *triples valves* changent de position, et établissent la communication entre lesdits réservoirs et les cylindres à freins : par suite les freins sont serrés.

Les robinets interrupteurs, *h'*, situés entre les triples valves et la conduite générale, permettent, si cela est nécessaire, de supprimer l'action des freins sur une voiture quelconque, sans entraver leur action sur les autres voitures. Des robinets interrupteurs, *e',e'*, sont placés sur la conduite générale, aux extrémités de chaque véhicule, de façon à fermer la conduite à l'arrière du train, et à empêcher le serrage des freins quand on désaccouple les boyaux.

Les tuyaux de la conduite générale sont reliés d'une voiture à l'autre au moyen de boyaux, *ee*, flexibles, de 26 millimètres de diamètre intérieur. Un des bouts de ces boyaux porte un raccord qui le relie à la conduite générale ; l'autre

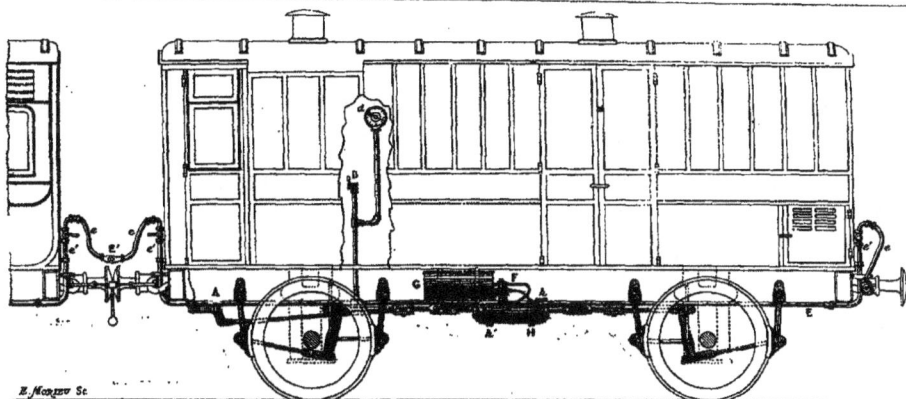

VUE EN DESSOUS.

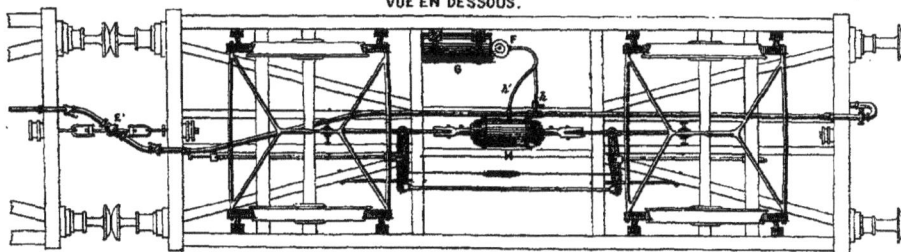

Fig. 156-157. — INSTALLATION GÉNÉRALE DU FREIN A AIR COMPRIMÉ, ET VUE EN DESSOUS DE CETTE INSTALLATION

bout porte une pièce d'accouplement en fonte malléable, munie d'une ouverture latérale et d'un anneau en caoutchouc formant garniture.

Quand on réunit deux accouplements, la pression intérieure de l'air sert, en même temps, à rendre le joint étanche et à maintenir solidement l'un contre l'autre les deux accouplements.

Si deux accouplements viennent à être séparés, par suite d'une rupture d'attelage, par exemple, les freins se serreront automatiquement, mais aucune avarie ne se produira aux accouplements eux-mêmes.

Comme l'appareil de compression de l'air est un élément fondamental de l'ensemble du frein que nous décrivons, il est important de mettre sous les yeux du lecteur les dispositions mécaniques à l'aide desquelles l'air est comprimé dans les petits réservoirs des voitures.

La compression s'effectue sur la locomotive même, au moyen d'une pompe actionnée par la vapeur empruntée à la chaudière.

La figure 158 représente l'appareil de compression de l'air installé sur une locomotive, ainsi que la distribution de l'air comprimé aux conduites l'amenant aux petits réservoirs placés sous chaque voiture.

Une machine à vapeur en miniature, de la force d'un demi-cheval-vapeur environ, A, et une petite pompe aspirante et foulante, B, à clapets, constituent l'appareil compresseur. La pompe aspirante et foulante comprime de l'air dans un réservoir principal, C, de 300 litres environ de capacité, installé sous le tablier, près de la première roue ; elle donne de 20 à 60 coups de piston par kilomètre parcouru. Un manomètre, D, indique la pression de l'air dans la conduite générale des freins. Un modérateur a règle l'arrivée de la vapeur, ainsi que la vitesse de la petite machine à vapeur, et, par suite, la pression de l'air dans la conduite générale. Le tuyau $a'a^2$ conduit la vapeur d'échappement à la boîte à fumée, G, de la locomotive.

Il existe aujourd'hui plus de 50,000 freins Westinghouse fonctionnant sur les chemins de fer des deux mondes.

Le frein Westinghouse est d'origine américaine ; mais il a été importé en Angleterre, et c'est là qu'il a reçu ses plus heureux perfectionnements.

C'est en 1875 que ce bel appareil fut soumis, en France, à des épreuves attentives. Il fut établi que l'on pouvait déjà arrêter un convoi à la distance de 180 mètres. Ces expériences furent continuées en Angleterre, sur différents railways, et l'efficacité de ce frein fut parfaitement établie.

C'est la Compagnie de l'Ouest qui, à la suite d'un accident très grave survenu sur une de ses lignes, adopta la première, en France, ce système

FIG. 158. — POMPE DE COMPRESSION DE L'AIR POUR LE FREIN WESTINGHOUSE, ÉTABLIE A L'AVANT DE LA LOCOMOTIVE

d'arrêt instantané. Aujourd'hui, plus de 300 locomotives et plus de 2000 wagons en sont pourvus. En 1880 la Compagnie du chemin de fer de Paris-Lyon-Méditerranée l'a établi sur son réseau presque tout entier.

L'avantage de ce système est qu'il n'y a, pour le mécanicien, aucune complication. Il n'a qu'à placer, suivant les besoins, la poignée de manœuvre du robinet sur l'un des trois crans correspondants au *serrage*, au *desserrage* et à la *position naturelle* de marche, et l'effet voulu se produit instantanément. La sûreté de l'appareil est telle que, depuis qu'il est en usage sur la ligne de l'Ouest, il n'y a pas d'exemple qu'il n'ait pas fonctionné.

L'arrêt se produit régulièrement et doucement, en cent mètres de marche pour les trains omnibus, en deux cents mètres pour les trains express. En cas d'accident et avec arrêt brusque, ces distances sont réduites de moitié. Les voyageurs sont alors un peu bousculés, mais aucune blessure n'est à craindre et de grands malheurs sont évités.

Frein à vide. — L'effet mécanique produit par l'air comprimé peut, inversement, être déterminé par l'action du vide. Si l'on fait le vide à l'intérieur d'une capacité à parois ondulées, et que la partie mobile de cette capacité porte un levier qui soit attaché au sabot du frein d'une voiture, lorsque le vide sera fait à l'intérieur de cet espace, sous le poids de la pression atmosphérique extérieure, la paroi mobile s'aplatira, et, tirant le levier attaché à cette paroi, produira la poussée du sabot contre la roue.

La première idée de ce curieux système appartient à deux ingénieurs français, MM. Martin et du Tremblay, mais c'est un ingénieur américain, M. Smith, qui la rendit pratique. M. Smith donna à la capacité à parois mobiles dans laquelle on fait le vide, la forme d'un sac à parois élastiques et repliées plusieurs fois sur elles-mêmes, à la manière d'un accordéon.

La figure 159 qui représente la première boîte à vide qui ait servi à arrêter un train de chemin de fer, ou la *boîte Smith*, met, en même temps, sous les yeux du lecteur, la transmission de l'action motrice aux leviers chargés de transmettre cette action aux sabots du frein.

Dans l'espèce d'*accordéon* ou de soufflet, représenté par la figure 113, ABCD, représentent les parois de cuir où l'on fait le vide. B est la partie fixe, celle qui est attachée au fond de la boîte, C la partie mobile qui est liée par son milieu, à un levier coudé LE et à la conduite générale d'air comprimé. H est un contre-poids destiné à donner de la stabilité au levier coudé LE. Lorsque le vide est opéré dans cette boîte, le soufflet s'aplatit et le fond, C, tire, par l'intermédiaire du levier articulé, LE, le sabot du frein. Quand on laisse rentrer l'air, la pression ordinaire est rétablie, le fond mobile reprend sa place et le sabot s'écarte de la roue.

Le soufflet de cuir dont se servait l'Américain Smith était assez vite mis
hors de service ; le cuir n'étant pas protégé contre l'action de l'air. Un ingénieur aux chemins de fers autrichiens, M. Hardy, remplaça cet organe par
une boîte en fonte contenant un sac de cuir, rendu plus résistant par l'adjonction à sa partie inférieure d'un plateau métallique, destiné à le renforcer.

La figure 160 représente le *sac à vide* de Hardy. A l'intérieur de la caisse
en fonte, AB, A'B' est le sac en cuir, DD', avec la plaque métallique qui lui
donne plus de résistance ; C est la conduite principale dans laquelle le
vide se fait parce qu'elle est en communication avec le *sac à vide*. A la
partie inférieure de la plaque métallique renforçante, s'attache le levier

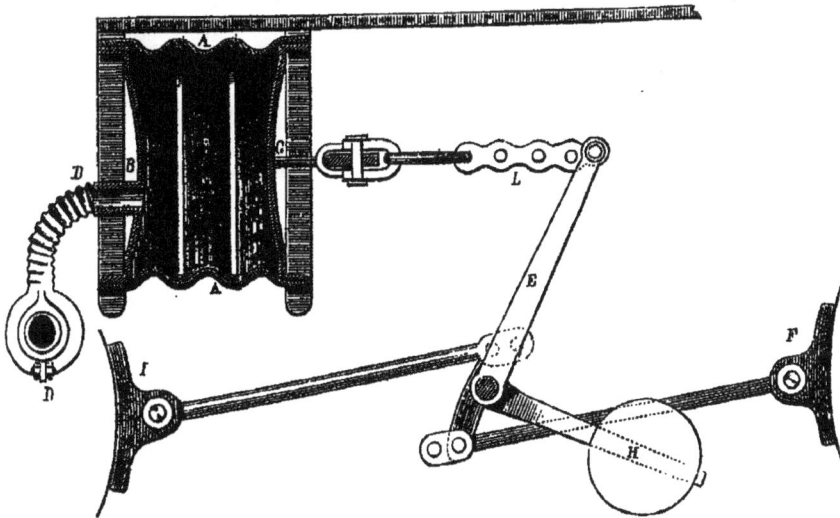

Fig. 159. — LA PREMIÈRE BOITE A VIDE, OU *boîte de Smith*

vertical F, qui, par un renvoi de mouvement, va pousser le sabot du frein
contre la roue.

Par une disposition récente et très ingénieuse on a rendu le mouvement
du *sac à vide* plus régulier tout en assurant sa plus longue conservation.
Cette amélioration consiste en ce que les cylindres contenant le *sac à vide
de Hardy*, soient remplacés par d'autres qui contiennent un anneau roulant en
caoutchouc, le long duquel s'opèrent le déplacement du sac en haut et bas
par la variation de la pression. L'anneau roulant, en caoutchouc, constitue
un joint parfait, et ne produit qu'un faible frottement. Ainsi modifié, le *sac
à vide* dure plus longtemps, coûte moins cher et peut être rapidement remplacé à l'intérieur du cylindre.

L'appareil au moyen duquel on produit le vide est la partie la plus remar-

quable et la plus originale du frein que nous décrivons. Le vide est opéré
par le simple effet du passage d'un courant de vapeur autour de l'ouverture
extérieure d'un conduit plein d'air. Le *tuyau soufflant* des locomotives, ou
l'*injecteur Giffard*, peuvent donner une idée de ce curieux organe, que
l'inventeur a désigné sous le nom d'*éjecteur*, pour rappeler qu'il ressemble

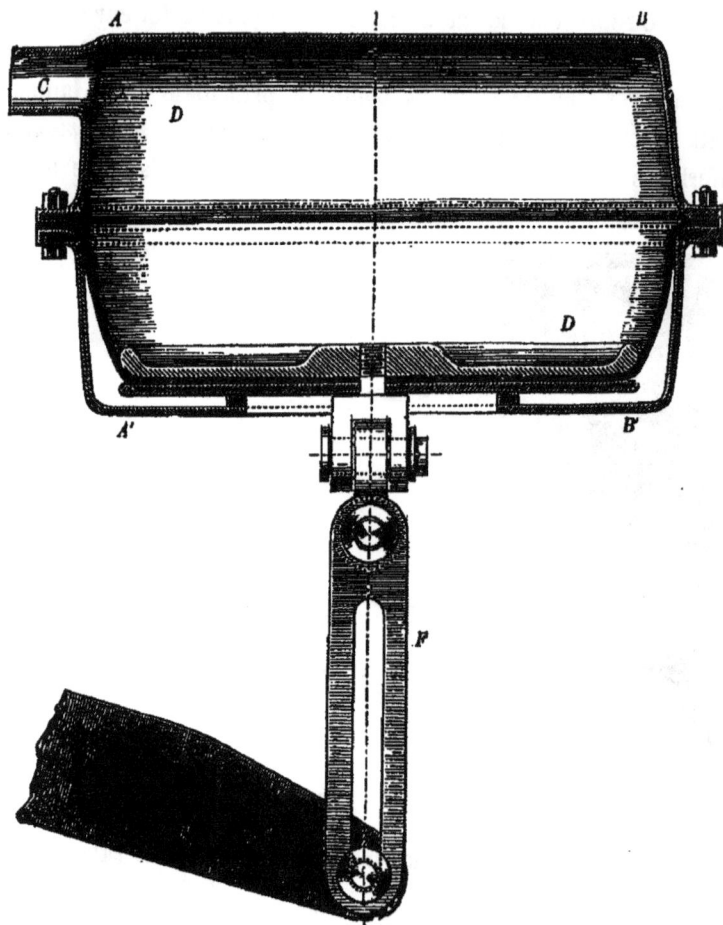

FIG. 160. — LE SAC A VIDE, OU *boîte de Hardy*.

à l'*injecteur* Giffard, à cela près qu'il s'agit d'opérer un vide partiel dans
un tuyau, et non d'aspirer de l'eau.

La figure 161 représente l'*éjecteur* du frein à vide. Sur la coupe que nous
donnons, il y a deux éjecteurs accolés, parce qu'il s'agit d'opérer le vide dans
deux canalisations différentes, mais l'inspection d'un seul de ces dessins
en fera comprendre le mécanisme.

AC, est le tube qui amène le courant de vapeur emprunté à la chaudière de la locomotive. Ce tube, AC, est placé lui-même au milieu du grand tuyau B, qui est plein d'air. Le simple passage du courant de vapeur du tube AC dans le grand tuyau B, produit, dans l'espace annulaire qui les sépare un vide partiel, et, par suite, un même vide dans le *sac à vide* et la *conduite générale* qui sont en libre communication avec le tuyau B.

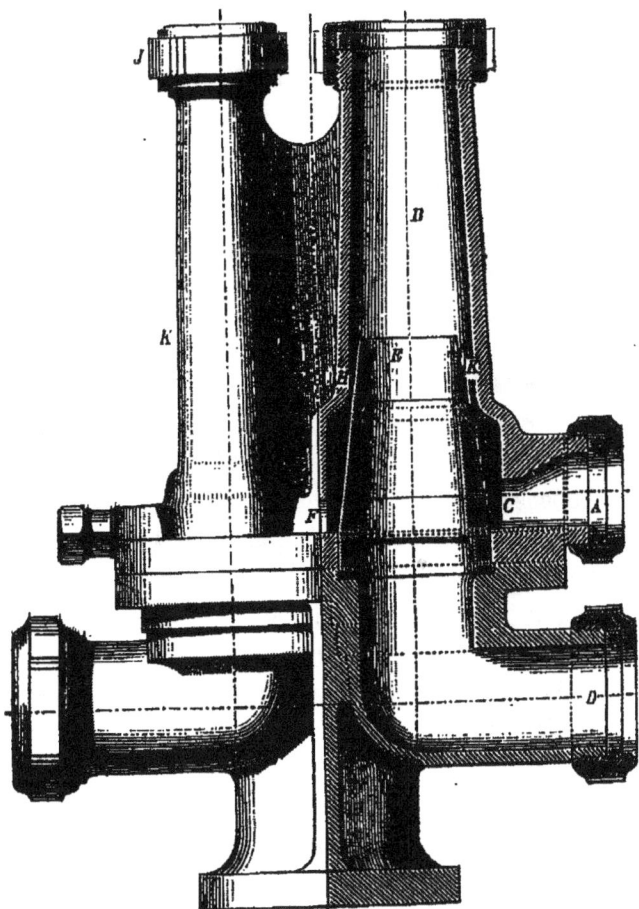

Fig. 161 — ÉJECTEUR (DOUBLE) OU ORGANE PRODUCTEUR DU VIDE DANS LA CONDUITE GÉNÉRALE DU FREIN A VIDE.

Comment expliquer ce curieux phénomène? Les explications varient. Pour nous, il nous semble qu'il doit y avoir condensation partielle de la vapeur dans le tuyau B et, par suite, appel et vide partiel dans la conduite qui est en communication avec ce tuyau.

Quoi qu'il en soit de l'explication théorique, on voit que cet organe remarquable produit le vide par le moyen le plus simple et le plus pratique que l'on puisse désirer.

Nous disons le vide. Il faudrait, pour être exact, dire une simple diminution de la pression normale de l'air. Ce n'est pas, en effet, le vide réel qui existe dans la conduite générale du frein Smith-Hardy, mais seulement de l'air raréfié à 2/3 d'atmosphère, ce qui suffit à produire l'effort mécanique désiré.

Les deux chambres d'aspiration d'air séparées sont mises en communication chacune avec une des files de tuyaux de la conduite générale, mais avec la même prise de vapeur.

Si nous ajoutons qu'un tuyau général régnant le long du convoi entier, envoie un embranchement à chaque petit réservoir de vide placé sous le wagon, nous aurons signalé les organes essentiels du frein à vide, et nous pourrons mettre sous les yeux du lecteur l'installation générale de ce frein.

L'application d'un frein à vide non automatique sur un train, est représentée sur la figure 162. Elle comprend les pièces suivantes, que nous décrirons séparément :

1° Le robinet de prise de vapeur placé sur la locomotive, en A ; 2° l'éjecteur, B ; 3° Les cylindres à vide C, C' placés sous chaque véhicule et reliés aux leviers des sabots des freins ; 4° la conduite générale DED' et les raccords d'accouplement ; 5° la valve de rentrée d'air, I ; 6° les purgeurs automatiques de l'eau de condensation H ; 7° le robinet éjecteur G et le manomètre.

Les *sacs à vide* contiennent une membrane, ou diaphragme, en caoutchouc toilé, ou en cuir, armé de plaques métalliques à sa partie inférieure, où s'attache la tige du frein. La membrane est prise sur ses bords entre les brides de la boîte. La bride inférieure de la boîte a une ouverture pour le passage de la bielle du levier du frein et pour la rentrée de l'air. La boîte supérieure est fixée au plancher des véhicules, et porte un ajutage recevant un tuyau simple qui se raccorde à la conduite générale.

La conduite peut être simple ou double. La conduite simple comprend les tuyaux et les boîtes à vide de la locomotive, du tender et du fourgon de tête. Elle suffit pour les trains de marchandises, qui marchent à une faible vitesse, l'action des freins sur ces trois véhicules, d'un poids total d'environ 70 tonnes, étant suffisant pour produire l'arrêt ou le ralentissement sur les pentes.

C'est ainsi que ce frein fonctionne sur le chemin du Nord français, et en Autriche pour un certain nombre de freins de marchandises. On emploie, dans ce dernier cas, un éjecteur simple.

La conduite double comprend, outre celle ci-dessus décrite, une conduite spéciale passant sous tous les véhicules du train ; il faut dans ce cas un éjecteur double.

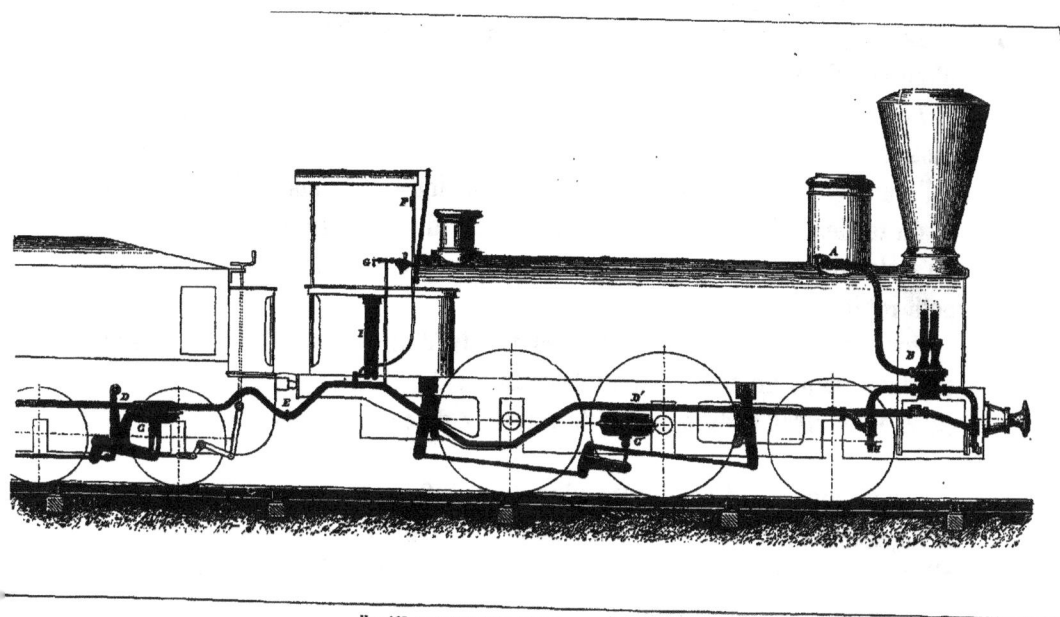

FIG. 162. — INSTALLATION GÉNÉRALE DU FREIN A VIDE

Les raccords d'accouplement (système Hardy) sont adoptés par les chemins de fer d'Autriche, d'Allemagne, d'Italie, de Suisse, etc. M. Clayton, ingénieur du chemin de fer du Midland, a adopté, pour le matériel de cette Compagnie, et fait adopter par un certain nombre de lignes anglaises, un raccord plus simple, qui a fonctionné sur deux trains, pendant deux ans, au chemin de fer de Paris à Orléans, et qui fonctionne actuellement sur les chemins de fer de l'État à Tours. Ce raccord, qui facilite beaucoup la manœuvre d'accouplement et de découplement des véhicules, n'exige pas la torsion des tuyaux en caoutchouc, et, en cas de séparation brusque des véhicules, n'entraîne pas la rupture des tuyaux.

Les tuyaux d'accouplement sont en caoutchouc toilé, garnis à l'intérieur d'une spirale en fil de fer galvanisé.

La conduite double, allant l'une d'un éjecteur aux boîtes à vide de la locomotive et du tender, et l'autre du second éjecteur aux véhicules du train, a l'avantage d'assurer dans tous les cas l'action des freins de la locomotive et du tender, si par négligence on oubliait d'accoupler un des véhicules du train (ce qui peut se vérifier en marche par le mécanicien, à l'aide du petit robinet éjecteur G).

Pour intercaler un des véhicules munis d'un autre système de freins continus, dans un train pourvu de frein à vide, il suffit de munir ces véhicules d'un tuyau additionnel et de raccords d'accouplement.

Il y a aujourd'hui en Europe plus de 4,000 locomotives et 17,000 véhicules, munis du frein à vide, qui fonctionnent dans les circonstances les plus difficiles et les plus variées, et qui n'ont jamais occasionné d'accidents, ni manifesté d'impuissance en présence d'un danger.

Des expériences officielles faites sur le chemin de fer du Nord français, et en Angleterre sur le *North Eastern*, en présence de M. Douglas Golten, et des principaux ingénieurs anglais, ont démontré que l'efficacité et la promptitude d'action des freins à vide étaient sensiblement les mêmes que celles des freins à air comprimé.

La préférence accordée par un grand nombre d'ingénieurs au frein à vide, s'explique parce que, outre la sécurité qu'il présente comme fonctionnement, il est, de tous les systèmes de freins continus, le plus simple, *le plus facile à comprendre par les mécaniciens, le moins cher d'installation et d'entretien, et le seul qui fonctionne sans intermédiaire mécanique.* Les seuls agents dont il ait besoin pour fonctionner, sont, en effet, la vapeur de la chaudière et l'air extérieur employés sans aucun travail mécanique.

L'action du vide a pour résultat d'assurer les joints de la conduite générale et des raccords d'accouplement ; de telle sorte que si une fissure se déclare aux tuyaux en caoutchouc, les lèvres de cette fissure pressées par l'air extérieur, tendent à se fermer, et laissent intact le fonctionnement du frein. C'est le contraire qui se produit avec les freins à air comprimé, dont la pression est intérieure et beaucoup plus considérable. Cette pression intérieure est de 5 atmosphères, tandis que, pour les freins à vide, la pression extérieure est de 2/3 d'atmosphère seulement : c'est une des raisons pour lesquelles les dérangements constatés avec les freins à vide, sont beaucoup moins nombreux qu'avec les freins à air comprimé.

La consommation de vapeur pour actionner les freins à vide, est très faible, et n'a lieu que pendant quelques secondes, aux arrêts aux gares ou sur les pentes, en d'autres termes, quand la vapeur de la chaudière ne peut faire défaut aux besoins de la locomotive.

Afin que le mécanicien puisse à tout instant contrôler l'état du frein à vide, un petit robinet éjecteur G (figure 162), de 5 millimètres de diamètre, est placé sur la locomotive, en communication avec la conduite générale, dans laquelle il ne produit un vide que de quelques centimètres, insuffisant pour produire le serrage des sabots, mais suffisant pour indiquer, à l'aide d'un manomètre, au mécanicien et au conducteur placé dans le wagon de queue, si les accouplements des tuyaux d'une voiture à l'autre sont faits, et si le frein est en ordre.

On reprochait au frein à vide le bruit que produisent l'air et la vapeur en sortant de l'éjecteur. La Compagnie du chemin de fer du Nord a fait droit à ces réclamations. Elle a installé le tuyau d'évacuation de l'éjecteur dans la cheminée de la locomotive, comme on le fait, d'ailleurs, en Angleterre, en Autriche, en Allemagne et aux chemins de fer de l'État français. Dans ces conditions, le bruit est très sensiblement atténué.

Il est nécessaire d'ajouter que la manœuvre de la valve à vapeur, et, par suite, de l'éjecteur, peut être faite, en cas de besoin, par l'employé qui se trouve dans le fourgon de queue, à l'aide d'une corde longeant le train. Cette corde, à la portée de la main de l'employé, est attachée au levier de la manœuvre de la valve à vapeur.

La même manœuvre peut être exécutée (ainsi qu'on le fait au chemin de fer du Nord) en utilisant le contact électrique, qui est appliqué pour les disques-signaux, qui avoisinent les gares, comme nous l'expliquerons dans le chapitre suivant, en parlant des nouveaux signaux de chemins de fer. La locomotive est munie, à sa partie inférieure, d'une brosse, ou balai, composé de fils métalliques, qui vient frotter et établir un contact sur un plan incliné également métallique placé entre les rails et à une distance déterminée du disque-signal. Un commutateur vient, à l'aide d'un appareil disposé *ad hoc*, sur la machine, agir, au moyen d'un électro-aimant, sur le levier de la valve à vapeur, de manière à faire fonctionner l'éjecteur et par suite le frein, pour le cas où le mécanicien oublierait de le faire agir en temps utile.

C'est à tort que l'on a prétendu que le frein à vide n'est pas automatique, c'est-à-dire qu'il n'agit pas de lui-même, pour produire l'arrêt sans le concours des employés du train, lorsqu'il y a, par exemple, rupture d'attelage, ou déraillement. Cette erreur a trouvé créance par ce fait que la Compagnie du chemin de fer du Nord, ainsi qu'un grand nombre de lignes anglaises, autrichiennes, allemandes, italiennes, etc., ont considéré que le frein à vide non automatique remplit suffisamment les conditions exigées dans une exploitation ordinaire, et qu'elles ne se sont pas inquiétées de le rendre automatique. Mais en présence de l'opinion d'un certain nombre d'ingénieurs de chemins de fer, qui tenaient à l'automaticité du frein, la Compagnie du frein à vide a étudié et appliqué, depuis 1879, sur huit lignes anglaises, et récemment sur la ligne du Grand Central belge et sur les chemins de l'État français, son système de frein automatique, qui jouit exactement des mêmes propriétés que celui du frein à air comprimé, et ne produit que très peu d'arrêts intempestifs en pleine voie, avantage qu'il doit à la simpliciité de l'organe qui produit l'automaticité, et aussi à cause du principe même du vide, qui a pour avantage de rendre les joints autoclaves, puisque la pression atmosphérique extérieure assure ces joints; tandis qu'avec l'air comprimé à 5 kilogrammes de pression intérieure par centimètre carré, dans la conduite et dans les organes, les assemblages tendent à se disjoindre; ce qui amène un arrêt intempestif du train.

Comment obtient-on l'automaticité du frein à vide? L'action du vide, dans le frein non automatique, est intermittente, et n'a lieu, comme on l'a dit plus haut, que lorsque le mécanicien ou l'employé qui se tient dans le fourgon de queue, le jugent nécessaire. Pour réaliser l'automaticité du même frein, c'est-à-dire pour qu'il soit toujours prêt à agir, il faut que le vide soit permanent dans la conduite et dans les organes spéciaux du frein. Cette permanence de vide est obtenue à l'aide d'un très petit *éjecteur*, dont on peut régler le débit, et qui a pour mission de compenser, par son action, la perte du vide et les rentrées d'air qui peuvent se produire accidentellement.

La rentrée de l'air dans le frein à vide qui doit produire l'effet automatique, est obtenue à l'aide d'un appareil spécial, très simple. Il se compose d'une petite balle métallique, de 12 millimètres de diamètre, qui, dans es conditions normales, se tient en équilibre, mais qui, d'elle-même, remplit les fonctions de soupape sphérique, aussitôt que son équilibre est rompu, soit par suite de l'introduction de l'air faite accidentellement par le mécanicien, soit que l'air extérieur se soit glissé inopinément dans la conduite principale. Si un accident de ce genre arrive, si l'air a pénétré dans la conduite générale, la petite balle métallique se déplace, et l'air, avec sa pression, arrive sous le *sac à vide*, lequel est soulevé par cette pression. Et comme le levier d'arrêt actionnant les sabots des voitures et wagons est attaché au *sac à vide*, les freins entrent en action, et le train s'arrête.

Le frein à vide non automatique est adopté en France d'une manière exclusive par le chemin de fer du Nord, qui a aujourd'hui en service 624 locomotives et 2,800 véhicules munis de ce frein. Son application doit continuer sur le reste du matériel. Il est exclusivement adopté en Autriche et sur un grand nombre de lignes anglaises, notamment sur le railway métropolitain de Londres, où les trains se succèdent toutes les deux minutes, sur le railway métropolitain de Berlin, etc. On le trouve sur le *London North Western, Lancashire et York-shire, London South Western, Midland*, etc., enfin les chemins de fer d'Irlande.

En Angleterre, où les freins continus sont mis en pratique depuis plus longtemps qu'en France, le frein à vide était appliqué, au 31 juin 1884, sur 2,965 locomotives et 15,590 véhicules.

En résumé, le but d'un frein étant d'assurer la sécurité des voyageurs et des convois circulant sur la ligne, l'idéal du genre consisterait à trouver un frein d'un effet *infaillible*. Un tel problème est irréalisable d'une façon absolue ; mais l'expérience prouve, et tous les rapports des ingénieurs constatent, que le frein à vide et le frein à air comprimé donnent tous les avantages désirables, et que la sécurité des trains et la vie des voyageurs sont préservées aussi efficacement qu'on puisse le désirer, par l'usage de l'un ou de l'autre de ces freins.

On a comparé, avec raison, la locomotive au coursier fougueux qui dévore l'espace, en lançant, par ses naseaux brûlants, la flamme et la fumée. Mais il fallait pouvoir maîtriser la puissance, quelquefois aveugle, de cet impétueux cheval de fer et d'acier ; il fallait mettre aux mains du mécanicien, pour diriger son élan et prévenir de dangereux écarts, la bride et le mors, qui l'arrêtent en face d'un obstacle ou d'un péril. Après de longs efforts, la science mécanique a résolu ce problème, réputé jusque-là insoluble, et c'est un spectacle saisissant que de voir avec quelle singulière facilité le conducteur arrête aujourd'hui un train lancé à toute vapeur, après seulement 30 ou 40 mètres de parcours, en face d'un obstacle, ou simplement aux abords d'une station. La locomotive qui se prête, avec tant de souplesse, aux manœuvres les plus diverses, qui peut s'élancer et s'arrêter, comme le plus docile serviteur, sous la simple pression des doigts du mécanicien, qui gradue, arrête ou redouble sa puissance, selon les besoins et les accidents de la route, qui traîne les plus lourdes charges, gravit les pentes, et tourne les lacets des chemins de montagnes, était déjà une des plus admirables créations de l'industrie des hommes. Par une merveille nouvelle on est parvenu, de nos jours, à ajouter à ces éléments précieux la garantie certaine de la sécurité, et l'assurance de pouvoir éviter, à l'avenir, ces catastrophes qui jetaient, par intervalles, au sein des populations, l'épouvante et le deuil. Il est bon de révéler à la foule inconsciente ces admirables créations de l'art contemporain, afin de lui inspirer une juste reconnaissance pour les incessants bienfaits qu'elle doit au génie des savants.

XXVI

Le frein électrique. — Travaux de M. Achard. — Avantages et inconvénients du frein électrique. — État actuel de la question. — *Habent sua fata libelli.*

Les *freins continus*, c'est-à-dire le frein à air comprimé et le frein à vide, ont pour but de remplacer la main du garde-frein qui serre le sabot. L'effet presque instantané de l'air comprimé ou du vide, constitue l'avantage fondamental des freins *continus*. Mais il est un agent dont la rapidité de transport et d'action est supérieure encore à ces deux moteurs : nous voulons parler de l'électricité. On a donc, de très bonne heure, songé à appliquer l'électricité au serrage instantané des freins.

M. Achard, ancien élève de l'École polytechnique, ingénieur civil à Chatte, près Saint-Marcellin (Isère), est le premier qui sut résoudre le problème de l'arrêt instantané d'un convoi. L'appareil qu'il construisit à l'origine, remonte à l'année 1869. On trouvera dans le tome VIII° (pages 134-137) du journal *la Lumière électrique*, le dessin de cet appareil, assez bizarre, mais qui renfermait le germe des améliorations que l'inventeur devait réaliser plus tard.

C'est à l'Exposition universelle de Paris de 1855 qu'apparut, pour la première fois, le frein électrique de M. Achard.

L'*enrayeur électrique*, qui figurait à cette Exposition, avait pour but de remplacer les gardes-freins, pour l'arrêt des convois. Voici quelles étaient les dispositions de cet appareil.

Au-dessous de chaque wagon pourvu d'un frein, et près de l'arbre de ce frein, se trouve un électro-aimant, c'est-à-dire une lame de fer parcourue par un fil conducteur, dans l'intérieur duquel on peut faire circuler un courant électrique, capable de lui communiquer la vertu magnétique. En face de cet électro-aimant est placée une armature de fer, susceptible d'être attirée par l'aimant temporaire. Une pile voltaïque, disposée sur le wagon, peut envoyer de l'électricité à cet electro-aimant, et lui communiquer ainsi la puissance attractive. Dans l'état ordinaire, c'est-à-dire, lorsque le mécanicien ne veut pas arrêter son convoi, l'électricité ne circule pas autour de l'électro-aimant. L'armature et l'électro-aimant se meuvent donc librement ; ils suivent tous les deux les mouvements que leur imprime la progression du convoi, et tout marche comme si cet appareil n'existait pas. Mais si le mécanicien veut arrêter le train, il établit, à l'aide d'un petit levier, la communication entre les fils conducteurs de la pile voltaïque et l'électro-aimant : aussitôt, le courant électrique s'élançant dans le fil, l'électro-aimant devient actif, et attire l'armature de fer, qu'il entraîne avec lui. Or, dans l'état de marche ordinaire, cette armature tient en respect un cliquet, ou verrou, destiné à pousser une roue dentée, qui peut elle-même mettre en action l'*arbre du serre-frein*. Ce cliquet se trouvant rendu libre par le déplacement de l'armature, la roue du serre-frein (qui se meut lui-même par la force d'impulsion du convoi), se met aussi à agir, et arrête la marche.

Ainsi, dans l'*enrayeur électrique* que M. Achard construisait en 1855, la force électro-magnétique n'était pas employée comme puissance mécanique directe, pour arrêter le convoi. L'effort développé par un moteur électro-magnétique semblait alors impuissant à produire ce résultat. L'électro-aimant servait donc tout simplement à dégager un cliquet, qui laissait partir une roue. Quant à l'effort mécanique de l'enrayage, il était dû tout entier à la force impulsive du convoi, par l'intermédiaire de l'axe tournant des roues du wagon.

La pensée de ne demander à l'électricité qu'un très faible effort mécanique, tout en profitant de l'instantanéité de son action, était des plus ingénieuses. Il était pourtant préférable de faire servir directement la force mécanique qu'engendre l'électricité, à produire, par sa propre énergie, le serrage des reins. Les progrès faits par la science de l'électricité ayant permis de donner à la force engendrée par la pile ou par le mouvement, une énergie suffisante, M. Achard s'appliqua à cette nouvelle solution du problème, et le nouveau frein électrique qu'il a imaginé paraît répondre à toutes les objections.

Nous représentons dans les figures 163-164 le frein électrique de M. Achard, tel qu'il a été expérimenté plusieurs fois au chemin de fer de l'Est, dans ces dernières années.

Si un courant électrique traverse l'électro-aimant tubulaire, G, les pôles de cet électro-aimant sont attirés par l'essieu H, du wagon. Ils participent alors au mouvement de rotation de l'essieu, et ils entraînent l'arbre d'enroulement, d'une chaîne dont l'électro-aimant G est pourvu. Alors cette chaîne, soulevant deux grands leviers, J,J, fait appliquer le sabot contre la roue, et enraye.

Pour desserrer les roues, il suffit d'interrompre le courant : l'électro-aimant abandonne l'essieu, les chaînes se détendent, et les sabots s'écartent de la roue.

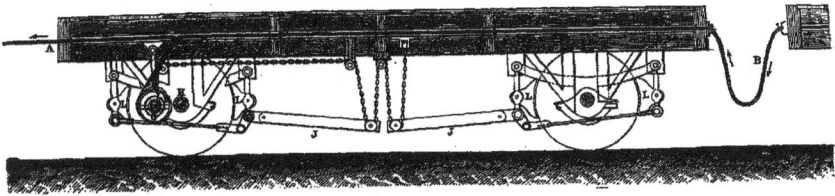

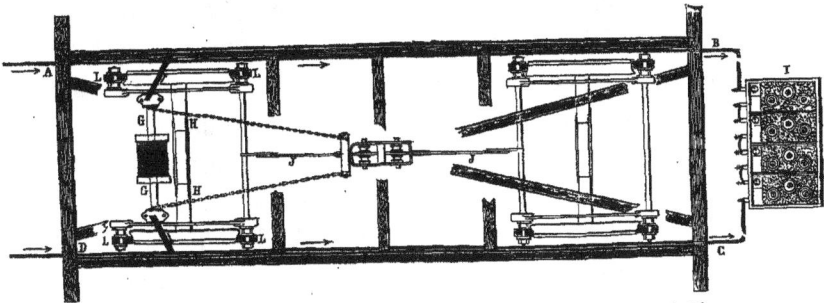

Fig. 163-164. — FREIN ÉLECTRIQUE (PERSPECTIVE DU FREIN ET COUPE HORIZONTALE DU CHASSIS DU WAGON)

Le courant électrique est produit par une pile *accumulatrice*, I. Le courant qu'elle engendre arrive à l'électro-aimant G, par les fils d'aller et de retour ABCD.

Mais une pile accumulatrice est d'un poids considérable. On s'occupe à remplacer cette source d'électricité par une machine Gramme. Ici l'inconvénient est d'une autre nature. Pour actionner une machine électromotrice Gramme, il faut emprunter la vapeur à la chaudière; ce qui a pour résultat de soustraire une partie de sa puissance à la locomotive.

On voit que la question de l'emploi de l'électricité se complique, quand on entre dans la pratique du service des voies ferrées.

Quoi qu'il en soit, la pile accumulatrice est placée dans le fourgon à bagages, comme le représente notre dessin, et une autre pile semblable est établie dans le premier wagon; de sorte que le frein peut être manœuvré soit par le mécanicien, soit par le conducteur du train.

Quant à la manière de faire agir le frein électrique, elle est des plus simples. Il suffit de tourner un *commutateur électrique*, qui envoie le courant dans le fil conducteur, et tous les freins se serrent au même instant.

On reproche à ce frein sa trop grande rapidité, qui produit un arrêt trop brusque, comparé à l'effet, toujours gradué quoique rapide, des freins à air comprimé et à vide. On peut remédier à cet excès en interposant, dans le circuit, un *rhéostat*, qui permet de graduer l'action du courant.

Il y a donc, dans le frein électrique, une grande rapidité d'action, jointe à une extrême facilité de manœuvre. Il permet d'intercaler facilement dans un train, des wagons non munis de frein, à la condition d'intercaler aussi deux fils conducteurs, pour maintenir la continuité du circuit électrique.

L'entretien des piles, qu'on aurait pu croire difficile, se fait, au contraire, de la façon la plus aisée, par de simples ouvriers.

En résumé, le frein électrique qui joint à la rapidité d'action la facilité dés manœuvres, produit, avec une admirable efficacité, l'arrêt instantané de toutes les voitures d'un train. Il n'est inférieur, sous aucun rapport, aux freins à vide et à air comprimé; et bien des personnes y voient « le frein de l'avenir ». D'où vient, pourtant, que les freins à vide et à air comprimé soient aujourd'hui en usage sur presque toutes nos voies ferrées, tandis que le frein Achard, toujours délaissé, n'a jamais pu parvenir à se faire adopter par les Compagnies? Pendant quarante ans, l'inventeur a prêché, avec une ténacité et une force de conviction inébranlables, l'adoption de son système, et il n'est pas beaucoup plus avancé qu'à ses débuts. Nous avons connu M. Achard à l'Exposition universelle de Paris, de 1855; nous l'avons revu à celle de 1878. C'était un docte ingénieur et un homme au caractère des plus sympathiques. Travailleur infatigable, il était animé d'une philosophie douce, tolérante et résignée. C'était bien l'inventeur obstinément attaché au triomphe de son œuvre, et y dévouant sa vie, sans amertume ni regret. Aujourd'hui encore, après quarante années d'efforts, il est sans cesse en instance auprès des Compagnies de chemins de fer, et préside avec ardeur à tous les essais que poursuit la Compagnie de l'Est, qui patronne son système et se flatte de le mener à bien. Ses cheveux ont blanchi, ses forces ont décliné, mais il est toujours inébranlable dans sa marche vers le but à atteindre. Les anciens disaient : *timeo hominem unius libri* (Je redoute un homme qui a étudié un seul livre). M. Achard, qui n'a pas cessé de se consacrer, depuis sa jeunesse, à l'étude du frein électrique, a droit à l'admiration de ses contemporains ; et s'il ne réussit pas définitivement dans la grande tâche qui fut le but constant de sa vie, il sera, du moins, en possession de la reconnaissance publique, car ses travaux ont eu pour but la conservation et la préservation de la vie des hommes par un moyen d'éviter et de prévenir les accidents de chemins de fer. On dit que les livres ont leur destin : *Habent sua fata libelli*. Il en est ainsi des inventions mécaniques. Leurs destins sont suspendus aux hasards des événements et du sort.

XXVII

Les nouveaux signaux assurant la sécurité des trains. — Le sifflet électrique
automoteur à l'approche des stations. — Les sonneries trembleuses. —
Les *postes-vigies*, pour l'aiguillage général. — cloches allemandes. — Le
Le block-system, son principe, ses applications en Angleterre et en France.

La sécurité des trains est assurée, dans les conditions habituelles du
service, par un ensemble de signaux que nous n'avons pas à décrire, puisque
leur usage remonte aux premières périodes de la création des chemins de
fer. Nous devons nous contenter de les rappeler.

On sait que des signaux fixes ou des signaux à main indiquent si la voie
est libre ou occupée, si un obstacle ou un autre train est à proximité d'un
convoi en marche.

Aux signaux à main se rattachent, pendant le jour, les drapeaux, rouges
ou verts, déployés ou fermés; et, pour la nuit, des lanternes, que le cantonnier présente au train, et dont le verre est tantôt blanc, tantôt vert, tantôt
rouge.

Aux signaux fixes se rattachent les disques présentant une face rouge ou
noire, pendant le jour, et, pendant la nuit, d'autres colorations convenues;
ainsi que les boîtes détonantes, qui signalent, en temps de brouillard,
quelques passages dangereux.

Nous omettons d'autres moyens simples, qui varient selon le réseau des
diverses Compagnies, ou selon les pays, et qui assurent la sécurité des trains
sur un parcours peu étendu.

Mais tous ces signaux, étant basés sur la vue d'un objet matériel, ou sur
la perception d'un bruit, ne sont utiles qu'à une faible distance, à quelques
kilomètres. Si le parcours est plus grand, ils deviennent insuffisants. Il a donc
fallu créer toute une série de moyens nouveaux, pour que, dans chaque gare,
on puisse connaître l'état de la voie, comme si on l'avait sous les yeux.

Dans ces dernières années, ce genre de signaux s'est singulièrement accru
et perfectionné, et c'est à leur application générale que l'on doit attribuer le
petit nombre d'accidents qui se produisent aujourd'hui sur nos voies ferrées.

C'est à l'électricité que l'on emprunte presque tous les moyens de connaître, à chaque instant, l'état de la voie. Les moyens, proposés et essayés

depuis dix ans, sont en nombre considérable, et nous risquerions de nous égarer dans leur diversité si nous n'avions un guide sûr : c'est le rapport de M. Guibout de Neuville, cité dans les pages précédentes. Ce rapport signale les appareils électriques ou autres dont l'adoption a été recommandée aux Compagnies françaises de chemins de fer, et qui ont été bientôt adoptés. Il nous suffira donc de faire connaître ces appareils, qui peuvent se réduire aux suivants :

1° Le sifflet électrique automatique à l'arrivée en gare, ou dans les stations importantes ;

2° Le carillon trembleur, qui sert à prévenir les employés de la gare qu'aucun autre train ne s'avance sur la ligne ;

3° La manœuvre mécanique pour actionner les aiguilles sans erreur possible en d'autres termes, les *postes-vigies*, ou *pavillons pour l'aiguillage général*, qui ont remplacé les aiguilleurs stationnant sur la voie ;

4° Le *block-system* ;

5° Les *cloches allemandes*.

Sifflet électrique automatique. — Le mécanicien ou le conducteur d'un train peuvent ne pas apercevoir les disques qui signalent un point dangereux de la voie, ou l'approche d'une station. On a, dès lors, voulu que la locomotive elle-même annonçât son passage, par un effet physique infaillible.

C'est le courant électrique qui réalise cet effet.

Beaucoup d'appareils de ce genre ont été essayés par les Compagnies. Celui auquel on s'est arrêté a été combiné par M. Lartigue, ingénieur de la Compagnie du Nord, et construit par M. Digney. Voici ses dispositions.

A une certaine distance du disque d'arrêt, est établi un *contact électrique*

FIG. 165. — SIFFLET ÉLECTRIQUE AUTOMATIQUE

C'est un corps métallique saillant entre les rails, au milieu de la voie, et que les employés désignent vulgairement, sous le nom de *crocodile*, parce que sa carapace paraît rappeler ce reptile. De cette espèce de carapace métallique faisant saillie sur la voie, partent deux fils conducteurs qui aboutissent à une pile voltaïque, placée dans la guérite du cantonnier, ou à la maison du garde-barrière. Le pôle négatif de cette pile est en contact avec la terre, et dans les conditions ordinaires le courant électrique ne circule pas. Mais le courant circule quand la locomotive arrive. En effet, la locomotive est pourvue, à sa partie inférieure, d'une sorte de brosse métallique, c'est-à-dire formée de fils conducteurs de l'électricité, et dont la longueur est calculée pour venir frotter la surface du *contact métallique*. Le courant électrique s'établissant par la brosse de la locomotive qui vient réunir les deux pôles, fait retentir le sifflet que porte toujours la chaudière d'une locomotive.

Nous représentons dans la figure 165 le contact fixe, ainsi que la locomotive, pourvue, à sa partie la plus basse, de la brosse de fils métalliques. P, est la pile voltaïque qui fournit le courant. S, est le sifflet placé sur la locomotive. Il résonne, par l'effet de la vapeur, grâce à un mécanisme très ingénieux, dû à M. Lartigue, mais qu'il serait superflu de décrire dans ses détails. Quand la brosse *b*, placée sous locomotive, vient établir la communication électrique en touchant le contact, C, le sifflet S retentit automatiquement.

C'est par ce moyen qu'à l'entrée d'une gare, à l'approche d'un tunnel ou d'une rampe, la locomotive annonce elle-même son arrivée, et remplace le mécanicien, qui peut être distrait ou occupé à d'autres soins.

Le carillon électrique. — Quand on voyage sur la ligne de Paris à Marseille, ont entend, dès que le train est entré en gare, retentir un carillon, qui continue à résonner cinq minutes encore après le départ. Cette sonnerie n'est pas, comme on pourrait le penser, dépendante du service des télégraphes : elle se rattache au système des signaux du chemin de fer. Ce carillon est, en effet, l'indice que le *disque-signal* placé à une certaine distance, indique bien l'arrêt du train, afin de prévenir un autre train, s'il s'en présente un, d'avoir à ne pas s'engager sur la même voie.

Le *carillon électrique* est donc destiné, simplement, à contrôler la manœuvre du *disque-signal*, annonciateur de l'état de la voie. Quant au mécanisme qui fait retentir le *carillon électrique* jusqu'au départ du train, il est fort simple. On sait que le *disque-signal* est porté au haut d'un mât. Lorsqu'il vient à tourner, par le mouvement de rotation sur son axe qu'imprime à l'arbre qui le porte, l'employé spécial de la voie, ce disque entraîne avec lui une tige, laquelle vient toucher un contact métallique, quand ce disque est placé au signal d'arrêt. Ce contact établit le courant électrique aboutissant à la *sonnerie trembleuse* placée dans la gare, et le carillon continue son tintement tant que le *disque-signal* est placé à l'arrêt. Quand la sonnerie cesse de retentir, c'est la preuve que le *disque-signal* a repris sa place, ce qui annonce la liberté de la voie.

Postes-vigies pour l'aiguillage général. — On connaît l'importance fondamentale des aiguilles, c'est-à-dire de l'appareil mobile, composé de tronçons de rail, qui produit le changement de voie. Si l'aiguilleur est distrait, malade, etc., il peut diriger le train, par une fausse manœuvre, dans un mauvais sens, et alors un accident est possible. C'est pour prévenir les fausses manœuvres des aiguilleurs que, dès l'année 1856, un ingénieur du chemin de fer de l'Ouest, M. Viguier, imagina un appareil qui produisait les signaux optiques, c'est-à-dire manœuvrait les *disques-signaux*, en même temps que l'aiguilleur produisait le changement de voie. Grâce à ce moyen, on était averti de la bonne exécution de la manœuvre par l'aiguilleur. L'apparition du signal optique, c'est-à-dire du disque-signal, en était le garant

On appela *enclenchement*, le système mécanique qui établit la solidarité entre le mouvement des aiguilles et le signal optique.

L'appareil de M. Viguier est resté longtemps en usage ; mais, plus tard, la multiplication extraordinaire des trains sur les chemins de fer de l'Ouest et sur d'autres lignes, rendit insuffisant l'appareil à *déclenchement automatique* de M. Viguier. On eut alors l'idée, dans les grandes gares, de réunir en un même point, de centraliser, pour ainsi dire, les leviers des aiguilles, pour produire l'enclenchement d'un très grand nombre d'aiguilles. On cite en Angleterre, à Charring-Cross (Londres), des postes mécaniques d'aiguillage qui renferment jusqu'à 70 leviers. A la gare du Nord de Paris, les aiguilles à faire agir dans le même pavillon sont au nombre de 60, et de 50 au chemin de fer de l'Ouest.

Deux constructeurs anglais, MM. Saxy et Farmer, sont les inventeurs d'un système mécanique, très compliqué dans ses combinaisons, mais très sûr dans ses résultats, qui permet, de produire à distance, l'*enclenchement* des leviers des aiguilles pour les changements de voie, et qui ferme l'accès à toute autre voie que celle que le train doit suivre. En d'autres termes, les *enclanchements* établis entre les leviers immobilisent, quand l'un d'eux a été manœuvré, ceux dont le mouvement pourrait créer un danger.

Le mécanisme de l'appareil de MM. Saxy et Farmer est tellement sûr que l'on a dit qu'un aveugle qui entrerait dans un *poste-vigie*, et qui manœuvrerait au hasard les leviers, pourrait sans doute arrêter la circulation des trains, mais ne saurait produire une collision.

La figure placée au frontispice de ce volume, représente le bâtiment qui renferme les leviers pour manœuvrer à distance les aiguilles dans une station de chemin de fer, c'est-à-dire un *poste-vigie* pour l'aiguillage.

Le block-system. — Deux trains marchant dans la même direction et sur la même voie, sont susceptibles de s'atteindre et de se tamponner. Les règlements des diverses Compagnies prescrivent, pour éviter ces rencontres, de séparer chaque départ de train, sur une même ligne, et dans le même sens, par un certain intervalle de temps. Cet intervalle séparateur est, en général, de 10 minutes. Mais la vitesse de l'un des deux trains marchant dans la même direction, est subordonnée à des incidents imprévus, qui peuvent ralentir l'un des trains, ou même l'arrêter, sans que le suivant en soit averti.

Sur des lignes à faible trafic, le temps pris comme base, pour faire succéder un train à l'autre, peut être un moyen de précaution suffisant, mais sur des lignes très fréquentées, par exemple sur les lignes de banlieue du chemin de fer de l'Ouest, où les trains se succèdent quelquefois de minute en minute, il est tout à fait indispensable de prendre un autre moyen d'empêcher les collisions. Il faut substituer à la garantie du temps la connaissance précise de l'état de la voie en ses différentes parties. Tel est l'objet du *block-system*.

On divise toute la longueur de la ligne en un certain nombre de sections, composées, chacune d'un poste, contenant un employé et un appareil télégraphique. La distance d'une station à l'autre dépend de l'importance du trafic de cette ligne. Un train en marche ne peut sortir de ce cantonnement sans que le garde préposé au poste de la station, ne lui en ait donné l'autorisation, et cette autorisation n'est donnée que quand le garde s'est assuré, au moyen du télégraphe, qu'il n'y a aucun autre convoi sur la section suivante de la voie.

Tel est donc le principe de l'important ensemble des moyens d'avertissement mutuel qui porte le nom de *block-system*, du verbe anglais *block*, barrer, bloquer, ce qui signifie qu'un train est *bloqué* dans une section, jusqu'à ordre contraire.

L'invention de ce système est due à un ingénieur anglais, M. Tyer. Il a été perfectionné successivement par M. Regnault, ingénieur français, et MM. Siemens et Halske, de Berlin.

Voici quelle est la disposition de chaque poste, dans le *block-system*.

Deux cadres rectangulaires sont divisés, dans le sens de la hauteur, en deux parties, l'une pour la *voie d'aller*, l'autre pour la *voie de retour*. Dans chaque moitié du cadre, c'est-à-dire de la représentation graphique de la voie d'aller ou de retour, est une aiguille de fer, qui peut, sous l'influence d'un courant électrique, ou d'un électro-aimant actionné par un courant, s'incliner à droite ou à gauche, comme le fait l'aiguille du vieux télégraphe électrique anglais. Ces deux indications de l'aiguille tournant à droite et à gauche, correspondent aux mots : *voie occupée, voie libre.*

Dans le poste est un appareil électrique, appelé *avertisseur*, et un autre, *récepteur*. Au moyen de l'appareil *avertisseur*, le garde fait savoir au garde du poste suivant si la voie est *libre* ou *occupée*, et avec l'appareil *récepteur* il reçoit les réponses du poste suivant. Bien entendu qu'une sonnerie électrique attire l'attention de l'employé du télégraphe, quand la dépêche va lui être expédiée.

Grâce à ces deux signaux le garde, dès qu'un train est engagé sur la voie de sa section, en est prévenu, et il prévient, à son tour, le garde de la section suivante. Quand le train est reparti, le même garde en donne avis au poste suivant. Par cette série de messages télégraphiques, l'état de la voie est constamment connu de tous les autres employés au mouvement et à la surveillance des trains.

Nous ajouterons que chaque poste est ordinairement pourvu d'un appareil à signaux, connu sous le nom d'*électro-sémaphore*, qui sert de complément aux dépêches télégraphiques. Lartigue, ingénieur au chemin de fer du Nord, plus tard directeur de la Société générale des téléphones, mort en 1884, est l'inventeur d'un *électro-sémaphore* qui est en usage au chemin de fer du Nord.

La Compagnie du chemin de fer de Paris-Lyon-Méditerranée se sert d'un appareil électro-magnétique destiné à la transmission des signaux pour la correspondance d'un poste à l'autre, qui a été construit par M. Tyer, l'inventeur du *block-system*, et perfectionné par un ingénieur français, M. Jousselin; ce qui a fait donner à cet appareil à signaux le nom d'appareil *Tyer-Jousselin.* Il produit, par le mouvement des aiguilles sur les cadrans du poste et avec le même courant électrique, non pas seulement deux signaux, comme le premier appareil, dont nous avons parlé, mais 12 signaux. Ces signaux répondent aux indications suivantes :

1. *Demande d'une locomotive à voyageurs.*
2. *Demande d'une locomotive à marchandises.*
3. *Avis de l'existence, sur la voie, d'une machine isolée.*
4. *Arrêtez et visitez le train.*
5. *Wagons échappés et libres sur la voie d'aller.*
6. *Wagons échappés et libres sur la voie de retour.*
7. *Arrêtez le train venant sur moi.*
8. *Train en détresse sur la voie d'aller.*
9. *Train en détresse sur la voie de retour.*
10. *Rentrer dans la section.*

11. *Essayer le jeu de l'appareil*.

12. *Le signal produit est annulé*.

Il paraît que ces douze signaux suffisent pour tous les avis à donner dans une section.

On trouve aujourd'hui sur la ligne de Paris-Lyon-Méditerranée (802 kilomètres) 233 postes munis des appareils à signaux *Tyer-Jousselin*.

De nombreux accidents ont été évités depuis l'adoption de ces ingénieuses combinaisons et de l'emploi intelligent des messages télégraphiques. Mais on le conçoit, l'établissement d'un pareil ensemble est fort coûteux, et ce n'est que sur les lignes d'une grande importance qu'il peut être installé. Sur les lignes d'un moindre trafic, le *block-system* fonctionne avec des appareils d'une disposition plus simple, mais reposant toujours sur le même principe, à savoir, la division de la voie en sections, consacrées chacune à la police de cette partie de la ligne.

Les cloches allemandes. — Sur les lignes à voie unique, il serait impossible de songer à faire fonctionner le *bloc-system*, qui est d'un usage trop dispendieux. Cependant un chemin de fer à voie unique a besoin d'être surveillé autant qu'un chemin de fer à double voie, car des accidents résultant de la rencontre de deux trains marchant dans sens contraire, peuvent s'y produire. C'est pour assurer la sécurité des lignes à voie unique par une surveillance rigoureuse, que l'on a inventé, en Allemagne, les *cloches électriques*, qui, comme le *block system*, empruntent leurs moyens d'avertissement à l'électricité.

Pour faire usage de ce dernier moyen d'assurer la police de la ligne, toutes les gares et les stations importantes sont reliées par un fil télégraphique, au moyen duquel les chefs de gare transmettent continuellement des dépêches relatives à l'état de la voie. Le télégraphe Morse — disons-le en passant — a remplacé, depuis quelques années, l'ancien télégraphe à cadran, qui était d'une action trop lente.

Les sonneries du télégraphe et les appareils récepteurs des dépêches, sont établis dans les postes des gardes-barrières disséminés sur la ligne. L'employé indique le sens de la circulation des trains par un nombre déterminé de coups de la sonnerie. Tous les agents de la ligne sont avertis, de cette manière, du nombre de trains en marche et de leur sens. S'il arrive que deux sonneries différentes se fassent entendre, à peu d'intervalle, c'est la preuve que deux trains marchent en sens contraire; et alors les employés font immédiatement les signaux d'arrêt, dans les deux directions.

C'est pour perfectionner ce mode d'avertissement que Leopolder imagina, en Autriche, en 1876, les cloches dites aujourd'hui *allemandes*.

La Compagnie de Paris-Lyon-Méditerranée, après une étude approfondie des *cloches Leopolder*, faite en Autriche, et en Italie, a adopté ce mode d'avertissement.

On trouve, dans une Notice publiée par cette Compagnie, la description suivante des *cloches allemandes*.

« Le système Leopolder consiste à faire sonner électriquement de grosses cloches placées sur la façade des gares, sur les maisonnettes des gardes-lignes, ou sur des guérites intermédiaires, de manière à prévenir par l'audition d'un certain nombre de coups convenus réglementairement, les agents des gares et tous les agents en stationnement sur la ligne, du départ des trains et de tous les incidents relatifs à leur circulation, tels que : marche en dérive, demande de secours, marche de deux trains à la rencontre l'un de l'autre, etc.

Ainsi, par exemple, les trains marchant dans le sens pair sont annoncés par trois séries de deux coups de cloche, tandis que les trains marchant en sens impair sont annoncés par trois séries de trois coups de cloche. Comme les cloches sont réparties sur la ligne, de façon à être entendues d'un point quelconque de cette ligne, il en résulte que les agents des gares et les agents de la voie sont prévenus non seulement du départ des trains, mais encore du sens de la marche de ces trains. Par suite, si deux gares envoient, par une inadvertance coupable, deux trains en sens contraire, les agents, entendant les signaux correspondant à chacun de ces trains, peuvent prendre les mesures nécessaires pour les arrêter et prévenir une collision.

On comprend que l'on puisse, en faisant varier le nombre de coups de cloche et la durée de l'intervalle qui les sépare, obtenir des signaux tout à fait distincts. En représentant les coups de cloche par des points et les intervalles séparant deux groupes consécutifs de coups de cloche par des traits horizontaux, on obtient une représentation graphique des signaux. Ainsi :

$$. - . ——— . - . ——— . - . ——— .$$

représente un groupe de deux coups de cloche trois fois répétés.

$$. - . - . ——— . - . - . ——— . - . - .$$

représente un groupe de trois coups de cloche trois fois répétés.

Deux coups de cloche consécutifs, d'un même groupe, doivent être séparés par un intervalle d'une seconde et demie à deux secondes. Deux groupes consécutifs doivent être séparés par un intervalle de six secondes au moins et de huit secondes au plus. Deux groupes consécutifs doivent être séparés par un intervalle de six secondes au moins et de huit secondes au plus. Deux signaux consécutifs doivent toujours être séparés par un intervalle de huit secondes au moins, par un emprunt fait au télégraphe Morse les six coup de cloche, selon leur nombre et leur espacement répondent aux signaux inscrits dans le tableau suivant.

Nombre de coups.

1. *Annonce d'un train impair*. 1
2. *Annonce d'un train pair* 2

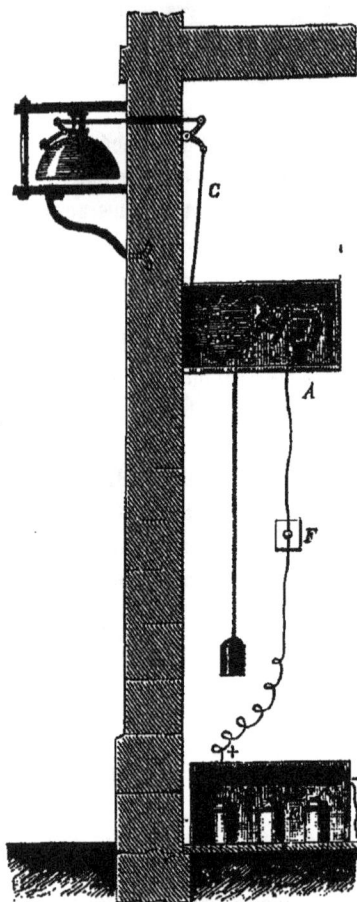

FIG. 166. — CLOCHE ALLEMANDE

Le mécanisme qui produit la sonnerie dans les *cloches allemandes*, est représenté sur la figure ci-jointe.

Le mouvement du marteau qui doit frapper le timbre D, est déterminé, grâce à la tige, C, par la chute d'un poids et des rouages, c'est-à-dire par le mécanisme du tourne-broche. Mais la chute du poids, et par conséquent le mouvement du rouage, G, sont empêchés par un cliquet, B, lequel est en rapport avec un électro-aimant A. Si l'on vient à toucher le bouton F, on fait passer le courant électrique, provenant de la pile E, dans tout ce système, et l'on rend actif l'électro-aimant A. Dès lors, l'armature de cet électro-aimant est attirée, ce qui rend libre le rouage; G, ainsi que le poids du tourne-broche, et le marteau frappe un coup sur le timbre. En interrompant ainsi le courant à différents intervalles, on produit autant de coups de cloche, qui servent de signal, d'après la liste conventionnelle des signaux inscrits sur le tableau transcrit ci-dessus.

LES VOIES FERRÉES EN AMÉRIQUE

Les chemins de fer n'ont été adoptés dans aucun pays avec autant d'empressement qu'aux États-Unis d'Amérique. Dans ces contrées en partie vierges encore des bienfaits de la civilisation, la voie ferrée, c'est-à-dire un système de locomotion économique et rapide, était un moyen providentiel, pour ainsi dire, de créer la richesse et la prospérité. Les canaux ne donnaient qu'un résultat médiocre au point de vue du prix et de la rapidité des transports ; les routes étaient en mauvais état et peu nombreuses ; d'immenses déserts, des forêts peu accessibles, séparaient les unes des autres les rares grandes villes de l'Union. Les chemins de fer apparurent donc comme les véritables pionniers de la civilisation américaine.

Il ne faut pas, dès lors, être surpris de voir les railways s'établir dans le nouveau monde dès les premiers temps de leur création : en Angleterre, en 1827, par Stephenson, et en France, en 1829, par Marc Seguin. Déjà, en 1827, des remorqueurs à vapeur tiraient les wagons le long de plans inclinés, pour le transport des charbons de Pensylvanie. En 1830, on commença à construire des chemins de fer d'Albany au lac Érié, de Baltimore vers l'Ohio, et de Charleston vers l'intérieur de la Caroline du Nord.

C'est dans l'intervalle de 1830 à 1840 que l'on comprit que les railways seraient un admirable complément des canaux, et, en même temps, un moyen rapide de transporter les personnes d'une rivière navigable à une autre, enfin le meilleur mode de créer des relations entre les villes. On entreprit des tronçons de voies ferrées, qui finirent par relier parallèlement au littoral New York, Philadelphie, Baltimore, Weldon, Wilmington.

Le grand mouvement qui portait à créer des chemins de fer aux États-Unis, subit un temps d'arrêt en 1837. L'insuffisance des recettes de beaucoup de lignes, trop légèrement entreprises ; les capitaux énormes que l'on avait consacrés en même temps aux canaux et aux voies ferrées ; la gestion infidèle de diverses banques, amenèrent la grande catastrophe financière de 1837. Ce *crak* financier eut pour résultat de paralyser presque complètement, pendant dix ans, le développement des travaux publics aux États-Unis.

Bien qu'on eût ouvert, en 1841, l'importante ligne de Boston à Albany, et, en 1842, celles d'Albany à Buffalo et de Philadelphie à Reading, ce ne fut qu'en 1848 que le mouvement d'expansion vers l'ouest reprit une intensité nouvelle, par suite de la découverte des gisements aurifères de la Californie. La construction des grandes voies ferrées commença alors, et amena la création d'autres lignes, de l'est à l'ouest.

La guerre de Sécession vint amener une nouvelle suspension des travaux, pendant quatre ans. Mais une ère nouvelle de prospérité s'ouvrit après la guerre, c'est-à-dire en 1865, au moins pour les États du Nord, malgré les charges qui leur étaient imposées, pour faire face à une dette publique, que la guerre avait portée de 300 millions à plus de treize milliards.

A partir de ce moment, les lignes de chemins de fer se multiplient aux États-Unis. En 1867, on crée la ligne de Chicago à Saint-Paul, et en 1869 l'immense et admirable railway qui coupe l'Amérique de l'ouest à l'est. Le chemin de fer *de l'Atlantique au Pacifique* fut créé en quatre ans, aux applaudissements du monde entier.

La voie ferrée a été l'instrument le plus puissant de la colonisation aux États-Unis. Les vallées du Mississipi, jusqu'alors occupées par des Indiens et par des rares colons, disséminés le long des rivières et fleuves navigables, n'ont commencé à se couvrir de cultures et à recevoir des habitants, que quand le réseau des voies ferrées vint y faire affluer l'émigration européenne.

Les chemins de fer ont plus fait pour unifier les divers États de l'Amérique du Nord que les institutions et les lois. Avant leur création les populations américaines étaient isolées les unes des autres. Les railways leur ont créé des intérets communs ; ils ont mis en rapport des peuples séparés par de grandes distances, et ont rendu possible l'échange rapide de leurs produits manufacturiers ou agricoles.

Le mouvement qui se produisait dans l'Amérique du Nord, pour doter le pays de nombreuses voies ferrées, se propagea dans l'Amérique du Sud, et les régions les plus civilisées de ce continent suivirent, quoique dans de bien plus faibles proportions, l'exemple donné par l'Amérique du Nord.

L'empressement général pour l'établissement de grandes lignes ferrées sur le territoire du nouveau monde, s'explique donc sans peine, et l'on comprend également que la construction des chemins de fer ait marché, dans les États du Nord, avec une rapidité extraordinaire, à ce point que sur un développement total de 140,000 kilomètres, sensiblement égal à celui des chemins de fer européens, plus de la moitié aient été établis en dix années : de 1870 à 1880. Le chemin de fer du Pacifique qui traverse le continent du nord, d'un océan à l'autre, et qui a 2,870 kilomètres de long, a été achevé en moins de quatre ans.

Une extension aussi rapide des voies ferrées n'aurait pu s'obtenir si l'on se fût astreint à suivre les règles de construction qui régissent cette industrie dans notre Europe. Aussi les Américains, avec leur habitude constante d'aller toujours droit au but, ont-ils compris que, les chemins de fer devant desservir une population et des régions spéciales, enfin des conditions économiques et sociales toutes particulières, devaient procéder tout autrement qu'on ne le fait en Europe.

S'il avait fallu suivre les préceptes qui régissent chez nous la construction des railways, on ne serait jamais arrivé à établir en un court espace de temps l'immense réseau américain. Il ne s'agissait pas, en effet, comme en Angleterre ou en France, de relier entre elles des villes peu distantes les unes des autres. Il fallait, au contraire, franchir d'un seul bond les immenses étendues de terrains qui se déployaient entre les régions de l'Est, déjà ouvertes à la culture et à l'industrie, et celles de l'Ouest, encore presque complètement inconnues, mais qui attiraient la spéculation par leur extrême richesse en productions naturelles. C'est ce qui amena des modes de construction qui imprimèrent à la partie technique des chemins de fer un cachet spécial.

L'incroyable rapidité avec laquelle furent créés les grandes lignes transcontinentales de l'Union américaine, explique les modes grossiers de construction qui sont caractéristiques de ces lignes.

Toutes les fois que la nature du terrain le permettait, on renonçait à donner à la voie une base solide. On posait immédiatement les traverses sur le sol, en s'efforçant seulement d'obtenir une certaine stabilité de la voie. Sur les terrains mouvementés, on évitait avec soin toutes les œuvres d'art difficiles ou coûteuses. On recourut à des rampes et à des courbes, pour éviter les tunnels. Mais, pour passer dans de petites courbes, il fallut modifier la locomotive, et lui donner la flexibilité nécessaire au parcours de lacets sinueux. De là les modifications que l'on apporta, en Amérique, à la locomotive, qui consistèrent à la faire porter sur deux châssis et à réunir ces deux trucks par une cheville ouvrière, ou articulation, qui lui donne la facilité de tuorner dans des courbes d'un faible rayon.

Pour se plier aux conditions des localités traversées et pour construire les ponts et viaducs avec le plus d'économie possible, en utilisant les produits naturels des pays traversés, on fit un grand usage du bois taillé en pleine forêt. De là les viaducs en bois, longs de plusieurs milles, élevés sur les terrains inégaux ou marécageux, pour équivaloir aux digues de maçonnerie ou aux tranchées dans le roc. Plus tard, il est vrai, on a remplacé les ponts et viaducs en charpente par des sous-structures en fer; mais, au début, il fallait surtout marcher rapidement. Même sur le chemin de fer de « l'*Union* » et du « *Central Pacific* », qui ont le type très accentué de voies en montagne, on a fait passer les rails à travers tous les obstacles et au-dessus des hauteurs, sans se préoccuper beaucoup des règles consacrées.

On sait avec quelle prudence et après quelles études scientifiques approfondies, le système des chemins de fer s'est développé dans notre Europe. Pour résoudre les problèmes tels que celui de la traversée souterraine des Alpes, on eut recours à l'expérience et à la science consommée des plus habiles ingénieurs, et l'on obtint les admirables résultats que nous avons rapportés dans le précédent volume de cet ouvrage.

Lorsque Ghega voulut créer le chemin du Sömmering, il commença par faire un voyage en Angleterre, pour recueillir les preuves de la possibilité de mettre son projet à exécution. Les Américains ont eu à résoudre des problèmes aussi difficiles, et ils n'ont pu s'aider de travaux antérieurs, ni chercher des modèles en d'autres pays. Où auraient-ils pu, du reste, chercher des exemples à suivre pour créer des voies ferrées sur leur territoire ? Où trouver dans le monde entier des régions aussi vastes que les immenses plaines de l'Amérique du Nord, et des pays recélant des richesses naturelles en aussi grande quantité que les massifs montagneux de l'Ouest, avec leurs nombreuses mines métalliques et leurs grandes forêts ?

En raison de leur système particulier de construction ; par les difficultés que leur établissement a dû surmonter; par l'immensité des espaces à franchir; enfin par le peu de ressources qu'offrait un pays, encore privé de grands ateliers mécaniques, les chemins de fer américains ont donc une physionomie propre, et qu'il est intéressant d'étudier. Nous examinerons successivement, dans cette Notice :

1° La voie et ses accessoires ;

2° Les travaux d'art ;

3° Le matériel roulant, comprenant les locomotives, les voitures et wagons ;

4° Les moyens de sécurité, comprenant les freins et signaux;

5° L'exploitation et le service des gares.

FIG. 167. — LE CHEMIN DE FER DE PENSYLVANIE, AUX BORDS DE LA DELAWARE

La voie et ses accessoires.

Dans tout ce qui concerne l'établissement de la voie aux États-Unis d'Amérique, comme dans l'Amérique du Sud, qui suivit, à un certain intervalle de temps, le même mouvement industriel, on trouve le caractère d'exécution hâtive imposée par les nécessités nationales. Les longues formalités d'enquête, de contre-enquête, d'avant-projet, de projet, de déclaration d'utilité publique, etc., qui retardent si singulièrement l'exécution des voies ferrées, en Europe, sont inconnues dans le nouveau monde. Le gouvernement n'intervient, ni par un subside, ni par une garantie d'intérêt. Un *railway man*, sorte d'ingénieur, d'ordre infime, après avoir parcouru le pays, et jalonné un tracé approximatif, présente la carte de ce tracé au département des travaux publics, à Washington. Le gouvernement autorise l'entreprise, à la seule condition de trouver quelques noms honorables dans la société future, de s'assurer que le dixième des sommes nécessaires à l'exécution du chemin de fer projeté a été souscrit, et qu'un centième a été versé dans les caisses de l'État. Alors, les communes intéressées concèdent le terrain, à titre gratuit ; on rectifie le tracé, selon les avantages offerts par les propriétaires des terrains, et aussitôt commence l'exécution de la ligne, qui se fait toujours un peu à la diable, sauf à y revenir plus tard. L'essentiel est d'aller vite, et de livrer sans retard la route ferrée à la circulation.

Comme nous l'avons dit, le bois est employé dans la plupart des travaux; on pourrait même dire qu'il est prodigué, la matière première étant sous la main. Les viaducs et les ponts se font en charpente, quitte à les remplacer un jour par des ouvrages de fer ou de maçonnerie.

Aux États-Unis et dans le Canada, on fait peu de tranchées. On s'arrange pour donner à la locomotive le plus de puissance possible. On emploie même souvent deux locomotives à la fois; l'une devant le train, l'autre derrière, pour gravir les rampes, et éviter ainsi les tranchées ou les tunnels. On évite également autant que possible les remblais, en leur substituant des estacades en bois.

Les tranchées sont cependant quelquefois indispensables. Sur le chemin de fer de l'Atlantique au Pacifique il en existe plusieurs. Mais c'est surtout dans l'Amérique du Sud que l'on a été obligé d'ouvrir de longues tranchées, car on était dans l'impossibilité d'opérer autrement.

Le *ballast*, qui est si soigneusement posé dans toutes les voies européennes, est, la plupart du temps, omis. On se borne à bien battre le sol et à le recouvrir

FIG. 168. — VOIE SANS BALLAST

d'une couche légère de pierrailles. Bien plus, si aucune carrière n'existe dans les environs, on pose les rails directement sur le sol, en multipliant les traverses de bois. Sur toutes les lignes de l'Est, ainsi que dans les grandes plaines de l'Ouest, le ballast est inconnu. On se contente de recouvrir de pierrailles, de sable ou de terre, l'intervalle des traverses.

Quelques lignes sont bordées de fossés, creusés avec soin, et pourvus de rigoles, pour l'assèchement de la plate-forme. Mais ces dispositions, qui sont jugées indispensables en France, ne sont usitées en Amérique que là où elles sont rigoureusement nécessaires. L'eau de la pluie s'écoule, à l'aventure, aux deux bords de la voie ferrée.

Quant aux talus des tranchées, ils ne reçoivent jamais de maçonnerie, comme on le fait si souvent en Europe. Les plantes parasites qui poussent sur les flancs des talus, suffisent pour soutenir les terres. Nous représentons dans la figure 169 une tranchée sur le chemin de fer du Colorado.

FIG. 169. — UNE TRANCHÉE SUR LE CHEMIN DE FER DU COLORADO

Les traverses sur lesquelles posent les rails, sont un peu plus fortes et plus rapprochées qu'en France. On les fait ordinairement en bois de chêne, ou en une espèce de sapin (*Hemlock spruce*). En Californie, on préfère le *redwood*, qui est très peu altérable. Comme en Europe, les bois sont injectés de créosote, pour assurer leur conservation dans le sol.

Le rail uniquement employé sur toutes les lignes américaines, est le rail Vignole (*rail à patin*). Il est bien remarquable que les Américains aient trouvé, dès l'année 1833, c'est-à-dire au début des voies ferrées, cette forme de rail, si simple et si naturelle, à laquelle le monde presque tout entier revient aujourd'hui, après avoir en vain cherché, pendant plus d'un quart de siècle, à trouver mieux.

Sur les voies principales du *Philadelphia et Reading* le rail pèse 32 kilogrammes par mètre courant. Il est moins lourd sur les voies secondaires.

Les *accessoires de la voie*, c'est-à-dire les plaques tournantes, les grues hydrauliques, les aiguilles pour les croisements et les changements de voie, les réservoirs d'eau pour l'alimentation des chaudières des locomotives, diffèrent peu de ce que nous avons en Europe.

Nous n'avons pas besoin de dire, étant connues les habitudes d'économie apportées dans les constructions de railways, que la plupart des routes ferrées du nouveau monde ne sont qu'à une voie.

La largeur de la voie elle-même est loin d'être uniforme, comme elle est en Europe. On sait que, grâce à l'uniformité de la voie (1^m,44 entre rails et 1^m, 50 en totalité) un convoi de chemin de fer partant d'un point quelconque du continent européen, peut pénétrer dans un autre pays, sans aucun transbordement. On trouve, au contraire, toutes sortes de largeurs de voie sur le réseau américain. C'est là, du reste, une grande faute, dont on reconnaît aujourd'hui la gravité. C'est qu'au début des chemins de fer, dans le nouveau monde, on ne se préoccupait que du transport des marchandises. Les charbons, les matériaux, les denrées, voilà ce que l'on voulait surtout transporter rapidement et à bas prix. Chacun voulait avoir la voie la plus large, pour faire circuler des locomotives plus puissantes et traîner de plus grands convois. On ne prévoyait pas encore que, plus tard, les routes ferrées serviraient surtout au transport des voyageurs d'un bout à l'autre du vaste territoire américain, et que les marchandises ne viendraient qu'en seconde ligne dans les revenus des voies. On s'efforce aujourd'hui de remédier à ce vice originaire, mais on n'y parvient qu'à grand'peine.

On rencontre, sur les chemins de fer des États-Unis et du Canada, des largeurs de voie de 1ᵐ, 88 (chemin de fer de l'Érié avec prolongement jusqu'à Cincinnati et Saint-Louis) ; de 1ᵐ, 67 (Great-Western du Canada) ; de 1ᵐ, 52 ; de 1ᵐ, 47 (Lake Shore, chemin de fer du bord du lac, de Cleveland à Buffalo) ; de 1ᵐ, 46 (de Chicago à Cleveland) ; de 1ᵐ, 44 (de Philadelphie à Baltimore et de Philadelphie à Pittsburg) ; et de 1ᵐ, 43 (de New York à Philadelphie ; de New York à Albany, Buffalo, Détroit, Chicago, Omaha). La voie, d'une largeur excessive, du chemin de fer de l'Érié est représentée sur la figure 170.

Nous dirons cependant que la voie de 1ᵐ, 44, c'est-à-dire la largeur normale des voies ferrées européennes, est maintenant la plus répandue.

Sur le *Grand-Trunk* et le *Great-Western* du Canada, on a remédié en partie à l'inconvénient de la largeur excessive de la voie, en posant un troisième rail, de sorte que la voie présente la double largeur de 1ᵐ, 44 et de 1ᵐ, 68.

On a essayé divers procédés pour faire varier à volonté l'écartement des roues des wagons ; ce qui permettrait de faire circuler les mêmes convois sur des voies de largeurs différentes ; mais le problème n'a pas encore été résolu d'une manière bien satisfaisante. On a toujours à craindre que les roues ne se séparent de l'essieu pendant la marche, ce qui est une grande cause de danger. Ce danger serait moins grave pour le transport des marchandises, et c'est là qu'il y a le plus d'intérêt à éviter les transbordements.

Au mois de juin 1880, un wagon à écartement de roues variable alla de New York à San Francisco et en revint, dans les conditions suivantes :

Ce wagon emprunta la voie large (1ᵐ, 88) du chemin de fer de l'Érié jusqu'à Buffalo ; delà jusqu'à Cleveland la voie de 1ᵐ, 47 sur le chemin de fer du bord du Lac (*Lake Shore Rail road*) ; de Cleveland à Chicago la voie de 1ᵐ, 46, puis jusqu'à Cuncil Bluffs, par le Chicago Rock-Island et Pacific, la voie ordinaire de 1ᵐ, 43. Après avoir été arrêté pendant cinq jours par une crue du Missouri, le wagon traversa la rivière, et prit à Omaha le chemin de fer du Pacifique, qui a la voie de 1ᵐ, 43. Il mit ainsi quatorze jours et demi pour aller de New York à San Francisco. Au retour, il quitta San Francisco le 21 juin, et arriva à New York le 8 juillet ; il avait mis dix-huit jours à ce voyage, en y comprenant les arrêts.

Les chemins de fer à voie étroite, destinés à desservir les localités à faible trafic, sont aussi en faveur en Amérique qu'en Angleterre, car leur construction est très économique, bien que la stabilité des trains laisse à désirer.

Quelques anciennes routes construites à voie très large, ont pris le parti de placer de nouveaux rails entre les premiers, pour laisser circuler les trains arrivant des lignes à voie étroite.

On ne voit point de clôture le long de la voie, sur les chemins de fer du nouveau monde, ou, du moins, on n'en trouve que dans la traversée de quelques prairies, où paissent de nombreux animaux ; de sorte que ces clô-

FIG. 170. — VOIE DU CHEMIN DE FER DE L'ÉRIÉ, DE 1ᵐ,88 DE LARGE

tures n'ont pas pour objet la protection des passants, mais celle des vaches, des moutons et des chevaux. Ce sont les propriétaires riverains ou les Compagnies, qui établissent ces clôtures ; mais elles manquent dans l'immense majorité des cas, et, en réalité, elles ne sont généralement pas nécessaires. Grâce à la puissante armature de fer ou de bois, placée, comme un éperon, à l'avant des locomotives américaines, pour balayer la voie, en rejetant les obstacles à droite ou à gauche, la rencontre des animaux n'est pas compromettante pour la sûreté du train. On disait à George Stéphenson, à propos des causes de déraillement sur les chemins de fer :

« Si l'on rencontrait une vache couchée sur la voie ! Quel danger.

— « Pour la vache, » repartit Stéphenson.

Chaque semaine plusieurs vaches sont écrasées sur le chemin de fer de Norfolk à Weldon (Virginie) qui traverse des bois en partie défrichés. On en compte deux par semaine sur le réseau du *Philadelphia* et *Reading*, qui a un développement de 877 kilomètres. Les vaches cherchent à fuir en avant sur la voie, de leur galop lourd et embarrassé, en se retournant, de temps à autre, pour voir si la machine, dont le sifflet les épouvante, continue

FIG. 171. — SAUVE-QUI-PEUT !

à s'avancer. Le mécanicien prend quelquefois le parti d'arrêter le train, pour laisser aux gros ruminants le temps de débarrasser les rails.

D'autres fois ce sont des troupeaux de buffles que la locomotive vient surprendre au milieu des herbages et qui cherchent leur salut dans une fuite précipitée.

Si l'absence de clôtures étonne en pleine campagne, elle paraît bien plus extraordinaire dans les rues et aux abords des villes. A New York, à Syracuse, à Philadelphie, à Baltimore, les trains pénètrent dans des rues populeuses, de 15 à 18 mètres de largeur seulement, en croisant toutes les rues transversales. Le mécanicien se contente de ralentir sa marche, et de sonner continuellement l'énorme cloche placée sur la locomotive.

Nous dirons, toutefois, que cette absence de clôtures amène d'assez fréquents accidents, et que les journaux du pays demandent souvent que les Compagnies soient forcées de clore leurs voies dans la traversée des villes.

Les ponts jetés au-dessus de la voie ferrée pour laisser passer les routes ou chemins, qui la coupent, et qui sont si fréquents chez nous manquent presque toujours en Amérique. Les véhicules franchissent la voie sur des madriers de sapin, cloués sur les traverses ; en d'autres termes, on ne connaît que les *passages à niveau*. Un simple écriteau avertit le passant d'avoir à se garer des machines et wagons. Il est convenu, en Amérique, que chacun doit songer à sa conservation. Les animaux eux-mêmes sont astreints à cette règle ; car il est d'usage de s'assurer, quand on achète un cheval, qu'il est habitué à l'allure bruyante des trains de chemins de fer, et qu'il ne prend pas ombrage à leur approche.

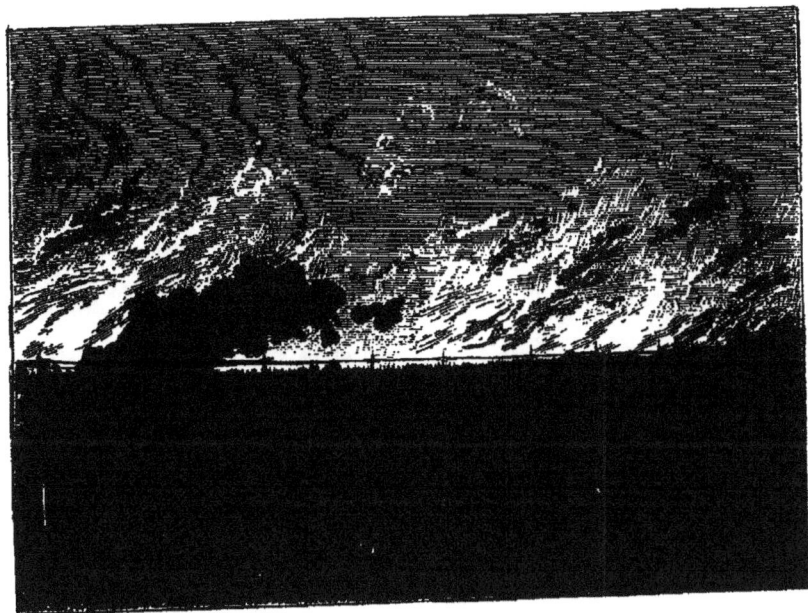

FIG. 172. — UN CONVOI DE CHEMIN DE FER DANS LES PLAINES DE L'OUEST

Ajoutons qu'aucune ordonnance ne fixe, comme on l'a fait en Europe, la distance à laquelle il faut tenir éloignées d'une voie ferrée, les matières inflammables.

Il y a, en résumé, dans le service des railways américains une incurie qui ferait dresser les cheveux sur la tête à l'Européen habitué à la réglementation rigoureuse, méticuleuse, de l'administration de nos chemins de fer. On se demande, dès lors, si la prudence excessive imposée chez nous pour l'usage des voies ferrées, n'est pas exagérée, et si l'on n'assurerait pas autant la sécurité des voyageurs, en s'en rapportant davantage à l'intelligence et à l'attention des personnes intéressées.

II

Les travaux d'art. -- Ponts et viaducs en bois et en fer. — Principaux types de ponts et viaducs en bois et en fer sur le trajet des chemins de fer, dans les deux Amériques.

Les ouvrages d'art, sur les chemins de fer américains, se réduisent 1° aux *ponts* et *viaducs*, qui en sont l'élément essentiel; 2° aux *tunnels* ou *souterrains*; 3° aux *abris contre les neiges*; 4° aux *passages à niveau*.

PONTS ET VIADUCS.

Les fleuves immenses, tels que le Missouri et le Mississipi, qui séparent les régions de l'est de celles de l'ouest, constituent une gigantesque barrière que les railways avaient à franchir pour relier des régions florissantes, du côté de l'Atlantique, avec des espaces d'une immense étendue et sans cultures situés à l'autre bord de l'Océan.

Et non seulement on avait à franchir des fleuves énormes, mais il fallait que les ponts fussent jetés à une hauteur telle que les mâts des plus grands navires, pussent passer librement au-dessous de leur tablier. Les ingénieurs des États-Unis se sont glorieusement tirés de ces graves difficultés, et l'Amérique a créé, pour la construction des ponts des chemins de fer d'une longue portée, une série de types nouveaux, ayant un cachet spécial, propre aux voies ferrées du nouveau monde, et qui se caractérise à la fois par les dimensions de l'ouvrage, et par son mode d'exécution.

C'est cet ordre nouveau de travaux techniques que nous avons à faire connaître à nos lecteurs. Pour mettre de la clarté dans cet exposé, nous distinguerons :

1° Les ponts et viaducs de bois ;

2° Les ponts et viaducs métalliques ;

3 Les ponts suspendus.

Si nous ne donnons aucune place, dans cette division, aux ponts en maçonnerie, c'est que les grands ponts de pierre sont extrêmement rares sur les lignes ferrées de l'Amérique du nord, bien que les matériaux de ce genre ne manquent pas dans les États de l'Est. Dans l'Amérique du Sud, où les cours d'eau n'ont ni l'importance ni la majesté de ceux de l'Amérique du Nord, on construit quelques ponts en maçonnerie, mais ils ne présentent pas de caractère particulier, digne d'attirer l'attention.

On ne peut guère citer, en fait de construction importante en maçonnerie, sur les chemins de fer des États-Unis, que le viaduc de Conenaugh, sur le

FIG. 173. — PONT DE PIERRE SUR LA SHUYLKILL, A PHILADELPHIE

chemin de fer de Pensylvanie, le pont sur la Shuylkill, près de Philadelphie, qui traverse cette rivière par cinq arches, et le viaduc de Starucca, dans la vallée Delaware, avec 17 arches à grande portée.

Nous représentons ici (fig. 173) le pont de Philadelphie.

Ponts et viaducs en bois. — Les immenses forêts de l'Amérique mettaient à la disposition des ingénieurs une telle abondance de bois de construction, doué des qualités les plus précieuses de résistance et de durée, que l'on n'hésita pas, au début de l'industrie des chemins de fer, à construire tous les ponts et viaducs en charpente. Mais la nécessité de franchir, avec ces ponts, d'immenses étendues, amena à changer le mode d'assemblage des pièces de bois. L'ingénieur Howe s'est immortalisé, dans le nouveau monde, par l'invention des constructions de poutres composées de parties assemblées par des boulons fixés par un écrou avec des tirants obliques. On appelle, *treestle works* (ouvrages en treillis) cet assemblage de poutres (fig. 174).

La seule section du chemin de fer du Pacifique située entre Omaha et Ogden, comprend quarante et un ponts de bois, du système Howe.

L'économie de ce genre de construction est remarquable. Nous en citerons des exemples. Le pont de bois qui existe sur la rivière de Landing, dans l'État de Virginie, sur le chemin de fer de Norfolk à Weldon, est supporté par de simples poteaux, à 10 mètres au-dessus du niveau de l'eau. Il se compose de quatre travées, de 15^m,25 d'ouverture. Construit en charpente grossière,

Fig. 174. — *Treestee Works*

sans autres ouvriers que les nègres du pays, il n'a coûté que 98 francs par mètre courant.

Le même chemin de fer franchit le Roanoke, à l'est de la station de Weldon (Caroline du Nord), sur un pont qui, détruit pendant la guerre de Sécession, fut reconstruit, en 1866, dans les conditions les plus économiques. Ce pont se compose de onze travées, de 48^m,80 d'ouverture. Les rails sont établis à 18 mètres au-dessus du niveau de l'eau. Des bordages en planches, qui descendent sur les flancs extérieurs des poutres, pour les préserver de la pluie et du soleil, contribuent à donner à l'ensemble du pont l'apparence d'un coffre de 5^m,50 de hauteur, sur une longueur presque égale. La partie supérieure est revêtue de tôle, en prévision de la chute de charbons incandescents du foyer de la machine. Or, ce pont n'a coûté que 67 francs par mètre courant.

Après Howe, d'autres constructeurs, Tom, Long et Pratt, ont modifié le mode d'assemblage des pièces de bois, pour augmenter la résistance de chaque point au poids de la locomotive et du train. Cet assemblage de pièces de bois sert à composer les tabliers du pont, ainsi que les bordages qui règnent autour.

Le pont bâti par Brown sur l'Erié est le plus grand pont de bois à arches

FIG. 175. — PONT DE BOIS SUR LE CHEMIN DE FER DU COLORADO

aujourd'hui connu. Il passe par-dessus une gorge immense, qui n'a pas moins de 53 mètres de largeur et 30 mètres de profondeur. Avec le pont à arches construits par Bun, à Tyer, ces deux ouvrages en bois représentent les plus grandioses monuments de ce genre.

Sur le chemin du Pacifique Sud (*Southern Pacific*) on rencontre beaucoup de ponts de bois : le puissant fleuve du Colorado est franchi sur un pont en charpente (fig. 175).

On se tromperait donc beaucoup si l'on croyait que le bois a perdu de son importance en Amérique, comme matière de construction. Sans doute, dans les États de l'Est, on a aujourd'hui remplacé par des ouvrages de fer toutes les charpentes qui avaient formé le premier matériel des voies ferrées; mais le bois domine encore dans l'extrême Ouest, et l'on continue d'utiliser les arbres des forêts pour faire franchir aux trains de chemins de fer les gouffres, les ravins et les cours d'eau. Souvent aussi, au lieu de remblais, on élève encore des viaducs en bois.

On appelle, avons-nous dit, *treestle works* (ouvrages en treillis) le mode

FIG. 176. — VIADUC EN BOIS SUR LE CHEMIN DE FER DU PACIFIQUE

d'assemblage des pièces de bois qui donne de la résistance et de l'élasticité au tablier et aux bordages des ponts. Les faibles dimensions de chaque poutre obligent à multiplier les supports du tablier des ponts comme ceux des viaducs. Ce genre de construction en bois permet d'élever de très longs viaducs, pour franchir les vallées à de grandes hauteurs.

La figure 176 représente un viaduc de bois du railway du Pacifique et la figure 177 le magnifique viaduc en bois jeté sur la Dale Creck, sur le chemin de fer de l'*Union*.

Ce dernier viaduc se trouve à 7 kilomètres au delà de la station de Shermann. Il traverse, sur une longueur de 23 mètres, une gorge sauvage, de 38 mètres de profondeur, au fond de laquelle la rivière coule, avec un fracas terrible.

FIG. 177. — VIADUC EN BOIS SUR LA DALE CREEK (CHEMIN DE FER DE L'UNION)

En résumé, les ponts et viaducs en bois sont encore un des éléments importants de l'industrie des voies ferrées américaines. Nous n'avons pas besoin d'ajouter que la solidité absolue est loin d'être assurée à de tels ouvrages, et que, par intervalles, quelque catastrophe vient prouver que la sécurité fait défaut aux viaducs de bois. Les Américains en prennent leur parti, dans leur désir d'aller vite à tout prix.

Le plus important des viaducs de bois était celui de *Portage*, construit

FIG. 118. — ANCIEN VIADUC EN BOIS, DE PORTAGE

par Feeman, en 1852, qui traversait le défilé de Genessée. Sa longueur était de 260 mètres. Il était porté sur des piliers hauts de 62 mètres, et formait cinq étages. Détruit par un incendie en 1876, il a été remplacé par un pont de fer.

Ponts en voutres métalliques. — Si les forêts du nouveau monde offrent des ressources inappréciables en bois de construction, d'autre part, les usines américaines fournissent aujourd'hui, à un prix excessivement bas, le fer, l'agent essentiel de l'art des constructions; de sorte que, dans ce pays, l'industrie rivalise avec la nature. De ces heureuses conditions les ingénieurs de chemins de fer ont tiré un parti extraordinaire pour la construction des ponts et viaducs métalliques. Grâce à des modifications fondamentales dans l'assemblage des parties métalliques, ils sont parvenus à réaliser des prodiges en ce genre. Ils ont obtenu des portées de pont d'une longueur inouïe, et placé les tabliers à des hauteurs vertigineuses. Au moyen de piliers, sortes d'immenses tours, dont la rigidité est absolue, malgré leur élévation excessive, ils ont édifié des monuments d'une hauteur stupéfiante. Et malgré leur apparente fragilité, malgré leur aspect produisant sur l'œil du spectateur l'effet d'un tissu aérien, ces constructions défient tout accident et résistent aux plus rudes assauts de la nature.

FIG. 179. — PONT EN TREILLIS DE FER DE KANSAS-CITY, SUR LE MISSOURI

Par quel agencement mécanique les ingénieurs américains sont-ils arrivés à ce résultat?

Ils composent le tablier du pont, les piliers de soutènement, les tirants obliques ou les bordages, avec des poutres métalliques, composées de pièces réunies, non avec des rivets, c'est-à-dire avec de gros clous que l'on fixe en place, mais avec des boulons, ou des jointures, sortes de pattes s'articulant de pièce en pièce. Tandis que nos poutres métalliques forment un tout homogène, par suite du rivetage, les poutres métalliques des ingénieurs américains sont simplement réunies par une articulation, qui laisse entre elles un certain jeu.

Le système des poutres en treillis assemblées par le boulonnage est, pour le dire en passant, une application des idées qui avaient servi à composer

FIG. 180. — VIADUC DE VERRUGAS SUR LE CHEMIN DE FER DES ANDES DU PÉROU

les poutres de bois à treillis pour les ouvrages en charpente, c'est-à-dire les *treestle works*. Les ponts en charpente ont servi de modèle aux ponts de fer. Le principe de l'assemblage est, en effet, le même. Les piliers de soutènement du tablier des ponts en charpente, sont toujours en très grand nombre : c'est ce que l'on retrouve dans les ponts métalliques.

On a beaucoup critiqué, à la *Société des ingénieurs civils de Paris*, le système américain ; mais, ce système ayant donné des preuves éclatantes de sa valeur, il est permis de croire qu'il a du bon.

Les avantages de ce mode particulier d'assemblage sont que l'ouvrage total a une plus grande élasticité et résiste à toutes les variations de température.

Ajoutons que tout le travail s'opère dans l'usine ; de sorte que le montage s'exécute avec une rapidité inouïe et une précision mathématique. Les ponts se terminent, non sur place, mais dans l'atelier, et, une fois amenés sur les deux rives, ils sont montés avec une rapidité fabuleuse.

La meilleure manière de prouver que la résistance des ingénieurs français au système des ponts américains, était mal inspirée, c'est que le plus beau monument de l'art en ce genre, que nous possédions en France, c'est-à-dire le viaduc de Garabit, édifié en 1884, a été exécuté d'après le principe américain, c'est-à-dire fabriqué dans l'usine avec des poutres métalliques à treillis, et qu'avec les pièces séparées apportées de l'usine il a été monté en quelques jours. Cet exemple a converti beaucoup d'hommes de l'art, en même temps qu'il nous a dotés du plus beau viaduc métallique dont notre pays puisse se glorifier (1).

Grâce à l'emploi des poutres métalliques à treillis, la construction des ponts est, disons-nous, prodigieusement courte. On trouve dans un rapport

(1) Le viaduc de Garabit, dans le Cantal, le plus hardi de tous les ouvrages métalliques qui aient été exécutés jusqu'à ce jour en Europe, fait partie de la ligne de Neussargues a Marvejols, sur le réseau du Midi, dernier tronçon de la ligne méridienne reliant Paris à Barcelone, par Clermont-Ferrand, Béziers, Narbonne et Perpignan. Il est l'œuvre de notre éminent constructeur M. G. Eiffel, déjà auteur du célèbre pont sur le Douro, en Portugal, qui fut si remarqué à l'Exposition universelle de 1878, où figuraient ses dessins et modèles. La construction du viaduc de Garabit a été dirigée par MM. Lefranc et Boyer, ingénieurs de l'État.

Ce viaduc, d'une longueur totale de 565 mètres, franchit la rivière la Truyère par un arc métallique de 165 mètres d'ouverture et de 122 mètres de hauteur, c'est-à-dire à une élévation plus grande que la colonne Vendôme que l'on superposerait au sommet des tours de Notre-Dame.

Rien n'égale la merveilleuse simplicité des moyens qui ont été employés pour exécuter cet arc immense, si ce n'est la précision mathématique avec laquelle elle s'est effectuée, grâce aux calculs qui avaient prévu et réglé les plus infimes variations des pièces métalliques qui le composent. C'est ainsi que les deux sections de l'arc, soutenues dans l'espace par des câbles métalliques amarrés à la grande poutre destinée à supporter la voie ferrée, se sont si parfaitement rejoints, que le clavage, terminant le montage, a pu s'effectuer immédiatement.

d'ingénieurs de chemins de fer des États-Unis, qu'un viaduc en treillis métallique, long de 152 mètres, posé à 18 mètres de hauteur du sol, fut exécuté en 10 heures par 20 ouvriers.

Le pont du chemin de fer qui franchit le Mississipi, à 23 milles au-dessus de Saint-Louis, qui a une longueur de 623 mètres, et qui, en raison de la navigation, possède un champ tournant de 135 mètres, fut terminé dans 150 journées de travail, sans que l'on eût à faire aucun sacrifice d'économie ni de sécurité. Un pont de chemin de fer à deux voies, de 56 mètres de portée, fut terminé en 17 jours, et le montage n'exigea pas plus de 22 heures ! A la place du gigantesque viaduc de Portage en bois, du chemin de fer de l'Érié, viaduc détruit, comme nous l'avons dit, par un incendie en 1876, on établit en 82 jours une construction de fer de 250 mètres de long et de 62 mètres de hauteur. Un pont de 183 mètres, jeté sur le Sacc, fut remplacé par un pont en fer, construit à cet effet, 40 jours après que l'ancien pont eût été détruit par le feu. Le pont définitif avait été commandé par télégraphe.

La figure 179 (page 424) qui représente le pont à treillis de Kansas-City, sur le Missouri, donne une idée exacte des ponts américains construits avec des poutres métalliques.

Les poutres métalliques ont servi à édifier deux ouvrages tout à fait extraordinaires, au point de vue de la hauteur. Le viaduc de Warrugas sur le chemin de fer des Andes du Pérou, entre Lima et Oroya (figure 180 page 425), est porté sur des piliers en forme de tours tellement élevés qu'ils semblent de loin se perdre dans les nues.

La hauteur du viaduc de Warrugas a été dépassée par celle d'autres monuments : nous voulons parler des viaducs de Kentucky, sur le *Southern Railway* (chemin de fer du Sud) de Cincinnati et le viaduc de Kinsua, sur un embranchement de la voie de l'Érié, conduisant à Elki-County.

A l'endroit où se trouve le premier de ces viaducs, la rivière de Kentucky coule dans une gorge large de 300 à 400 mètres, profonde de 96 à 140 mètres, et qui est formée de parois abruptes et dénudées. Les hautes eaux atteignent parfois l'énorme hauteur de 17 mètres. Par suite de la courbure du fleuve et du fond boueux, très profond par places, il fallait limiter autant que possible le nombre des piliers-tours en fer, ayant chacun 53 mètres de hauteur et reposant sur des fondations de fer. La voie s'étend au-dessus des piliers, sur une longueur de 343 mètres. Malgré l'énorme distance entre les contreforts du rivage et les deux piliers, qui est de 114 mètres des deux côtés, on dut renoncer à placer des charpentes, et le gigantesque treillis fut monté d'une façon indépendante. Or, le montage ne prit que 4 mois (d'octobre 1876 à février 1867) avec 13 hommes en moyenne, par jour.

Fig. 181. — LE PONT SAINT-LOUIS, SUR LE MISSISSIPI

Sous le rapport de l'élégance de la construction et de la hauteur, le viaduc de Kentucky est encore dépassé par le viaduc de Kinzua, qui a été terminé en 1882. C'est actuellement le plus long viaduc du monde. Il franchit sur une longueur de 625 mètres et à une hauteur de 92 mètres, la vallée de Kinzua. Les supports reposent sur 20 piliers-tours, qui, en moyenne, sont distants de 30 mètres les uns des autres. Les piliers sont établis par étages de 10 mètres. Le montage de cette œuvre gigantesque en fer a pu être opéré sans l'aide d'aucune charpente.

La vallée de Kinzua est encaissée entre deux versants escarpés et couverts de forêts de pins. Elle est traversée par le lit d'un torrent qui va se jeter dans la rivière Alleghany. Ce torrent se transforme en automne, et surtout au printemps, en un fleuve d'une formidable puissance.

En présence des difficultés que l'on avait rencontrées dans les études du chemin de fer de Buffalo à Pittsburg, MM. Barnes et Pugsley, ingénieurs, présentèrent, pour franchir la vallée de Kinzua, le projet de cet ouvrage d'art.

Le viaduc de Kinzua se compose d'un tablier métallique, d'une longueur de 616 mètres. Le niveau des rails est à 92 mètres au-dessus de l'étiage. Il comprend 20 arches, de 18^m,30 d'ouverture, dont les fondations reposent sur le roc solide. Chaque pile se compose d'un fort socle en maçonnerie, sur lequel s'élève une tour métallique, formée de colonnes en fer. Ces colonnes furent montées par sections de 9 mètres, et transportées à pied-d'œuvre de l'usine de Phœnixville, laquelle était chargée de l'entreprise des parties métalliques. Les sections sont réunies les unes aux autres par des joints à manchons en fer forgé, placés à l'intérieur des colonnes et boulonnés aux deux pièces à réunir. Les quatre colonnes composant chaque tour sont solidement réunies entre elles par des poutres en treillis, et de grands boulons placés en diagonale traversant les joints à manchons.

Les piliers furent établis successivement, puis le tablier du pont fut posé à la partie supérieure, au fur et à mesure de l'avancement des charpentes en fer.

La construction a été calculée pour résister, dans la section la plus fatiguée de la plus haute pile, à une pression du vent de 5,400 kilogrammes par mètre superficiel. Les efforts longitudinaux sont contre-balancés par un contreventement en poutres de bois, de fort équarrissage, s'étendant sur toute la longueur du viaduc.

L'ensemble de ce travail n'a demandé qu'une année pour être accompli. Le prix total de l'entreprise ne s'élève qu'à 300,000 dollars (environ 1,500,000 francs).

Le viaduc de Kinzua dépasse de 12 mètres la longueur du pont suspendu des chutes du Niagara.

Depuis le commencement de 1879, les États-Unis comptent dans leurs voies ferrées un viaduc jeté au-dessus de la vallée de Cuyahoga, à Cleveland (État de l'Ohio). Ce pont-viaduc réunit les deux rives de la rivière de Cuyahoga. Ses dimensions sont immenses. On s'en fera une idée quand on saura que sept voitures attelées peuvent y marcher de front, et que sur chaque bas-côté quatre hommes peuvent se tenir de front.

La largeur de ce pont est de 19 mètres et demi, sur lesquels 12 mètres sont pris pour la route des voitures. Le temps nécessaire à la traversée de cette voie est d'un quart d'heure, en marchant d'un pas ordinaire. Cette distance représente presque 1 kilomètre. 1440 tonnes de fer sont entrées dans cette construction ; la dépense a atteint 10, 757, 300 francs ; c'est pour cela qu'un droit de péage est perçu : il est de 5 centimes par personne.

Du haut de ce pont la vue est magnifique. On voit à droite le lac Érié ; à ses pieds, une activité considérable sur la rivière. Des fabriques, des églises, des maisons, des rues très fréquentées, se montrent au spectateur ; à gauche est une large vallée bordée de coteaux boisés, et de nombreuses lignes de chemins de fer sillonnent ce paysage.

C'est grâce aux parties métalliques boulonnées que l'on avait conçu à l'Exposition de Philadelphie, en 1879, l'idée d'élever une tour de plus de 300 mètres de hauteur, sous forme de pilier à treillis, comme « monument gigantesque de l'art architectural de l'ingénieur. » Les piliers avaient déjà été préparés. On ne sait pourquoi le projet n'a pas été mis à exécution.

C'est ce même projet qui, repris par un ingénieur français, M. Eiffel, sera l'une des merveilles de l'Exposition universelle de Paris, en 1889.

Le plus long pont de chemin de fer à treillis en Amérique est le pont *Royal-Albert* qui passe près de Montréal, dans le Canada, au-dessus du fleuve Saint-Laurent. Il a près de trois milles anglais de long. Il est à deux chaussées, formant deux étages, l'un au-dessus de l'autre. Chaque chaussée a trois travées, en forme de tunnel, fermées en haut ; de sorte qu'il y a en tout à proprement parler six voies. La division est telle que la partie moyenne du pont est réservée pour deux chemins de fer. L'étage inférieur a une voie, l'étage supérieur a deux voies, et les deux parties latérales sont également à deux étages, pour les cavaliers et les voitures.

A Montréal, un second pont à grille, plus ancien encore, traverse le puissant fleuve Saint-Laurent. C'est le *pont Victoria* (fig. 173). C'était naguère le plus long pont de chemin de fer du monde, mais il a été dépassé par le pont jeté sur la Tay, en Écosse, qui a 3,156 mètres de long.

Le pont Victoria est long de 1,500 mètres.

L'emploi des poutres en treillis et des supports de même nature écarte la structure du pont en arches, selon le vieux système de ce genre de construction, autrefois le seul usité dans tous les pays. On pourrait donc croire qu'il n'existe aucun pont métallique à arches aux États-Unis. Il en existe un pourtant, et c'est le plus renommé dans tout le nouveau monde. Il s'agit du pont Saint-Louis, dont nous avons parlé plus haut. Ce pont, qui a été construit de 1868 à 1872, sur le Mississipi, présente deux tabliers superposés, l'un inférieur, pour la circulation des trains de chemins de fer, l'autre supérieur, pour les voitures et piétons.

La ville de Saint-Louis est bâtie sur la rive droite (Ouest) du Mississipi, à

FIG. 132. — LE PONT VICTORIA, SUR LE SAINT-LAURENT, A MONTRÉAL (CANADA)

20 kilomètres en aval du confluent du Missouri. A ce confluent les deux rivières coulent encore l'une à côté de l'autre, sans paraître se mélanger; car les eaux jaunâtres du Missouri suivent la rive droite, tandis que les eaux claires du Mississipi coulent à gauche. Le lit du fleuve présente à Saint-Louis un rétrécissement, qui augmente beaucoup la rapidité du courant, et rend très mouvante la masse de sable sur laquelle roulent ses eaux. Tandis que le Missouri a près de 900 mètres de largeur à Omaha, les deux cours d'eau réunis n'ont guère que 500 mètres à Saint-Louis, à la hauteur des eaux ordinaires, c'est-à-dire à 8 mètres environ en contre-bas des hautes eaux et à 4 mètres en contre-haut des basses eaux. En été, les bateaux trouvent un mouillage de 5 mètres environ, sur un fond de sable fin et terreux. Le roc est par-dessous, à une profondeur qui varie de 20 à 40 mètres. Les affouillements, les débâcles de glace et le choc des

bateaux ou des grands arbres arrachés aux rives, sont très à redouter, et la grande profondeur à laquelle il fallait aller chercher le roc solide, rendit très difficile le travail des fondations.

On a vu dans la figure 172 (page 129) le pont Saint-Louis, l'une des merveilles de l'art de l'ingénieur en Amérique.

Le pont Saint-Louis, large de 16 mètres, présente deux étages superposés à 8 mètres de distance. En haut, dominant de 30 mètres environ le niveau ordinaire des eaux, est une chaussée, pour la route ordinaire, avec deux trottoirs latéraux. En bas sont les deux voies de chemin de fer et un passage de trois mètres, réservé entre les deux voies. Les deux tabliers sont supportés par quatre arcs en acier, portant sur des montants métalliques.

L'ouverture des arcs est de 158 mètres pour la travée centrale, et 150 mètres pour chacune des travées latérales. Une inclinaison de 15 millimètres par mètre suffit pour raccorder la route avec les voies de fer. Celles-ci présentent également deux rampes en sens inverse.

Les quatre arcs de chaque travée ont 4 mètres chacun de hauteur totale; mais l'arc est formé de deux tubes de 0^m, 45 de diamètre extérieur, maintenu à 3^m, 66 de distance d'axe en axe. Les tubes sont en acier, et les pièces qui les relient sont en fer.

Le pont est supporté par trois travées métalliques. Celle du milieu, a 158 mètres de portée ; celles des extrémités ont, l'une et l'autre, 170 mètres.

Le système de construction qui a été suivi, consiste à réunir quatre séries d'arcs tubulaires en acier espacés, les deux du milieu de 3^m, 66 entre eux, et les deux extrêmes de 5^m, 03 avec la série voisine.

Une série à deux rangs de tubes superposés laisse entre eux un intervalle de 3^m, 66.

La flèche est de 18^m, 20 pour la travée centrale, et de 17^m, 20 pour les deux autres.

La largeur du pont est de 16^m, 60.

Il y a, comme nous l'avons dit, deux tabliers, l'un pour le chemin de fer, l'autre à 8 mètres au-dessus du premier.

Les tubes, qui sont en acier laminé, et forment les deux semelles du treillis curviligne qui constitue chaque ferme, ont une longueur moyenne de 3^m, 60 et un diamètre extérieur de 0^m, 46. Chacun d'eux se termine par une série de rainures parallèles, dans lesquelles viennent s'engager les saillies d'un manchon en deux pièces, pour l'assemblage des tubes entre eux.

Les segments sont reliés par une chemise d'acier de 1 millimètre d'épaisseur et par un grand nombre de boulins, également en acier, de 0^m, 016 de diamètre.

Les fondations des piles ont été faites au moyen de l'air comprimé, avec des caissons en tôle.

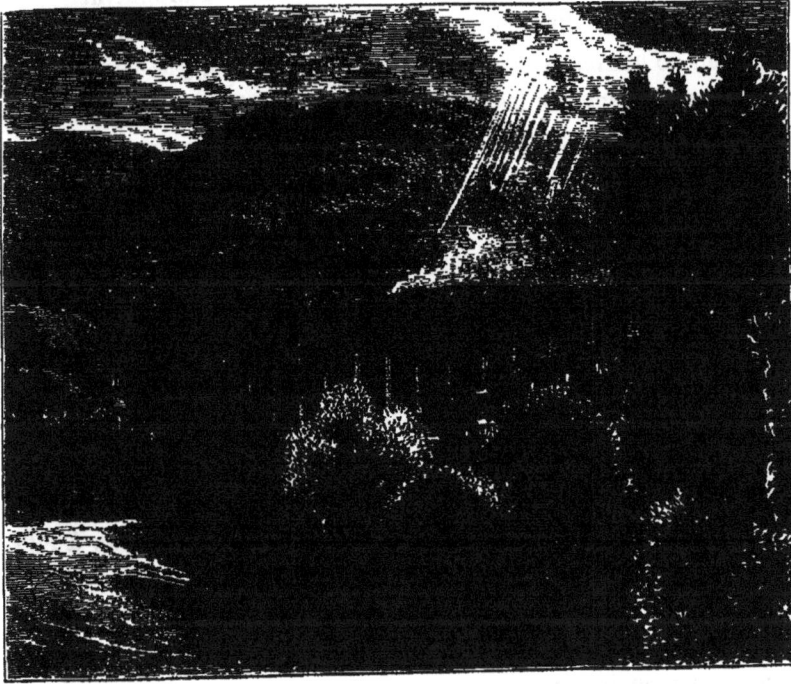

Fig. 183. — VIADUC DE STARRUCCA.

La dernière construction en pierre que nous ayons à signaler, près le pont Saint-Louis, est le viaduc de Starrucca, avec ses dix-sept arches à grande portée.

Ponts suspendus. — On construit beaucoup de ponts suspendus dans les deux Amériques, mais un bien petit nombre est consacré à recevoir des voies ferrées. En Europe, on redoute encore le défaut de résistance du fil de fer, son altération à l'air ou dans le sol, et les variations de température, qui répartissent inégalement les charges. Mais les Américains ont beaucoup perfectionné le mode de suspension et la disposition des chaînes servant de support ; de sorte qu'ils ne craignent aucunement de faire passer des locomotives sur le tablier d'un pont suspendu.

Les perfectionnements apportés, aux États-Unis, dans la construction des ponts suspendus, consistent dans l'addition de haubans et de câbles d'amarrage multipliés, dans l'inclinaison du plan des câbles, et dans une certaine rigidité donnée au tablier, ce qui a fait acquérir à ce système de construction une stabilité bien supérieure à celle qu'il présente dans les ponts européens.

On a construit aux États-Unis, depuis l'année 1840 environ, six grands ponts suspendus : trois sur le Niagara, un sur l'Alleghany et deux sur l'Ohio, sans parler du magnifique pont suspendu de New York à Brooklyn.

Ces ponts modernes diffèrent des nôtres, on le reconnaît à première vue, par l'addition de nouveaux organes, qui sont : 1° des poutres longitudinales placées non seulement sur les rives, où elles font l'office de garde-corps, mais dans l'intervalle qui les sépare ; 2° des tirants inclinés aux haubans, portant des tours qui supportent les câbles de suspension et viennent s'attacher au tablier, jusqu'à une certaine distance des tours ; 3° des amarres extérieures et diversement inclinées, qui relient le tablier avec les berges d'amont et d'aval.

La possibilité bien reconnue de faire servir les ponts suspendus, dont la construction est si économique, au passage des convois de chemin de fer, décida, en 1859, les ingénieurs américains à se servir de ce système pour relier, par-dessus le fleuve du Niagara, les chemins de fer du Canada à ceux des États-Unis.

Après le pont suspendu du Niagara, on établit le même système à Pittsburg, en Amérique. Vint ensuite le pont de Cincinnati.

Le pont de Cincinnati, qui a 322 mètres d'ouverture, et 30ᵐ, 50 de hauteur au-dessus de l'eau, présente, comme celui de Pittsburg (et avec une largeur un peu moindre), une double voie charretière, entre deux passages de piétons. Il n'y a ici que deux câbles, au lieu de quatre ; mais la voie charretière est comprise entre deux poutres de 3ᵐ, 10 de hauteur, et les gardes corps des trottoirs sont aussi des poutres de moindre hauteur. Les tiges de suspension viennent s'attacher sous les grandes poutres, dans la partie centrale du pont, et sous les petites, dans les parties voisines des piles. Les tours s'élèvent à 40 mètres au-dessus du plancher, et le nombre des haubans est porté à 20 par demi-câble.

Ce pont a coûté près de 9 millions de francs.

Enfin, les célèbres chutes du Niagara furent franchies, en 1869, par un pont suspendu.

Le Niagara est traversé, dans le milieu de sa largeur, par un barrage naturel de rochers, hauts de 50 mètres, d'où les eaux s'élancent, en formant ce que l'on appelle le *saut du Niagara*.

Depuis le lac Érié jusqu'aux chutes, le Niagara arrive toujours en déclinant par une pente rapide ; de sorte qu'au moment de la chute c'est moins un fleuve qu'une mer, dont les torrents se précipitent dans le gouffre.

Fig. 184. — PONT SUSPENDU SUR LES CHUTES DU NIAGARA

La cataracte se divise en deux branches, et se courbe en fer à cheval. Il existe entre les chutes une île, l'*île aux chèvres*, qui semble se perdre dans le chaos des ondes. La masse d'eau qui se déverse dans l'abîme, s'arrondit en un vaste cylindre, puis se déroule en nappe de neige, reflétant au soleil ses couleurs irisées. L'eau qui tombe descend comme un torrent diluvien. En frappant le roc, elle rejaillit en tourbillons d'écume, qui s'élèvent au-dessus des forêts, sur les rives du fleuve, en formant une colonne immense et toute blanchissante. Des pins, des noyers, des sapins, forment un décor superbe à cette grande scène de la nature, qui a toujours été, pour les touristes, l'objet d'une visite du plus haut intérêt.

Les deux sections de la cataracte appartiennent, l'une aux États-Unis, l'autre au Canada : elles ont, respectivement, 330 et 550 mètres de développement. La quantité d'eau qu'elles déversent a été évaluée à 250,000 hectolitres par seconde. Dans l'île boisée qui se trouve au milieu, on a percé des allées, qui dessinent une promenade. Un pont réunit l'île à l'une des rives. Dans l'*île aux chèvres*, un escalier adossé à la roche conduit au pied de la cataracte. Des gradins glissants permettent même de pénétrer sous l'immense voûte liquide de la cataracte, qui a 6 à 8 mètres d'épaisseur, et ressemble à une masse de cristal verdâtre. Ce dangereux escalier conduit à une petite grotte creusée dans le roc, où l'on peut respirer et se reposer : on la nomme la *grotte des vents*, parce que l'air y est sans cesse dans un grand état d'agitation. Cette descente sous la voûte liquide est périlleuse, à cause des éboulements de la rive, dont on est toujours menacé. Aussi le guide délivre-t-il un certificat au touriste qui a eu le courage de descendre dans ces humides ténèbres. Les bords de l'île et les rivages du Niagara ne sont pas, du reste, plus rassurants : car, chaque jour, des blocs de roches minées par les tourbillons, s'écroulent, exposant les visiteurs à être entraînés dans l'abîme.

M. Malézieux, dans son remarquable ouvrage sur les *Travaux publics des États-Unis*, a donné la description suivante du pont suspendu du Niagara :

« La chute du Niagara, divisée en deux parties par un îlot, se produit par un coude à angle droit. Les eaux réunies en aval s'écoulent vers le nord par un lit de près de 400 mètres de largeur, rectiligne sur 4 kilomètres environ. Les berges abruptes s'élèvent à 60 mètres de hauteur moyenne au-dessus de l'eau qui coule sur une profondeur presque égale. Le pont dont nous nous occupons est à 300 mètres en aval de la chute *américaine*.

La distance entre les points de suspension est de 386^m,84. C'est la plus grande distance qu'aucun pont ait jamais franchie sans supports intermédiaires.

L'élévation du tablier au-dessus du plan d'eau est, savoir :

Contre la rive canadienne. . . . . 55^m,81

Contre la rive américaine. . . . . 58^m,34

Au milieu du pont . . . . 58^m,40

Ce dernier nombre n'est d'ailleurs qu'une moyenne variable de 0^m,60 en plus ou en moins suivant les changements de la température qui varie d'environ 600 degrés centigrades en cet endroit.

Il y a deux câbles de suspension seulement. Il descend au niveau du tablier dans le milieu du pont. En ce point minimum ils ne sont espacés que de 3^m,66 d'axe en axe, tandis qu'en haut des tours ils le sont de 12^m,81 ce qui fait un surplomb latéral de 4^m,57. La flèche est, verticalement, et à la température moyenne, de 27^m,70; dans le plan incliné du câble, elle est de 28^m,13.

Il y a deux haubans pour chaque demi-câble, quarante-huit en tout. Ils arrivent jusqu'à mi-chemin du centre. Le plus long hauban est tangent à la courbe du câble au point de suspension; les autres vont s'attacher à la plate-forme à des intervalles de 7^m,62. Leur diamètre varie de 0^m,08 à 0^m,14.

Ces douze haubans, qui se rapprochent en montant vers le haut de la tour, se joignent un peu avant d'y arriver et s'assemblent avec sept autres tiges réunies en un faisceau; ce faisceau passe sur un chariot spécial, puis s'accole au câble de suspension en descendant vers la terre, où d'ailleurs il trouve un amarrage distinct. Du côté de la rivière les haubans descendent dans le plan des câbles de suspension, et un lien les rend jusqu'à un certain point solidaires de chacune des tiges de suspension qu'ils croisent.

Quatre liens horizontaux (deux vers chaque rive) en câble de 80 millimètres de diamètre, relient les deux câbles de suspension à une hauteur convenable pour ne pas gêner le passage. Quatre autres liens (deux encore pour chaque rive) partant du pied des tours, vont comme des brides de cheval s'attacher aux deux câbles à 33^m,55 de distance.

Des amarres extérieures fixées par un anneau à la semelle inférieure des poutres relient le tablier sous des inclinaisons variées à la crête de la berge ou à de gros blocs noyés dans le talus. Bien que ces amarres soient, comme les tiges de suspension, des câbles de 16 millimètres de diamètre, elles sont à peine visibles à l'œil nu; nous ne les avions pas aperçues d'abord et nous ne les avons découvertes que successivement.

Elles s'étendent presque jusqu'au milieu du pont. Il y en a vingt-huit en amont et vingt-six en aval.

La tour de la rive gauche a 32^m, 02 de hauteur, celle de la rive droite 30^m, 50; elles atteignent ainsi au même niveau. Chacune d'elles a la forme d'une pyramide tronquée. Elles sont séparées par un intervalle de 3^m, 96 à la base; mais à une hauteur convenable les pièces horizontales se prolongent d'une pyramide à l'autre et en font une tour unique. Chaque pyramide est couronnée par un chapeau de fonte supportant le double chariot sur lequel passent le câble de suspension et celui des haubans réunis.

Les deux poutres longitudinales du tablier qui font garde-corps sur 1^m, 50 de hauteur, sont en charpente et construites dans le système Howe. Les pièces de pont reposent sur les semelles inférieures. Deux séries de contre-fiches en fer contre-battent chaque poutre tant au dedans qu'au dehors. L'un des rails de la voie de fer est contigu aux contre-fiches intérieures d'aval, de sorte qu'il reste en amont de la voie assez d'espace pour que les piétons puissent partout circuler sans danger à côté des voitures ou des traîneaux. Une sonnerie, qui met en communication les deux postes établis aux extrémités du pont, sert à empêcher que deux voitures marchant en sens contraire ne s'y engagent à la fois. »

Le plus magnifique spécimen de ponts suspendus américains, est le pont qui relie les deux villes de New York et de Brooklyn, par-dessus la rivière de l'Est. Nous sommes entré dans de grands détails descriptifs sur le *pont de Brooklyn* dans le volume précédent de cet ouvrage, à propos des tramways (1). Nous ne pouvons donc que renvoyer le lecteur à ce volume, pou ne pas nous répéter.

SOUTERRAINS ET TUNNELS.

Nous avons dit que les ingénieurs américains ont toujours cherché à éviter les tunnels, pour ne pas retarder la construction de leurs lignes, et qu'ils ont préféré, au lieu de percer des souterrains sous les montagnes et collines, donner aux locomotives assez de puissance pour remonter les rampes. Dans la traversée des grandes chaînes de montagnes, comme les montagnes Rocheuses et les Alleghanys, ils ont été obligés de creuser quelques tunnels, mais ces passages souterrains ont rarement plus de 500 mètres. On peut regarder comme une exception ceux qui ont 1,500 mètres de long, et on ne compte sur tout le réseau des États-Unis que quatre tunnels dont la longueur dépasse 2 kilomètres.

Quant aux procédés de creusement de ces voies souterraines, les ingénieurs américains se sont bornés à imiter ce qui se fait en Europe, leur préoccupation étant bien plutôt d'éviter les passages souterrains, que de perfectionner les méthodes de ce genre de travail. Disons pourtant que depuis les grands progrès faits en Europe dans l'art de percer les rochers par l'air comprimé, procédés si glorieusement inaugurés dans l'excavation des tunnels des Alpes, et que nous avons décrits dans le volume précédent de cet ouvrage, les ingénieurs américains les ont mis à profit; de sorte qu'il y a aujourd'hui plus de tendance, en Amérique, à entreprendre des galeries souterraines pour le passage des railways.

Quoi qu'il en soit, les tunnels se creusent, en Amérique, par les procédés ordinaires, c'est-à-dire avec le secours des puits d'extraction, leur longueur étant toujours médiocre et permettant l'établissement de puits d'aération, qui facilitent le travail, et qui servent ensuite à l'aération du tunnel.

Les revêtements en maçonnerie des souterrains et tunnels sont rares, les terrains traversés étant, en général, des roches dures et peu altérables à l'air. Au lieu du revêtement en moellons ou en briques, qui protège tous les tunnels en Europe, on se sert, en Amérique, d'un simple revêtement en bois, du moins pendant les premiers temps de l'exploitation. Plus tard on a recours à la maçonnerie. Cela tient à la difficulté qu'il y aurait à transporter les moellons ou les briques, pour l'exécution de la maçonnerie, tant que la voie n'est pas établie.

Sur la ligne de Baltimore-Ohio et sur celle de Cincinnati, tous les souterrains ont été ainsi revêtus, d'abord en bois, puis en maçonnerie.

Des dispositions analogues ont été prises sur les lignes de l'*Union* et du *Central Pacifique*, enfin sur le *Southern-Pacific*, en Californie.

Quant aux essences de bois employées pour ce revêtement, on se sert de préférence de bois résineux dans les États du Sud, et de chêne dans ceux du Nord.

La durée moyenne d'un revêtement en bois est de huit ans, et seulement de trois ans dans les souterrains humides et mal ventilés.

Il faut donc remplacer plusieurs fois ce boisement, tout provisoire qu'il est. Les souterrains des grandes lignes de Baltimore-Ohio et de Pensylvanie, déjà anciens, qui traversent les Alleghanys, sont revêtus en briques ou en moellons, partout où ce revêtement a été reconnu nécessaire.

Les tunnels qui ont présenté quelque intérêt dans leur exécution, sont ceux de Baltimore-Ohio, de l'Érié, du Delaware, Lackawanna et Western ; du Chesapeake et Ohio ; de la ligne du Pacifique ; du Cincinnati-Southern ; de Nesquehoning, du Musconetcong, du Hoosac et de Sutro.

Notons également quelques souterrains qui ont été exécutés pour relier, dans les villes, des lignes de chemins de fer. Ce sont les souterrains de Pittsburg, de Saint-Louis et de Baltimore.

Nous devons une mention particulière au tunnel du Hoosac, le plus grand qui existe en Amérique, et qui présente pour nous cette particularité intéressante, qu'il a été creusé dans les mêmes conditions que le tunnel du mont Cenis, dont nous avons fait, dans le volume précédent de cet ouvrage, une étude approfondie : l'air comprimé a été l'agent du percement.

Le projet du tunnel du Hoosac avait été conçu pour la première fois, en 1845, pour établir une communication directe entre les eaux de l'Hudson et la mer, à Boston. On voulait, au moyen de ce tunnel, établir une ligne ferrée directe de Boston à l'ouest, en traversant la montagne du Hoosac, afin d'attirer tout le trafic de l'ouest sur le port de Boston.

Le massif du Hoosac se compose de deux pics, séparés par une vallée. La longueur du tunnel qui les traverse, est de 7,645 mètres. Le pic le plus à l'est est à 1,860 mètres de l'entrée orientale, et à 432 mètres au-dessus du niveau de la voie ferrée. Le pic le plus à l'ouest est à 1,891 mètres de la même entrée du tunnel, et à 518 mètres au-dessus du niveau de la voie ferrée.

Fig. 185. — TUNNEL DU HOOSAC.

Le niveau le plus bas de la vallée est à 244 mètres au-dessus du niveau de cette même voie. Les roches qui constituent la masse montagneuse, sont du plâtre micacé, injecté de veines quartzeuses.

Interrompus par la guerre de Sécession, les travaux furent repris en 1868; le percement de part en part fut terminé à la fin de novembre 1873.

Le système qui a servi à pratiquer les trous de mine est analogue, ainsi que nous l'avons dit, à celui qui fut, plus tard, mis en usage au mont Cenis. Des chutes d'eau communiquaient le mouvement aux instruments perforateurs, et l'air comprimé était la force motrice.

La nitroglycérine fut l'agent employé pour faire éclater les roches. Le travail le plus difficile, le plus dispendieux, fut celui du puits d'aérage central. On rencontra des nappes d'eau considérables, dont l'épuisement exigea de puissantes machines, qui élevaient l'eau, à raison de 900 litres par minute, à trois étages successifs, séparés entre eux par une distance de 314 mètres.

Le tunnel du Hoosac mesure 6 mètres en hauteur et 7^m,30 en largeur.

Les galeries partant de la tête de l'est et du puits central en allant vers l'est, se rencontrèrent le 12 décembre 1872, les deux autres, à l'ouest, se rencontrèrent le 27 novembre 1873. Ce n'est toutefois qu'un an plus tard, en décembre 1874, qu'eut lieu l'enlèvement complet des déblais.

L'air comprimé et les machines perforatrices Burleigh servirent dans la dernière période du percement, c'est-à-dire en 1873. On employait, à chaque front d'attaque, six perforatrices, qui perçaient, chacune, en moyenne, une profondeur de trou de 0ᵐ,30 par minute, en travaillant sous une

Fᴵᴳ. 186. — DEUX TUNNELS SUR LE CHEMIN DE FER DES CORDILLIÈRES DES ANDES (LIMA-OROYA).

pression de 5 atmosphères. On estime que l'emploi des perforatrices Burleigh a procuré une économie de temps et d'argent des deux tiers. La dynamite n° 1 employée à partir de 1870, et la poudre au mica (*mica powder*), introduite en 1874, pour les abatages complémentaires, donnèrent les résultats les plus satisfaisants.

Le revêtement du souterrain est partie en boisage, partie en maçonnerie.

C'est le 3 février 1875 que le premier train parcourut le souterrain du Hoosac. La circulation régulière des trains de voyageurs ne commença qu'en octobre de la même année ; et ce n'est que le 1ᵉʳ juillet 1876, qu'il fut livré à l'exploitation.

Des travaux complémentaires ont dû, néanmoins, y être exécutés, jusqu'en 1877.

Ce tunnel n'est qu'à une seule voie. Pour assurer la sécurité des trains, il est partagé en quatre sections égales, par trois lampes, portant des indications qui permettent aux mécaniciens de régler la vitesse d'après leur position. Le télégraphe annonce, à chaque tête, l'entrée et la sortie des trains. Il faut 20 minutes pour le franchir.

L'exécution de ce tunnel a exigé vingt-deux ans (de 1854 à 1876) et coûté

FIG. 137. — TUNNEL ET PONT SUR LE CHEMIN DE FER DES CORDILLIÈRES DES ANDES (LIMA-OROYA).

51.400.000 francs, soit, par mètre courant, 6,726 francs, c'est-à-dire beaucoup plus que le tunnel du mont Cenis.

Il est juste de faire remarquer que le tunnel du Hoosac ayant été creusé avant celui du mont Cenis, les ingénieurs américains n'avaient pu profiter des inventions remarquables de M. Daniel Colladon, qui ont tant simplifié et accéléré les travaux du mont Cenis, et surtout ceux du Saint-Gothard. A cette époque les machines perforatrices laissaient beaucoup à désirer. Si ces machines eussent alors existé à leur état complet de perfectionnement, elles auraient considérablement accéléré le temps de l'exécution de ce tunnel, et réduit la dépense.

Les tunnels sont plus fréquents sur les lignes de l'Amérique du Sud.

Nous représentons dans les figures 186-187, les tunnels de la ligne d'Oroya, sur le chemin de fer de Lima au Pérou qui traverse les Cordillières des Andes.

Une particularité intéressante des tunnels américains, c'est que quelques-uns ont été creusés sous l'eau.

A Chicago, on a percé, sous l'eau, deux tunnels, situés à 15 mètres de distance l'un de l'autre, et débouchant dans un îlot artificiel, établi à 3,200 mètres de la rive, où sont placées les prises d'eau. Ces deux tunnels, qui sont circulaires, ont, l'un 1^m,52, et l'autre 2^m,10 de diamètre. Ils traversent une couche d'argile compacte, qui forme le fond du lac Michigan. Ils sont à 22^m,75 en contre-bas du niveau des eaux du lac, et à 10 mètres environ au-dessous du fond du lac.

Ces galeries ont été construites, l'une de 1864 à 1866, l'autre de 1873 à 1875, sans difficultés particulières.

A Cleveland on a creusé, sous le lac Érié, un tunnel, de deux kilomètres. Les sondages préalables avaient fait espérer une excavation aussi facile qu'à Chicago ; mais le percement rencontra beaucoup d'entraves. Les infiltrations d'eau et le dégagement de gaz méphitiques, forcèrent plusieurs fois d'interrompre les travaux, et la ventilation était très insuffisante. On dut, à diverses reprises, dévier les galeries, augmenter les épuisements, et, sur certains points, recourir à l'emploi d'un bouclier, pour prévenir les éboulements en masse. Des tassements considérables obligèrent à abandonner une portion de galerie déjà maçonnée sur 250 mètres de longueur, et à ouvrir à sa place une nouvelle galerie.

Commencés en 1869, les travaux ne furent achevés qu'en 1876.

Sous la rivière de Détroit, on a essayé de creuser un tunnel, mais des difficultés imprévues se sont présentées, et les ingénieurs américains, qui n'avaient pas l'audace et la ténacité de Brunel, ont renoncé à l'entreprise.

ABRIS CONTRE LA NEIGE.

Au point de vue climatérique, il y a une grande ressemblance entre l'Amérique du Nord et la Russie. La neige qui, dans l'Amérique septentrionale, persiste pendant de longs intervalles de l'année, obstrue la voie des chemins de fer, ainsi que ses abords. En outre, les rivières charrient des glaces, qui, se rassemblant autour des piles des arches, encombrent le lit du cours d'eau, et menacent d'emporter les ponts, si le courant devient rapide. Il a donc fallu suivre en Amérique le système en usage en Russie pour préserver la voie de l'accumulation des neiges.

Les précautions générales consistent à maintenir, autant que possible, la voie en remblai, dans les parties plus particulièrement exposées aux chutes de neige, et à donner à la plate-forme de la voie plus de largeur qu'à l'ordinaire, pour y creuser des fossés, destinés à recevoir les eaux d'écoulement de la neige fondue.

Ces eaux s'y rendent, grâce à un véritable drainage dont le dessous de la voie est pourvu, et qui s'exécute avec les tuyaux de poterie dont on se sert pour le drainage des champs. La largeur de la plate-forme de la voie permet de recevoir sur ses bords la neige chassée par l'éperon de la locomotive, qui la déverse des deux côtés de la route.

Les *chasse-neige* et les fossés latéraux suffisent, dans les cas ordinaires, pour assurer la libre circulation des trains. C'est ainsi que, même dans la traversée des monts Alléghanys, on ne fait pas usage d'autre moyen pour débarrasser la voie.

Les difficultés sont plus grandes dans le Canada. En effet, au moins dans le Bas-Canada et dans le Nouveau-Brunswick, la neige recouvre le sol pendant tout l'hiver, à une épaisseur de plus d'un mètre, en moyenne. Les forêts qui existaient autrefois dans ces régions, arrêtaient les courants de neige balayés par le vent, mais depuis que l'industrie a fait la guerre aux forêts, ce moyen de défense contre la neige n'existe plus. Aussi les accidents étaient-ils fréquents dans le Bas-Canada, avant que l'on eût trouvé des moyens artificiels de se préserver de l'envahissement des neiges. Le service était interrompu chaque année pendant des mois entiers, et comme le représente la figure 189, des trains restaient souvent en détresse, assaillis inopinément par des tourmentes de neige.

Le chemin de fer du Pacifique qui franchit les montagnes Rocheuses et la Sierra-Nevada, est exposé plus particulièrement à l'inconvénient qui nous occupe, car ces deux lignes sont à 1,000 mètres plus haut que le niveau de nos chemins de fer européens.

C'est pour préserver efficacement les trains, dans les traversées de ces montagnes, que l'on fait usage aujourd'hui de deux moyens de préservation.

Le premier consiste en *écrans* (*Snow fences*) composés de pièces de bois formant claire-voie, et inclinées sous un certain angle. Ces sortes de palissades, qui ont chacune 5 à 6 mètres de longueur, et peuvent se transporter d'un point à l'autre de la ligne, selon les besoins, arrêtent la neige chassée par le vent, et, grâce à leur inclinaison, la renvoient en partie à l'extérieur de la voie. Celle qui se dépose sur la voie a une épaisseur moindre, et peut être plus facilement déblayée par le *chasse-neige* de la locomotive.

Ces écrans sont enlevés pendant l'été.

Quand la neige est plus abondante, plus fréquente et tend à former sur le sol des couches épaisses et persistantes (tel est le cas de la Sierra-Nevada, où l'on trouve, pendant une grande partie de l'année, des bancs de neige de 3 mètres d'épaisseur), les écrans ne suffisent pas. On a recours alors aux

FIG. 188. — ABRI CONTRE LA NEIGE, SUR LE CHEMIN DE FER DU PACIFIQUE (VUE EXTÉRIEURE)

abris (*Snow sheds*) imités de ceux que l'ingénieur anglais Fell, établit sur le mont Cenis, pour préserver la voie du chemin de fer à rail central, établi sur cette montagne (1).

Nous représentons dans les figures 188, 190, un *abri contre la neige*, à l'extérieur et à l'intérieur, sur le chemin de fer du Pacifique. C'est, comme on le voit, une sorte de galerie couverte. Sa hauteur est de 5^m,50 et sa largeur de 5 mètres. Des jours, ménagés à la toiture et entre les bordages latéraux, assurent une ventilation suffisante.

(1) Voir page 99 de ce volume

FIG. 189. — UN TRAIN DE CHEMIN DE FER ARRÊTÉ PAR LES NEIGES, DANS LE CANADA

Les galeries sont plus ou moins longues et les poteaux plus ou moins solides, selon le poids de neige qu'il s'agit de supporter, d'après l'expérience acquise. Les poteaux qui servent à soutenir le toit, sont souvent de simples troncs d'arbres. Comme on ne les enlève pas pendant l'été, les galeries sont pourvues d'ouvertures, fermées par des panneaux à coulisses, et par conséquent, mobiles.

Sur la ligne du *Central-Pacific*, les galeries de bois servant d'abris

FIG. 190. — ABRI CONTRE LA NEIGE, VUE INTÉRIEURE

contre les neiges, occupent 75 kilomètres de longueur, et elles règnent sans interruption entre quatre stations, de Strong's-Cânon au Cap des Émigrants. Les toitures ont à soutenir des poids énormes de neige, qui sont de 3 à 6 mètres de hauteur sur le *Central-Pacific*, et qui vont, près du sommet de la Sierra-Nevada, jusqu'à 15 mètres.

Ce n'est pas seulement contre les chutes de neige qu'il faut préserver les trains circulant dans les très hautes montagnes. Dans certaines parties de la

Sierra-Nevada, des avalanches s'abattent fréquemment, et menaceraient de créer des amoncellements énormes et subits, qui mettraient les trains en détresse. Dans ces parties de la montagne, on donne aux toitures des galeries une forte inclinaison, et on les construit avec du bois beaucoup plus résistant et d'un plus fort équarrissage. Chaque extrémité des *fermes* qui entrent dans la composition de la galerie, est munie de tirants, que l'on scelle dans le roc, à chacune de leurs extrémités.

La figure ci-dessous représente l'*abri contre les avalanches*.

Il nous reste à dire, comme remarque générale, que toutes ces galeries de

FIG. 191. — ABRI CONTRE LES AVALANCHES, SUR LE CHEMIN DE FER DU PACIFIQUE, DANS LA SIERRA NEVADA

bois parcourues par une locomotive, dont le foyer lance des étincelles et laisse tomber des morceaux de charbon enflammé, exposent à des incendies, et les cas en sont assez fréquents. C'est ainsi qu'en 1877, sur le *Central-Pacific*, le feu prit aux galeries d'abri, et en consuma une longueur de 1,450 mètres, dans plusieurs accidents, dont le dernier seul dévora 1,000 mètres d'abri.

Pour remédier à ce danger, on revêt aujourd'hui une partie des bordages latéraux de plaques de tôle. En outre, des trains de pompes à incendie sont toujours prêts à se porter au point où un danger est signalé par le télégraphe. Des gardiens, échelonnés à des distances de 1,500 à 2,000 mètres, sont chargés d'expédier le signal d'alarme. Sur le *Central-Pacific*, ces postes télégraphiques pour l'annonce des incendies, sont au nombre de 26, et les trains de secours contre l'incendie (*fire train*) sont en permanence dans les quatre grandes gares de cette ligne.

C'est grâce aux galeries couvertes que l'on a pu, sur le chemin de fer du Pacifique, faire élever la locomotive à des hauteurs inusitées jusque-là, et éviter les tunnels, qui auraient indéfiniment retardé l'ouverture de cette magnifique ligne.

PASSAGES A NIVEAU

Les *passages à niveau* sont fréquents sur les lignes américaines. Mais en présence du système de liberté complète qui règne d'une manière absolue dans les États de l'Union, aucun règlement d'administration ne limite le nombre de ces passages que les Compagnies peuvent créer; les chemins de fer étant assimilés aux autres voies de communication par terre.

Pour avertir le public de l'approche d'une locomotive en travers de la route, il n'y a d'autre avertissement qu'un large écriteau placé au-devant de chaque passage à niveau, et portant cet avis « *Prenez garde au train.* »

Il n'y a presque jamais de barrière devant les passages à niveau. Quand il en existe, c'est une simple barre de bois posée en travers de la route, par le gardien, qui sert en même temps d'aiguilleur. D'autres fois, c'est une chaîne de fer que le gardien tend au-devant de la voie. Le plus souvent, il se contente d'agiter un drapeau rouge, et, plus souvent encore, il ne se donne aucun mouvement, et s'en rapporte à l'écriteau. Et notez que les passages à niveau sont fréquents dans les villes. Dans la ville d'Élizabeth, sur le *Central of New-Jersey*, il existait, en 1876, un passage à niveau, où 500 trains se succédaient chaque jour, et on n'y voyait aucune barrière ! L'aiguilleur seul était commis au soin d'agiter un drapeau rouge au passage des trains. Mais pendant qu'il s'occupait du passage à niveau, l'aiguilleur aiguillait-il ? Les accidents étaient donc fréquents sur cette ligne et sur le passage à niveau.

Dans les passages à niveau à l'intérieur des villes, les trains ralentissent leur marche, et la cloche de la locomotive, mise en branle par le mécanicien, avertit les piétons et les conducteurs de voitures d'avoir à se garer. Il y a, le long de la voie, des poteaux portant un B (*bell*) ou un W (*whistle*) pour indiquer au mécanicien les points où il doit commencer à faire retentir la cloche.

Ce signal, du reste, n'a rien d'obligatoire. C'est ce qui a été plusieurs fois décidé par les tribunaux américains, à la suite de procès intentés aux Compagnies par les victimes d'accidents arrivés aux passages à niveau.

« Attendu, disaient les arrêts des magistrats, que le devoir d'une personne
« qui traverse la voie est de faire attention au train, l'absence d'un signal
« donné par la cloche ou par le sifflet de la locomotive n'engage pas la
« responsabilité des Compagnies. »

En vertu du même principe de liberté absolue, les municipalités ou les
particuliers ont le droit d'établir des passages à niveau sur les routes, à la
condition d'en faire les frais.

Un tel régime, qui impose à chacun le soin de veiller sur sa conservation,
a beaucoup secondé la création des chemins de fer; mais en ce qui concerne
les passages à niveau, il n'est pas sans inconvénients. Dans les pays peu
habités, et c'est le cas général en Amérique, le défaut de surveillance des
passages à niveau est tolérable, mais dans les grands centres de population
où une circulation active, en voitures et piétons, se fait en travers des
rails, ce défaut de surveillance amène de fréquents accidents. En 1874, le
rapport de la Commission centrale, des chemins de fer de l'État de
Massachussets, constatait qu'il existait un passage à niveau à chaque
deux kilomètres de cette ligne ; et que dans les trois années précédentes,
31 personnes avaient été tuées et 38 blessées dans la traversée de ces passages.
Aussi la législature du Massachussets promulgua-t-elle un décret pour
interdire l'ouverture de nouveaux passages à niveau, sans l'avis conforme
de la Commission des chemins de fer et d'une Commission judiciaire.

Les mêmes plaintes s'étant manifestées dans les États de Connecticut
de Pensylvanie, et dans celui de New York, on a commencé d'établir, sur
les lignes de Philadelphie à New York, des barrières à demeure. Au moyen
d'un contre-poids, manœuvré, de chaque côté de la voie, par le gardien, ces
barrières s'ouvrent ou se ferment, selon les besoins de la circulation.

Dans les autres États de l'Union, on comprend de plus en plus les dangers de ce défaut de surveillance. A Pittsburg, à New York, à Philadelphie,
on prend des mesures pour modifier, à l'avenir, cet état de choses. Ce qui
n'empêche pas que, dans cette dernière ville, on laisse les trains de chemins
de fer, dans les quartiers excentriques, parcourir longitudinalement les rues
à niveau du sol ou les couper en travers.

Si vous ajoutez que, les locomotives américaines étant généralement
chauffées au bois, des flammèches s'échappent de la cheminée, en dépit des
toiles métalliques qu'elles renferment, et mettent quelquefois le feu aux
maisons, dans la traversée des villes, vous reconnaîtrez que le système de
tolérance accordé aux Compagnies de chemins de fer, s'il a de grands
avantages pour les progrès industriels et commerciaux de la nation, en
général, n'est pas sans quelques inconvénients pour les particuliers.

III

Locomotives. — Les locomotives américaines ont un type particulier, qui les différencie, au seul aspect, de celles de l'Europe. Une cabine vitrée protège le mécanicien contre le mauvais temps, et le chauffeur s'abrite dans la même cabine. L'intérieur de ce réduit est muni de lampes, de sièges, et de divers objets à l'usage du mécanicien et du chauffeur.

Sans sortir de sa cabine, le mécanicien peut donc effectuer toutes les manœuvres de la locomotive, surveiller la voie, serrer les freins. Une sonnette le met en communication directe avec le conducteur du train. Reconnaissant que le rôle du mécanicien exige du savoir et de la présence d'esprit, les ingénieurs américains lui évitent, autant que possible, les désagréments résultant de l'intempérie des saisons, ainsi que les déplacements, qui sont quelquefois dangereux, pendant la marche.

Une énorme cloche, placée à l'avant de la locomotive, est mise en branle par le mécanicien, à l'approche des stations ou dans la traversée des centres de population. Cet avertissement est indispensable sur des lignes qui ne sont protégées par aucune barrière, et où les passages à niveau ne sont surveillés par aucun gardien.

La cloche est quelquefois remplacée par le sifflet à vapeur ; mais, au lieu du bruit strident qui déchire les oreilles, le sifflet américain émet une sorte de bourdonnement, sourd et prolongé. La cloche étant plus agréable pour les habitants des villes, on réserve le sifflet pour les cas imprévus, par exemple pour l'avertissement du serrage des freins, en cas de danger.

La locomotive est à huit roues, mais, caractère essentiel à connaître, la moitié de ces roues est portée sur un châssis, et l'autre moitié sur un second châssis indépendant. Une cheville ouvrière réunit les deux trains, ce qui donne une certaine mobilité entre les deux châssis, et permet de franchir les courbes de petit rayon. Cette disposition n'a jamais été adoptée sur les chemins de fer européens, parce qu'elle est, dit-on, contraire à la vitesse ; mais en Amérique, où l'on se préoccupe d'éviter les travaux d'art, et où l'on admet, dans ce but, des courbes à très petit rayon, cette disposition est fondamentale.

Grâce à la cheville ouvrière, la locomotive américaine jouit d'une grande flexibilité. En tournant dans les courbes, en roulant sur des voies souvent très mauvaises, elle se maintient d'aplomb sur les rails, et conserve son adhérence, même en remorquant de lourdes charges, à grande vitesse. Dans les mêmes circonstances, la locomotive européenne, avec ses ressorts indépendants, ses roues calées sur l'essieu et sa rigidité générale, ne pourrait pas fonctionner. Le truc qui porte l'avant de la locomotive, tourne dans les courbes et glisse sous la machine juste assez pour dégager le châssis. Quand la voie est dure et non de niveau, le chassis sauterait sur les rails, mais des *barres d'égalisation* répartissent également la charge sur les quatre roues.

Le tuyau de cheminée est entouré d'une enveloppe de tôle, en forme d'entonnoir renversé ; et entre ces deux tuyaux existe un treillis, qui, sans arrêter la fumée ni les gaz, et sans nuire au tirage, retient les flammèches du combustible, lequel est habituellement le bois, et les rabat dans le cône inférieur, d'où il est rejeté sur la voie par un conduit spécial. Cette disposition a pour but d'empêcher la locomotive d'incendier les récoltes dans les champs.

Un éperon, ou râteau, qui est tantôt en fer, tantôt en bois, arme l'avant de la locomotive, et lui donne sa physionomie particulière, aujourd'hui bien connue. Cet éperon, ou *chasse-vache* (*cow-catcher*) sert à écarter les animaux d'engrais qui se couchent sur les rails, ou qui errent près de la voie. Nous avons déjà signalé cet engin, nous n'y reviendrons pas. Nous ajouterons seulement qu'en hiver, le *chasse-vache* est remplacé par un *chasse-neige*, sur les lignes du Nord. Le *chasse-neige* est toujours en acier. C'est une sorte de soc de charrue, qui, rasant le sol, débarrasse la voie de l'amoncellement des neiges.

Pour éclairer la voie en avant, la locomotive est pourvue d'un gros fanal, posé au-devant d'un miroir parabolique en métal bien poli, et qui projette son faisceau lumineux à 400 mètres de distance.

Nous venons de décrire le type général des locomotives américaines. Il nous reste à ajouter que quelques types différents sont construits pour le service des lignes particulières. Nous ne saurions entrer dans la description de ces machines. Il nous paraît néanmoins utile de signaler une locomotive récemment adoptée, parce qu'elle témoigne du désir qu'ont les Américains

FIG. 192. — AVANT D'UNE LOCOMOTIVE AMÉRICAINE

de remédier au vice que l'on reproche à leurs chemins de fer, à savoir la trop faible vitesse.

Pour créer entre New York et Philadelphie, un train-express, analogue à ceux de l'Europe, ce qui, jusque-là, avait fait entièrement défaut, un ingénieur français, M. L. Fontaine, a eu l'idée d'interposer entre la roue qui reçoit le mouvement et la roue motrice, une troisième roue, d'un diamètre moindre que les deux autres, et qui est calée sur l'essieu de la roue motrice. La roue commandée par le piston, agit par friction sur la roue interposée.

Nous représentons dans la figure ci-dessous la locomotive L. Fontaine. Un

Fig. 193. — LOCOMOTIVE L. FONTAINE

système de leviers commandé par un petit piston à air comprimé, permet de régler la charge transmise à cet essieu intermédiaire, et par lui à l'essieu moteur, en déchargeant plus ou moins les deux roues porteuses situées sous la cabine, ainsi que le truck à quatre roues de l'avant de la machine.

Une locomotive, construite d'après le système Fontaine, a été en service, pendant l'année 1880, sur le *Canada Southern Railway*. Cette locomotive a traîné un train composé de trente-neuf wagons et pesant 876 tonnes, sur une rampe de 4 millimètres par mètre, à une vitesse de 40 kilomètres 25 à l'heure ; ce qui prouve qu'elle est également apte à faire le service des trains lourds.

On reproche à la locomotive Fontaine l'inconvénient que présente la masse considérable formée par les deux essieux superposés, les roues de friction et les roues motrices, masse qui reçoit et qui transmet des chocs, fort nuisibles à la voie ; nous avons cru néanmoins devoir mentionner le système de construction essayé par M. L. Fontaine, comme un nouvel exemple de cette disposition louable des Américains qui les porte à accueillir favorablement toutes les innovations, si faibles que soient leurs chances de réussite, et à ne jamais les rejeter *à priori*.

FIG. 194. — WAGON AMÉRICAIN (*Passenger car*), VUE EXTÉRIEURE

Wagons et voitures. — Les wagons américains diffèrent notablement des nôtres.

Au début, c'est-à-dire de 1830 à 1838, on avait conservé la division des anciennes diligences en deux ou trois compartiments ; mais on ne tarda pas à comprendre qu'à un système nouveau de transport il fallait de nouveaux véhicules, et alors fut créé le *car* américain, caractérisé par sa grande longueur, et l'absence de compartiments, ce qui permet au voyageur de circuler d'un bout de la voiture à l'autre, comme sur un navire.

Ce qui a amené et facilité la création du *car* américain, long et sans divisions intérieures, c'est, faisons-le remarquer, l'invention qui fut faite, en 1833, par John Jervis, du double châssis à cheville-ouvrière, appliqué aux

Fig. 193. — INTÉRIEUR D'UN WAGON AMÉRICAIN

locomotives, pour lui donner la facilité de tourner dans les courbes. Cette heureuse disposition fut bientôt étendue aux wagons.

L'emploi du double truck a conduit à accroître beaucoup la longueur des voitures, pour utiliser le double châssis, qui, sans cela, aurait alourdi considérablement le matériel et augmenté le prix des transports.

Grâce à la grande longueur de la voiture, on a pu supprimer les compartiments, et faire d'un wagon une sorte de salle commune, avec deux entrées seulement, une à chaque extrémité. Les marches d'entrée, placées aux extrémités de chaque voiture, évitent l'un des plus grands inconvénients de nos wagons européens, à savoir les marchepieds latéraux, dont l'accès est si difficile pour les personnes faibles ou âgées.

La communication que l'on a pu établir entre les voitures (ce qui est à peu près impossible sur les wagons européens), est un autre caractère essentiel des wagons américains. La faculté que l'on a de circuler d'un bout à l'autre du train, contribue à la sécurité, ajoute, à la facilité du service des conducteurs et des gardes-freins, et donne beaucoup d'agrément aux voyages.

La grande longueur des wagons à voyageurs, et la suppression des compartiments, ont permis d'aménager leur intérieur de manière à produire l'éclairage, le chauffage et la ventilation dans les meilleures conditions, ce dont on ne se préoccupe pas assez en Europe, où, la durée des voyages en chemins de fer étant assez courte, on n'a pas autant à s'inquiéter de chauffer, d'éclairer et de ventiler. Mais en Amérique les voyageurs ayant à faire dans les wagons un séjour prolongé, et devant supporter un froid rigoureux en hiver et les chaleurs excessives de l'été, avec la nécessité de traverser quelquefois des contrées presque désertes et n'offrant que peu de ressources pour la nourriture, il a fallu songer au bien-être du voyageur, sous tous les rapports. Dans un pays d'une étendue aussi considérable, où l'on a à entreprendre des voyages qui durent parfois des semaines entières, et où l'on ne trouve que rarement de quoi satisfaire aux besoins de la vie, on a été forcé de faire des voitures des chemins de fer des espèces d'hôtelleries roulantes.

Ces remarques générales posées, arrivons à la description des wagons américains (*passenger car*) (fig. 194).

Le *passenger car* (fig. 194) a la forme d'une caisse, dont la longueur n'est pas moindre de 15 mètres et la largeur de 3 mètres. Porté sur 8 roues, il contient 56 places. Comme la locomotive, il repose sur deux châssis s'articulant par une cheville ouvrière. Les sièges sont disposés par bancs, qui regardent en avant du train, et sont séparés par un couloir, permettant de circuler entre les deux rangées (fig. 195, page 461). Un poêle à charbon chauffe la voiture, pendant l'hiver. Une fontaine pleine d'eau glacée, dont les Américains sont grands consommateurs, est à la disposition des passagers, en toute saison.

À l'avant de la voiture est une plate-forme extérieure, abritée par un auvent, d'où le touriste peut suivre la succession des paysages et des sites. Seulement, on est assez mal à l'aise sur cette plate-forme ; car le conducteur y passe et repasse à chaque instant, et l'on gêne les manœuvres des gardes-freins, quand ils viennent mettre en mouvement la grande barre qui pousse les sabots. En outre, comme on est près des roues, la trépidation fatigue beaucoup. Il est vrai que l'on y fume tout à son aise, tandis qu'à l'intérieur du *car* les douceurs du cigare ne sont pas autorisées.

De cette plate-forme on peut sauter, si l'on est agile, sur la voiture suivante, et parcourir ainsi tout le train. Mais si la voiture marche à grande vitesse, et qu'elle bondisse un peu sur les rails, l'enjambement offre quelque danger. Ce qui, d'ailleurs, n'empêche personne de passer d'une voiture à l'autre, au risque de se casser quelque chose.

FIG. 196. — SALON D'UN WAGON-LIT AMÉRICAIN

Les banquettes, au nombre de quatorze par voiture, contiennent, chacune deux places. Les dossiers qui ne s'élèvent guère qu'à $0^m,85$, au-dessus du plancher, n'empêchent pas la vue de s'étendre dans toute la longueur du wagon. Ils présentent, en outre, cette particularité de pouvoir tourner, grâce à deux tiges articulées qui les retiennent aux extrémités, autour d'un axe correspondant au milieu du siège. Il peuvent aussi se placer en avant

ou en arrière. Cette disposition supprime, au besoin, les places à reculons
et permet à trois ou quatre personnes de se grouper ensemble.

A chaque banquette correspond une fenêtre, munie d'une glace, d'une
persienne, et quelquefois d'une toile métallique, à mailles très fines. On fait
disparaître, quand on le veut, la glace et la persienne, non pas en dessous

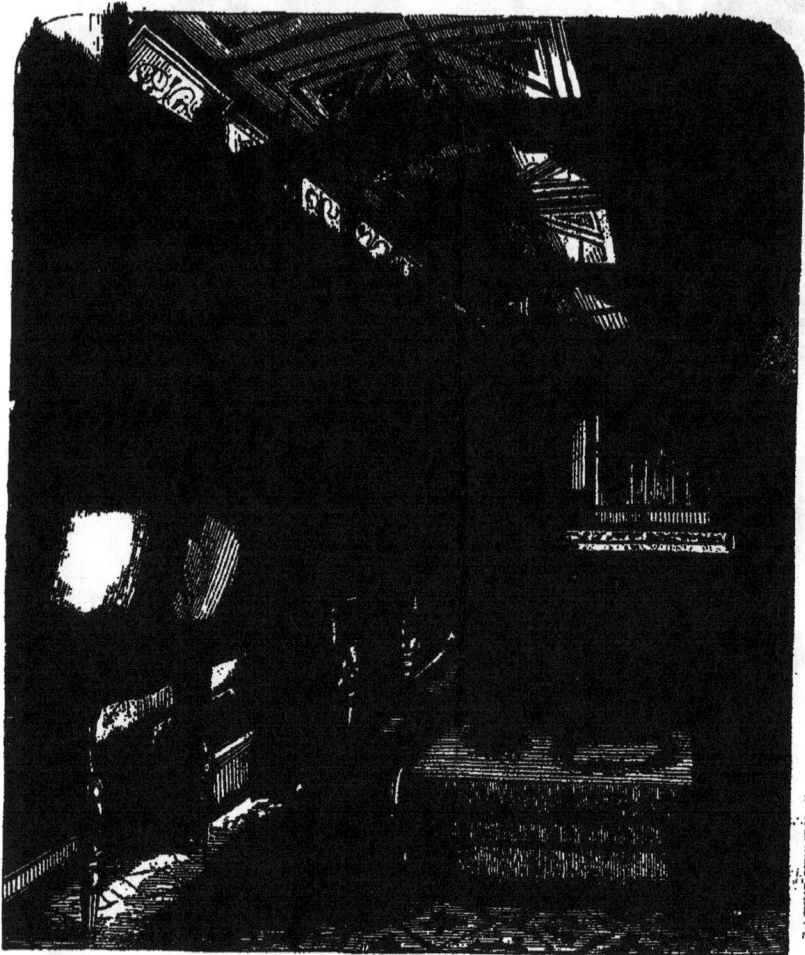

FIG. 197. — SALON D'UN WAGON-LIT AMÉRICAIN TRANSFORMÉ EN DORTOIR

de la fenêtre, comme dans nos wagons, mais en dessus, comme ces croisées
à guillotine, qui sont d'un usage universel en Angleterre et en Amérique. Les
glaces se meuvent dans d'étroites rainures, où elles ne peuvent pas ballotter,
de sorte qu'on est affranchi du bruit produit par la trépidation des vitres.

Ce mode d'installation des fenêtres assure une certaine ventilation ; mais,
comme nous l'expliquerons plus loin, d'autres fenêtres, de 0^m,50 de largeur

sur 0ᵐ, 20 de hauteur, placées dans les parois plus ou moins verticales du sur-haussement de la voiture, produisent un renouvellement d'air très actif.

Le conducteur circule incessamment dans le couloir, pour contrôler les billets, que l'on passe ordinairement au cordon de son chapeau. Si le voyageur dort, ou est occupé à une lecture, le conducteur prend son billet, le poinçonne, puis le remet au chapeau du dormeur ou du liseur. Dans le *car* se trouve un marchand de journaux, de cigares, de fruits, de victuailles, etc., qui, en même temps, rend aux voyageurs mille petits services officieux.

Fig. 198. — SALON D'UN *Silver car-palace*

Pour mettre le voyageur en communication avec le chef de train, une corde passe à la partie supérieure de chaque voiture, et aboutit, guidée par des anneaux de fer, à la cabine du mécanicien. Chaque voyageur, en cas de danger, peut tirer cette corde, qui fait retentir une sonnette. Voilà un *signal d'alarme* bien simple. Il est supérieur, reconnaissons-le, au signal d'alarme électrique, dont nous avons parlé à propos des chemins de fer européens; et peut-être serait-il bon, chez nous, d'accepter ce mode facile et pratique de mettre en rapport les voyageurs avec le conducteur du train.

Nous avons dit que l'on ne fume pas dans les *cars* américains, mais seulement sur la plate-forme. Il y a bien un wagon spécial pour les fumeurs; mais il est si sale, si mal tenu, que l'on se hâte d'en sortir quand on y est entré.

Dans le *passenger car* la journée s'écoule donc sans ennui, et avec tout le confort désirable. Le voyageur n'est pas, comme dans nos wagons, emprisonné, emboîté, mûré. Il peut aller et venir d'un bout à l'autre du train, respirer le grand air, sur la plate-forme, enjamber, s'il le veut, d'une voiture à l'autre, et se nourrir, grâce au marchand de comestibles qui voyage avec le train. Mais c'est autre chose la nuit. Les sièges, bas et sans dossiers, interdisent le sommeil. Si la fatigue vous endort un moment, on ne tarde pas à se réveiller, courbaturé et endolori. Quand on voyage sur le chemin de fer du Grand Pacifique, on voit des wagons remplis d'hommes, d'enfants et de femmes, succombant à la fatigue, après plusieurs journées de voyage, et dormant, ou essayant de dormir, dans les postures les plus pénibles et les plus tourmentées. Aussi sur les chemins de fer américains voyageait-on rarement de nuit, autrefois. C'est pour les voyages de nuit qu'ont été créés en Amérique les wagons-lits, les *spleeping-cars*, que l'Europe a imités, mais qui sont tout à fait d'origine américaine.

Un industriel de Chicago, Pulmann, est l'inventeur du wagon-lit; d'où le nom de *Pulman's car* (voiture de Pulmann) pour désigner le *wagon-lit* américain.

Nous avons décrit, dans la Notice sur les chemins de fer en Europe, les wagons-lits de la *Compagnie internationale européenne*. La description du wagon-lit américain en sera fort abrégée.

Le wagon-lit américain est le *car ordinaire*, dont on a lu plus haut la description, mais plus élégant dans sa décoration, et pouvant se transformer, la nuit, en dortoir. Pour cela, chaque double siège devient une couchette, grâce aux dossiers, qui sont mobiles. On enlève deux de ces dossiers, et on réunit les deux places qui se font vis-à-vis ; ce qui forme un sommier en bois. Sur ce sommier on étend un matelas, des draps, un traversin, un oreiller, et le lit est fait.

Un deuxième étage de lits se dresse par-dessus le premier, au moyen de la paroi latérale supérieure de la voiture, qui se rabat, à l'intérieur, grâce à deux charnières. La planche ainsi rabattue est soutenue dans une position horizontale par deux tiges de fer obliques. La literie se pose, sur cette couchette supérieure, comme sur l'inférieure. Un rideau glissant sur une tringle isole les deux lits de chaque étage (fig. 197, page 464). C'est à peu près l'aménagement des couchettes sur les paquebots à vapeur ; mais les lits sont ici beaucoup plus larges, car ils ont la largeur de deux places. Le couloir du milieu, resté libre, est éclairé, pendant toute la nuit, par des lampes suspendues au plafond.

Le jour, tout se remet en état, et, quand le lit est supprimé, le voyageur reprend sa place, ou plutôt ses deux places, car il est forcé d'en payer deux, pour occuper un lit, la nuit.

Un petit réduit est réservé au cuisinier, qui prépare les repas des voyageurs, et les fait servir dans le *car*.

Pour créer, sur nos chemins de fer européens, des *wagons-lits*, il a suffi d'imiter les dispositions du *Pulmann's car*. Les voitures sont un peu moins longues, mais l'installation générale est la même.

C'est ainsi que l'on peut faire, en Amérique, des voyages de toute une semaine, sans se fatiguer beaucoup. On dort assez bien dans les lits du wagon, et, le matin venu, chacun se rend à un *lavabo* commun. C'est une petite pièce où l'on se lave, se peigne, se brosse, s'éponge, etc. Hommes et femmes font ensemble leur toilette du matin ; mais la réserve des mœurs, et le sentiment de respect pour les femmes, qui est général en Amérique, enlèvent tout fâcheux caractère à cette promiscuité des sexes. Chacun songe à soi, et s'inquiète peu des autres. On peut dire que dans le lavabo commun des *Pulmann's cars*, il n'y a ni hommes ni femmes : tous américains.

Nous ajouterons que les voyageurs de haut lignage peuvent se donner le luxe de voitures aristocratiques. Le *silver car palace* (voiture-palais) est un wagon richement décoré, avec salle spéciale pour le restaurant, et qui est divisé en compartiments particuliers, parmi lesquels un vaste salon. De larges fenêtres, munies de glaces, permettent d'embrasser tout le paysage (fig. 198, page 465). Le *silver car palace* est donc une sorte de restaurant roulant. On le trouve sur le chemin de l'Érié, sur les grands railways du Pacifique et sur celui de New York à San Francisco. Il ne constitue pas de trains particuliers, mais un seul wagon, que l'on attelle au reste du train.

Cependant le *silver car palace* a peu d'amateurs. Les Américains aiment le confort, mais non le luxe, et le *Pulmann's-car* ne laisse rien à désirer, pour la facilité de la vie en voyage, de jour et de nuit.

Nous n'avons parlé qu'incidemment du chauffage et de l'éclairage des voitures. Entrons dans quelques détails à ce sujet.

L'éclairage intérieur du *passenger car* se fait au moyen de grandes lampes à huile minérale, suspendues au plafond, ou de lanternes contenant plusieurs bougies, poussées, comme dans les lanternes de nos voitures, par un ressort à boudin. L'huile minérale, qui sert à cet usage, est, non le pétrole, qui est rigoureusement banni, mais un produit de la distillation de l'huile minérale, qui n'est pas très inflammable (*minéral oil*). Chaque lampe, alimentée par cette huile, éclaire comme quatre bougies stéariques.

L'éclairage au gaz commence à se répandre beaucoup dans les voitures, parce qu'il est plus économique. Sur le chemin de fer de *Philadelphia Reading*, le gaz employé pour l'éclairage provient de la distillation du pétrole. On le comprime à 24 atmosphères, dans des réservoirs en tôle, fixés sous le wagon, qui le débitent, au moyen de tubes aboutissant à l'intérieur des voitures.

Sur le chemin de fer de Pensylvanie, le gaz est fourni par l'usine de la ville. On le comprime dans des réservoirs, à 4 atmosphères seulement. On estime qu'un bec de gaz équivaut, comme puissance éclairante, à dix-sept bougies stéariques, et qu'il est sensiblement plus économique que l'huile minérale.

Le chauffage s'effectue généralement, comme nous l'avons dit, par un poêle en fonte, placé dans un coin du wagon. Mais la présence d'un foyer au milieu d'un convoi de chemin de fer, n'est pas sans dangers. En cas de collision ou de choc, même léger, le charbon incandescent est projeté, et de nombreux accidents ont été la suite de ce moyen de chauffage, auquel les Américains tendent à renoncer.

Le chauffage à l'eau chaude, ou le *thermosiphon*, qui est si en faveur sur les chemins de fer du nord de l'Europe, a été installé par M. Baker sur beaucoup de trains américains. Un poêle en fer chauffe un réservoir d'eau, et, de là, des tubes font circuler l'eau chaude sous tous les sièges des voitures, L'eau revient ensuite à la chaudière. Dans ce système, emprunté aux *calorifères à eau chaude*, si répandus dans les grands établissements publics d'Europe, l'eau n'est jamais renouvelée : c'est la même qui circule incessamment des tuyaux à la chaudière et de la chaudière aux tuyaux.

Sur le chemin de fer du Grand Pacifique, on fait usage du procédé Baker (circulation d'eau chaude) en le simplifiant.

Quant aux boules d'eau chaude, le procédé de prédilection des chemins de fer français, il n'est d'aucun emploi sur les trains américains.

La ventilation des voitures, dont on ne se préoccupe aucunement sur les railways d'Europe, est, au contraire, l'objet de soins particuliers en Amérique. Le voyage, en hiver, dans un wagon fermé, occasionne à beaucoup de personnes un malaise, dont elles ne comprennent pas la cause, et qui provient uniquement de la viciation de l'air par la respiration. Il est donc important de renouveler l'air des wagons. En Amérique une ventilation active est inhérente au matériel des *passenger cars*. Nous avons dit, en donnant la description de l'aménagement intérieur de la voiture, que la ventilation est assurée par des fenêtres de $0^m,50$ de largeur sur $0^m,20$ de hauteur, placées dans les parois, plus ou moins verticales, du sur-haussement de la voiture. Dans certains wagons, la glace de ces petites fenêtres est, à volonté, mobile

autour de l'un ou de l'autre de ses bords verticaux, et on l'ouvre partielle-
ment du côté vers lequel le wagon marche : l'ouverture entre-bâillée devient
alors le lieu d'un courant d'air du dedans au dehors, dans le sens opposé
à la marche du train. Le courant d'air qui s'opère par ces fenêtres est
très sensible, car si l'on présente, dans l'entre-bâillement, une allumette
enflammée, la flamme est repoussée avec force. Les choses se passent
comme si, le wagon restant immobile, l'air immobile, l'air extérieur, se
portait vers l'arrière, en longeant la paroi, et opérait un appel d'air à la
rencontre des fenêtres entre-bâillées. Le wagon marchant alternativement
dans les deux sens, il faut que l'axe de rotation puisse être changé.

A ce système, un peu élémentaire, on a substitué, à la suite d'études faites
par le *Conseil d'hygiène* de l'État de Massachussets, d'autres dispositions
plus compliquées, mais d'un effet certain, que nous passerons sous silence,
pour ne pas entrer dans des détails trop techniques.

Les wagons à voyageurs étant suffisamment décrits, nous dirons un mot
des wagons à marchandises.

Ce qui domine dans la construction des wagons à marchandises, c'est
l'attention d'approprier l'aménagement de chaque véhicule à la nature des
matières transportées. Le wagon est toujours d'une grande longueur, comme
ceux à voyageurs, mais l'intérieur est très diversement distribué.

Dans le transport des grains, farines et tous produits des céréales, on a
des wagons fermés (*boxe cars*) munis d'une porte à coulisse.

Pour le bétail, on a des wagons à claire-voie (*catle cars*).

Le transport du bétail vivant est, d'ailleurs, une opération de grande importance. Les moutons, les bœufs, les porcs, font d'immenses voyages, pour
arriver du fond du Texas, de l'Arkansas, du Colorado ou de Buenos-Ayres,
jusque dans les États du Nord. Aussi sont-ils l'objet de soins minutieux,
pour leur nourriture et leur entretien, pendant le voyage. On arrête les
trains plusieurs fois par jour, et des mangeoires, portées sur des mâts mobiles, s'abattent devant les animaux, pour leur donner leur ration d'herbes
ou de grains et les faire boire. Les figures 199, 200, montrent le mécanisme
fort simple, de ces mangeoires mobiles. Le train étant arrêté en face de la
mangeoire, placée elle-même le long du quai, un employé presse, au moyen
du disque qui la termine, une tringle de fer, qui, par son mouvement de bas
en haut, fait basculer un levier, A B, muni d'un contre-poids *e*. Ce levier
étant attaché au ratelier *bd*, le fait descendre à la portée des animaux. Par
le même mécanisme, on relève l'appareil quand il faut repartir.

Les gardiens qui accompagnent les animaux, bouviers, bergers, porchers, venus de leur pays natal, les surveillent avec grand soin, pendant le long trajet qu'ils ont à accomplir.

Pour la houille, on a de simples plates-formes, avec bords élevés, ou des wagons semblables à ceux qui servent, en Europe, à enlever les terres pendant les terrassements.

Pour le pétrole, on a des wagons en tôle, de forme cylindrique, terminés par des calottes hémisphériques et posés sur un châssis. Ces réservoirs peuvent contenir le volume de 85 barils de pétrole. Comme ils sont clos

FIG. 199. — NOURRITURE DU BÉTAIL PENDANT LE TRANSPORT SUR UN RAILWAY

de toute part et formés d'une tôle très résistante, toute chance d'incendie est écartée.

Terminons en disant que les roues des wagons à marchandises, comme, d'ailleurs, celles des wagons à voyageurs, ne sont pas en fer, mais en fonte d'une excellente qualité. C'est un résultat qui n'a pas encore été atteint sur le matériel roulant des chemins de fer de l'Europe, où les roues de tous les véhicules sont en fer.

En ce qui concerne le matériel roulant, il est, en Amérique, un usage qui contraste beaucoup avec les habitudes administratives des chemins de fer européens : on loue le matériel roulant à des Compagnies. La construction d'un railway étant terminée, on s'aperçoit, quelquefois, que l'argent manque pour fabriquer voitures, locomotives et wagons. Alors on s'adresse à des

Compagnies plus riches, qui louent, pour un temps, le matériel, lequel sera plus tard acquis, sur le bénéfice réalisé par la nouvelle ligne.

Il est même des commerçants qui fabriquent des wagons destinés au transport de leurs marchandises spéciales, et qui les font voyager sur les lignes, en payant un prix convenu pour le parcours. Des marchands de bestiaux organisent ainsi des trains d'animaux vivants. Des meuniers font venir des blés de très grandes distances, par exemple de Chicago à New York. Le

Fig. 2J0. — MANGEOIRE MOBILE

fameux montreur de bêtes, Barnum, fait transporter ses fauves pensionnaires et son cirque de chevaux, y compris le personnel attaché à son entreprise, dans des cages placées sur des trucks spéciaux, en payant seulement le parcours et remisant ses wagons chez lui, à chaque voyage.

Le chemin de fer, en Amérique, est un agent commercial, qui revêt une foule de formes, qui s'applique aux besoins les plus divers, et dont nous ne pouvons nous faire une idée avec nos habitudes correctes et compassées de transaction et de réglementation en matière de chemins de fer.

IV

Les accidents sur les chemins de fer américains ; leurs causes, leur diminution dans ces dernières années. — Moyens de sécurité : freins et signaux.

On admet généralement que les accidents sur les chemins de fer américains sont fréquents, et, en même temps, fort graves. Dans les premiers temps de la création des voies ferrées du nouveau monde, les malheurs étaient, en effet, nombreux. La construction hâtive des voies ferrées, le peu de préoccupation que l'on avait alors de construire solidement les ouvrages d'art, et le fiévreux désir de livrer rapidement la ligne à la circulation, donnaient lieu à des collisions.

Outre le mauvais état de la voie, le défaut de surveillance, l'imperfection des signaux, et l'absence, encore aujourd'hui assez fréquente, de communications télégraphiques entre les stations, absence que l'auteur d'un opuscule récent publié en Angleterre, sur les accidents de chemins de fer, M. Adams (*Railway accidents*) qualifie de *criminelle*, expliquent ces catastrophes.

Le mode de construction des voitures américaines et leur système de chauffage, rendent compte de la gravité particulière que présentent les collisions sur les voies ferrées américaines. Les wagons, en raison de leur longueur, par suite de leur système d'attelage central, et de leur masse considérable, tendent à pénétrer les uns dans les autres, en continuant à suivre la même direction. Ils s'emboîtent, alors, comme les tubes d'une lunette : ils font *télescope*, disent les Américains. De là le grand nombre de victimes. Au contraire, nos wagons européens étant attelés de bout en bout, un choc les sépare, et tous sont projetés à droite et à gauche de la voie, sans s'enfoncer les uns dans les autres.

Les châssis sur lesquels reposent les caisses des wagons, n'étant pas solidement reliés à celles-ci, il s'ensuit que, quand les wagons sont soulevés par un choc, les caisses se séparent du châssis. On a vu plusieurs fois des caisses de wagon transformées en traîneaux, à la suite d'un accident, parcourir seules d'assez grandes distances, en vertu de l'impulsion acquise.

FIG. 201. — L'ACCIDENT DU PONT D'ATSHABULA

Les poêles à charbon qui chauffent les voitures, sont une cause de grands dangers, après une collision, en provoquant l'incendie du train. Le 18 décembre 1867, le déraillement d'un train à Angola, sur la ligne de *Lake Shore* et *Michigan Southern*, occasionna la mort de 42 personnes, dont la plupart périrent dans les flammes. En décembre 1876, sur la même ligne, le pont en bois d'Ashtabula s'étant écroulé, sous le poids d'un train contenant 170 voyageurs, l'incendie qui suivit cette chute, fit périr dans les flammes plus de 80 victimes. Les 24 décembre 1872 et 19 avril 1873, à Prospect et à Richmond, près de Boston, l'incendie des voitures eut des conséquences analogues, mais sur une moindre échelle.

Les récits des journaux, qui donnent toujours un grand retentissement aux accidents sur les railways américains, contribuent beaucoup à accréditer l'idée de la fréquence et de la gravité de ces accidents. Sur une ligne des États de l'Est, le jour de l'inauguration de cette ligne, un convoi d'invités franchissait un pont de bois très élevé, jeté sur un torrent, lorsque le pont s'écroula et engloutit dans la rivière le président de la Compagnie, des sénateurs, des représentants des États-Unis et des *reporters*. On conçoit que de tels événements, racontés par la presse des deux mondes, aient jeté un assez mauvais renom sur les chemins de fer américains. On peut cependant affirmer que sur ces railways les accidents sont rares aujourd'hui, et que la sécurité y est presque aussi grande que sur ceux d'Europe.

Pour l'année administrative commençant au 1er octobre 1872 et finissant au 30 septembre 1873, il n'y a eu, sur le chemin de fer de l'Érié, qui a toujours été cité, à tort ou à raison, comme le plus mal entretenu de tous ceux des États-Unis, qu'un seul voyageur tué, sur 3,922,156 de personnes qui ont été transportées sur cette voie pendant cette période. Sur l'*Atlantic and Great Western*, du 1er juillet 1872 au 30 juin 1873, il n'y eu que deux cas de mort, et l'on avait transporté 957,940 voyageurs : un de ces malheurs était uniquement causé par l'imprudence de la victime.

Il faut considérer, d'ailleurs, que l'Amérique étant le pays où l'on voyage le plus en chemin de fer, car les railways y constituent les seules routes, le seul moyen de transport pour les personnes, il ne serait pas surprenant que les accidents de chemins de fer fussent un peu plus fréquents dans le nouveau monde qu'en Europe.

Ces prémisses posées, examinons les moyens qui garantissent la vie des voyageurs, c'est-à-dire les freins et les signaux.

Freins. — Les freins jouent, dans l'exploitation des railways américains, un rôle plus important qu'en France. On les manœuvre à toutes les stations.

Tous les wagons, ainsi que la locomotive, sont pourvus de freins, et l'on peut enrayer toutes les roues.

La manœuvre pour l'enrayage s'opère avec un levier de fer fixé extérieurement contre les paliers du wagon, et surmonté d'un disque, qui fait tourner le pas de vis. Une chaîne qui s'enroule autour de l'extrémité inférieure de la vis, fait avancer ou rétrograder les sabots, qui s'appliquent contre la jante des roues. Le garde-freins ne se tient pas toujours en permanence sur les paliers, il va souvent s'asseoir à l'entrée d'un des wagons voisins, où dans le fourgon à bagages, qui est en tête du train.

Le frein à contre-vapeur a été essayé, mais sans succès, et il a été abandonné.

On ne saurait élever de trop grands reproches contre le système de serrage des freins des wagons aux État-Unis, quand on songe que c'est de ce pays que nous est venu le frein à air comprimé, le frein Westinghouse (1).

Le frein Westinghouse a été adopté en 1871 sur un assez grand nombre de lignes américaines, à la suite de plusieurs accidents, qui avaient eu pour cause le manque de freins suffisamment énergiques, notamment après une désastreuse collision, sur l'*Eastern* du Massachussets, qui coûta la vie à dix-neuf personnes. Les Compagnies, payant de fortes indemnités aux victimes des accidents, ont intérêt à éviter les collisions. Elles se décidèrent donc

---

(1) L'invention du frein à air comprimé appartient à M. Daniel Colladon, le savant ingénieur de Genève, qui, dans un brevet en date du 10 décembre 1855, en donna la description. On trouvera, dans la *Revue industrielle* du 5 mars 1879, le texte du brevet pris par M. Daniel Colladon, *pour un système de serrage des freins par l'air comprimé*, avec un dessin montrant le réservoir d'air comprimé, la distribution de l'air et le mode d'attelage des wagons l'un à l'autre. Le tome LIII des *Brevets d'invention français*, donne les détails de l'ajustement des tubes qu. contiennent et conduisent l'air comprimé, ainsi qu'un modèle d'exécution de ces jonctions de tubes que l'illustre physicien génevois a fait exécuter depuis, et qui fonctionne parfaitement.

Ce n'est qu'en 1856, que l'on a commencé, en Amérique, à faire usage de freins à air comprimé! MM. Pontzen et Lavoinne, dans leur ouvrage sur les *Chemins de fer en Amérique*, disent, en effet, dans un historique de cette question :

« Dès l'année 1852, un brevet était pris par un inventeur de New-York, A. Valber, pour l'application de l'air comprimé à la manœuvre des freins.

« En 1856, M. Douglas Galton constatait, dans un rapport sur les chemins de fer des États-Unis, l'emploi sur le *Philadelphia et Reading railway* d'un système de frein, appliqué à toutes les voitures d'un même train et mis directement en action par le mécanicien. Sur le *Baltimore et Ohio*, on s'est servi pendant un assez grand nombre d'années, d'un frein continu imaginé par M. Longhridges Ce frein était mis en jeu par l'une des roues motrices d'arrière de la locomotive, dont le moutonnet, en s'engageant dans la gorge d'une poulie, mettait, par l'effet du frottement, cette poulie en mouvement, et déterminait ainsi l'enroulement d'une chaîne commandant tous les freins des voitures.

« Enfin sur le *New York Central et Hudson River*, on a appliqué jusque dans ces dernière, années le frein du système Creamer dont les voitures à voyageurs sont pourvues, indépendamment du frein ordinaire à main. « (Tome 2e page 164, in-8o 1882.)

à se servir du frein à air comprimé. La Compagnie Pullmann s'appliqua à propager l'usage de ce frein. Déjà, en 1869, la grande Compagnie *Pensylvania* l'avait adopté, et son exemple fut suivi bientôt par plusieurs autres Compagnies.

En 1878, on comptait, aux États-Unis, 200 Compagnies exploitant plus de 8,000 kilomètres de chemin de fer, qui avaient adopté le frein Westinghouse. Dans l'État de Massachussets, à la fin de 1879, sur 473 locomotives, 361 étaient pourvues du frein à air comprimé ; et ce même frein était appliqué 1,363 voitures à voyageurs, sur un nombre de 1,669 voitures qui composaient son matériel.

Le frein à vide commence à se répandre également sur les voitures américaines, mais il est loin d'avoir pris en Amérique le développement qu'on lui voit en Angleterre et en France.

Fig. 202. — LOCOMOTIVE ET TENDER AMÉRICAINS

Signaux. — L'organisation des signaux est loin de l'état de perfectionnement qu'elle présente sur les lignes européennes, et leur exécution. de la part du personnel, laisse à désirer.

Dans les gares, on se contente de sonner la cloche de la locomotive, et l'on ne se sert que rarement du sifflet. On sonne également la cloche à l'approche des stations. Le sifflet sert à commander le serrage et le desserrage des freins, à signaler les arrêts, l'approche de points dangereux, croisements, ponts tournants, etc.

C'est le mécanicien qui donne les signaux au moyen de la cloche ou du sifflet. Le conducteur, en tirant la corde qui longe tout le train, commande l'arrêt, le départ, le ralentissement, etc.

Les feux, puis les signaux de nuit et les disques colorés, pour les signaux de jour, ont les mêmes significations qu'en Europe. Il est fâcheux seulement que les couleurs employées pour les signaux ne répondent pas, sur toutes les lignes, aux mêmes avis. L'uniformité des couleurs et des signes, qu'il serait important de réaliser, n'a pu l'être encore. Les signaux blancs et rouges indiquent que la voie est libre et que l'on peut s'avancer. Le vert est employé comme signal de ralentissement ; sur d'autres lignes c'est le bleu qui a cette signification.

Il faut dire, à la louange des ingénieurs américains, qu'ils accordent une grande confiance aux signaux automatiques, et que c'est dans ce sens que se dirigent aujourd'hui les efforts des inventeurs. Les signaux automatiques leur paraissent offrir, par cela même qu'ils fonctionnent sans l'intervention de l'homme, des garanties que des employés, sujets à manquer d'attention ou à s'absenter, ne sauraient leur donner. Aussi le sifflet automatique à vapeur, qui signale, à la station, l'approche de la locomotive, et que nous avons décrit et figuré (p. 393), est-il adopté sur beaucoup de lignes. Les signaux automatiques peuvent être employés en toute confiance, depuis que les freins continus, dont tous les trains de voyageurs sont pourvus, permettent de conjurer les dangers que pourrait amener le jeu imparfait de ces méca-nismes annonciateurs qui ont l'électricité pour agent.

Un nombre très varié de signaux automatiques ont été proposés, et quelques-uns même ont été appliqués, sur les railways américains. Nous sortirions des limites de cet ouvrage en les décrivant. Notons seulement que parmi les moyens de signaler automatiquement l'état de la voie, l'élec-tricité et l'air comprimé ont été utilisés avec beaucoup de bonheur. Seule-ment, ces diverses inventions ne sont pas encore entrées dans la pratique.

Le désir d'assurer la sécurité complète des trains, n'est pas allé, pourtant, jusqu'à faire adopter aux Compagnies américaines le *block-system*, dont nous avons fait connaître les mérites immenses. Le *block-system*, tel qu'il est appliqué en Europe, n'a été adopté que sur le *Pensylvania*, entre Phila-delphie et Pittsburg, où les longueurs des sections bloquées varient suivant l'importance du mouvement, à partir de deux kilomètres. Ajoutons même que le *block system* est modifié, en ce que chaque section ne reste bloquée que pendant quelques minutes après le passage d'un train ; les trains qui se présentent ensuite ont seulement à ralentir leur marche jusqu'au moment où la section est redevenue libre. C'est ce que l'on désigne sous le nom de *permissive block system*. De fait, ce n'est plus le *block system*, car tout se réduisant aux manœuvres qui s'opèrent sur une portion de la voie, il ne met pas, comme le *block-system absolu*, les trains à l'abri des collisions.

V

Exploitation et service des chemins de fer américains. — Un voyage sur un railway
d'Amérique. — Gares et stations, service de la voie, etc.

Pour terminer cette étude rapide sur les voies ferrées du nouveau monde,
nous avons à parler du service et de l'exploitation. Pour ne pas rester toujours
dans la note purement descriptive, nous ferons connaître les particularités du
service de la voie, en entreprenant, avec le lecteur, un voyage sur une voie
ferrée d'Amérique. Un voyage en chemin de fer accompli, dans un fauteuil,
ce n'est pas fatigant, et c'est très instructif.

Supposez donc, cher lecteur, que nous partons ensemble, de New York,
par exemple, pour nous rendre, par la voie ferrée, à une ville quelconque
du réseau du nord ou du sud.

Nous n'avons pas besoin de prendre nos billets à la gare, ni de faire
devant le guichet et à la queue de la queue, une de ces ennuyeuses attentes
que vous savez. En Amérique, les billets de chemin de fer se vendent
partout : chez les marchands de tabac, dans les restaurants, les hôtels,
etc. Le billet porte le prix qui représente la longueur du voyage, et, comme il
n'y a qu'une seule classe de voitures, toute erreur est impossible.

Pour nous rendre à la gare, nous prendrons le tramway.

Et déjà, dans le tramway, une première surprise nous attend. Vous
savez combien, en France, le service des tramways et des omnibus est compliqué. Il y a quantité de bureaux auxquels il faut s'arrêter, et la manipula-
tion des *correspondances* est tout une affaire. Le conducteur, maussade et
soupçonneux, soupèse votre monnaie, l'examine avec défiance, et pour peu
qu'elle soit usée, effacée, ou d'un module étranger, il la refuse.

En Amérique, il n'existe aucun bureau ou station sur le parcours des
tramways, et l'on ignore jusqu'au nom des *correspondances*. La voiture va,
sans jamais s'arrêter, d'un point à un autre, et comme des lignes en
nombre infini sillonnent les villes, il n'est pas nécessaire de changer de
voiture.

C'est qu'en Amérique, on voit avant tout le but que l'on veut atteindre, et que l'on y arrive par le chemin le plus court.

Nous voici à la gare. En général, les gares des chemins de fer américains sont loin d'être des bâtiments luxueux. Le nécessaire seul s'y trouve. Ce n'est que dans les villes de grande importance, comme New York ou Philadelphie, que les gares ont un aspect un peu monumental.

Il y a une salle d'attente. Nous la traverserons, sans nous y arrêter. Remarquons seulement que, dans cette salle commune, il n'y a point de tables, pour déposer les paquets, que chacun tient à la main.

On ne fume pas dans les salles d'attente, et un petit salon est réservé aux dames. C'est, du reste, dans les chemins de fer américains, le seul cas où les dames aient une place réservée. Les *wagons pour dames seules* y sont inconnus, et les *wagons-lits* sont communs aux deux sexes. Lorsque, la nuit venue, le wagon se transforme en dortoir, les toilettes de nuit, aux sexes panachés, donnent d'assez singuliers spectacles à l'observateur.

Dans les salles d'attente, le voyageur n'est point, comme en Europe, parqué jusqu'au moment du départ. Le sentiment public, en Amérique, s'offenserait de la cohue qui se presse, fiévreusement, aux portes des salles d'attente, attendant le signal du départ, et qui, au moment de l'ouverture, déborde, comme un torrent, pour passer sur le quai, au risque de blesser ou d'étouffer des enfants ou des femmes. Rien n'est sous clef. Tout le monde peut entrer librement, dans toutes les parties de la gare.

Ajoutons qu'on délivre des billets jusqu'à la dernière minute. Les parents, les amis, qui accompagnent un voyageur, peuvent le suivre jusqu'à son wagon, et même y monter avec lui, pour continuer l'entretien commencé, et n'en descendre que quand le train part. Comme la mise en marche est toujours très lente, les personnes étrangères peuvent descendre de la voiture, pour revenir en ville ; de même que les retardataires peuvent poursuivre le convoi et y monter, qui, chez nous, toutes facilités sont rigoureusement interdites par les règlements.

Après avoir traversé la salle commune, nous attendrons, en nous promenant le long du quai, l'instant du départ.

Nous voyons le public aller et venir, rôder à son gré, au milieu des nombreuses lignes de rails qui s'entre-croisent sur la voie. Aucun employé n'est là, pour le guider ou pour l'avertir du danger. Les trains vont et viennent, sans le moindre souci des voyageurs, qui doivent veiller sur eux-mêmes et ne compter sur le secours de personne. L'imprévoyant est broyé sous les roues : c'était à lui de songer à sa sécurité.

Fig. 203. — GARE DE PHILADELPHIE

Helf yourself (défendez-vous tout seul) telle est la maxime générale et la règle de conduite des Américains.

Le mouvement dans la gare est incessant. Partout des arrivants et des partants. Les Compagnies luttent entre elles, pour se disputer le voyageur. Elles font distribuer des cartes fantastiques, où leur ligne est seule indiquée, au détriment de lignes concurentes.

Il importe cependant que nous ne perdions pas de vue le train qui doit nous emmener ; car aucun signal, aucun appel de cloche, ne font connaître le moment du départ. La locomotive part à l'heure dite : le coup de sifflet qu'elle lance en partant, est le seul signal pour le voyageur. Combien cette façon de procéder contraste avec les us et coutumes d'Europe, où le voyageur est tenu en laisse par une administration méticuleuse ! Ici, chacun est son propre Mentor, et si Mentor flâne, Mentor manque le train.

Mais, nous direz-vous, et vos bagages? Le service des bagages est, en Amérique, un chef-d'œuvre de simplicité, qui vaut la peine d'être exactement décrit, pour le mettre en comparaison avec le nôtre, si assujettissant et si long.

D'abord, on ne pèse pas les bagages, ou du moins on ne les pèse que quand ils paraissent dépasser le poids réglementaire, ce qui est rare, le voyageur ayant, de son côté, le soin de ne pas dépasser le poids de 50 kilogrammes, qui lui est accordé. On ne colle pas d'étiquette sur les colis. L'employé, après avoir jugé approximativement que le bagage ne dépasse pas le poids de 50 kilogrammes, attache à la courroie ou à la poignée de la malle ou du sac de nuit, une petite plaque de cuivre, portant, en caractères gravés, le nom de la station de départ, celui de la station d'arrivée, et un numéro d'ordre, qu'il écrit à la main.

C'est là ce que les Américains appellent le *chèque*, ou le *chèquage de colis*. On remet au voyageur un double de son *chèque de colis*, c'est-à-dire une plaque de cuivre semblable à celle qui a été attachée à son bagage, et tout est fini. On n'a rien à payer : ni transport, ni enregistrement, ni timbre. Les Compagnies se préoccupent surtout de procéder vite et d'économiser le temps des employés.

Le *chèque de colis* est donc, comme un chèque de numéraire, une valeur au porteur, — et porteur est bien dit, quand il s'agit de bagage, que l'on porte toujours soi-même.

A l'arrivée dans la station, les employés déchargent les bagages sur le quai, et chacun vient reconnaître le sien, en remettant le chèque dont il est porteur, et dont le numéro d'ordre doit répondre à celui qui est inscrit sur le colis. Mais, habituellement, on a recours, pour cette opération, à un employé : l'*express*. Il existe plusieurs Compagnies qui se chargent de prendre les bagages et de les transporter à domicile. Dans chaque train est un *express*, c'est-à-dire un agent de la Compagnie. Il parcourt les wagons des bagages quelques instants avant l'arrivée dans les grandes villes. Les voyageurs qui acceptent ses offres de service, lui remettent leur chèque ; il en note les numéros sur un carnet, et il inscrit à côté le nom de l'hôtel désigné. Il vous remet, en échange, un simple bout de papier, sur lequel il a reproduit les numéros au crayon. Tantôt on lui paye, immédiatement, le prix du transport, qui est, en général, de 25 cents (1 fr. 25) par colis, tantôt il ne réclame le payement qu'au directeur de l'hôtel. On est ainsi dispensé du double embaras d'attendre la délivrance des bagages et de recourir à des moyens dispendieux pour le transport ; car les omnibus qui vous emmènent sur-le-champ ne prennent pas de bagages, et les voitures particulières sont d'un prix excessif. En arrivant à l'hôtel, on remet au bureau le papier portant les numéros des chèques. Une demi-heure environ après, on trouve les bagages installés dans sa chambre.

Ainsi, pour s'exonérer de toute préoccupation pendant une heure peut-être, on n'a eu qu'à remettre ses chèques à l'*express*.

Il ne faudrait pas, d'ailleurs, s'aviser de vouloir, par un sentiment de défiance, aller prendre ses bagages soi-même sur le quai. On serait le dernier servi. On ferait passer avant vous l'*express*, c'est-à-dire l'homme qui fait le service, à la satisfaction générale du public.

Il est rare, en effet, qu'un bagage s'égare, et quand cet accident arrive, il est vite réparé avec quelques télégrammes expédiés dans les directions convenables. En cas de perte, une indemnité est payée.

Les voyageurs munis de leurs chèques ont un an et un jour pour réclamer leurs bagages, à la gare de destination. Il paraît que certaines personnes en profitent pour laisser gratuitement en lieu de sûreté des colis qui les embarrassent pour un temps. Après un an et un jour, les Compagnies ont le droit de vendre les colis non réclamés.

· On prétend qu'il ne se perd pas plus d'un colis sur dix mille.

Aux États-Unis, comme en Europe, les Compagnies impriment sur leurs billets, qu'elles entendent limiter leur responsabilité à 400 ou 500 francs pour une malle ; mais les tribunaux n'ont jamais consacré cette limite.

Nous nous sommes attardé à décrire le système, si commode et si pratique, d'enregistrement des bagages. Pendant ce temps, le train s'est mis en route. On ne nous a pas demandé nos billets dans la gare, au moment du départ : on ne les a, ni contrôlés, ni poinçonnés. Ce travail s'opère pendant le trajet. Le conducteur parcourt le train, pour pointer et contrôler les billets de chaque voyageur.

C'est également en route que l'on paye le supplément dû pour les *wagons-lits*. Toutefois, il y a, aux têtes de lignes, des guichets spéciaux, où l'on peut s'assurer, par avance, les couchettes dont la position vous convient le mieux : dans ce cas on paye sa place au guichet.

Peu avant l'arrivée à chaque station, le conducteur ramasse les billets, en parcourant tous les wagons, à cet effet. Il n'y a pas d'autre vérification. Ce système donne, évidemment, une grande facilité à la fraude. Il suffit, pour que des voyageurs circulent sans billets, ou parcourent un trajet plus long que celui correspondant à leur billet, qu'ils s'entendent avec un conducteur infidèle. Les Compagnies se prémunissent, par des cautionnements, contre les actes d'improbité, et elles se ménagent probablement quelque moyen de

FIG. 204. — UN WAGON DE LA COMPAGNIE PULMANN

surveillance non ostensible, vis-à-vis de leurs agents. Il faut croire qu'il y a beaucoup de conscience chez les conducteurs de trains. Sans doute les Compagnies ont acquis la conviction que les abus, renfermés dans des limites relativement restreintes, n'infirment pas les avantages du système.

Nous voilà donc installés dans le wagon, et courant sur les rails à toute vapeur. Le voyage est plein d'agréments, parce que nous pouvons aller et venir, examiner les points de vue, nous promener, traverser le couloir intérieur de la voiture, pour respirer l'air sur la plate-forme, et, si le cœur nous en dit, y fumer un cigare de Cuba.

Nous pouvons même franchir l'intervalle qui sépare deux wagons, et parcourir ainsi le train tout entier. Tâchons seulement de ne point nous blesser ; évitons de heurter du pied les angles aigus des revêtements des banquettes, par un ressaut subit de la voiture, en passant de l'une à l'autre. On ne saurait croire le nombre d'accidents qui arrivent aux voyageurs, par suite de leur imprudence. Les malheurs relevés par les statistiques, ne doivent pas, d'après cela, être imputés, comme en France, aux Compagnies, car, dans la majorité des cas, ils tiennent au désir qu'ont les voyageurs d'aller et venir sans cesse, le long du véhicule, pendant la marche.

Un train de chemin de fer américain se compose d'autres éléments et présente un aspect différent de ceux d'Europe. D'abord, la locomotive et les wagons sont bien plus grands. Ensuite, la locomotive, avec son *chasse-vache* grillagé, sa grande cloche, sa haute cheminée et sa cabine vitrée pour le mécanicien, a une physionomie spéciale. Ce *chasse-vache* n'est pas, comme on le croit généralement, en fer, mais en bois, parce que, à la rencontre d'un obstacle, il vole en éclats, et, ne pouvant jamais pénétrer dans l'obstacle, il produit sur la locomotive, par son élasticité, une réaction, qui tend à la repousser en arrière. Chaque train est pourvu de marteaux, de scies, de pinces, de rabots, pour refaire le *chasse-vache*, et pour parer aux autres accidents qui peuvent survenir pendant la route, excellente précaution, qu'il faudrait imiter chez nous.

Pendant la marche, le mécanicien fait rarement retentir le sifflet de la locomotive. C'est de la cloche qu'il se sert, comme avertissement. Quand plusieurs trains sont arrêtés dans la même station, cette volée de cloches fait un vacarme étourdissant.

La corde que le mécanicien tire, pour sonner la cloche, traverse, d'ailleurs, tout le train, ainsi que nous l'avons dit, dans la description de la locomotive; de sorte que chaque voyageur peut s'en servir, et appeler, par ce moyen, l'attention du conducteur. C'est là une excellente garantie pour la sécurité; car les voyageurs peuvent apercevoir une cause de danger, qui échappe au conducteur, placé en tête ou en queue.

Après la locomotive et le tender, viennent le wagon de la poste et le fourgon à bagages, puis les wagons ordinaires, et, s'il y a lieu, les *wagons-lits*, les *silver palace cars* et les *wagons-restaurants*. Dans le train on intercale le *wagon de fumeurs*, toujours fort malpropre et peu fréquenté.

La vente des boissons spiritueuses est interdite dans les wagons. On a, en revanche, de l'eau glacée à discrétion. Un gobelet de métal est attaché par une chaîne, à la fontaine.

Autrefois, les voyageurs s'amusaient à se poster sur la plate-forme, avec leur fusil, et à tirer le gibier qui passait à leur portée. Cette chasse à la vapeur plaisait beaucoup aux touristes; mais les administrateurs des chemins de fer ont fini par ne pas la trouver de leur goût, et ils l'ont interdite.

On s'imagine généralement, et ce préjugé est très répandu, que les trains américains sont d'une prodigieuse vitesse. C'est une erreur, leur vitesse est médiocre. Ils vont certainement moins vite que ceux de France, et d'Angleterre : ils ne font pas plus, en moyenne, de 35 à 40 kilomètres à l'heure.

Pour les trains les plus rapides des grandes lignes, la vitesse n'est pas de plus de 55 kilomètres à l'heure. Sur le train rapide de New York à Chicago par exemple (1,550 kilomètres), la distance est franchie en trente heures, ce qui donne 52 kilomètres à l'heure. De Philadelphie à Chicago (distance 1,325 kilomètres), on arrive en vingt-sept heures, ce qui donne une vitesse de 49 kilomètres à l'heure. Il y a plus de 4,000 kilomètres de chemins de fer, sur

FIG. 205. — UN TOURISTE SUR LA PLATE-FORME D'UN WAGON AMÉRICAIN

lesquels des trains marchent à la vitesse de 40 kilomètres seulement. Mais les lignes secondaires n'ont point de trains de vitesse, parce que le surcroît des frais qu'entraîne la grande vitesse ne serait pas couvert par les recettes. Sur les lignes qui réunissent les grandes villes de l'intérieur, telles que Chicago, Omaha, Saint-Louis, Cincinnati, la vitesse n'est que de 35 à 40 kilomètres. Elle n'est même que de 30 kilomètres et au-dessous, pour bien des lignes d'une importance secondaire, comme celles des États du Sud.

Il existe, il est vrai, un *train rapide* de New York à Chicago, analogue à nos *trains-express* de France et d'Angleterre. Il marche à la vitesse de 60 kilomètres à l'heure (qui est la vitesse de nos trains express), mais il n'emporte que les journaux et les dépêches. Un train analogue entre New York et Trenton, parcourt, dit-on, en une heure, les 90 kilomètres qui séparent ces deux villes; mais ce n'est pas là un train de voyageurs. Jamais un train de voyageurs, en Amérique, n'a fait 60 kilomètres à l'heure, c'est-à-dire un kilomètre par minute, arrêt compris, comme le *train-poste* de Londres à Liverpool, ou comme le train rapide de Paris à Marseille.

Fig. 206. — TOUR HYDRAULIQUE POUR LE RENOUVELLEMENT DE L'EAU DU TENDER

Les personnes qui se font une idée extraordinaire de la rapidité des trains américains, ne réfléchissent pas que, d'une part, la lourdeur et la longueur des voitures, la cheville articulée qui réunit leurs deux châssis; et, d'autre part, le mauvais état de la voie, interdisent les grandes vitesses, dans le service habituel. Les Compagnies s'attachent à assurer le bien-être du voyageur, mais non à le transporter avec une rapidité vertigineuse. Et comme on se trouve confortablement dans les voitures, comme les journées s'y passent sans ennui, ni fatigue, et que pendant la nuit on y dort d'un assez bon sommeil, on ne redoute pas d'avoir à faire un séjour un peu plus long dans ces hôtelleries qui marchent.

En continuant d'avancer, nous remarquons certaines dispositions ayant pour but d'éviter les pertes de temps. Le renouvellement de l'eau et du charbon se fait, par exemple, d'une manière automatique, c'est-à-dire, sans que l'on ait à s'arrêter.

C'est pendant la marche même du convoi que l'on opère le renouvellement de l'eau du tender. Un réservoir d'eau est placé tout le long de la voie, sur une longueur de 400 à 500 mètres. On le remplit d'eau avant l'arrivée du train, et le tender, en passant, y puise cette eau. Il n'est besoin pour cela d'aucune manœuvre. Quand le tender commence à arriver au-dessus de ce

Fig. 207. — MOULIN A VENT POUR ÉLEVER L'EAU DANS LA TOUR HYDRAULIQUE

long réservoir d'eau, on fait descendre assez profondément un tuyau de cuir adapté au fond du tender, et on le relève avant d'avoir franchi l'espace occupé par le réservoir. Grâce à la vitesse du train, l'eau est aspirée et monte dans le tender.

On voit cet ingénieux appareil représenté sur la figure 168 (page 408), que nous avons choisie pour donner l'idée d'une voie sans ballast ; mais on remarquera, entre la double paire de rails, un espace blanc longitudinal : c'est l'eau du réservoir, que nous venons de décrire.

Hâtons-nous de dire que ce système inventé par l'ingénieur américain, Rambotton, n'existe encore que sur la grande ligne du *Pensylvania Railroad*, pour bénéficier le temps d'arrêt nécessaire aux stations. Par ce moyen les trains express entre Philadelphie et Pittsburg n'ont besoin que de deux arrêts, l'un à Haresbourg après un parcours de 168 kilomètres, l'autre à Altona, 206 kilomètres plus loin.

Les bacs ont 360 mètres de long et 47 centimètres de large, avec une profondeur de 15 centimètres; ils sont en tôle de fer. Pour empêcher l'eau de se congeler, en hiver, on la réchauffe, au moyen d'un courant de vapeur venant d'une chaudière installée sous un hangar.

Il existe des bacs analogues sur le chemin de fer de *New York Central and Hudson river*.

Ce système de renouvellement rapide de l'eau du tender ne s'est pas encore généralisé en Amérique, mais il est probable qu'il sera adopté sur beaucoup de lignes. Dans la plupart des railways, il y a, comme sur les chemins de fer d'Europe, de simples réservoirs murés, des sortes de tours en maçonnerie, que l'on remplit d'eau en y élevant le liquide par une machine à vapeur. Quand le tender passe, il ralentit sa vitesse, et un énorme tuyau de fer à anneaux articulés, remplit, en quelques minutes, le tender de toute l'eau nécessaire (fig. 206)

Ajoutons que, comme on n'a pas de machines à vapeur sur toute la ligne, on y supplée, dans les lieux déserts, par des moulins à vent. La figure 207 représente un moulin à ailes aériennes, destiné à remplir le réservoir d'eau, pour renouveler la provision du tender, pendant la traversée des longues prairies des régions centrales de l'Amérique.

Pour le renouvellement automatique du charbon, il existe, au bord de la voie, un pont, d'une hauteur suffisante, terminé par un tuyau déverseur, fort large. Quand le tender arrive sous ce tuyau, quelques instants suffisent pour y faire tomber tout le charbon nécessaire. Le charbon est amené au tuyau déverseur par de petits charriots qui roulent sur des rails, le long du pont.

Nous voici arrivés à une station. Nous en profiterons pour descendre au buffet et prendre un repas rapide. On commande ce qui vous plaît. Le prix est unique : un dollar. Quand on a fini, on dépose le dollar sur son assiette, et l'on s'en va. Le pourboire au garçon, les appels, les bousculades pour le départ, tout cela est inconnu.

Les stations des chemins de fer américains sont d'une pauvreté navrante. Dans les petites localités, elles se réduisent à un mauvais hangar, sous lequel peuvent s'abriter les voyageurs et se placer les colis (fig. 208). Un seul employé dessert la station. Écriture, bagages, signaux, télégraphe, ledit employé s'occupe de tout, et suffit à tout. Bien souvent il exerce un métier, et ne s'occupe du service du chemin de fer que pendant les loisirs que lui laisse son travail de commerçant ou d'ouvrier. Les gares des localités de 3,000 à 6,000 habitants, ont, en tout, deux employés !

On s'explique, d'ailleurs, la chétive installation des stations dans les contrées peu populeuses. Les Compagnies, après avoir construit la voie et fabriqué le matériel roulant, n'avaient plus que fort peu de ressources pour élever les bâtiments. L'Américain, se contentant de peu et voulant surtout arriver vite, s'accommode de ces conditions misérables, qui exciteraient l'indignation d'un Européen.

Les stations n'ont que deux ou trois voies accessoires pour le croisement

FIG. 208. — UNE STATION SUR LE CHEMIN DE FER DU COLORADO

des trains. Beaucoup n'en ont qu'une seule, avec une « *voie morte* » ou « *en cul-de-sac* », dans laquelle s'engage le train qui doit en laisser passer un autre devant lui.

Dans l'Amérique méridionale, les stations sont plus pauvres encore. Une simple cabane ou un chalet en bois sert d'abri, dans la partie de la ligne où le train est forcé de s'arrêter (fig. 209).

Le voyageur ne se plaint jamais de voir que la station se réduise à un hangar en bois à peine dégrossi, et dont tout l'ameublement se compose de quelques bancs et d'un poêle. Il sait que si la Compagnie avait voulu lui offrir de meilleures conditions de bien-être, elle aurait fait faillite, et que le chemin de fer n'aurait pas été achevé.

Mais nous voici au bout de notre voyage. Nous entrons dans la gare d'une grande ville, où nous mettrons pied à terre.

Dans les villes de peu d'importance, les gares de chemins de fer ne sont ni plus belles ni plus ornées que les stations. Comme tout le reste des constructions de la ligne, elles ont le caractère provisoire, et leur aménagement ne répond qu'aux exigences les plus urgentes de l'exploitation.

FIG. 209. — UNE STATION SUR LE CHEMIN DE FER DE L'ISTHME DE PANAMA

Cependant, dans les capitales, les gares affectent aujourd'hui des proportions monumentales, et le nombre est déjà assez grand de celles qui pourraient rivaliser avec les superbes installations des gares des grandes villes de l'Europe.

Nous citerons, par exemple, la gare du *New York Central and Hudson river*, au coin de la 4ᵉ avenue et de la 42ᵉ rue, à New York; la gare des *Tramfer-Gromids*, près de *Council Blaffs and Jowa*, en face de la ville d'Omaha, qui, plus que toute autre, ressemble à une gare européenne, spécialement à une gare allemande, sous le rapport de la disposition des locaux et de l'installation. Il y a lieu de signaler encore les spacieuses gares centrales de Saint-Louis et de Kansas-City, dans le Missouri, la gare de Colombus, dans l'Ohio, celle du *Lake-Share* (rivage du lac) et du *Michigan Southern*, à Chicago.

Les gares dans les grandes villes de l'Union contiennent d'abord un spacieux vestibule avec bancs; — à proximité, le guichet aux billets, — divers locaux affectés au service, — la chambre des dames, — une salle à manger et la buvette (*bar room*) qui ne fait jamais défaut. Dans beaucoup de gares, on a ménagé des salles d'attente spéciales pour les nègres, dont le voisinage a peu de charme pour les Américains.

Ce qui caractérise les gares américaines, ce sont les spacieux locaux disposés tout près de la voie pour les colis arrivés ou ceux qui vont partir; car le voyageur américain porte toujours le plus possible de bagages avec lui.

Les *halles*, ou *halls*, c'est-à-dire les vastes hangars couverts par une charpente en fer, dans lesquels s'opèrent les manœuvres des trains, sont l'élément essentiel d'une gare de grande ville. Les *halls* des gares américaines sont généralement construites en bois, bien qu'on commence à les construire en fer.

La plus grande halle de ce genre est celle de la gare centrale de New York, déjà mentionnée. Elle a 199 mètres de long, 61 mètres de large, et couvre une superficie de 12,139 mètres carrés. Elle est sans doute de plus petites dimensions que les halles gigantesques des grandes gares de Londres, mais elle peut figurer dignement à côté des grandes constructions de ce genre, du continent européen. La portée des arceaux de fer est telle, que dans les gares européennes, elle n'est dépassée que par celle de la station de Saint-Pancrace à Londres (73 mètres) que nous avons représentée dans ce volume (fig. 87, page 193). Sous ce *hall* se croisent treize voies, avec un quai latéral et cinq quais intermédiaires. Le toit est supporté par trente-deux demi-cercles de fer. Il y en a vingt-cinq à la station de Saint-Pancrace à Londres. Les bouts de ces arcs de fer descendent le long des parois de la salle, jusqu'au-dessous de la voie et sont reliés transversalement par de fortes barres de fer, ce qui a pour objet de diminuer la pression latérale.

Ici se termine le voyage imaginaire que nous avons entrepris, avec le lecteur, pour donner une idée plus frappante de l'exploitation et du service des voyageurs sur un chemin de fer américain.

VI

Le chemin de fer de l'Atlantique au Pacifique. — Description de cette grande
voie ferrée. — Tracé. — Stations. — Exploitation.

Cette Notice serait incomplète, si, après avoir exposé les conditions
générales de la construction des lignes américaines, décrit leur matériel
roulant et leur exploitation, nous ne faisions connaître le chef-d'œuvre dont
s'enorgueillissent les ingénieurs du nouveau monde. Nous voulons parler
de l'immense voie ferrée qui, traversant le continent du nord des États-Unis,
réunit l'un à l'autre les deux Océans, l'Atlantique et le Pacifique.

Ce chemin de fer, ouvert le 10 mai 1869, s'étend d'Ohama à San Francisco, sur une longueur de 700 lieues environ (3,000 kilomètres). Il traverse
les solitudes de l'Amérique centrale, qui, jusqu'à sa création, n'avaient
guère vu d'autres êtres humains que les Indiens Peaux-rouges. Reliant le
bassin du Pacifique à la Californie, allant d'un océan à l'autre, il ouvre
une voie directe au commerce de l'Europe avec la Chine et le Japon.
Ajoutez qu'il a été construit en quatre annnées seulement, à travers
des contrées généralement stériles et sans ressources, qu'il fallut pendant les
travaux transporter de quoi nourrir les ouvriers, et que l'eau et le bois même
firent quelquefois défaut.

Il n'est pas besoin de longs commentaires pour apprécier toute l'influence
que cette grande communication par voie ferrée a déjà exercée sur les
progrès de l'industrie américaine. Mais les États de l'Union qui l'ont établie
pour les besoins de leur commerce, n'ont pas été les seuls à en recueillir
les avantages. Il est dans la destinée de telles entreprises de profiter
à la société tout entière. Autrefois, l'Europe ne pouvait communiquer
avec les Indes, la Chine, le Japon et toutes les îles des mers Australes, que
par la longue route du cap Horn, ou du cap de Bonne-Espérance. Le chemin
de fer de l'Atlantique au Pacifique a changé ces rapports; il a rapproché des
nations séparées jusque-là par l'immensité des océans, et donné à leurs
relations mutuelles des facilités inattendues. La vieille Europe et l'antique
Asie, se tendent aujourd'hui la main, à travers la jeune Amérique.

Mais ce qui donne un intérêt particulier à cette colossale entreprise, c'est la nouveauté et l'étrangeté des conditions au milieu desquelles elle s'accomplit. De Ohama, dans l'État de Nebraska, qui marque le point extrême de la civilisation dans le nouveau monde, jusqu'à la ville de Sacramento, en Californie, il y a près de 700 lieues, c'est-à-dire environ la distance qui sépare Lisbonne de Saint-Pétersbourg. Ajoutons que cette immense voie ferrée court à travers des prairies sans fin, des forêts vierges et des déserts, restés jusqu'à ce jour le domaine exclusif des animaux

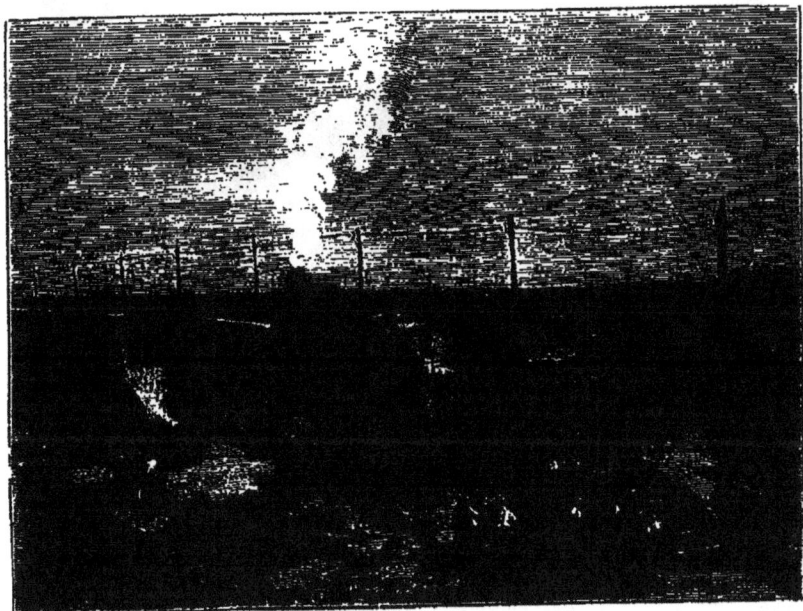

Fig. 210. — LE CHEMIN DE FER DU PACIFIQUE PENDANT LES TRAVAUX DANS LES PRAIRIES DU NEBRASKA

sauvages et de quelques hordes d'Indiens. Elle escalade les montagnes et serpente jusqu'aux sommets glacés, couverts de neiges éternelles.

Ce qu'il y a de surprenant, c'est que tout cet espace immense est presque inhabité. A peine quelques villes ou villages apparaissent-ils, comme des points imperceptibles, sur cette vaste étendue. Entre Ohama et la Californie, on trouve la ville de Denver, située sur le territoire de Colorado, et dans laquelle se sont fixés, pour l'exploitation des mines d'argent, environ 50,000 habitants. Après Denver, on rencontre encore *Salt-Lake-City*, capitale du territoire de l'Utah, et *Casson-City*, capitale du territoire de Nevada, à l'est de la sierra Nevada; mais c'est là tout.

Il était facile de prévoir les changements que le chemin de fer devait produire dans ces solitudes de l'Amérique occidentale. Autour des stations de la voie ferrée, on a déjà vu se grouper des maisons, des fermes, des établissements agricoles et industriels. Bientôt naîtront des bourgades, des villes, qui deviendront elles-mêmes des centres importants de travail et de richesse. Ainsi seront conquis à la civilisation les interminables territoires de l'Ouest. La locomotive est, en vérité, le premier pionnier du monde !

Nous allons essayer de donner une idée exacte du chemin de fer destiné à relier les deux océans qui baignent les rives occidentale et orientale de l'Amérique, de faire connaître les travaux qui ont été exécutés jusqu'à ce

FIG. 211. — LE CHEMIN DE FER DU PACIFIQUE PENDANT LES TRAVAUX SUR LE TERRITOIRE INDIEN

jour sur le tracé de cet immense railway, de dire un mot des procédés d'exécution qui ont été mis en œuvre et des efforts qu'ils ont coûtés.

Depuis longtemps l'Union américaine projetait la création d'une ligne inter-océanique. C'est le 1ᵉʳ juillet 1862 que le Congrès autorisa, par une loi, la construction d'une grande ligne, devant relier les deux océans.

Une suite de voies ferrées existaient de New York à Ohama, à travers les États de New York, de l'Ohio, du Michigan et de l'Yowa. Après s'être éloignées de New York, elles longeaient le lac Ontario et le lac Érié ; puis l'anse sud du lac Michigan à Chicago. De là, on arrivait directement à Ohama par le *Chicago and Nord Western Railway*. Pour terminer la jonction des deux océans Atlantique et Pacifique au moyen d'une voie ferrée, il fallait créer un railway d'une immense étendue, à travers les plaines désertes de l'Ouest, s'élever le long des montagnes Rocheuses, atteindre le Lac-Salé, pénétrer dans l'État de Nevada, aux régions si accidentées, et arriver au pied des montagnes escarpées de la Sierra Nevada, pour descendre enfin à Sacramento, et de là à San-Francisco.

C'est ce magnifique ensemble qui constitue la voie actuelle qui porte le nom de *Grand-Pacifique*.

Fig. 212. — GARE D'OMAHA, SUR LE CHEMIN DE FER DU GRAND-PACIFIQUE

Le trajet du chemin de fer du *Grand-Pacifique* peut se diviser en six sections : 1° d'Omaha à Cheyenne (830 kilomètres), en traversant les prairies du Nebraska ; — 2° de Cheyenne à Creston (356 kilomètres), en franchissant les montagnes Rocheuses ; — 3° de Creston à Aspen (314 kilomètres), en suivant le bassin de la rivière Verte ; — 4° des montagnes de Wasacht à celles de Humboldt, en traversant le bassin du lac Salé ; — 5° des montagnes

Fig. 213. — LA STATION DE COLOMBUS (dans la prairie).

de Humboldt au
pied de la Sierra-
Nevada, en par-
courant la vallée
de Humboldt; —
6° enfin de Reno à
Sacramento, en re-
montant les pentes
de la Sierra-Ne-
vada.

Nous allons par-
courir les diverses
étapes de cet im-
mense itinéraire,
en partant d'Oma-
ha.

Omaha, tête de
ligne du grand che-
min de fer, du côté
de l'est, doit sa
rapide prospérité
au décret du prési-
dent Lincoln, qui
lui donna cette po-
sition enviée. En
1861, lors de la
proclamation de ce
décret, la ville d'O-
maha ne comptait
pas plus de trois
mille habitants;
elle en possède au-
jourd'hui plus de
vingt mille.

Cette ville, si-
tuée sur les bords
du Missouri, est
desservie, non pas
seulement par la

voie ferrée, mais encore par les vastes steamers qui sillonnent les grands fleuves de l'Amérique. On y rencontre un bizarre mélange de nationalités et de costumes. L'Indien, au chef orné de plumes colorées, y coudoie à chaque instant le Yankee, coiffé de l'affreux tuyau de poêle, qui est, dit-on, l'expression la plus complète de la civilisation moderne.

A dix milles d'Omaha, le chemin de fer côtoie les bords de la *rivière Plate*, étrange cours d'eau qui roule sur un sol tellement uni et horizontal, qu'il ressemble plutôt à une nappe continue qu'à un fleuve. La navigation est impraticable sur ces eaux, que l'on ne peut souvent traverser sans danger.

Fig. 214. — LA RIVIÈRE PLATE

La voie ferrée suit longtemps les bords de la *rivière Plate*. Elle ne se sépare de ce grand cours d'eau qu'au point où il se divise en deux branches, c'est-à-dire après la station de Colombus (fig. 213). Après avoir franchi la branche septentrionale, sur un pont d'un kilomètre de longueur, elle arrive à la station de Julesbourg, ville naissante, construite sur la rive droite de la branche méridionale de la *rivière Plate*, en face du fort Sedgwick. Julesbourg fut bâtie, ou plutôt improvisée, avec une étonnante rapidité.

Pour la construction de cette première section de la voie ferrée du Grand-Pacifique, c'est-à-dire d'Omaha à Cheyenne, la pose des rails, qui avaient été fabriqués dans l'Ouest, et des traverses, qui étaient préparées à Omaha, se fit, en 1863, sous la direction des frères Casement, anciens généraux de l'Union américaine, qui, après avoir combattu les troupes du Sud, lors de la guerre de Sécession, avaient repris, à la conclusion de la paix, leurs travaux d'ingénieurs. Voici de quelle façon pittoresque s'effectua cette opération.

Les soldats de cette grande armée industrielle furent divisés en brigades, dont chacune était consacrée à un certain travail. En tête de l'avant-garde, marchaient les bûcherons, qui, au nombre de quinze cents, faisaient retentir du bruit de leurs voix, les échos des montagnes Noires, et qui, chaque nuit, devaient se retrancher contre les Indiens et les bêtes fauves. Derrière ces sapeurs, venaient les ingénieurs, qui plaçaient des piquets, pour indiquer la route que le chemin de fer devait suivre. Après eux, marchaient les terrassiers et les poseurs de traverses. Ces derniers étaient partagés en trois brigades. La première, composée d'ouvriers d'élite, était chargée de placer les traverses dans les endroits où la route fait des inflexions ou des détours. Elle prenait des précautions spéciales pour marquer les endroits où devait se placer le rail. Les autres posaient les traverses intermédiaires, et faisaient ce que l'on pourrait appeler le remplissage.

En tête du train de la pose, venait un wagon, vaste plate-forme roulante, chargée d'environ quarante rails et de tous les accessoires : coins, coussinets, etc. Chaque extrémité de cette plate-forme roulante était pourvue d'un tambour en bois, pour faciliter le chargement et le déchargement des rails.

Ce wagon, qui se tenait toujours au front de bataille, était accompagné de dix hommes, cinq de chaque côté. Un de ces cinq hommes plaçait le rail sur le tambour, trois autres le faisaient sortir du wagon, et le cinquième plaçait les coussinets, sur lesquels on laissait tomber le rail, au commandement du chef d'équipe. Le mot d'ordre, *down!* (en bas), répété de chaque côté, avec une vitesse moyenne de deux fois à la minute, indiquait la rapidité d'accroissement de la voie ferrée, puisque chaque rail augmentait de quatre mètres la longueur du grand chemin du Pacifique.

Quand les nouveaux rails étaient posés, le wagon s'avançait jusqu'à leur extrémité, et la même manœuvre se répétait, sans attendre que le rail eût été fixé. Cette dernière opération était faite par la brigade d'ouvriers qui venaient par derrière, et qui consolidaient ainsi la prise de possession du sol américain par la vapeur.

On voyait chaque jour arriver des trains immenses, chargés de traverses, de rails et de matériaux de toutes sortes. C'était la réserve de la grande armée des travailleurs. Bientôt venaient des trains de manœuvre et de construction, suivis de grands dortoirs roulants pour les ouvriers. Deux de ces wagons, véritablement monumentaux, n'avaient pas moins de 26 mètres de longueur, et servaient de réfectoires. Un autre renfermait une cuisine et les

magasins, etc. C'était le désert américain qui était pris d'assaut. Partout reten-
tissait le tintement du travail. Le choc des rails qui tombaient sur la voie et
les mille bruits des marteaux des cloueurs, ressemblaient à un feu d'artillerie.

Le système de travail en pleine nature que nous venons de décrire, et qui
fut inauguré dans la première section d'Omaha, jusqu'aux montagnes
Rocheuses, fut reproduit dans les autres sections de la voie ferrée, pendant
les quatre années que dura sa construction.

Reprenons la description de la ligne générale qui part de la ville d'Omaha

FIG. 215. — LES MONTAGNES ROCHEUSES

Des bords du Missouri et d'Omaha jusqu'au pied des montagnes Rocheuses
s'étend une immense plaine, inculte, qui s'élève par une pente insensible.
On remonte la rive gauche de la rivière Plate. Omaha est, d'ailleurs, à une
certaine distance au nord de l'embouchure de cette rivière dans le Missouri,
et, pour gagner la vallée de la rivière Plate, il fallut franchir, par des
pentes de 12 à 14 millimètres, un petit massif situé en amont du
confluent. Après ce passage la rampe n'est plus que de 2 millimètres,
en moyenne, jusqu'à Cheyenne.

On traverse plusieurs affluents de la rivière Plate, l'*Elkhom*, à
47 kilomètres d'Omaha, et le *Loup-Fork*, à 100 kilomètres plus loin. On

remonte ensuite la rivière de *Lodge-Poli*, et on arrive ainsi au pied du contrefort des collines Noires.

La voie est posée directement sur le sol naturel, sans aucun ballast ; et comme il n'existait ni routes ni chemins, on n'a eu à établir ni passages à niveau, ni ponts sur rails ou sous rails.

Les ponts sur les cours d'eau sont presque tous en charpente et dans le système Howe. On traverse le *Loup-Creak*, immédiatement à l'ouest de la station de Colombus, à une très faible hauteur au-dessus du sol, sur un pont en bois de 366 mètres de longueur. À défaut de pierres à proximité, on

FIG. 216. — DANS LES PAMPAS

appuya provisoirement les poutres, au lieu de pilliers en maçonnerie, sur des treillis en bois.

Les *montagnes Noires* (chaîne principale des montagnes Rocheuses) s'étendent, sur une longueur de plus de 80 lieues, entre le pic Laramie au nord et le pic Peak au sud. Diverses passes permettent de les franchir : c'est par le col d'Evans que la voie ferrée arrive à son point culminant, situé à 2,800 mètres au-dessus du niveau de la mer, c'est-à-dire plus haut que le chemin de fer qui traversait, en 1865, le mont Cenis.

À l'entrée des passes, on trouve la ville de Chyenne, ainsi appelée parce que, jusqu'à l'année 1868, les Indiens de ce nom en occupaient l'emplacement. En quelques mois, six mille habitants s'aggloméraient dans ce lieu, qui, en raison de sa position géographique, est destiné à devenir très florissant.

C'est, en effet, à Cheyenne que les convois quittent les locomotives qui les ont trainés au milieu des plaines. A partir de ce point, les trains sont remorqués par des machines fixes, plus puissantes que des locomotives, et qui leur font plus aisément remonter les rampes. Aussi la Compagnie a-t-elle établi sur ce parcours d'immenses ateliers, qui occupent plus de quinze cents personnes.

C'est aussi de Cheyenne que partent deux embranchements importants : l'un, se dirigeant au Sud, vers Denver, capitale du Colorado ; l'autre marchant vers le Nord, dans la direction du

FIG. 217. — LA STATION DE CHEYENNE

Montana, où restaient inexploités de riches gisements métalliques.

Le train, parti à une heure et demie de l'après-midi, arrive le lendemain, à midi, à Cheyenne, après avoir parcouru, pendant 400 lieues, une plaine aride et nue. Les pampas, habitées seulement par quelques grands oiseaux des marais (fig. 216), sont traversées, pendant de longues heures, par les locomotives, à travers des solitudes sans fin.

Cheyenne, située au pied des *montagnes Noires*, à moitié chemin d'Omaha à Ogden, est le seul centre de population auquel on puisse véritablement donner le nom de ville, sur tout le parcours d'Omaha à Sacramento. Encore se réduit-elle à une réunion de maisonnettes de bois, composées seulement d'un rez-de-chaussée, et disposées le long de quelques larges rues, qui se coupent à angle droit. Elle ne compte que 6,000 habitants, ainsi qu'il est dit plus haut; mais elle est appelée à prendre une certaine importance, comme centre d'approvisionnement des districts miniers de Wyoming et du Colorado, et comme point de jonction du chemin de fer du Grand-Pacifique avec l'embranchement de Cheyenne à Denver et Kansas-City.

Entre Cheyenne et Laramie, on franchit le grand contrefort montagneux de cette région. Laramie occupe le versant occidental des fortes pentes, dont Cheyenne occupe le versant oriental.

De Cheyenne à Sherman, sur 78 kilomètres de longueur, on gravit une rampe de 8 millimètres en moyenne ; mais l'inclinaison aux abords du faîte atteint 15 millimètres sur le versant de l'Est et 17 millimètres sur l'autre.

La compagnie de l'*Union Pacific* a créé à Laramie les ateliers de réparations de machines de la ligne d'Omaha à Ogden. Ce sont d'assez grands bâtiments, construits en beaux matériaux de grès, que l'on voit avec plaisir, après les pauvres masures disséminées le long de cette ligne. Un hospice pour les ouvriers du chemin de fer a été créé, et est entretenu aux frais des deux Compagnies.

Parti à midi et demi de Cheyenne, on arrive à Laramie à quatre heures ; on atteint, vers minuit, le faîte de la chaîne principale des montagnes rocheuses, c'est-à-dire la fin de la deuxième section de la voie totale. Ce n'est plus cette plaine immense qui s'étend entre Omaha et Cheyenne, mais un plateau ondulé qui s'allonge à perte de vue, avec l'aspect du plus triste désert.

Après avoir dépassé Laramie, on franchit la Dale-Creek sur un grand viaduc de bois. On rencontre presque au bord de la voie, à la station de Carbon, une mine de houille en exploitation, avec un puits d'extraction de 20 mètres de profondeur. Le charbon de ces mines suffit pour alimenter les locomotives du chemin de fer, et pour subvenir aux besoins de la ville d'Omaha.

A partir du défilé de Laramie, la voie devient sinueuse, et les courbes sont beaucoup plus fréquentes qu'auparavant. Les ingénieurs ont adopté ce tracé, pour éviter de construire des tunnels. Grâce à leur habileté et à la justesse de leur tracé, on peut voyager à ciel ouvert jusqu'au défilé qui donne accès dans le pays des Mormons, aux environs du grand

FIG. 218. — DÉFILÉ DE LARAMIE

lac Salé, vallée naguère inhospitalière et aride, que les Mormons, apôtres du travail, ont fini par transformer en une colonie prospère.

En quittant Aspen, on traverse la *vallée de l'Ours*, que parcourt le *rivière de l'Ours*, magnifique cours d'eau, qui, après un long circuit vers le Nord, revient se jeter à l'extrémité septentrionale du lac Salé. On remonte alors la montagne de Wasacht, et l'on s'arrête à la station de ce nom. Le faîte de ces montagnes est à l'altitude de 2,098 mètres. De là on descend sans interruption par le vallon d'Echo, puis par la rivière de la vallée de Weber, qui aboutit à Ogden, sur la rive orientale du lac.

A partir de Wasacht, l'aspect du pays change complètement. De Wasacht à Ogden, sur une longueur de 25 lieues, on parcourt des sites pittoresques, qui vous font oublier les tristes sections de l'immense ligne comprise entre le Missouri et la Sierra Nevada, sur une longueur de six cents lieues A Wasacht, on attèle à l'arrière du train un wagon découvert, pour donner

Fig. 219. — ESTACADE SUR UNE GORGE DES MONTAGNES DE WASACHT.

au touriste le plaisir de récréer ses yeux par la vue d'un paysage accidenté.

En quittant Wasacht, on rencontre d'abord une tranchée creusée dans le grès rouge ; puis on franchit deux gorges sur des estacades de bois, l'une de 70 mètres de longueur et de 9 mètres de hauteur, l'autre de 137 mètres de longueur et de 23 mètres de hauteur (fig. 219). Ce ne sont, d'ailleurs, que des ouvrages provisoires, destinés à être remplacés un jour par des ponts de fer et par des remblais. Les supports du tablier sont tout simplement des cubes de sapin bruts, encore recouverts de leur écorce et assemblés par des boulins. Un écriteau, placé à chaque extrémité de l'estacade, rappelle au mécanicien qu'il doit ralentir et limiter la vitesse à 6 kilomètres et demi à l'heure.

FIG 220. — DÉFILÉ DE LA RIVIÈRE WEBER

Ces deux gorges franchies, on entre dans le tunnel qui vient ensuite. C'est le second que l'on ait rencontré depuis Omaha et qui est le plus long de l'Union-Pacific ; il a 235 mètres. Ce tunnel est revêtu d'un boisage maintenu par des cintres très rapprochés : c'est une œuvre grossière et provisoire, mais qui suffit au service.

Peu de villes importantes existent dans cette contrée, vouée presque exclusivement à l'exploitation agricole. Outre la ville du Lac-Salé capitale du pays des Mormons, on n'y trouve que Fillmore, au sud, et Provo, au nord.

Après avoir traversé un quatrième tunnel, de 92 mètres de longueur seulement, on passe plusieurs petits ponts sur la rivière Weber. Nous représentons dans la figure 220 une des gorges à travers lesquelles coule cette rivière éminemment pittoresque. Au sortir du défilé de la rivière Weber, on débouche dans une vaste plaine qu'entourent de tous côtés de belles montagnes. Parti de Wasacht à midi et demi, on arrive à Ogden vers quatre heures et demesi, ce qui ne représente qu'une vitesse de 6 lieues à l'heure.

La station d'Ogden est le point central du chemin de fer du Pacifique. Trois trains y stationnent, et en partent à la fois, l'un pour Omaha, le second pour San-Francisco, le troisième pour la ville du Lac-Salé, qu'il faut prendre pour continuer sa route vers le Pacifique.

On est ici dans le pays des mines. Là est la ville du Lac-Salé, la capitale du territoire de l'Utah. La compagnie du railway de l'Utah (*Central Railroad*) a pour président Brigham Young, l'apôtre et le chef des Mormons.

Les laborieux Mormons sont parvenus à transformer le sol par une agriculture perfectionnée. On trouve, aux environs de la ville du Lac-Salé, des maisons de briques et tous les indices de l'aisance et du confort dont jouissent les parties les plus favorisées des États-Unis. Les Mormons, qui ont découvert cette oasis, vers 1848, ont su la féconder par des irrigations bien entendues, et ont rendu ses paysages singulièrement fertiles. La société qu'ils ont constituée sur ce sol vierge et fécond, indépendante du reste du monde, se procure par elle-même, presque tous les avantages de la civilisation des cités. On trouve, chez les Mormons, des fabriques de papier, d'étoffes de laine, de porcelaine, etc. Fondée en 1854, au milieu d'un désert, la ville du Lac-Salé, grâce aux mines de charbon, de fer, de plomb, d'argent et d'or qui l'entourent, s'est développée comme par enchantement. Des monuments commencent à l'embellir ; elle possède des rues, qui ont 40 mètres de largeur, et sont plantées d'arbres. Des eaux vives coulent à ciel ouvert, dans ses environs ; de beaux arbres fruitiers remplissent de grands jardins au milieu

desquels sont placées les maisons d'habitation, et sa population est de vingt
mille habitants, presque tous Mormons.

- Les Mormons utilisent avec une habileté merveilleuse les eaux des torrents
qui se rendent dans le lac Salé. Ce grand lac et celui de Salinas sont les
restes d'une grande mer intérieure, que les soulèvements volcaniques ont
mise à sec. Ils sont chargés d'une si prodigieuse quantité de sel, qu'on
dirait que l'eau va cristalliser brusquement.

La densité de l'eau du grand lac est si forte que les gens du pays prétendent qu'il est impossible de s'y noyer. Un homme qui s'y jette n'a pas
besoin de faire de mouvements pour flotter à la surface.

C'est l'eau douce, que les rigoles vont chercher dans les montagnes,
qui a créé les luxuriantes cultures des environs du grand lac Salé.
Aussi le développement qu'acquièrent les travaux d'irrigation est-il réellement fabuleux. Le creusement incessant des canaux, l'aménagement intelligent des sources, telles sont les principales occupations des chefs du
peuple mormon. L'ordre qu'ils ont établi soutiendrait la comparaison avec
celui que les prêtres égyptiens avaient autrefois établi sur les bords du Nil.
Singulière analogie entre deux sacerdoces, l'un, improvisé, sensuel et gros-
sier; l'autre, raffiné et reposant sur une théologie profonde et mystique.

Entre le pays des Mormons et les parties habitables de l'État de Nevada,
s'étend le véritable désert américain, long de deux cents lieues de l'est à
l'ouest, et de cent lieues du nord au sud. Le chemin de fer le franchit,
dans les parties les plus favorables; il entre ensuite dans l'État de Nevada,
par le *défilé de Humboldt*, immense tranchée naturelle, qui pénètre entre
les montagnes. Les difficultés que les ingénieurs ont dû vaincre pour
exécuter, au milieu des abîmes et des pentes de ces montagnes, leurs opérations de triangulation et de nivellement, sont vraiment inouïes.

Le désert américain s'étend sur 400 kilomètres du nord au sud, et sur
800 de l'est à l'ouest. Il sépare le pays des Mormons des parties habitables
de l'État de Nevada. Loin d'offrir, comme le Sahara africain, dont il n'a point,
du reste, l'aspect imposant, une monotonie sublime, il est traversé par des
chaînes de montagnes aux formes tourmentées et bizarres. *Le rocher de la
Cheminée*, que l'on voit dans la figure 222 qui représente le *désert américain*, donnera une idée de l'aspect de ces massifs, qui renferment les plus
riches filons du monde.

Mais dans ce désert de sable l'eau manque absolument; de sorte que
jamais les émigrants californiens n'ont osé s'engager dans cette région
inhospitalière. Le chemin de fer n'a pas de pareilles craintes; il pénètre
dans ces solitudes, sans eau, sans verdure, sans ressources naturelles. Seu-

lement, il fait un grand nombre de détours pour éviter le désert. Il ne le franchit que dans ses parties les plus accessibles.

Or, entre dans l'État de Nevada par le défilé de Humboldt, immense

FIG. 224. — LA VILLE DU LAC-SALÉ

tranchée pratiquée par la nature dans les gigantesques massifs de la Sierra.

On se figure sans peine les difficultés que dut présenter le tracé de la voie au milieu de ces roches taillées à pic, dont les gigantesques assises s'étagent le long de précipices d'une profondeur vertigineuse. C'est le plus souvent suspendus entre des abîmes que les ingénieurs durent exécuter les opérations du nivellement et de la triangulation ; ce qui donne une idée du courage qu'ont dû déployer ces hardis pionniers de la civilisation pour accomplir leur mission périlleuse.

La nature offre, en cette contrée, un caractère de majesté et de grandeur qui manque aux solitudes de l'Ouest. Les arbres atteignent des dimensions prodigieuses : leur diamètre varie de un à deux mètres, et leur longueur dépasse trente mètres. Les sapins des Alpes ne sont que des enfants à côté

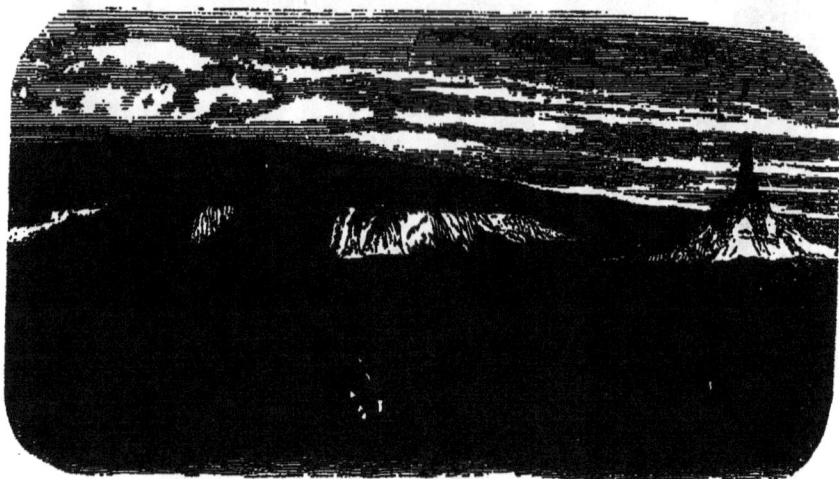

FIG. 222. — LE DÉSERT AMÉRICAIN : LE ROCHER DE LA CHEMINÉE

de ces sombres géants des forêts américaines. Ils sont aux sapins des Alpes ce que le Saint-Laurent et le Mississipi sont au Rhin, au Danube ou au Rhône. En général, le diamètre de ces colosses du règne végétal varie de un à deux mètres, et leur longueur dépasse trente mètres. Rien n'est majestueux comme de les voir s'élever droits, fermes et sombres, au milieu des neiges qui les entourent. De merveilleuses mousses, richement bariolées de vert et de jaune, couvrent leurs flancs, du côté qui regarde le Nord. Des chênes et des hêtres remplissent tout l'espace qu'ils laissent entre eux. Devenus nains par comparaison, ces arbres qui garderaient un bon rang dans les futaies célèbres en Europe, ne semblent destinés qu'à égayer des paysages écrasants de grandeur. De petits ruisseaux circulant le long des rochers, tombent de cascade en cascade. Ils font entendre une espèce de murmure musical, qui invite admirer les chefs-d'œuvre de la nature.

L'État de Névada renferme des mines d'argent d'une grande richesse. Aux environs de la ville d'Austin, située à quatre-vingts lieues environ de la Sierra Nevada, et qui, après quatre ans d'existence, comptait déjà plus de dix mille habitants, se trouve un filon argentifère d'un mille de large, sur cinq de long. Près de *Virginia City*, il existe un second gisement qui a produit cinquante millions d'argent en cinq années de travail.

Après avoir dépassé la ville de Cisco, qui fut fondée uniquement pour activer le travail de percement d'un tunnel de 200 mètres de long, et qui est,

FIG. 223. — LA CHARRUE TRANCHE-NEIGE

du côté de l'Est ce que Cheyenne est du côté de l'Ouest, on arrive dans la section californienne de cette grande voie.

Dans cette partie de la ligne, qui est à une altitude considérable au milieu des montagnes, la neige couvre souvent la terre. Aussi la Compagnie a-t-elle dû créer ici des moyens particuliers pour faciliter la circulation.

Dans les passages montagneux qui sont ouverts de tous côtés, les ingénieurs ont construit les *abris contre la neige* dont nous avons déjà parlé. Ce sont des espèces de tunnels en planches, qui ont quelquefois près d'une lieue de longueur. Sur la voie ainsi protégée par une solide toiture en charpente, la locomotive peut braver les neiges, et le convoi passer en sécurité. On réserve toutefois ces abris pour les gorges dans lesquelles les vents et les avalanches accumuleraient des masses infranchissables de neige. Dans les parties de la voie qui sont moins sérieusement menacées par les neiges, par exemple sur un versant que la montagne elle-même abrite contre les vents, on s'en tient à la *charrue à neige*. C'est un vaste coin de fer, en forme de double soc de charrue (fig. 223). On la place à l'avant de la locomotive, et elle disparaît presque tout entière dans l'immense déblai neigeux qu'elle balaye, à mesure qu'elle avance sur les rails.

La *charrue tranche-neige* a un poids qu'on ne peut évaluer à moins de 40.000 kilogrammes. Cependant, comme on attelle toujours, avec ce monstreux outil, une locomotive supplémentaire, le train n'éprouve aucun ralentissement sensible, tant que l'épaisseur de la couche à balayer ne dépasse point 50 centimètres. Quand la neige s'élève jusqu'à 2 ou 3 mètres de hauteur, on met deux, trois ou quatre locomotives. Dans les moments difficiles on détache les wagons : alors les locomotives se lancent à toute vapeur, en avant, et, faisant bélier, débarrassent la voie.

Cependant la locomotive ne triomphe pas toujours dans cette lutte contre les éléments ; on a vu des convois battre en retraite, pour ne pas demeurer prisonniers sous les neiges.

Sur toute l'étendue de son parcours, c'est-à-dire pendant 100 kilomètres environ, la partie de la section californienne comprise dans le district montagneux, se maintient constamment à une altitude de 1,600 à 2,500 mètres. MM. Samuel Montagne et Georges Grey, directeurs des travaux de la Compagnie, eurent donc à vaincre d'énormes difficultés pour établir la voie dans de pareilles conditions. Ils n'en seraient venus à bout qu'après bien des années et au prix d'efforts très longtemps soutenus, si la Compagnie n'avait pris le parti de livrer au public une voie provisoire qui n'eut guère que dix ou quinze ans de durée, mais qui fut plus tard construite avec solidité, en y consacrant une partie des bénéfices que la première avait permis de réaliser.

Les tunnels, qui sont des ouvrages considérables, ont été provisoirement remplacés, sur la voie dont nous parlons, par des passerelles en bois, et ces constructions portent bien le cachet de l'audace américaine. Pour poser ces estacades, d'immenses ravins ont été creusés dans la montagne, au moyen de la mine. C'est même là que l'on fit usage pour la première fois de la nitroglycérine, cet agent si puissant, mais si redoutable, de l'exploitation des mines. Point de remblais, ce travail serait trop long ! Le convoi passe entre ciel et terre, dans une sorte de cage à jour, formée d'un simple assemblage de poutres de bois. Un Européen reculerait à l'idée de s'engager sur une voie établie avec une telle audace ; l'Américain n'hésite pas un instant : *Go ahead !* (En avant !) Et la locomotive s'élance avec furie sur ce pont de treillage, qui repose sur un abîme.

Le pays qui commence au pied de la Sierra Nevada, est absolument aride. Rien de plus monotone que la journée qui se passe à franchir ces plaines désertes et nues. A partir d'un lieu appelé *Camp Halleck*, le chemin de fer suit, de près ou de loin, deux branches de la rivière de Humboldt, pendant cent lieues au moins, jusqu'à son embouchure dans le lac du même nom.

Le lac de Humboldt et quelques autres servent de réceptacle aux eaux pluviales de cette plaine immense : l'évaporation et les infiltrations y maintiennent leur niveau à peu près constant.

Du lac de Humboldt le chemin de fer passe dans le bassin d'un autre lac (*Pyramide Lak*) dont un affluent, le *Trucker River*, conduit, par Reno, vers le faîte de la Sierra Nevada.

Elko est un centre de population plus important que la plupart de ceux que l'on rencontre sur la ligne qui nous occupe. On s'y trouve à huit heures du matin, pour déjeuner.

On passe à Carlin à dix heures du matin. Là sont des remises et des ateliers pour le chemin de fer. On s'arrête pour dîner, à une heure, à Battle-Mountain.

La station de Humboldt, où l'on s'arrête, à six heures du soir, pour souper, est, grâce à des irrigations, une oasis fraîche et vive, qui repose un moment les yeux de l'interminable désert que l'on vient de traverser.

L'État de Nevada, compris à peu près exactement entre les montagnes de Humboldt et Reno, est assez bien doté sous le rapport des productions naturelles, utilisables par l'industrie. Il renferme, au nord de la voie ferrée, les districts miniers d'Austin et d'Eureka. Les mines d'argent de Silver City sont dans la même direction.

Les villes de Reno et de Trucker, situées sur le versant oriental de la Sierra-Nevada, renferment des mines et des forêts que l'on exploite avec beaucoup de succès. Reno est le point d'embranchement d'une voie ferrée à voie étroite, menant à Virginia City, ville de quinze mille habitants, ainsi qu'à Cassarville. Bien qu'elle n'ait que trois mille habitants, cette dernière ville est la capitale de l'État de Nevada.

La station de Summit, au-dessus de Reno, est le faîte de la Sierra Nevada : elle est à l'altitude de 2,148 mètres au-dessus du niveau de la mer.

La Sierra Nevada est une chaîne de montagnes boisées, dont les mouvements de terrain, grandioses et pittoresques, rappellent les Alpes de la Suisse et de la Savoie. De Reno à Summit, les flancs des vallons, inclinés à

45° environ, sont formés d'éboulis granitiques mouvants, sur lesquels il fut souvent difficile d'établir la voie ferrée. Au lieu de faire des murs de sou-tènement, on a multiplié les très petits tunnels, parce qu'ils avaient l'ava-tage de rendre inutiles les constructions d'*abris contre les neiges*.

Sur le versant est de la Sierra-Nevada, on compte neuf tunnels, et cinq sur celui de l'Ouest. Celui du sommet (fig. 224), est le plus long; il a 150 mètres. La longueur totale de ces six tunnels est de 900 mètres. Tous ces tunnels sont boisés et attendent un revêtement en maçonnerie.

Les ouvriers qui ont été employés aux travaux de la voie ferrée dans la Sierra Nevada, étaient tous des Chinois. Leur docilité, leur zèle conscien-cieux, leur intelligence et leur adresse, étaient d'autant mieux appréciés, qu'ils ne recevaient guère qu'un dollar et demi par journée de travail effectif, au lieu de trois ou quatre dollars que recevaient les ouvriers améri-cains.

Sans les ouvriers chinois les chemins de fer de la Californie n'existe-raient peut-être pas. En effet, malgré l'excessive élévation du salaire, les ouvriers européens ou américains désertaient toujours les chantiers. Il suffisait de la découverte d'une pépite ou d'une histoire de mineurs racontée, le soir, aux feux des bivouacs, pour que les ouvriers indigènes abandon-nassent le chantier, pour se répandre dans les montagnes, à la recherche d'un filon, qu'ils ne rencontraient pas, mais après lequel ils ne pouvaient s'empêcher de courir. Le Chinois, laborieux, patient et docile, ne connaît aucun de ces entraînements. La fortune hypothéquée sur les nuages de la Sierra Nevada n'a point assez d'attrait sur ces hommes positifs pour leur arracher la pioche des mains. Ils préfèrent à tous les mirages, à toutes les séductions dont on les accable, un salaire constant et régulier, qui leur permette de retourner, un jour, sur les bords du fleuve Jaune, à l'ombre d'une belle tour de porcelaine.

Nous voudrions pouvoir parler longuement des magnifiques paysages de montagne et de vallée que la locomotive parcourt sur les flancs de la Sierra Nevada, en abordant les régions boisées de la Californie. On voit sortir de terre une végétation si vigoureuse, que le voyageur est mille fois tenté d'oublier le chemin de fer, quand il quitte le train, pour faire une excursion dans la montagne. Il se croit au milieu d'une forêt vierge, comme s'il ne venait point d'entendre le sifflement de la locomotive, comme s'il ne suivait point un sentier pratiqué par de hardis mineurs.

Jamais cette nature, qui semble étonnée de la présence de l'homme, ne se montra plus brillante, plus éclatante que sur la partie de la Sierra qui porte le nom de *Pic Américain*. La végétation, qui s'éveille aux pieds de la mon-

FIG. 224. — ENTRÉE DU GRAND TUNNEL DANS LA SIERRA NEVADA.

tagne avec une juvénile impétuosité, semble monter à l'escalade du sommet chauve et blanchi, avant que les neiges aient disparu. Elle va emporter d'assaut les rochers avant que le soleil les ait débarrassés du linceul de neige sous lequel ils ont dormi !

Voici enfin Sacramento; c'est là que se termine le *Central Pacific Railway* proprement dit. Vient ensuite la ligne qui relie cette ville à San Francisco, et qui complète ainsi le chemin rattachant les deux Océans.

Les Indiens n'ont pas vu, sans un profond chagrin, la civilisation envahir

Fig. 225. — GARE DE SACRAMENTO

et traverser leurs territoires, vierges jusqu'à ce moment de toute tentative de ce genre. Aussi se sont-ils plus d'une fois efforcés de contrarier les travaux ou d'arrêter l'entreprise. Un jour, un vaste incendie, allumé par les Peaux-Rouges, dans les forêts, et propagé par un vent violent, enveloppa de toutes parts un convoi. Locomotive, wagons et voyageurs seraient devenus infailliblement la proie du feu, ou auraient péri sous l'attaque des tribus rassemblées sur leur passage, si le mécanicien n'eût pris le parti énergique de lancer courageusement le convoi à travers les flammes, en forçant la vapeur de la locomotive jusqu'à ses dernières limites. La prodigieuse rapidité de la marche développa un tel courant d'air, sur les deux côtés du convoi, que les flammes s'écartèrent, et que la terrible fournaise fut franchie sans encombre ! Rassemblés en troupes nombreuses, à quelque distance de la forêt embrasée, les Peaux-Rouges attendaient avec une joie farouche le succès de leur criminel dessein, et ils ne virent pas sans stupeur leur proie leur échapper à travers les tourbillons de flammes et de fumée qui remplissait la campagne.

Nous terminerons cette description par quelques mots sur le mode d'exploitation de cette immense ligne.

Le chemin de fer du Grand-Pacifique est à une seule voie, dont la largeur est la largeur normale des railways d'Europe ($1^m,436$). Les traverses qui

FIG. 226. — INCENDIE DANS LA FORÊT

supportent les rails, sont en pin jaune. Les ouvriers chargés d'entretenir la voie, ayant à franchir de longs espaces, emportent avec eux leurs outils, leurs vivres, et même des objets de campement. Pour cela, chaque groupe d'ouvriers, composé de 5 à 6 hommes, est muni d'un wagonnet plat, sur lequel on agit avec une manivelle, pour faire avancer le véhicule. On fait ainsi de 12 à 16 kilomètres à l'heure. Au besoin, on enlève le wagonnet, et on le met à côté de la voie.

Les stations sont beaucoup plus rapprochées qu'on ne serait tenté de le croire. Dans certaines parties de la ligne, elles sont séparées par 18 et même 27 kilomètres; mais à la descente de la Sierra Navada, dans les riches plaines du Sacramento et du San-José, la distance est beaucoup moindre et n'est quelquefois que de 5 kilomètres.

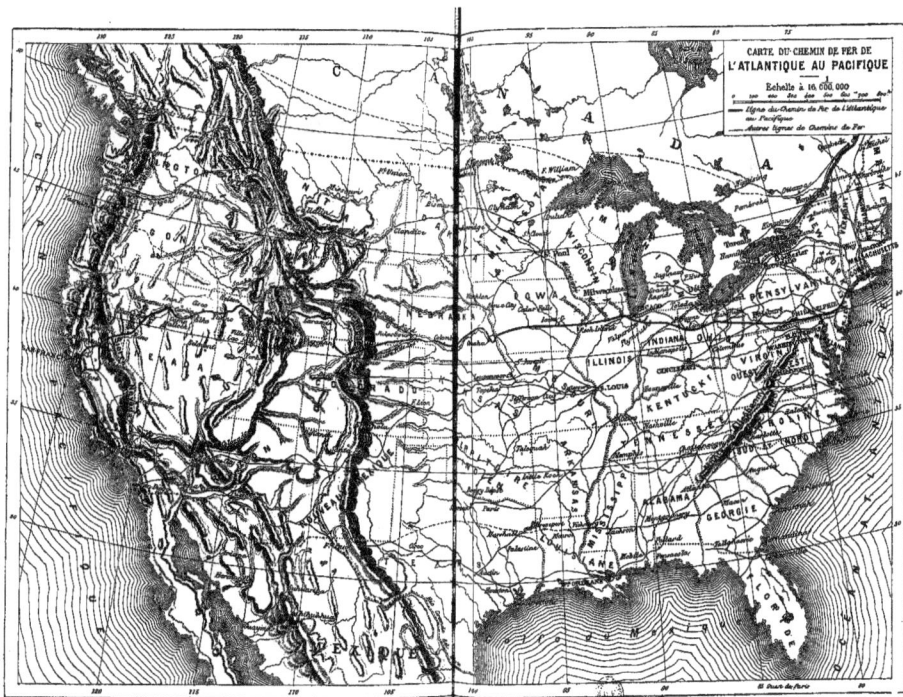

CARTE DU CHEMIN DE FER DE
L'ATLANTIQUE AU PACIFIQUE

Echelle à 16.000.000

Indépendamment des deux têtes de ligne, il y a treize stations, pourvues de buffets, et où l'on s'arrête trois fois par jour, pendant vingt minutes environ.

Presque toutes ces stations possèdent un dépôt de machines pour dix, vingt ou trente locomotives. Ces dépôts ont, comme les nôtres, la forme de rotondes demi-circulaires. Dans quelques-unes sont des ateliers de réparations. A Omaha et à Sacramento, il existe des ateliers de construction.

Outre les stations ci-dessus énumérées, on s'arrête quelques instants à d'autres points, pour prendre de l'eau ou du charbon.

On trouve sur les grandes lignes du Pacifique, les locomotives, les *passager cars*, les *wagons-lits* de la compagnie Pullmann, ainsi que les *Silver palace cars*, tels que nous les avons décrits.

Un train de voyageurs sur le railway du Grand-Pacifique, est ainsi composé : un ou deux fourgons à bagages, attelés derrière la machine, — un ou deux wagons pour la poste, — deux ou trois *wagons-lits*, — enfin deux ou trois wagons ordinaires.

Tous les jours, un train de voyageurs (un seul) part d'Omaha, à une heure et demie de l'après-midi, et un autre part de San Francisco, à huit heures du matin. Ils mettent cent heures pour franchir les 3,000 kilomètres de cette ligne : la vitesse moyenne n'est donc que de 31 kilomètres à l'heure.

Le prix du parcours entier est de 1200 francs, soit à peu près 20 centimes par kilomètre.

Nous ajouterons que le chemin de fer de l'Atlantique au Pacifique a déjà trouvé un concurrent redoutable dans une nouvelle voie ferrée. Depuis l'année 1881, il existe un second chemin de fer direct entre les deux Océans. Le raccord de la ligne ferrée de la compagnie de l'*Atchinson, Topéka* et *Santa Fé* à celle de la compagnie du *Southern Pacific*, a été opéré le 8 mars 1881, à Deming, dans le Nouveau-Mexique, localité située à 40 milles au Nord de la frontière mexicaine, et à 50 milles à l'Est de l'extrémité de l'Arizona. On peut maintenant aller directement en chemin de fer, de New York à San Francisco, en suivant les lignes du *New York Central*, du *Lake Shore*, du *Missouri Pacific*, de l'*Atchinson, Topéka et Santa Fé*, enfin du *Southern*

La construction du premier chemin de fer de l'Atlantique au Pacifique, considérée comme un véritable exploit national, fut célébrée, en 1869, par de grandes fêtes, au milieu de l'enthousiasme universel. L'inauguration de la nouvelle voie ferrée s'est faite, au contraire, sans le moindre éclat. Le 17 avril 1881, un train partait de Kansas-City, dans l'État de Missouri ; le lendemain, un autre quittait San-Francisco, et tout était dit.

La distance entre ces deux villes est de 3,938 kilomètres, dont 1,815 kilomètres par la ligne de l'*Atchinson, Topéka et Santa Fé*, et 2,123 pour celle du *Southern Pacific*. La durée du trajet est de 90 heures.

Cette nouvelle ligne allant d'un Océan à l'autre, a une grande importance, en ce sens surtout qu'elle ouvre les territoires, jusqu'à présent inaccessibles, du Nouveau-Mexique et de l'Arizona, dont les richesses minières vont pouvoir se développer. Il y a, dans ces régions, d'immenses placers d'or et d'argent, des dépôts considérables de plomb, d'étain, de cuivre, de houille et de pétrole, qui restaient inexploités, inconnus même et qui seront l'objet de fructueuses exploitations.

La nouvelle route a même des chances d'être préférée à l'ancienne par les voyageurs, parce qu'elle traverse des pays magnifiques. Le trajet n'est pas plus long par une voie que par l'autre, et le prix est le même; mais sur la nouvelle ligne on ne trouve pas de neiges dans la saison d'hiver, et, en été, un air pur et sec empêche la chaleur d'y être fatigante.

VI

Le Chemin de fer à travers les Cordillères du Pérou. — Tracé de la voie le long
des vallées et des rampes des Cordillères.

Dans la première partie de ce volume, en traitant des chemins de fer de
montagnes, nous avons décrit les voies ferrées qui traversent de grands
massifs montagneux, en Allemagne, en Italie, en France. Pour montrer
que les ingénieurs américains ne sont pas en arrière de leurs rivaux
d'Europe, il nous paraît utile de donner une description rapide du chemin
de fer qui traverse les Cordillères du Pérou.

Il semblait impossible d'établir un chemin de fer à travers les énormes
montagnes des Andes du Pérou. C'est pourtant là une entreprise devant
laquelle n'a pas reculé le génie américain. Cette voie ferrée, qui a
pour objet de mettre en rapport les plaines et les régions centrales de
l'Amérique du Sud avec les ports de la côte du Pérou, qui en sont
séparées par la barrière des Andes, ou Cordillères, offre cette particularité,
qu'elle est à la plus haute altitude qu'ait encore atteinte une ligne ferrée.

Voici le hardi tracé suivi par le chemin *trans-andien*, que tant d'obstacles
naturels semblaient devoir rendre impossible.

La ligne commence à Callao, près de Lima, sur la côte du Pérou, et, après
avoir parcouru 100 kilomètres jusqu'à un point culminant situé à
5,000 mètres au-dessus du niveau de la mer, elle descend jusqu'à 30 kilomètres plus loin, à la Croya, sur le versant oriental des Andes. Elle s'arrête
au point où la navigation commence sur l'Amazone.

Voici les plus intéressantes particularités de cette ligne à grande altitude.

En quittant Callao, la voie suit la fertile vallée du Rimac, petit cours d'eau
qui descend des montagnes; mais à 30 kilomètres au delà, les montagnes se
rejoignent, et le chemin de fer doit les aborder. Sur leurs rampes on voit des
ruines de terrasses et de murailles qui remontent aux temps des Incas,
et qui marquent la place qu'occupaient autrefois d'antiques et populeuses
cités. Un peu après, la voie ferrée passe à San Bartholome, à 40 kilomètres

de Callao, à près de 1,800 mètres au-dessus du niveau de la mer. De là, elle traverse le viaduc de Verrugas, puis arrive à Burco, à 1,900 mètres d'élévation, à travers une grande variété de paysages grandioses et terribles.

Nous avons représenté, dans les généralités sur les tunnels américains, le viaduc de Varrugas (fig. 180, page 425).

FIG. 227. — TUNNEL DANS LES CORDILLÈRES DU PÉROU

La voie traverse le ravin de Challapa sur un pont de 1,800 mètres de long et de 40 mètres de haut, qui est de construction française (fig. 228).

Dans cette partie du tracé, entre Tambo-Viso et Chiela, on rencontre différents sites, véritablement effrayants. Le vertige vous prend quand on contemple ce spectacle gigantesque et désordonné de la nature. L'esprit reste confondu à la pensée qu'une locomotive ait à franchir ces terribles défilés. Il serait impossible de signaler exactement les travaux d'art qui se sont accomplis sur cette ligne, de décrire les hautes tranchées et les remblais que l'on a dû établir pour aplanir le terrain et lui

FIG. 228. — RAVIN DE CHACLLAPA, DANS LES CORDILLÈRES DU PÉROU

donner la pente uniforme nécessaire à la voie. Il n'a pas fallu, pour la
construction de cette partie de la ligne, moins de trente ponts ou viaducs
qui, ajoutés l'un à l'autre, représentent une longueur de plus de 1 kilomètre,
et trente-cinq tunnels, représentant ensemble 5 kilomètres, au nombre
desquels il faut compter celui du sommet de la Cordillère, long de
1,173 mètres.

Nous représentons l'un des tunnels creusés dans cette partie des Cordillères dans la figure 228 et dans la figure 229 un des viaducs de la même ligne.

Fig. 229. — VIADUC SUR LE RIMAC

Au milieu de tant d'obstacles, et avec l'inévitable nécessité de monter
toujours, on ne fût jamais arrivé jusqu'au sommet, sans les nombreux
détours que l'on sut faire, et que facilitaient, du reste, les petites vallées
latérales. En certaines parties, la gorge est même si étroite, que, le détour
en courbe devenant impossible, il a fallu employer le zigzag en forme de V,
condition toujours défavorable pour les mouvements de la locomotive, et que
l'on évite, en général, dans des pentes aussi fortes.

En sortant de Mantucana, la ligne poursuit difficilement son chemin sur
la rive gauche, en côtoyant le pied des montagnes. Elle passe devant
l'effrayante gorge de Chacahuazo et entre dans le défilé.

En ce point, la vallée disparaît, et l'on n'a plus devant soi qu'une vaste
fente, profonde de quelques centaines de mètres. Le Rimac coule majestueusement au fond de ce gouffre. Les bords, qui sont coupés à pic

forment comme deux murailles. On entend au loin le bruit de la cascade, dont l'écume blanchâtre frappe le regard. Le sentier, taillé dans le roc, conduit, à travers mille détours, à la cascade qui est suspendue sur l'abîme, au-dessous des masses de porphyre et de trachyte, à moitié en équilibre, et qui menacent de vous écraser. C'est là la célèbre gorge de l'*Infernillo*, la plus belle peut-être, en tous cas la plus saisissante de toute la Cordillère. Le Rimac, large environ de 40 mètres, s'y précipite, du haut d'une cascade de 50 mètres, et poursuit impétueusement son cours, au milieu des rochers.

Conduire un chemin de fer à travers un semblable défilé était impossible. C'est au moyen d'un tunnel creusé sur les larges versants de la *Quebrada du Paroc* que la voie aborde l'obstacle et s'élance sur la rivière, au moyen d'un pont de 60 mètres de haut; puis elle rentre de nouveau sous terre, et réapparaît à une distance considérable, continuant toujours son interminable ascension.

Nous avons déjà représenté, dans les généralités sur les tunnels, l'entrée de deux de ces tunnels des Cordillères (pages 444, 445, fig. 186, 187).

Après un petit détour sur la rive droite, la voie rencontre bientôt la *Quebrada du Rio Blanco*, dont elle contourne quelque temps les deux rives, et parvient à Chicla, après avoir croisé de nouveau le Rimac, sur un beau viaduc de 100 mètres de long, haut de 80 mètres. Cette région est assez riche en minerais de différente nature et ressemble en cela, du reste, aux autres points que va parcourir la ligne jusqu'à Oraya. L'exploitation de ces richesses, autrefois en souffrance, n'a pas tardé à se relever dès qu'une voie ferrée est venue lui procurer de faciles moyens de transport.

Les principales difficultés du tracé sont dès lors vaincues, et le reste du trajet, jusqu'à la cime des Cordillères, ne présente plus que des obstacles de moindre importance. La vallée est assez large; toutefois, comme la pente y excède 4 0/0, trois détours ont encore été nécessaires : le premier à Bella-Vista, village de mineurs, voisin de Chicla; l'autre, plus petit, au hameau de Casapulca; le troisième enfin, plus long que les autres, puisqu'il mesure 7 kilomètres, dans la Quebrada de Chinchan.

Au sortir de ce défilé, les montagnes ont un aspect plus grandiose : tout est morne et triste. Le Rimac n'est plus le torrent impétueux dont nous parlions tout à l'heure; c'est un modeste ruisseau, dont les divers filets coulent silencieusement des hauteurs environnantes. Au bout de la vallée apparaît la cime de la Cordillère, avec ses pics éblouissants de neige. La respiration devient haletante; les voyageurs et les étrangers sont vivement incommodés, en raison de l'altitude du lieu, et par suite de la raréfaction de l'air.

A gauche, sur l'escarpement de la montagne, taillée tantôt dans le rocher, tantôt dans une argile rougeâtre, la ligne se maintient toujours à une hauteur considérable. Bientôt elle atteint Antarangara, et disparaît sous terre. C'est le dernier tunnel, celui qui marque le point culminant de la ligne et la séparation des eaux pour les deux océans. La Cordillère est désormais franchie, à 4,800 mètres au-dessus du niveau de la mer. Sur les hauts plateaux des Andes, la voie développe maintenant tout à l'aise ses courbes à larges rayons. La pente est douce et facile, et, sans difficulté d'aucune sorte, elle arrive à La Oraya, qui marque le terme de sa laborieuse carrière.

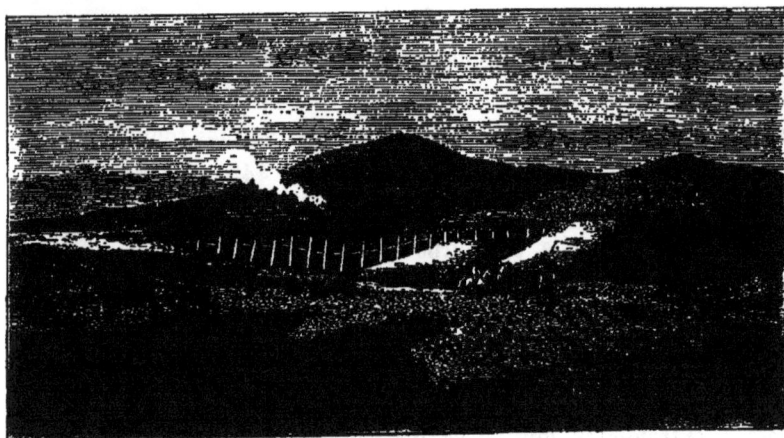

FIG. 230. — AU SOMMET DES CORDILLÈRES

Le misérable village qui a donné son nom à une œuvre aussi colossale, est situé à 3,700 mètres d'élévation. Il n'a d'autre importance que celle qui résulte de sa position, point de réunion des deux routes de la Jauja et de Tarma, qui conduisent à Lima.

Telle est la ligne tracée au milieu des montagnes du Pérou. Elle est de beaucoup la plus élevée qui existe au monde, puisque le chemin de fer du Grand-Pacifique, qui était jusqu'ici à la plus haute altitude, ne dépasse pas 1,800 mètres.

Ce chemin de fer a ouvert un débouché aux produits de la région agricole qui s'étend du pied oriental des Andes jusqu'aux villes maritimes du Pérou. Il permet, en même temps, l'exploitation des riches dépôts de minerais qui existent au sommet de ces montagnes, et dont l'isolement seul avait longtemps empêché de tirer parti. Le voyage si fatigant à travers les Cordillères, qui exigeait autrefois huit jours, se fait aisément aujourd'hui en une seule journée.

Cette voie, qui a été entreprise par le gouvernement du Pérou, a coûté des sommes considérables.

L'Amérique du Sud est pourvue d'un réseau de voies ferrées infiniment moins important que celui des États-Unis. Cependant, sans parler des deux grandes lignes que nous venons de mentionner, le Mexique, le Brésil, le Chili, les républiques du Centre-Américain, ont leur contingent de railways. Nous n'entrerons pas dans la description de ces dernières voies ferrées, construites à l'imitation et d'après les errements de celles des États du Nord. ne voulant pas reproduire les développements dans lesquels nous sommes ontré dans la Notice qu'on vient de lire.

LES CHEMINS DE FER EN AFRIQUE

En traitant, dans les deux premières parties de ce volume, des chemins de fer en Europe et en Amérique, nous avons à peu près épuisé notre sujet, c'est-à-dire l'exposé des progrès faits dans ces dernières années, par l'art et l'industrie des chemins de fer. Il est évident, en effet, que c'est exclusivement en Europe et dans le nouveau monde que la construction des voies ferrées et du matériel roulant ont reçu tous leurs perfectionnements. Ni l'Afrique, ni l'Asie, ne peuvent prétendre encore à apporter leur pierre à l'édifice du progrès industriel et technique. En nous proposant de traiter, dans ces dernières pages, des chemins de fer en Afrique, en Asie et en Australie, nous ne pouvons avoir d'autre but que de signaler les régions particulières de ces trois grandes parties du monde dans lesquelles les voies ferrées ont pénétré, et les circonstances qui ont pu accompagner leur établissement.

Les lignes de chemins de fer de l'Afrique et de l'Asie ne forment aujourd'hui que quelques tronçons isolés, perdus dans l'immensité de l'étendue géographique; mais un jour viendra certainement où ces tronçons épars se rejoindront, pour former, comme en Europe et en Amérique, un réseau multiple et serré, reliant l'une à l'autre les villes et les centres de populations. Ce jour est encore éloigné : nos arrière-neveux le verront à peine luire. Pour nous qui vivons aux temps primitifs de la civilisation universelle, à l'aurore de la fraternité des peuples, qui se prépare pour un lointain avenir, nous ne pouvons que noter les débuts de cet heureux mouvement. La locomotive est l'ardent pionnier qui apporte aux divers peuples du monde la civilisation, l'aisance, le bien-être et la moralité : nous avons à enregistrer ses premiers pas dans les trois parties du monde énumérées ci-dessus.

I

Les voies ferrées en Algérie et en Tunisie.

Les chemins de fer sont concomitants, pour ainsi dire, de la civilisation et de l'industrie dans toutes les parties du monde. Nous devons donc nous attendre à ne les rencontrer que dans les régions de l'Afrique où se sont établis les Européens, apportant avec eux les avantages de la culture agricole et les profits d'un travail industriel bien ordonné. C'est dire que l'Algérie, la Tunisie et le Sénégal, pour commencer par nos possessions nationales, ainsi que l'Égypte et l'extrème Sud de l'Afrique, possèdent seules aujourd'hui des voies ferrées. Nous allons rapidement les passer en revue, en commençant par l'Algérie et la Tunisie.

Un réseau complet de voies ferrées fut arrêté par le gouvernement français, dès 1857, par un décret en date du 18 avril de cette année. Ce réseau général se composait d'abord d'une ligne parallèle à la mer et suivant toute l'étendue du littoral de nos possessions du nord de l'Afrique, ensuite d'un certain nombre de lignes rattachant les villes de l'intérieur aux principaux ports du littoral algérien de la Méditerranée. Le réseau, ainsi défini en pricipe, comprenait environ 1,700 kilomètres, à savoir :

1° D'Alger à Constantine par Aumale et Sétif, environ 450 kilom.
2° D'Alger à Oran par Blidah, Orléansville, Saint-Benoît et Sainte-Barbe, environ.. . . . . 420 —
3° De Philippeville à Constantine. . . . . 90 —
4° De Bone à Sétif. . . . . 100 —
5° De Bone à Constantine, par Guelma. . . . . . 220 —
6° De Tenès à Orléansville. . . . . 60 —
7° D'Arzew et Mostaganem à Relizane. . . . . . 150 —
8° D'Oran à Tlemçen, par Sainte-Barbe et Sidi-Bel-Abbès . 200 —

CARTE DES CHEMINS DE FER
D'ALGÉRIE ET DE TUNISIE

Echelle

0   50   100 150 200 250 Kil.

ESPAGNE

MER MÉDITERRANÉE

MAROC

ALGER

ORAN

DÉPARTEMENT D'ORAN

DÉPARTEMENT D'ALGER

DÉPARTEMENT DE CONSTANTINE

HAUTS PLATEAUX

RÉGION DES

TUNISIE

TRIPOLI

CONSTANTINE

Bône

TUNIS

Sousse

Philippeville

Blidah

Médéa

Miliana

Tenès

Mostaganem

Mascara

Sidi Bel-Abbès

Tlemcen

Aumale

Sétif

Bougie

Batna

Biskra

Laghouat

Ghardaïa

Touggourt

Ouargla

Metlili

El Goléah

Gabès

Gafsa

Kairouan

Sfax

Longitude Ouest de Paris

Est de Paris

Légende.

Lignes exécutées ....

Lignes projetées ....

Chemin de fer Transsaharien projeté ....

Limite de département de l'Algérie ....

Limite des États ....

pour répondre à des besoins nouveaux, résultant du développement de la colonisation, présenta, le 4 novembre 1878, un projet de loi présentant comme lignes d'intérêt général, 1,700 kilomètres de chemins de fer algériens, dont une grande partie n'était pas comprise dans le réseau du décret du 8 avril 1857.

Ce projet de loi, adopté par la Chambre des députés, dans la séance du 3 avril 1879, et par le Sénat, dans celle du 15 juillet suivant, portait à 3,041 le nombre de kilomètres de chemins de fer devant constituer le réseau algérien.

Ce chiffre donne environ 1 kilomètre de chemin de fer par habitant (l'Algérie comptant trois millions d'habitants). Ce rapport est peu différent de celui des lignes ferrées françaises avec la population desservie, mais il est bien faible si on le compare à la superficie du territoire traversé par les chemins de fer, puisqu'il ne correspond qu'à 2 centimètres de voie ferrée par kilomètre carré de pays, tandis qu'en France, on trouve 8 centimètres de voie ferrée par kilomètre carré de pays, c'est-à-dire 4 fois plus. Encore ce chiffre ne se rapportait qu'à la superficie du *tell*, c'est-à-dire la partie la plus habitée, et celle où la colonisation est le plus avancée, en négligeant le Sahara algérien ou *Petit Sahara*, qui représente pourtant plus des deux tiers de l'étendue totale de notre territoire en Afrique.

Pour comprendre ces rapports entre l'importance du réseau des chemins de fer algériens et la superficie du pays, et, en même temps, pour se rendre compte des conditions générales dans lesquelles il a fallu établir ces voies ferrées sur le sol de notre colonie d'Afrique, il faut avoir présentes à l'esprit les divisions de l'Agérie au point de vue politique et administratif.

L'Algérie est aujourd'hui divisée en trois *départements*:

1° Au centre, le *département d'Alger*, où se trouve le siège du gouvernement civil et militaire, et dont l'action directrice doit rayonner dans tous les sens ;

2° A l'ouest, le *département d'Oran*, qui confine au Maroc ;

3° A l'est, le *département de Constantine*, qui touche à la Tunisie.

On se ferait une idée très inexacte, sous le rapport de l'étendue et du chiffre de la population des trois départements algériens, si on les comparait aux départements de la France. La superficie d'un département algérien équivaut, en effet, à celle de cinquante départements français réunis, et, d'autre part, le chiffre de la population de chacun ne dépasse pas celui de la population du département de la Seine.

Ajoutons que les limites des trois départements africains ne sont pas très nettement déterminées. Ils descendent, tous les trois, plus ou moins, et sans bornes très appréciables, dans le désert du centre de l'Afrique.

Au point de vue topographique, l'Algérie, dont la superficie est à peu près égale à celle de la France, est partagée, pour ainsi dire; en deux régions distinctes, par une succession de chaînes de montagnes, qui s'étendent de l'est à l'ouest, presque parallèlement à la mer, et qui laissent entre elles et le rivage de la Méditerranée la région qui porte le nom de *tell* (de *tellus*, terre), région agricole et forestière, et au sud le *Petit Sahara* ou *région des oasis*, partie moins peuplée que le *tell*, et moins propre à certaines cultures, mais qui, grâce à ses oasis et aux innombrables troupeaux qui trouvent dans ses immenses pâturages une nourriture abondante, renferment d'importantes richesses agricoles, et donnent lieu à un commerce considérable avec les pays environnants. Dans le *tell* sont des forêts, des paccages, des terres cultivées en blé, orge et céréales diverses, des lacs et des marais, le tout relié par d'assez bonnes routes. Dans le *Petit Sahara* ou *Sahara algérien*, les oasis contiennent des terres arrosables, et par conséquent de l'herbe et des prairies. On y trouve, outre de vastes paccages, des rivières et des lacs. La superficie du *tell* est d'environ 13,000,000 d'hectares, celle du *Sahara algérien* de 45,000,000 hectares.

La zone montagneuse qui sépare ces deux portions du territoire, porte le nom de *région des Hauts Plateaux*.

L'interposition d'une suite de montagnes entre le *tell* et les *Hauts Plateaux* fait qu'une partie des cours d'eau qui y prennent naissance, par l'effet des pluies, se dirige vers la Méditerranée, par des vallées successives, et que l'autre partie des eaux qui descend des versants méridionaux, va se perdre dans les lacs et les sables du Grand Sahara, et y former, sous le sol, des nappes d'eau, plus ou moins profondes, lesquelles, reparaissant au jour, par intervalles, forment les sources qui donnent la fraîcheur et la vie aux oasis qui parsèment le désert.

D'une part, la configuration particulière du sol, ainsi divisé en deux régions d'une richesse agricole égale, mais séparées par une suite de montagnes, et, d'autre part, la division administrative du pays, devaient servir de base à l'établissement des voies ferrées pour les transports rapides dans notre colonie d'Afrique. Pour se plier à ces conditions, il fallait :

1° Que le tracé des voies ferrées établît une communication non interrompue entre les trois départements d'Alger, de Constantine et d'Oran ;

2° Que les ports du littoral fussent rattachés au réseau général des voies ferrées ;

3° Que le sud de l'Afrique, le Maroc et la Tunisie, fussent mis en communication avec le même réseau.

Le réseau général décrété par les votes des chambres de 1857 et de 1878 répond à ces diverses conditions. Nous avons fait connaître le premier réseau, composé de 8 lignes secondaires, et nous avons ajouté que le second projet, voté par la Chambre des députés en 1878, avait porté à plus de 3,000 kilomètres l'étendue du réseau total. Il nous reste à faire connaître les particularités des diverses lignes aujourd'hui existantes.

La carte qui accompagne ce chapitre (page 533) permettra de suivre les détails de cette rapide énumération.

Aux chemins de fer algériens, nous ajouterons les chemins de fer tunisiens, parceque nous croyons pouvoir considérer la Tunisie comme une possession française, à peu près au même titre que l'Algérie.

En attendant que l'Algérie possède une ligne ferrée reliant sans interruption le Maroc avec le golfe de Tunis, et sur laquelle viendront s'embrancher les nombreuses lignes allant du sud des trois départements au littoral méditerranéen, les lignes existantes sont les suivantes :

1° *D'Alger à Oran.* — Cette ligne, longue de 426 kilomètres, et qui a été construite par la Compagnie Paris-Lyon-Méditerranée, est une des plus anciennes. Considérée comme devant être très productive, elle avait été concédée, dès l'année 1857, à une Compagnie, qui ne put achever qu'une section de 50 kilomètres (d'Alger à Blidah), et qui se trouva dans l'impossibilité de remplir, pour les autres sections, les conditions de délai qui lui étaient imposées par son cahier des charges. Par suite d'une convention passée par l'État, la Compagnie de Paris-Lyon-Méditerranée entra en possession de cette ligne, ainsi que de celle de Constantine à Philippeville, et acheva les travaux. Cette même Compagnie construisit la gare d'Alger, avec l'embranchement de 1500 mètres qui la relie au faubourg de l'Agha. La gare fut ouverte le 1er juillet 1867. Les autres sections de la ligne furent livrées à l'exploitation au fur et à mesure de leur achèvement, et la ligne entière fut inaugurée le 1er mai 1871.

Bien qu'elle relie les deux principaux centres de population de l'Algérie, cette ligne est d'un revenu assez faible, puisqu'elle ne produit en moyenne, annuellement, qu'une recette de 10,000 francs par kilomètre. Elle ne transporte guère que 7,000 voyageurs par an.

2° De la *Maison carrée* (Alger) et *Menerville* à l'*Alma*. Longue seulement de 29 kilomètres, cette ligne fut concédée à la Compagnie de l'*Est-Algérien*, par une convention en date du 31 août 1877. Elle a été ouverte le 3 août 1879. Elle aboutit au col des Beni-Aïcha.

3° *De Sidi-Bel-Abbès à Sainte-Barbe du Tlélat.* — Longue de 52 kilo-

FIG. 232, — VIADUC ET TUNNEL SUR LE CHEMIN DE FER D'ALGER A ORAN

mètres, cette ligne, concédée par le département d'Oran, à la Compagnie de l'Ouest-Algérien, a été ouverte le 10 juin 1877.

4° *D'Arzew à Saïda.* — Cette ligne fut créée, dans l'origine, uniquement pour transporter au port d'embarquement, à Arzew, les ballots d'*alfa*, cette graminée robuste qui pullule dans le département d'Oran, et qui couvre dans ces régions une surface de 300,000 hectares. On sait que l'*alfa* sert à la fabrication d'un papier d'excellente qualité. L'Angleterre avait eu jusqu'ici le privilège de l'exploitation de l'*alfa*; mais les fabricants français commencèrent à faire du papier avec cette matière.

Le chemin de fer de Saïda au port d'Arzew fut concédé à la Compagnie *Franco-algérienne*, par un décret en date du 29 avril 1874. Un second décret, rendu le 22 mars 1876, accorda à cette même Compagnie le privilège exclusif de l'exploitation de l'alfa. Ouverte le 23 septembre 1879, et spécialement affectée d'abord au transport de l'alfa, cette ligne a été entièrement livrée à l'exploitation (voyageurs et marchandises) le 6 octobre 1879. On l'a prolongée plus tard au sud jusqu'à Tafaroua, dans les Hauts-Plateaux.

5° *De Constantine à Philippeville.* — Nous avons dit que cette ligne suivit les péripéties de celle d'Oran à Alger. Abandonnée par une première Compagnie et reprise par la Compagnie Paris-Lyon-Méditerranée, elle fut ouverte toute entière le 23 août 1870. Mais, comme sa congénère d'Alger-Oran, elle rapporta peu. Jusqu'à l'année 1870, le gouvernement et le département algérien n'avaient pas encouragé les Compagnies des chemin de fer. Ce ne fut qu'à partir de 1876 que l'État et les départements algériens exécutèrent et mirent en exploitation, en trois ans, près de 1000 kilomètres de voies ferrées.

6° *De Bone à Aïn-Mokra.* — Cette petite ligne est la plus ancienne de l'Algérie, car elle a été établie en 1865. Elle est, d'ailleurs, purement industrielle. Destinée à transporter, de Bone, les minerais de fer d'Aïn-Mokra, elle amène annuellement à ce port 400,000 tonnes de minerai.

7° De *Constantine à Sétif.* — Premier grand tronçon du chemin de fer de Constantine à Alger, cette ligne, qui appartient à la Compagnie de l'Est-Algérien, a été ouverte le 21 mai 1879.

8° De *Bone à Guelma et au Khroub.* — La ville de Bone, peuplée de 30,000 habitants, possède l'un des meilleurs ports du littoral de l'Algérie. Ce port ne reçoit pas moins de 500,000 tonnes de marchandises par an (entrées et sorties). Une voie spéciale, partant de la gare aux marchandises de Bone, amène les wagons au bord du quai, à la portée des navires, où une grue roulante à vapeur opère les embarquements et débarquements. Khroub, l'autre extrémité de la ligne, est un petit village où se tient l'un des marchés à bestiaux les plus importants de l'Algérie. Cette ligne a été exécutée par la *Société des constructions des Batignolles*. La première section (de Bone à Duvivier) fut ouverte le 1er octobre 1876 ; la deuxième (de Duvivier à Guelma) le 23 avril 1877.

Cette première section de Bone à Guelma, qui avait été concédée par le département de Constantine, comme ligne d'intérêt local, et déclarée d'utilité publique, par un décret du 7 mai 1874, fut classée, le 26 mars 1877, comme d'intérêt général, par une loi, qui accordait à la Compagnie le prolongement de la ligne jusqu'à Khroub. Cette dernière section fut ouverte en 1879. La longueur totale de la ligne est, en définitive, de 20 à 30 kilomètres.

9° De *Bone à Souk-Arrhas*. — C'est une partie de la concession faite à la *Compagnie de Bone à Guelma et prolongements*. Elle emprunte la ligne de Bone à Duvivier, faisant partie de celle de Bone à Guelma, et se prolonge de Duvivier a Souk-Arrhas, par un embranchement de 55 kilomètres. Terminée en 1881, c'est la première section de la grande ligne qui atteint le réseau tunisien, de sorte qu'aujourd'hui Tunis est en communication directe, sans aucune interruption, par voies ferrée, avec Bone, Constantine, Sétif et Philippeville.

Nous passons aux chemins de fer de la Tunisie.

La conquête de la Tunisie par nos troupes, en 1881, a donné beaucoup d'importance à la création des voies ferrées sur l'ancienne terre des Carthaginois. Les chemins de fer qui avaient été concédés antérieurement par le gouvernement du Bey, ont été poussés avec activité, et sont passés aux mains d'autres Compagnies. Depuis cette époque, les travaux ont rapidement abouti à compléter la ligne qui, traversant toute l'ancienne régence de Tunis, relie sans interruption la ville, encore si orientale, de Tunis, avec la France algérienne.

Disons un mot des circonstances qui ont accompagné la concession et l'exécution des chemins de fer tunisiens, depuis l'origine de ces concessions jusqu'à l'occupation française de la Régence.

C'est en 1877, que, grâce à l'énergique insistance de notre consul général, M. Roustan, qui fut, depuis, ministre plénipotentiaire à Tunis, et malgré la sourde opposition du ministre italien, la Compagnie française de *Bone à Guelma et prolongements*, propriétaire, comme nous l'avons dit, de la ligne de Constantine à Souk-Arrhas, obtenait du bey Mohammed-el-Sadock, la concession d'une ligne de chemin de fer partant de Tunis, pour aboutir à la frentière algérienne. Encore fallut-il s'y prendre à deux fois. La concession ·

FIG. 233. — RADE ET TUNNEL SUR LE CHEMIN DE FER D'ALGER A ORAN

primitive s'arrêtait à Béja, à 106 kilomètres de Tunis. Ce ne fut que quelques mois après que le bey consentit au prolongement qui devait assurer la jonction avec le réseau d'Algérie. De son côté, le gouvernement français, comprenant l'importance économique et politique de cette jonction, garantissait, par une loi de mars 1877, un minimum de revenu kilométrique pour toute la portion à exécuter sur le territoire tunisien.

Dès le vote de garantie de la part des Chambres, les travaux furent commencés par la *Compagnie de construction des Batignolles*, agissant pour le compte de la *Compagnie Bone-Guelma*; si bien que, dès le mois de juin 1878, on inaugurait la première section de Tunis à Abourla (33 kilomètres).

Notez cependant que, faute de s'entendre avec le directeur anglais d'une petite ligne de banlieue qui existe depuis assez longtemps de Tunis au palais du bey, le *Bardo*, et au petit port de la Goulette, la Compagnie française avait dû, pour ne pas empiéter sur le périmètre du territoire de cette dernière, construire, au-dessous d'une colline qui sépare la *Bahïra*, ou lac de Tunis, de la *Sebikra* (étang salé) un tunnel de 300 mètres, qui n'avait pas coûté moins de 500,000 francs.

Les autres sections de la même ligne furent livrées à la circulation, en 1878, 1879, 1880 et 1881; de sorte que, comme nous l'avons dit, la locomotive peut aujourd'hui courir, sans obstacles, de Constantine et de Bone aux rivages *ubi Carthago fuit*.

Cette dernière entreprise, exécutée par les ingénieurs français, et généreusement subventionnée par notre gouvernement, marque le début d'une ère de relèvement et de réparation pour cette intéressante partie de l'Afrique du Nord, si bien dotée par la nature, puisqu'elle était, aux temps des Romains, le grenier de l'Italie, mais dont la population, plus douce pourtant et moins fanatique que les tribus arabes de l'Algérie, ses plus proches voisines, a été ruinée, foulée, frappée d'une sorte de paralysie industrielle et intellectuelle par un gouvernement ignorant et livré à tous les détestables préjugés du vieil islamisme.

On écrirait un volume sur les plaies morales qui frappaient et arrêtaient le développement de la Tunisie sous le gouvernement beycal. On peut espérer que par notre prise de possession de ce pays, sa physionomie changera peu à peu, et que son sol sera aussi abondant en produits agricoles et manufacturiers que les départements algériens qui l'avoisinent.

Nous représentons dans la figure 235 la gare de Tunis, vue de l'une des terrasses du quartier français. Derrière la gare s'étendent, jusqu'au lac de Tunis (*la Bahïra*) des terrains vagues et marécageux, sur lesquels on a construit une superbe pépinière. La colline voisine sur laquelle on a creusé le tunnel dont nous avons parlé, forme une nécropole.

La figure 236 (page 549) représente la curieuse ville mauresque de Béja, la *Vacca* de Salluste, peuplée de 7 à 8,000 habitants et située à 12 kilomètres de la voie ferrée.

Grâce aux arrangements conclus entre le gouvernement français et le bey, en dépit de l'opposition du diplomate italien qui avait un instant intimidé le bey Mohammed, El Sadock, le réseau entier des chemins de fer de la Tunisie se trouve aux mains d'une Compagnie française. Une administration française dirige depuis de longues années tout le réseau télégraphique du pays. Le futur port de Tunis, celui qui ne saurait manquer de se créer plus tard à Bizerte, sera également aux mains de nos compatriotes, tandis qu'une société marseillaise, déjà concessionnaire, peuplera, transformera par la culture et rendra à leur antique fertilité,

Fig. 234. — PONT SUR LE CHEMIN DE FER DE TUNIS A BÉJA.

Fig. 235. — GARE DE TUNIS

près de cent mille hectares, aujourd'hui presque incultes et déserts !

La politique à suivre avec la Tunisie est des plus simples. Un savant voyageur, le comte Tchihatcheff, Russe d'origine, et qui, habitant d'ordinaire Florence, réunit toutes les conditions d'une parfaite impartialité, les résumait en quelques lignes, dans l'une des dernières pages d'un excellent livre :

« La Tunisie, disait-il, qui, sous tous les rapports, n'est guère que la continuation et même le complément nécessaire de l'Algérie, doit un jour être rattachée à cette dernière, en réparant ainsi les profondes blessures que lui a infligées cette séparation contre nature. C'est une question d'humanité, mais c'est aussi une question d'intérêts français. »

Et plus loin :

« C'est cette heure décisive que tous les amis de l'humanité en général, et de la France en particulier, attendent avec impatience. C'est alors seulement que la mission providentielle de la France en Afrique sera réellement accomplie, et que ces splendides contrées redeviendront le grenier et le jardin de l'Europe. »

Élémentaires pour quiconque a posé le pied sur la terre d'Afrique, ces vérités commencent à être comprises par nos compatriotes ; et les chemins de fer aidant, la Tunisie sera bientôt une des meilleures colonies de la France.

Les éléments de trafic ne manqueront pas à la ligne ferrée que nous venons de décrire. Indépendamment de ses nombreuses manufactures de soieries, de lainages, de tapis, etc., Tunis exporte des céréales, des huiles, des cuirs, des peaux, des laines, des essences, le tout provenant de l'intérieur du pays, et s'élevant, chaque année, à 20 millions de francs. L'importation consiste surtout en tissus de coton, s'élevant à 30 millions de francs chaque année.

Nous avons fait allusion, en passant, à une voie ferrée que l'on peut appeler de banlieue, et qui, appartenant à une Compagnie anglaise, rattache Tunis au palais du Bey, le *Bardo*, ainsi qu'au port de la Goullette. Cette ligne, longue de 37 kilomètres seulement, côtoie le lac *Bahira* et aboutit à la Goullette, résidence d'été du Bey, et lieu de villégiature pour les habitants de Tunis, qui vont y demander, grâce au voisinage de la mer, une température plus fraîche pendant les nuits d'été. Un embranchement de 4 kilomètres, se détachant de cette ligne, aboutit à la *Marsa*, ravissant groupe de villages et de palais d'été. Le *Bardo*, ou palais d'hiver du Bey, est relié à Tunis par une petite ligne, de 5 kilomètres seulement, qui offre aux fonctionnaires du gouvernement beycal, un moyen de communication rapide et économique avec le palais.

On voit, en résumé, que la région de Tunis, bien que peu atteinte encore par les bienfaits de la colonisation, est pourvue d'assez grandes facilités, au point de vue des communications par voies ferrées. La ligne de jonction avec les chemins de fer algériens étant, d'ores et déjà terminée, il reste à établir des voies secondaires, reliant l'intérieur du pays avec les ports de la Méditerranée. Ce sera l'œuvre de la France, quand elle aura bien établi son autorité dans l'ancienne patrie des Carthaginois.

FIG. 236. — BÉJA VILLE MAURESQUE DE LA TUNISIE

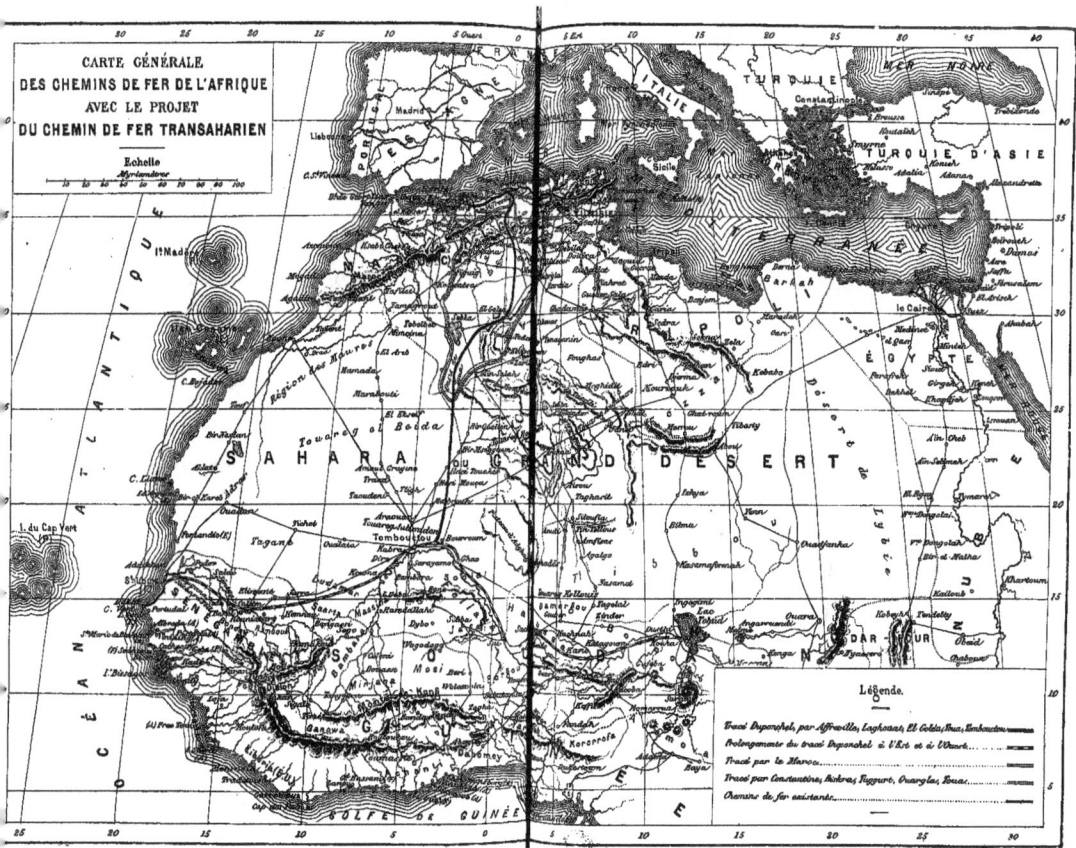

CARTE GÉNÉRALE
DES CHEMINS DE FER DE L'AFRIQUE
AVEC LE PROJET
DU CHEMIN DE FER TRANSAHARIEN

Echelle

Légende.

Tracé Duponchel, par Affreville, Laghouat, El Golëa, Iusr, Tombouctou.
Prolongements du tracé Duponchel à l'Est et à l'Ouest.
Tracé par le Maroc.
Tracé par Constantine, Biskra, Faggart, Ouargla, Touat.
Chemins de fer existants.

II

Le projet de chemin de fer à travers le désert du Sahara, pour relier l'Algérie avec le Soudan. — Tracé de M. Duponchel. — Autres tracés. — Mission militaire organisée par le gouvernement français pour l'étude du tracé du chemin de fer Transaharien. — Résultat de ces études, au point de vue géologique et topographique. — Triste fin de la mission Flatters.

L'exposé que nous venons de faire de l'état actuel des voies ferrées en Algérie et en Tunisie, serait incomplet si nous ne disions quelques mots du projet de chemin de fer à travers le Sahara, qui a été conçu par un savant ingénieur des ponts et chaussées, M. Duponchel, et qui a été soumis ensuite à une longue série d'études, d'un haut intérêt.

Le but de ce projet, c'est de réunir l'intérieur de l'Afrique, ou, du moins, le Soudan, avec les ports du littoral algérien.

Notre colonie algérienne est séparée du Soudan et de la Nigritie, contrées d'une grande fertilité, par un désert, le *grand Sahara*, dont la longueur n'est pas moindre de cinq cents lieues. Les avantages politiques et commerciaux que la France et sa colonie d'Afrique retireraient d'une communication régulière entre ces localités, ont été exposés dans un remarquable travail de M. Duponchel, ingénieur en chef des ponts et chaussées, en résidence à Montpellier, publié en 1869, et ayant pour titre : *Le chemin de fer Transsaharien, jonction coloniale entre l'Algérie et le Soudan (Études préliminaires du projet)* (1). C'est à la suite d'une mission donnée par le Ministre des travaux publics, pour l'étude de ce projet, que M. Duponchel publia le résultat de ses recherches.

Nous suivrons le savant ingénieur dans son étude et dans son excursion à travers un pays connu seulement jusqu'ici par les récits de quelques hardis voyageurs.

La construction d'un chemin de fer à travers le Sahara, se présente d'abord à l'esprit comme une conception fantastique. Cependant, en examinant attentivement le projet de M. Duponchel, on reconnaît qu'il est des plus sérieux. Notre colonie d'Alger occupe une longueur moyenne de 950 kilomètres et

(1) 1 vol. in-8, avec une carte Paris. 1869. Librairie Hachette.

une largeur de 300 kilomètres. 300,000 colons sont établis en Algérie, parmi lesquels on compte seulement 30,000 Français. La population arabe est de deux millions et demi d'habitants. Au delà du Sahara sont des régions fertiles et peuplées; mais, pour que Marseille et l'Algérie soient reliées à ces immenses territoires, il faut franchir le Grand Désert.

Le village d'Affreville, station du chemin de fer d'Alger à Oran, situé à 220 kilomètres d'Alger, serait le point de départ du chemin de fer projeté par M. Duponchel à travers le Sahara.

D'Alger le chemin de fer aboutirait à Tombouctou, dans le Soudan, aux bords du Niger, et ce grand fleuve mettrait en communication Tombouctou avec les régions fertiles du Soudan au sud, et celles de la Sénégambie à l'ouest. Le centre de l'Afrique serait ainsi relié avec Alger et les ports de la Méditerranée.

Laghouat, dernière oasis de l'Algérie avant le Grand Désert, est à 354 kilomètres d'Affreville, et, pour descendre aux rives du Niger, la distance serait de 1920 kilomètres. D'Alger à Tombouctou, il faut compter 2544 kilomètres.

La dépense pour les travaux du chemin de fer africain, est estimée à 400 millions.

Le Soudan, situé au delà du Sahara, et coupé en deux parties presque égales par le méridien de Paris, est un pays fertile et salubre. Habité par une race noire, il est très propre aux travaux agricoles, et promet des conditions remarquables de prospérité à l'égard de l'Algérie et de la France. Suivant le docteur Barth, le Soudan, arrosé par de grandes rivières, baigné par de grands lacs intérieurs, ombragé par des arbres magnifiques, peut produire, en quantités illimitées, le riz, le sésame, l'arachide, la canne à sucre, le coton, etc. C'est ce pays qu'il s'agirait de rattacher à l'Algérie, à Marseille, à la France.

Suivant M. Duponchel, ce projet serait plus facilement réalisable que ne l'était le chemin de fer de l'Atlantique au Pacifique, que l'on a construit en quatre ans, ainsi qu'il a été dit dans ce volume sur 3,000 kilomètres de longueur, entre Ohama et San Francisco. Pendant plus de la moitié de sa longueur, le chemin de fer Transatlantique se maintient sur des faîtes de 1,800 mètres d'altitude, avec d'immenses travaux défensifs, comme, par exemple, sur les versants de la Sierra Nevada, où, pour se préserver des avalanches, la voie passe sous des abris en charpente, véritables tunnels qui n'ont pas moins de 70 kilomètres de longueur.

Le tracé du chemin de fer d'Affreville à Laghouat, où commence à se révéler le grand désert du Sahara, ne présenterait pas plus de difficulté, sur ses 384 kilomètres, que n'en ont présenté les chemins de fer algériens. Nos colonnes d'exploration n'ont pas été plus loin qu'El Goléah, au sud, à 350 kilomètres de Laghouat. Au delà du soulèvement du massif atlantique, paraissent des terrains mollement ondulés. dont les plissements conservent des directions parallèles à celles du littoral de l'est à l'ouest. Une vallée sèche, connue sous le nom d'O-lua, paraît s'étendre en dépression jusqu'à l'oasis de El Goléah. On a quelques données sur les parties du désert qui séparent El Goléah des oasis du Touat, à 700 kilomètres au delà ; mais qu'après Taourirt, la dernière de ces oasis, on n'a d'autres appréciations que l'ancien voyage de Caillé, sur une contrée qui paraît plate, complètement dépourvue d'eau, et où la route de la caravane dont Caillé faisait partie était marquée par des squelettes d'animaux, probablement morts de soif. Cependant ce voyageur indique, dans son itinéraire, deux villages, dont l'un, Arouah, aurait une population de 3,000 à 4,000 âmes.

Selon M. Duponchel, le Sahara ne paraît pas être une mer émergée. Compris entre le 16° et le 34° degré de latitude, il appartiendrait, dans sa partie occidentale, à la formation granitique qui constitue l'ossature des monts Hogghars, dont les sommets neigeux accusent des altitudes de 2,500 à 3,000 mètres. Ces roches semblent se continuer jusqu'au Niger. Le Sahara serait donc constitué par un sol dur et résistant, et les dunes de sable qu'on supposait former la totalité de sa surface, n'en occuperaient tout au plus que la neuvième partie. Si le Sahara n'est pas une mer émergée, les dunes seraient dues à la désagrégation des roches, sous une action solaire continue, et les débris de ces mêmes roches seraient distribués, par l'action des vents violents du désert, en collines éparses.

Ces monticules, dont la hauteur n'excède pas vingt à trente mètres, rattachés aux thalwegs par des pentes douces, ne sont pas de nature à créer des obstacles à l'établissement d'une voie ferrée. Toutefois, dans les parties où ces dunes de sable sont soulevées par les vents, il faudrait garantir le chemin par des tunnels en charpente. On évalue à 40 kilomètres la longueur des *para-sables* qu'il faudrait établir.

Des géologues assurent que les sources souterraines ne manqueraient pas à 50 kilomètres environ de distance du tracé du chemin de fer projeté. Un refoulement d'eau à ces distances n'aurait rien d'impossible à réaliser.

M. Duponchel propose d'établir des pompes élévatoires qui, prenant l'eau vers les deux extrémités de la ligne, formeraient une suite de bassins, où de nouvelles pompes les porteraient au centre du désert du Sahara. Mais un tel projet a besoin de plus sérieuses études. On ne parviendrait pas ainsi à avoir une exploitation pratique. La consommation d'eau pour l'alimentation des machines, à raison de trois trains par jour, dans chaque sens, est supposée devoir être de 4,000 mètres cubes en vingt-quatre heures. Le problème de l'alimentation d'eau pour l'exploitation de la voie, n'est pas encore résolu.

Quoi qu'il en soit, M. Duponchel, dans la carte qui accompagne son ouvrage, fait connaître le tracé qu'il proposait, d'une manière approximative, toutefois, le pays n'étant pas suffisamment connu de lui pour qu'il pût préciser davantage le parcours de la voie. Nous reproduisons dans la *Carte générale des chemins de fer de l'Afrique* qui accompagne cette Notice, le tracé proposé par M. Duponchel. On voit que la ligne, partant d'Affreville pour aboutir à Laghouat, constitue la première section de ce tracé. Après Laghouat commence le Grand Désert, et d'après la carte à laquelle le lecteur voudra bien se reporter, la voie traverse les territoires du désert, en s'arrêtant à des points, plus ou moins bien déterminés de cette ligne, jusqu'aux bords du Niger à Tombouctou.

On a reproché au projet de M. Duponchel de franchir des régions absolulument inhabitées, sans eau sans verdure, sans oasis. Aussi deux autres ingénieurs ont-ils proposé deux autres projets, qu'il n'est pas hors de propos de consigner, ici, et que nous avons cru devoir retracer sur la *Carte générale des chemins de fer de l'Afrique*, en même temps que celui de M. Duponchel.

Ces projets sont les deux suivants :

1° Le tracé par l'*Oued-Mya* que le département de Constantine voudrait voir adopter, qui desservirait les oasis de Biskra, de Zebens et de Saïf, les centres importants de Tuggourt et Ouargla ainsi que les nombreux villages et hameaux intermédiaires.

2° Le tracé par l'*Oued-Guer*, le plus occidental, qui longerait le territoire marocain, et rencontrerait également des lieux habités et des eaux abondantes.

La raison qui porte M. Duponchel à préférer le tracé par Alger, Laghouat et El-Goléah, c'est la possibilité d'exécuter la ligne avec de faibles rampes, et, par suite, de réduire au minimum, lorsqu'on en serait arrivé à l'époque de l'exploitation, le prix du fret des marchandises transportées.

M. Duponchel a pu tracer une sorte d'avant-projet de la section d'Affreville à Laghouat, qui se résume ainsi :

Longueur de la ligne d'Affreville à Laghouat.	354 kilom.
Rampe moyenne par mètre courant.	0 m, 008
Dépenses d'établissement de la ligne entière (plate-forme sans pose de rails)	42,000.000
Dépense moyenne par kilomètre	119,800 francs.

En ajoutant à ce chiffre une dépense moyenne de 6,000 francs par kilomètre, pour les conduites devant amener l'eau, ensuite le ballastage et la pose de la voie, estimée à 33,000 francs par kilomètre, enfin celui des bâtiments, entrepôts, gares, stations, service télégraphique, matériel et service des voitures, on arrive à un total de 70 millions de francs, correspondant à un peu moins de 200,000 francs par kilomètre, c'est-à-dire à peu près ce que coûte, en moyenne l'établissement d'une voie ferrée en Europe.

Pour la seconde section de la ligne, celle qui va de Laghouat à Tombouctou, M. Duponchel ne peut établir que des calculs approximatifs d'après les renseignements qu'il a recueillis auprès des personnes ayant étudié le pays.

Le résultat final des données qu'il a rassemblées est que la ligne entière d'Affreville à Tombouctou (2,574 kilomètres) correspondrait à une dépense totale de 400,000,000 de francs, soit environ 155,000 francs par kilomètre, dépense qui n'a rien d'effrayant, si on la met en regard des résultats probables de l'exploitation de cette voie ferrée, sans parler de ses avantages, au point de vue politique et militaire, qui sont, à nos yeux, de premier ordre.

Au lieu de faire venir à grands frais, comme on le fait aujourd'hui, les diverses denrées des Indes et de l'Extrême-Orient, on les tirerait du Soudan, et le tonnage de ces marchandises étant actuellement d'un million de tonnes, on voit que le trafic ne ferait pas défaut à la voie Saharienne. D'autre part, le chemin de fer fournirait, au retour, aux habitants du Sahara et du Soudan, des quantités de sel s'élevant à environ 100,000 tonnes par an.

Le trafic total pour l'exportation (alfa, diverses graines oléagineuses, coton indigène, peaux, armes, etc.) et pour l'importation, sel et objets manufac-turiers, représenteraient, selon M. Duponchel, un tonnage annuel de 280,000 tonnes de marchandises, ce qui fournirait, avec des tarifs variant de 0 franc, 03 à 0 franc, 10, et en y joignant le transport des voyageurs, une recette annuelle de 45 millions de francs, ou environ 15,000 francs par kilomètre.

M. Duponchel s'élève contre l'idée, autrefois si accréditée, qui représente le Sahara comme une « mer de sables mouvants ». Le Sahara, d'après M. Duveyrier, qui a parcouru dans tous les sens sa région septentrionale, et en a donné une carte générale, est un pays analogue à tous les autres, par sa constitution physique. « Il a, comme eux, ses montagnes, ses plateaux, ses vallées, ses fleuves et ses rivières, dont le lit, presque constamment à sec, n'en appartient pas moins à des bassins parfaitement définis. »

La traversée des dunes de sable n'offrirait, selon M. Duponchel, aucune difficulté particulière. Quant à la résistance que les populations pourraient opposer aux travaux ou au service de la voie, on en triompherait aisé-ment dans les premiers temps, à la condition de bien approvisionner les ouvrier de vivres et d'eau. Quand le chemin de fer serait créé, 'es habitants des pays traversés, comprenant les bienfaits qu'ils auraient à en retirer, lui deviendraient sympathiques.

Le projet d'un chemin de fer à travers le Sahara ne le cède en rien, quant à l'utilité, aux travaux gigantesques, que notre siècle a vu s'accomplir. Il se présente comme le complément nécessaire des grandes entreprises qui ont été, de nos jours, menées à bonne fin, comme celles du canal de Suez et du percement des Alpes, au mont Cenis, au mont Saint-Gothard et à l'Arlberg.

Mais pour préparer les études du chemin de fer franco-saharien, il importait d'organiser des reconnaissances au sein d'un pays qui est encore à peu près absolument ignoré.

En effet, pour ce chemin de fer, qui, partant du sud de nos possessions algériennes, doit aboutir dans l'Afrique centrale, entre le Niger et le lac Tchad par son prolongement à l'est, plusieurs tracés étaient préconisés ; mais on n'avait pas d'autres renseignements que ceux des voyageurs et des indigènes. Ces renseignements n'étaient pas suffisants pour permettre de commencer des travaux qu'il aurait fallu peut-être interrompre au bout d'un certain temps, au préjudice de l'entreprise.

Le Ministre des travaux publics demanda donc aux Chambres, à la fin de l'année 1879, de voter les crédits nécessaires pour étudier le projet consistant à mettre l'Algérie en communication avec l'intérieur de l'Afrique.

Sur l'avis de la commission supérieure, la Chambre décida d'organiser deux catégories d'explorations : 1° les explorations isolées ; 2° les explorations en caravane.

Les explorations isolées ont leurs avantages. On confia à un homme habitué aux voyages dans l'intérieur de l'Afrique, M. Paul Soleillet, le soin d'aller tenter une de ces aventureuses reconnaissances. M. Paul Soleillet se mit donc en route, dans les premiers jours de 1879, pour cette difficile campagne.

Quant aux explorations en caravane, ce sont évidemment les plus importantes.

Si l'on avait pu se contenter, jusque-là, entre Tombouctou et l'oasis de Touat, des renseignements fournis par des voyageurs isolés, il ne saurait en être de même dans la zone au sud du parallèle d'Ouargla, au moins jusque vers le tropique du Cancer, parce que là il s'agissait d'obtenir immédiatement des documents techniques suffisamment précis pour servir de base à une décision définitive relativement à la construction d'un chemin de fer transsaharien. En effet, dans un pays indépendant, comme le Sahara, où, en raison de la manière d'être des habitants et de l'état relativement rudimentaire de groupements politiques, il faut entrer en compte avec mille individualités rivales, pour lesquelles la seule loi est celle du plus fort, un explorateur voyageant isolément et sans défense contre les mauvaises rencontres, est obligé à une dissimulation de tous les instants, et ne peut avoir, quoi qu'il fasse, l'indépendance d'allures qui est indispensable à des recherches et à des observations bien suivies.

Pour obtenir d'utiles renseignements sur la zone au sud du parrallèle d'Ouargla, et, s'il était possible, au delà, il fallait évidemment procéder à une véritable reconnaissance technique, avec le concours d'ingénieurs et d'hommes spéciaux assez bien outillés et organisés pour pouvoir marcher et observer librement, sans être arrêtés à tout moment par les mille complications des défiances indigènes, sans avoir à redouter à chaque pas les pillards Touaregs et autres, qui ne respectent guère que les gens qu'ils savent en état de se défendre. De là la nécessité d'une expédition assez nombreuse pour escorter la mission scientifique.

Expédition et mission furent mises sous les ordres du lieutenant-colonel Flatters, ancien chef de bataillon du 3e tirailleurs algériens, ancien commandant supérieur du cercle de Laghouat, lieutenant-colonel du 72e de ligne. M. Flatters avait vécu avec les indigènes; il connaissait leurs mœurs et leurs idées, il savait comment il faut procéder avec eux. A plusieurs reprises déjà les Chambas d'Ouargla lui avaient offert spontanément de le conduire dans le pays des Touaregs, s'il voulait composer avec eux une caravane. Il avait donc devant lui les meilleures chances de réussite.

Voici les noms des vaillants compagnons que choisit le colonel Flatters : M. Roche, ingénieur des mines, sorti, peu d'années auparavant, le premier de l'École polytechnique; — M. Béringer, ingénieur des ponts et chaussées, un des collaborateurs de M. de Lesseps dans la création du canal de Suez; — M. le capitaine d'état-major Masson, aide de camp du général Carteret-Tricour; — M. le docteur Guiard, médecin aide-major de première classe au 87e de ligne; — M. le sous-lieutenant Brosselard, du 4e de ligne; — M. le sous-lieutenant Le Chatelier, du 2e tirailleurs; — MM. Cavailleau et Rabourdin, conducteurs des ponts et chaussées.

Jamais expédition scientifique n'avait réuni parmi ses membres une somme de connaissances égale à celle que représentaient ces huit hommes, choisis parmi l'élite des corps auxquels ils appartenaient, et dont le plus âgé n'avait pas trente-cinq ans. Ils partaient résolus à braver toutes les difficultés, toutes les souffrances, décidés à surmonter tous les obstacles. Leur escorte, composée d'Arabes de la frontière, choisis, dévoués, qui laissaient dans nos possessions françaises leurs familles et leurs biens, était formée en caravane ordinaire, c'est-à-dire composée de chameliers et de serviteurs innoffensifs en apparence. Mais chacun était muni d'un bon chassepot, à l'intention des pillards qui essayeraient de les attaquer. Dans ces conditions, abordant toutes les tribus par des paroles pacifiques, mais en force suffisante pour se faire respecter au besoin, la caravane pouvait espérer porter bravement jusqu'au cœur de l'Afrique le nom de la France.

La mission dirigée par le colonel Flatters, partie de Marseille pour l'Algérie, dans les derniers jours de décembre 1879, se proposait d'explorer le pays des Touaregs. Elle devait étudier l'un des tracés du chemin de fer Transsaharien, celui qui part de Constantine et Biskra, et pousser aussi loin que possible son exploration au sud de l'Algérie.

Sa destination était Ouargla, par Biskra et Tuggurt, pour de là se diriger droit au sud, en explorant le Hoggar, et choisissant la direction la plus convenable pour atteindre le Soudan, point terminus du chemin de fer Transsaharien projeté.

Les travaux commencèrent à l'aller à Tuggurt, et se terminèrent au retour à Ouargla.

La distance de Biskra au lac Menkhough, point extrême qui fut atteint, est d'environ 1200 kilomètres.

La mission quitta Biskra le 7 février 1880, Ouargla le 5 mars, et arriva au lac de Menkhough le 16 avril.

En revenant, la route fut un peu différente. Partie de Menkhough le 21 avril, la mission revint à Ouargla le 17 mai, et à Laghouat le 3 juin.

Les résultats obtenus par la mission militaire montrent que le tracé du chemin de fer présenterait les plus grandes facilités depuis Ouargla jusqu'à El Biodh et même jusqu'à la Sebka d'Amadgor, car la vallée d'Igharghar se continue jusque-là, telle qu'elle a été vue entre Tebalbalet et El Biodh. Les difficultés relatives aux dunes et à l'eau sont complètement résolues ; on peut traverser le massif de l'Erg depuis Ouargla jusqu'à El Biodh sans avoir une seule dune à recouper, et on trouvera dans le Sahara une quantité d'eau bien suffisante pour tous les besoins du chemin de fer.

Aucun travail d'art ne sera nécessaire pour construire la voie ; le plus souvent le sol servira de ballast. La voie sera presque entièrement en palier, en s'élevant insensiblement vers le sud.

Le manque de houille constituera la seule difficulté réelle. Le combustible devra être transporté depuis la côte. A ce propos, M. Roche faisait entrevoir qu'on arriverait peut-être à remplacer la houille par la chaleur solaire, non pas directement, mais en passant par un intermédiaire, l'air comprimé, par exemple. Dans le Sahara, l'application de cette chaleur serait plus facile que partout ailleurs. On sait que l'appareil de M. Mouchot, pour l'utilisation de la chaleur solaire, comme combustible, fonctionne en Afrique trois fois plus rapidement qu'à Paris.

Il y a lieu de supposer aussi que les facilités de construction qu'on trouve jusqu'à la Sebka d'Amadgor et même au delà, se trouveront encore jusque vers le Soudan. C'est ce qu'on est en droit de croire d'après la géologie du Sahara. A cause du soulèvement lent du massif central, les mêmes formes topographiques du terrain, et par suite les mêmes facilités, doivent exister partout.

Les explorateurs croyaient, en résumé, qu'on pourrait commencer sans aucun retard la construction du chemin de fer de Constantine et Biskra jusqu'à Ouargla.

La mission rapportait des renseignements assez sérieux sur la question de l'établissement du chemin de fer. M. Roche avait pu examiner les terrains qui constituent ces contrées : ils appartiennent au terrain quaternaire, au crétacé et au dévonien.

Le terrain dévonien forme tout le massif du plateau des Azdjers, qui est découpé par des rivières fortement encaissées. Il se compose d'une série de couches de grès quartzeux, dur, plus ou moins fin, quelquefois un peu argileux, auquel cas on y rencontre quelques fossiles : Orthis, Rhynchonella, Orthocères et même Trilobites. Il est vraisemblable qu'il existe d'anciens volcans dans le plateau, car on a rencontré sur un certain nombre de points des morceaux de lave roulée ; cette lave contenait parfois du péridot et des zéolithes.

Le terrain crétacé présente une bande le long du plateau. Il se compose de quelques couches de calcaire plus ou moins marneux, et de marnes, avec beaucoup de gypse. On y rencontre aussi des fossiles.

Le terrain quaternaire constitue un dépôt immense depuis Biskra jusqu'à El Biodh.

La question des dunes est la plus importante relativement à ce dernier terrain ; elle a été étudiée déjà par MM. Vatonne, Pomel et H. Lechâtelier.

Cette première partie de la mission étant terminée, le colonel Flatters se mit en devoir de la pousser plus loin. Il restait à étudier le massif central du Hoggar et ses diverses vallées.

Elle repartit au mois de décembre 1880, avec le même personnel. Le colonel Flatters avait pour second le capitaine René Masson. Il était accompagné de plusieurs officiers et d'une escorte de soldats algériens et de Chambâs des oasis d'Ouargla et d'El Goléah. La misssion s'était avancée, à travers le pays des Touaregs Hoggars, jusqu'à la lagune salée d'Amadgor, au cœur même du Sahara, et elle avait constaté combien l'établissement d'un chemin de fer dans ces régions serait facile. On savait que, du pays des Touaregs Hoggars, nos voyageurs se dirigeaient vers l'Aïr-en-Asben, autre canton Touareg, pour, de là, gagner Tombouctou, quand tout à coup la nouvelle parvint en Algérie et en France, que les Touaregs Hoggars avaient surpris et tué nos braves missionnaires.

Le 18 avril 1881, des dépêches apportaient, en effet, à Paris la nouvelle du massacre des membres de la mission Flatters.

Voici quelques extraits de la relation qui a été rédigée d'après le récit de quatre Arabes, témoins oculaires de cet épouvantable drame, qui avaient réussi à regagner Ouargla.

Le massacre a dû avoir lieu le 16 février 1881, à quelques jours de marche du puits d'Assiou.

Après une entente avec les Touaregs Hoggars, et après avoir remplacé son guide de la tribu des Oumbas par un guide Touareg, le colonel Flatters donna l'ordre de marcher jusqu'à un endroit que le guide disait être à huit jours de marche du pays d'Aïr.

Vers dix heures du matin, le colonel demanda au guide de quel côté on trouverait de l'eau. Le guide montra le sud-ouest. Mais après avoir marché quelque temps, le guide dit au colonel qu'il s'était trompé de direction ; et sous prétexte que le lieu où l'on se trouvait était le seul pâturage de la région, il lui conseilla de camper là, et d'envoyer chercher de l'eau au puits. Le colonel ayant exprimé le désir de camper près du puits, le guide objecta d'abord que ce n'était guère la peine de se fatiguer, en rebroussant chemin. Il ajouta, d'un ton impératif, qu'étant le guide et par conséquent le maître de commander la marche, il voulait que ses conseils fussent écoutés.

Le colonel ordonna alors de camper ; puis il revint avec le guide, vers le puits, accompagné par MM. Masson, Guyard, Roche et Dennery. Des chameaux les suivaient. Il était 11 heures.

Vers 1 heure, un soldat, du 3e régiment de tirailleurs, arriva au camp, en criant : « Aux armes ! » et, courant vers le lieutenant Dianous, il lui dit que tous les ingénieurs et les officiers venaient d'être assassinés. Le lieutenant Dianous ayant répondu : « Tu mens ! » le soldat jura qu'il disait la vérité. Au même moment, arrivèrent deux Hoggars, qui confirmèrent la nouvelle.

Un officier et l'ingénieur Santin, suivis d'une vingtaine d'hommes, se portèrent au secours du colonel, laissant le camp sous la garde de vingt hommes, commandés par le maréchal des logis Pobéguin.

La route conduisant au puits était très accidentée. Ils arrivèrent seulement vers 4 heures. Le site était bordé par deux grandes montagnes, sur le flanc desquelles étaient trois ravins, remplis de Touaregs, au nombre de six à sept cents hommes au moins. L'officier voulait se jeter au milieu d'eux, mais, quand il eut constaté leurs forces, il dit à ses compagnons : « Replions-nous.

LE COLONEL FLATTERS

Nous ne pouvons rien pour sauver le colonel ; le mieux est de revenir au camp, pour tâcher de sauver ceux qui restent. »

« Nous avons vu, racontent les Arabes, la jument du colonel montée par Sir-ben-Cheik, de la tribu des Châmbas, et celle du capitaine Masson montée par le guide. Mais nous n'avons pas même aperçu les corps des membres de la mission, et nous sommes revenus au camp, où, ayant fait l'appel, nous reconnûmes que nous restions 63 hommes. »

Voici ce qui s'était passé.

En arrivant près du puits, le cheik châmba Ben-Boudjemâa, galopant près du colonel Flatters, lui dit : « Mon colonel, tu es trahi ; que viens-tu faire ici ? Retourne au camp. » Le colonel répondit : « Toi et les Châmbas, depuis l'année dernière, vous me trompez. Laisse-moi tranquille ! »

Deux Touaregs, le guide et le Châmba Srir-ben-Cheik, étaient avec eux. Srir tenait par la bride la jument du colonel Flatters, et le guide tenait de même la jument du capitaine Masson. Le colonel tournait autour du puits, examinant le terrain, lorsque le cheik Ben-Boudjemâa lui cria encore : « Colonel, tu es trahi ! »

Les membres de la mission, en se retournant, virent de tous côtés des masses nombreuses de Touaregs. Le colonel les salua d'abord ; puis, voyant qu'ils mettaient le sabre en main, il courut vers sa monture. Il posait le pied sur l'étrier, quand il reçut un premier coup de sabre, du traître Srir-ben-Cheik. Le colonel, prenant son revolver, tira ses six coups. Mais un deuxième coup de sabre l'atteignit à l'épaule ; un troisième lui coupa la jambe ; puis il fut percé d'une quantité innombrable de coups de lance.

Le capitaine Masson n'avait pu atteindre son cheval. Cerné, il se défendit bravement, mais un coup de sabre lui fendit la tête ; un deuxième coup lui coupa les jambes. Le docteur Guyard tira son sabre et se défendit énergiquement : il reçut un coup de sabre sur la nuque et tomba.

Le maréchal des logis Dennery battit en retraite vers la montagne, le revolver au poing, tirant sur les Touaregs. Mais, ayant épuisé ses cartouches, il fut tué d'un coup de sabre.

Quatre Hoggars et un soldat furent tués, en défendant leurs chameaux. Deux Hoggars et quatre soldats du 1er régiment de tirailleurs, six soldats et trois autres tirailleurs, furent tués, après avoir épuisé leurs munitions. Le cheik Ben-Boudjemâa tira deux coups de fusil sur les Touaregs, et se sauva avec son chameau. Trois autres Hoggars purent rejoindre le camp.

« Nous n'avons pas vu mourir, ajoutent les Arabes à qui l'on doit ce récit les deux ingénieurs, qui étaient à une certaine distance du colonel, et qui suivaient le bord de la rivière, pour en faire le relevé topographique ; mais ils doivent être morts, car les Touaregs qui ont assailli le colonel venaient de ce côté. »

La triste fin de la mission Flatters était le prélude de l'insurrection qui éclata, en 1881, dans nos possessions du Sud-Oranais, et qui devait être suivie de cruels désastres en divers points de notre colonie d'Afrique.

La fin malheureuse de cette expédition a jeté comme un voile de deuil sur les tentatives ayant pour but l'exploration du territoire des Touaregs, en vue de l'établissement du chemin de fer transsaharien, et depuis ce moment les études ont été suspendues, pour êtres reprises dans un temps plus opportun; la création d'un chemin de fer allant de nos possessions d'Algérie au Soudan et à la Sénégambie, ne pouvait être abandonnée, alors qu'un mouvement universel tend à dirriger les forces des nations de l'Europe vers l'exploitation des richesses d'Afrique.

Le chemin de fer de l'île de la Réunion. — Le chemin de fer du Sénégal. — Campagnes militaires ayant précédé son établissement. — Achèvement, en 1885, de la ligne de Dakar à Saint-Louis.

Pour continuer l'exposé de l'état actuel des voies ferrées en Afrique, en nous attachant, comme nous le faisons depuis le commencement de cette étude, à nos possessions françaises dans ce pays, nous avons à parler du chemin de fer de l'île de la Réunion et de celui du Sénégal.

Le chemin de fer construit sur le littoral de l'île de la Réunion, a été ouvert, dans la plus grande partie de son parcours, en 1882.

Le 11 février 1882, le premier train fit le trajet de Saint-Denis à Saint-Benoît. Le lendemain, le même train se rendait à Saint-Louis. La population était enthousiasmée d'un événement attendu par elle avec grande impatience.

Notre colonie possédera bientôt aussi un port; elle pourra alors offrir à notre marine un lieu de refuge et de ravitaillement.

La construction du chemin de fer de l'île de la Réunion a présenté de grandes difficultés, par suite de l'escarpement des contreforts du massif de l'île, qui est composée de coulées de laves accumulées, formant des falaises d'une hauteur vertigineuse, et par la violence des torrents que l'on rencontre sur le parcours de la voie ferrée.

Ces torrents, dont les lits sont à sec pendant la majeure partie de l'année, déversent, lorsqu'un cyclone passe sur l'île, des masses énormes d'eau, et leur pente est telle que la vitesse du courant est souvent de plus de 30 mètres par seconde. Aussi roulent-ils, avec un fracas épouvantable, des blocs de rochers de plusieurs dizaines de mètres cubes, et amoncellent-ils parfois sur un point de leur embouchures, plusieurs millions de tonnes de sable et de galets, en une seule alluvion.

Leurs crues sont si rapides, que, le 21 janvier 1881, un cyclone ayant surgi, les ouvriers qui avaient été envoyés du Creusot, pour placer un pont métallique dans la rivière des Galets, n'eurent pas le temps de retirer du lit de cette rivière l'outillage de montage qu'ils y avaient échafaudé ; de sorte que tout fut emporté et broyé par le courant.

Le chemin de fer de l'île de la Réunion, dont la longueur dépasse 130 kilomètres, traverse trois grandes rivières : celle du Mât, qui recueille les eaux du cirque de Salazie ; celle des Galets, qui sert de déversoir au cirque de Mafate, et celle de Saint-Étienne, exutoire des cirques de Cilaos et de l'Entre-Deux. Il franchit, en outre, trois rivières secondaires, celle des Roches, celle des Pluies, celle de Saint-Denis, ainsi qu'un certain nombre de torrents, sur lesquels ont été jetés des viaducs métalliques ou de maçonnerie, d'une véritable hardiesse.

La plus grande difficulté consistait dans la traversée de ce qu'on appelle, à la Réunion, la *Montagne*, ou la *Falaise*, qui résulte de l'accumulation d'une série d'énormes coulées de laves, lesquelles occupent les 12 kilomètres compris entre Saint-Denis et la Possession, sur la route de Saint-Paul, et plongent à pic dans l'Océan, par un talus abrupt de 200 à 300 mètres de hauteur.

Cette longue muraille est sans cesse battue par les vagues. A peine avait-on réussi, jusqu'à ce jour, à tracer à son pied un sentier, qui était souvent rendu impraticable par la mer ou par les cascades qui se précipitent du haut des plateaux supérieurs. Il fallut, pour le passage de la voie ferrée, percer dans le basalte, un tunnel de 10,281 mètres de longueur, c'est-à-dire presque aussi long que celui du mont Cenis. Ce travail gigantesque fut achevé en trente mois, grâce à l'habileté de MM. Lavalley et Molinos.

L'ouverture de ce chemin de fer et du port de la Réunion a marqué pour cette colonie le commencement d'une ère de richesse et de prospérité.

Les recettes du chemin de fer de l'île de la Réunion ont été, en 1882, de 707,604 francs et en 1883 de 790,974 francs.

La dernière colonie française dans laquelle une voie ferrée ait été établie, est le Sénégal.

« Il suffit de jeter les yeux sur une carte de l'Afrique et de porter son attention sur la situation topographique de nos deux grandes colonies de l'Algérie et du Sénégal, puis sur celle des riches vallées du haut Sénégal et du Niger, pour concevoir l'idée qui a présidé à la création d'une voie ferrée.

« De toutes les parties de l'Afrique occidentale, celle qui borde le haut Sénégal et surtout le Niger, sont réputées les plus riches, les plus fertiles et les plus peuplées. Or, le Sénégal n'étant navigable dans toute sa moitié supérieure que pendant un petit nombre de mois de l'année et seulement jusqu'à Médine ; le haut Niger, de son côté, étant séparé du bas Niger par une longue suite de rapides, qui rendent toute communication impossible entre les deux parties de ce magnifique fleuve ; le Sahara, d'un autre côté, établissant entre l'Algérie et la région du Niger une barrière de déserts presque infranchissable, toutes les riches vallées du haut Niger et du haut Sénégal se trouvent isolées du monde. Ses habitants, dont le chiffre est évalué à 10 ou 20 millions, ne peuvent communiquer avec le Sénégal, l'Algérie, le Soudan oriental, les parties inférieures du Niger, que par des caravanes, exposées à mille dangers.

« Parvenir au cœur de cette région, apporter les produits de notre industrie à des populations dont nous augmenterons rapidement les besoins, pour le plus grand profit de notre commerce, et qui nous fourniraient, en échange, leur coton, leur indigo, leurs graines oléagineuses, etc., était une entreprise digne de tenter l'imagination de tous ceux qui ont le souci du progrès de l'humanité et de la grandeur de leur patrie.

« Aucune nation n'était mieux placée que la France pour tenter l'entreprise ; c'est en France que naturellement elle devait être conçue.

« L'honneur de cette conception appartient au général Faidherbe, et remonte à 1863, époque à laquelle il était gouverneur du Sénégal. Il songeait à relier le Sénégal au Niger, par une ligne de forts et une route s'étendant de Médine à Bammako.

« L'idée sommeilla jusqu'en 1879, époque à laquelle M. de Freycinet, alors ministre des Travaux publics, la reprit, à la suite d'un rapport présenté par M. Duponchel, qui proposait d'établir à travers le Sahara, une ligne de chemin de fer reliant l'Algérie à Tombouctou. M. de Freycinet chargea une commission extra-parlementaire d'étudier l'utilité de l'entreprise. La mmission conclut en associant l'idée de M. Faidherbe à celle de M. Duponchel ; elle proposa la création d'un premier chemin de fer reliant l'Algérie au Soudan oriental, et celle d'une seconde ligne rattachant le Niger au Sénégal.

« Malgré l'adhésion qu'obtint l'idée de cette gigantesque entreprise devant la Chambre et le Sénat, on ne tarda pas à se rendre compte des mille difficultés qu'elle soulevait et l'on dut en rétrécir les limites. On renonça au chemin de fer trans saharien ; mais, le 5 février 1880, le ministre de la Marine, amiral Jauréguiberry, après avoir fait occuper Bafoulabé, point situé à l'embouchure du Bakoï, à l'entrée de la région du Niger, demandait à la Chambre de décider l'établissement d'une grande ligne de chemin de fer qui relierait Dakar à Saint-Louis (260 kil.) et à Médine (580 kil.) et Médine au Niger (520 kil.). La dépense était évaluée à 120 millions, en y comprenant la construction des forts nécessaires pour protéger la voie.

« La commission du budget fut effrayée de la grandeur de l'entreprise, et, sur sa proposition, la Chambre ne vota qu'un crédit de 1,300,000 francs, pour la construction de postes fortifiés entre le Sénégal et le Niger, et l'établissement de lignes télégraphiques, de routes, etc.

« Le 13 novembre 1880, l'amiral Cloué, ministre de la Marine, persistant dans les vues de son prédécesseur, mais les réduisant aux plus étroites limites possibles, demandait un crédit de 8.552,751 francs pour la cons-

FIG. 238. — LA VILLE DE SAINT-LOUIS, A L'EMBOUCHURE DU SÉNÉGAL

truction d'une ligne allant de Médine à Bafoulabé, c'est-à-dire se dirigeant du haut Sénégal vers le Niger sur une longeur de 136 kilomètres.

« La Chambre, dans sa séance du 13 juillet 1880, accordait les crédit, demandés. Parmi les motifs qu'invoquait le rapporteur, M. Blandin, à l'appui du vote sollicité, il importe de noter le suivant, parce qu'il indique bien la préoccupation qui fit agir le gouvernement, la commission et le Parlement :

« L'objectif du Ministère de la marine, c'est le fleuve Niger.

« Ce fleuve, qui prend ses sources dans les environs du mont Lomas remonte au nord-est vers Bammako, Ségou, Tombouctou ; de là il se dirige un moment vers l'ouest, pour reprendre ensuite sa route presque directement vers le sud et se jeter dans l'Atlantique, dans le golfe de Guinée. Il ne devient navigable, en sortant de ses sources, que vers les environs du pays de Bouré à Bammako.

« La prépondérance dans le Soudan, dans l'intérieur de l'Afrique, appartiendra à ceux qui les premiers seront maîtres de ce fleuve, qui deviendra un puissant véhicule pour le transport des produits des pays qu'il traverse, un puissant auxiliaire de commerce et de civilisation.

« Si nous parvenions à toucher les premiers au Niger par un chemin de fer parti de notre colonie du Sénégal, on peut dire que ce résultat pourrait avoir pour notre pays les conséquences les plus heureuses, au point de vue économique, industriel et commercial ; ce serait un grand honneur pour le gouvernement de la République, et la France trouverait là un vaste champ d'expansion pour son intelligente activité commerciale. »

Les pages qui précèdent sont empruntées au Rapport fait à la Chambre des députés, pendant la séance du 18 juillet 1884, par M. de Lanessan, député de la Seine. Après cet exposé général des conditions dans lesquelles fut établi le chemin de fer du Sénégal, M. de Lanessan fait connaître les efforts que l'on a tentés, depuis l'année 1880 jusqu'à l'année 1884, pour doter notre colonie du Sénégal d'une voie ferrée, devant servir à rattacher notre colonie aux rives du Niger.

L'établissement de la voie ferrée dut être précédé de véritables campagnes militaires, qui eurent lieu de 1880 à 1882.

Au moment où les premiers crédits demandés pour l'occupation du haut Sénégal avaient été votés, nous n'étions pas encore maîtres du territoire qui relie le haut Sénégal au Niger. Le 4 octobre 1880, le ministre de la Marine annonçant au commandant du haut Sénégal, M. le colonel Borgnis-Desbordes, le vote des 1,300,000 francs « pour études à faire vers le haut fleuve et la création de nouveaux postes », lui prescrivait, comme but de la campagne de 1880-1881, « l'établissement de postes, par conséquent l'occupation du pays jusqu'à Kita, et l'étude des régions du haut Sénégal, entre Bafoulabé et le Niger, en vue de l'établissement d'un chemin de fer reliant Médine, point où le Sénégal cesse d'être navigable, à Bammako et Manabongar à Dina, sur le Niger. »

Le ministre engageait le commandant du haut fleuve à « ne pas perdre de vue que le poste de Kita doit avoir une importance exceptionnelle, parce qu'il est destiné à nous assurer la domination du pays jusqu'au Niger et à servir de base à nos opérations. »

La campagne militaire commença immédiatement sous, les ordres du colonel Borgnis-Desbordes.

« Il eût été bon de retarder de deux années, dit M. de Lanessan, dans son

Fig. 239. — POSTE MILITAIRE DE BAKEL

rapport à la Chambre, auquel nous empruntons la suite de cet exposé, la campagne de 1880-1881. Les crédits ayant été votés trop tard, lorsque le personnel et le matériel destinés à la campagne dont le but vient d'être exposé, arrivèrent à Saint-Louis, le fleuve était en baisse et la baisse était beaucoup plus rapide que les années précédentes. Les bâtiments destinés à transporter les hommes et le matériel ne purent partir de Saint-Louis que du 21 octobre au 23 novembre. Celui qui avait quitté Saint-Louis le premier ne parvenait qu'à 53 kilomètres en aval de Médine ; le second dut s'arrêter à 240 kilomètres ; le troisième à 276 kilomètres, un autre à 250 kilomètres, et le dernier à 376 kilomètres de Médine. Les hommes durent faire la route à pied, par une température insupportable, et l'on fut obligé de traîner le matériel dans des chalans, à la cordelle. Les derniers convois n'arrivèrent à Médine que le 2 janvier. Harassés par les fatigues et les privations, les hommes qui venaient de faire cette pénible et inutile expédition ne tardèrent pas à être frappés par la fièvre typhoïde. Le 2 janvier, le commandant supérieur du haut Sénégal écrivait, de Médine : « Le nombre des « décès est de 12, 3 indigènes et 9 Européens. J'ai 60 Européens malades, « soit le tiers de l'effectif ; la situation morale des hommes de troupe n'est « pas bonne ; le personnel officier est toujours irréprochable à tous les « points de vue. »

« Tandis que les hommes souffraient de la maladie, le matériel et les moyens de transport faisaient défaut. Le retard avait été ruineux au double point de vue des pertes subies et des dépenses faites. « Comme animaux de « transport, on n'avait que 112 mulets et 325 ânes. Les bâts faisaient défaut « pour la moitié des mulets. »

Cependant, le 9 janvier 1881, la colonne expéditionnaire se mettait en route, sous le commandement du colonel Borgnis-Desbordes. On établissait, en divers points du pays, des postes militaires, pour tenir en respect les indigènes et donner une base d'opérations aux colones lancées à l'intérieur du pays.

Nous représentons sur la figure 239, un de ces postes les plus importants : celui de Bakel. Bakel, dont on retrouvera l'emplacement sur notre *Carte générale des chemins de fer d'Afrique*, est une ville d'une certaine importance. Assise sur la rive droite du Sénégal, elle est le rendez-vous des populations d'alentour, et il s'y tient, chaque semaine, un marché, qui fut d'une grande utilité pour notre poste militaire.

Ce poste était un véritable camp, dont les tentes étaient remplacées par de solides cabanes de palissades, recouvertes d'un toit de chaume, comme les cahutes des villages africains.

Le colonel Borgnis-Desbordes résume lui-même, de la façon suivante, les résultats obtenus pendant la campagne de 1880-81 : « La colonne, en considérant son rôle exclusivement militaire, avait parcouru 756 kilomètres à pied et près de 800 kilomètres sur des chalans. Elle avait attaqué et pris Goubanko et fait reconnaître d'une façon effective et sérieuse notre protectorat de Bafoulabé à Kita. »

La construction du chemin de fer commença en 1882, mais dans des conditions fort mauvaises, ainsi qu'il résulte du récit de M. de Lanessan.

« Lorsque le personnel et le matériel destinés au chemin de fer, dit M. de Lanessan, arrivèrent au Sénégal, la fièvre jaune y sévissait avec une grande intensité. Tous les services administratifs étaient désorganisés ; le gouverneur, amiral de Lanneau, suspendit tout envoi de matériel pendant les mois d'août, septembre et octobre. C'est seulement à la fin d'octobre et au commencement de novembre qu'on se mit en route pour Kayes. Comme l'année précédente, il était trop tard ; les bâtiments durent s'arrêter en route, et débarquer le matériel le long des berges du fleuve, depuis Tambo-N'Kané jusqu'à Bakel, d'où il fallut le remonter jusqu'à Kayes, dans des chalans et à la cordelle, en subissant des pertes de toutes sortes et en faisant des dépenses aussi considérables qu'inutiles. Ce matériel était très important, car il comprenait, indépendamment des vivres, tout ce qui était nécessaire à l'établissement de la ligne ferrée sur une longueur de 110 kilomètres, c'est-à-dire presque de Kayes jusqu'à Bafoulabé.

« A Kayes, le personnel et le matériel se trouvèrent, à leur arrivée, dans les plus déplorables conditions. Le gouverneur avait interdit tout travail pendant l'hivernage, de sorte que rien n'avait été fait à Kayes depuis le mois de mai, époque où la colonne expéditionnaire du colonel Desbordes avait quitté le haut fleuve, pour descendre à Saint-Louis. Personnel et matériel étaient débarqués « sur une vaste plaine nue et malsaine où il fallut d'abord créer les quelques installations nécessaires pour s'abriter et vivre.

« La maladie ne tarda pas à frapper le personnel du chemin de fer. L'ingénieur auquel le commandant du haut fleuve avait abandonné la direction des travaux, étant tombé gravement malade, dut quitter son poste, dès le mois de décembre 1881, pour rentrer en France, laissant ses fonctions à un conducteur, M. Jégou.

« M. Arnaudeau avait sous ses ordres : 4 conducteurs de 1re classe, 5 agents secondaires, 2 mécaniciens. Sur les 4 conducteurs 2 étaient renvoyés à la disposition du ministre ; sur les 5 agents secondaires, 2 mouraient bientôt, 1 était renvoyé à la disposition du ministre. Enfin des 2 mécani-

ciens l'un était envoyé à la disposition du ministre, l'autre, toujours malade,
devait succomber pendant 'la campagne. »

Dans de telles conditions les travaux du chemin de fer ne pouvaient marcher vite. Ils furent retardés encore par le manque des outils les plus nécessaires à l'étude du terrain.

Au commencement du mois de mai 1882, on n'avait fait encore que
700 mètres de remblai. La voie avait été attaquée, à la fois, à Kayes, sur une
longueur de 1,200 mètres, et 5 kilomètres plus loin, au passage du marigot
de Paparaba, sur une longueur de 1,000 mètres.

A cette époque, les pluies s'approchant, il fallut songer à créer à Kayes

FIG. 240. — POSTE DE KITA

des installations plus sérieuses que celles dont on s'était contenté pendant
la saison sèche. On abandonna les travaux du chemin de fer, et tous les
manœuvres furent mis aux travaux nécessités par ces installations. Pendant
l'hivernage de 1882, on construisit une caserne, un pavillon pour les officiers
et un autre pour les ingénieurs; mais ce travail, fait dans une saison mauvaise, entraîna la mort d'une trentaine d'hommes sur quatre-vingt-un.

Pendant l'année 1883, les travaux furent poussés avec plus d'activité, en
dépit d'installations défavorables et de mauvaises conditions hygiéniques. Le
6 novembre 1882, il y avait, chez les ouvriers et les soldats, 88 malades;
le 10 il y en avait 95 ; le 14 il y en avait 111 ; le 18, il y en avait 137. Les
chevaux et les mulets mouraient, comme les hommes. Le 17 novembre, le
peloton de spahis avait déjà perdu 20 chevaux, soit plus d'un tiers de son
effectif.

Si l'on ajoute à ces mauvaises conditions le manque d'outils et d'une partie du matériel le plus indispensable, on aura une idée exacte des difficultés dont la construction du chemin de fer allait être entourée.

Durant cette nouvelle campagne (1882-1883), le tracé du chemin de fer fut poussé jusqu'au kilomètre 70. La plate-forme et la voie furent posées jusqu'au kilomètre 17. On lança un pont métallique de 60 mètres en travers de Paparaba, et l'on construisit un autre pont, de 24 mètres, un ponceau de 3 mètres et 12 aqueducs. La voie ferrée avait franchi la partie la plus accidentée et la plus difficile qui existât à partir de Kayes. Au delà, sur 17 kilomètres, il n'y avait plus, pour ainsi dire, qu'à poser les rails, et, sur plus de 50 kilomètres, on ne rencontra pas de travaux importants à exécuter.

Pendant ce temps, les expéditions militaires continuaient. Le pays était occupé de Kita au Niger, et des forts étaient construits sur des points convenablement choisis pour la protection de la voie ferrée.

On voit sur la figure 240, l'un de ces forts, celui de Kita. Il se compose d'un simple mur formant une enceinte fermée, percée de meurtrières, pour les fusils des remparts, comme les murs des blockhaus d'Algérie.

Les indigènes, commandés par un chef habile, Fabou, attaquèrent nos troupes, et c'est seulement à la suite de trois combats meurtriers (2, 3 et 12 avril) que l'armée ennemie fuyait devant la colonne expéditionnaire, et se rejetait dans le sud de Bammako. Le fort étant assez avancé pour se défendre, la colonne repartait de Bammako, le 27 avril, arrivait le 10 mai à Kita, le 6 juin à Tambo N'Kané, où elle s'embarquait sur des chalans et rentrait à Saint-Louis. Le 3 juillet elle partait pour la France.

Dans cette pénible mais glorieuse campagne, la petite colonne, composée seulement de 540 combattants, sous le commandement du colonel Borgnis-Desbordes, dont la conduite fut au-dessus de tout éloge, avait fait 1,575 kilomètres, et pacifié par sa courageuse attitude la région située entre le haut Sénégal et le Niger.

La partie militaire de l'entreprise était achevée. Il n'y avait plus qu'à terminer les forts, à les relier par de bonnes routes, et à gagner la confiance des indigènes, par une attitude aussi sage et bienveillante que ferme.

Les résultats obtenus par les trois campagnes militaires de 1881, 1882 et 1883, étaient considérables, au point de vue politique. Nos colonnes expéditionnaires avaient assuré notre établissement sur la ligne, de près de 600 kilomètres, qui relie Kayes à Bammako, c'est-à-dire du Sénégal au Niger ; nous étions installés sur les bords du Niger ; des forts en granit et en pierre protégeaient nos soldats répandus sur toute cette longue route.

En 1884, les travaux du chemin de fer étaient à peu près terminés ; et au commencement de 1885, la ligne de Saint-Louis à Dakar était inaugurée.

Telles sont les péripéties par lesquelles a dû passer la construction d'une voie ferrée d'une utilité incontestable, dont l'exécution a été retardée par des obstacles qu'il est facile de comprendre, étant donnés l'état d'hostilité des indigènes contre les entreprises des Européens, et la difficulté qu'il y avait à faire parvenir d'Europe aux rivages d'Afrique les divers moyens de travail mécanique. Les retards apportés, trois années de suite, au départ de Saint-Louis du personnel et du matériel, la nécessité dans laquelle on s'est trouvé, trois années de suite, de débarquer le matériel le long du fleuve du Sénégal à 50, 100, 150, 200 et même 250 kilomètres en aval de Kayes, et de le traîner à la cordelle jusqu'au lieu de sa destination, les installations provisoires de magasins et d'ateliers qui ont dû être faites à Saint-Louis, les établissements provisoires de Kayes, la maladie, l'éloignement, l'inexpérience, sont autant de causes qui ont agi avec assez de puissance pour augmenter beaucoup le prix de revient de ce chemin de fer.

Aujourd'hui toutes ces difficultés sont oubliées, et la France a jeté dans l'Afrique occidentale, un jalon important pour le commerce général des peuples et la civilisation de ces fertiles contrées.

IV

Les chemins de fer égyptiens. — Les chemins de fer au Cap de Bonne-Espérance.

Nous surprendrons peut-être le lecteur en disant que l'un des pays du monde où les voies ferrées sont les plus nombreuses, c'est l'Égypte. Il faut seulement nous hâter d'ajouter qu'il ne s'agit que de la partie de l'Égypte connue sous le nom de *Delta*, c'est-à-dire l'espace compris entre l'écartement des deux grandes branches du Nil, avec une certaine étendue de pays au delà de ces deux branches. Connues par leur fertilité extraordinaire, ces régions sont le théâtre d'un mouvement très important pour le transport des produits agricoles. On compte sur le Nil, 40 bateaux à vapeur égyptiens, et 16 naviguant sur la Méditerranée ou la mer Rouge. L'ensemble de la flotte commerciale de l'Égypte actuelle, est de 1,506 navires, et le nombre des barques de tout tonnage qui sillonnent le Nil, sur le parcours du Delta, est de 10,300. Ajoutez que plus de 1000 mètres de canaux traversent le Delta, et que durant les hautes eaux qui préparent le débordement du fleuve, le réseau navigable est d'une longueur triple.

Tandis que dans la vallée du Nil, sur les confins du désert, on en est encore réduit à envoyer les produits agricoles par des caravanes, qui mettent sept à huit mois à faire leur voyage et à revenir à leur point de départ, de nombreux bateaux à vapeur sillonnent le fleuve, et les campagnes sont traversées dans tous les sens par des voies ferrées. Étrange alliance de la vieille superstition religieuse des Musulmans avec le progrès moderne, c'est dans des wagons de chemins de fer que les pèlerins arrivent à la Mecque, pour y faire leur visite obligatoire !

Proportionnellement à la surface du pays, mais non à la population, le Delta du Nil est le pays du monde dans lequel le réseau des chemins de fer est le plus développé.

Le réseau des voies ferrées du Delta se prolonge, sur la rive droite du Nil, jusqu'à Siout. Pendant la guerre commencée en 1883 par les Anglais contre les paisibles habitants de l'Égypte, et qui débuta par le cruel bombardement

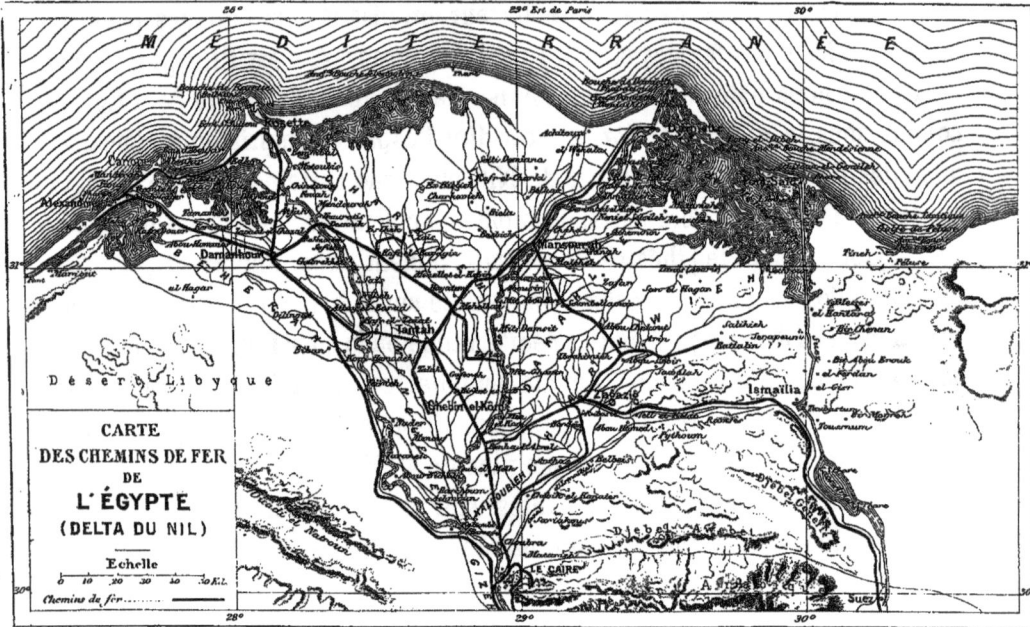

MÉDITERRANÉE

Désert Libyque

**CARTE
DES CHEMINS DE FER
DE
L'ÉGYPTE
(DELTA DU NIL)**

Échelle

0 10 20 30 40 50 Kil.

Chemins de fer..........

Alexandrie

Damanhour

Tantah

Mansourah

Ismaïlia

Djebel Attaka

LE CAIRE

Suez

Gravé par Mme Perrin.

Fig. 241.

d'Alexandrie, le Khédive d'Égypte avait fait construire plus avant, dans la
même direction, d'autres lignes de chemins de fer, que les Anglais se propo-
sent de continuer.

Outre les chemins de fer à voie normale, il y a, dans le Delta du Nil, un
grand nombre de lignes à voie étroite. Chaque plantation de cannes à sucre,
dans la haute Égypte, ainsi que dans le Delta, a un réseau de lignes à
voie étroite, et il existe plusieurs projets pour rattacher les chemins de fer
de la vallée du Nil aux ports de la mer Rouge.

En 1885, les chemins de fer de l'Égypte composaient une étendue de
1,520 kilomètres, sans compter les voies agricoles étroites, et de 2,000 kilomètres en y comprenant les voies étroites.

Voici, d'après l'*Itinéraire en Orient*, de M. Ysambert, l'énumération de
ces lignes, dont on trouvera le tracé sur notre *carte des chemins de fer de
l'Égypte*.

	Milles anglais
D'Alexandrie au Caire	130
De Benha à Zagazig (ligne d'Alexandrie à Suez)	24
De Kaliou à Mansourah	88
De Zagazig à Suez	98
De Tantah à Damiette	72
De Mehellet-Rokh à Zefta	24
De Mehellet-Rokh à Dessouk	36
De Tantah à Chebin-el-Kôm	19
De Benha à Mitt-Reny	8
De Boulak-el-Dakrun à Siout (chemin de fer de la Haute Egypte)	229
De Dessouk à Damanhour	12
De Dessouk à Chebin (Delta)	58
D'Alexandrie à Rosette	54

La ligne du Soudan a été étudiée par l'ingénieur Fowler, par ordre du
Khédive. On évaluait la dépense totale à 100 millions de francs. Une grande
partie de cette ligne est déjà exécutée. Son achèvement serait d'un grande
importance, car le Soudan, pays très fertile, enverrait vers le Nord des
céréales, du sucre, du coton, des gommes, du séné, de la potasse, de l'or,
de l'ivoire, des plumes d'autruche, et nombre d'autres produits. Avant la
guerre, si néfaste pour eux, que les Anglais ont dirigée contre le Soudan, en
1884 et 1885, ce pays donnait au gouvernement égyptien un revenu net de
2,625,000 francs.

Nous terminerons cette revue des voies ferrées africaines par quelques
mots sur des petites lignes qui existent au Cap de Bonne-Espérance. On sait

qu'à la pointe terminale de l'Afrique, une colonie anglaise, très prospère, se livre à de grandes exploitations agricoles, en même temps qu'à l'industrie de l'élevage des autruches, qui a déjà enrichi un nombre considérable de colons.

FIG. 242. — INAUGURATION DU CHEMIN DE FER DE PIETERMARITZ-BOURG AU CAP DE BONNE ESPÉRANCE

La colonie anglaise du Cap possède aujourd'hui cinq lignes ferrées. Natal, siège principal de l'industrie de l'élevage des autruches, est le premier établissement de l'Afrique australe où l'on ait construit un chemin de fer. C'est, en effet, en 1850, qu'une courte ligne fut établie entre Durban et le littoral. Depuis cette époque, bien qu'on n'ait pas tenté de grands efforts pour constituer un véritable réseau, plusieurs autre lignes ont été tracées. Il en existe une à Vérulam ; une de Durban à Umlazé, et une troisième de urban à Ladysmith.

Cette dernière a été continuée, en 1870, jusqu'à Pietermaritz-bourg, à une distance de cinquante à soixante milles dans l'intérieur des terres. Le premier train arriva le 1er décembre 1880, de Durban à Pietermaritz-bourg.

La construction de ce dernier railway a rencontré de nombreuses difficultés, car il traverse une série de collines qui s'élèvent progressivement ; et, à quarante milles de la côte, il atteint la hauteur de 1000 mètres. Aussi a-t-il nécessité et nécessite-t-il encore, pour son entretien, des dépenses considérables, que l'on n'a pas, d'ailleurs, à regretter, car il a déjà rendu de grands services aux Anglais pour le transport des troupes et leur approvisionnement pendant la guerre dirigée par eux contre les Cafres.

Le chemin de fer du Sénégal dont nous rappelions, dans le chapitre précédent, l'origine et la création définitive, se rattache, on l'a vu, au chemin de fer transsaharien, et serait appelé à concourir, avec lui, à la colonisation de l'Afrique, à son admission dans le cercle général du commerce du monde. Mais le transsaharien, qui traverserait le désert, — sombre Minotaure dévorant ceux que le devoir ou la curiosité amènent à sonder ses mystères, — n'est pas la seule voie à laquelle les hommes de l'art aient songé pour mettre en rapport les parties centrales du continent africain avec les mers qui baignent ses rivages. Le chemin de fer du Sahara prolongé jusqu'au Cap de Bonne-Espérance, en passant par Tombouctou, est sans oute une voie très naturellement indiquée, puisqu'elle coupe la presqu'île africaine dans la direction du nord au sud. Mais elle néglige les régions, si fertiles, des grands lacs, où prennent leurs sources le Nil et le Congo. On propose aujourd'hui de créer une voie, à peu près transversale, qui irait de la vallée du Nil supérieur, au grand lac Nyanza, et de là, se bifurquerait, pour atteindre, d'une part, les bouches du Congo, et d'autre part, celles du Zambèse.

Le chemin de fer transversal allant du Nil au Congo serait, assurément, une entreprise colossale, puisqu'il faudrait construire 1,500 lieues (6,000 kilomètres) de voies ferrées. Mais, chaque année, les ingénieurs couvrent la terre de plus de 700 lieues (3,000 kilomètres) de rails, et dans l'intervalle seulement d'un demi-siècle, les Européens et les Américains ont créé 100,000 lieues (400,000 kilomètres) de voies ferrées. Si l'on abordait l'entreprise du chemin de fer transversal africain, 25 ou 30 ans suffiraient pour jeter cette immense traînée de fer des vallées du Nil aux rives du Congo.

Quel meilleur, quel plus utile emploi l'Europe ferait-elle de ses capitaux? Où placer avec plus d'avantage les rails que les usines européennes fabriquent chaque année par millions de tonnes?

Quand les deux chemins de fer allant, l'un d'Alger ou de Constantine au Cap de Bonne-Espérance, l'autre du Nil au Congo, seront exécutés, les produits agricoles, si abondants, des plaines de l'Afrique centrale, afflueront à la Méditerranée; tandis que le Nil et le Congo, réservoirs immenses d'hommes et de produits de toutes sortes, apporteront à l'Europe, épuisée par une trop longue production, des éléments de régénération. Le jour où la locomotive promènera, au milieu des herbages africains, ses tourbillons de vapeur et de feu, la civilisation aura conquis un domaine immense autant que fructueux, et elle se sera préparé un approvisionnement de travail manufacturier pour un long avenir. Elle sera, en même temps, heureusement parvenue à chasser de son domaine séculaire la religion de Mahomet, ou la stupide idolâtrie du fétichisme, les seuls obstacles qui arrêtent l'émancipation intellectuelle d'un nombre infini de peuples africains. Elle les aura remplacées par une religion bienfaisante, éclairée, tolérante et morale. Par suite, la traite des esclaves, cette honte de l'humanité, disparaîtra. On n'en verra plus de traces, tandis que de nos jours, en dépit de longs et sincères efforts, l'esclavage, banni de nom, persiste de fait, et persiste si bien que, pendant leur campagne, de 1883, les Anglais l'avaient ouvertement et officiellement rétabli aux confins de l'Égypte. Ce commerce infâme ne pourrait subsister dans des régions parcourues par des trains de chemin de fer, car la locomotive est partout l'emblème du travail libre et honoré.

Quand le chemin de fer transsaharien sera en exploitation, la France, déjà maîtresse des versants de l'Atlas au nord, et des rives du Niger, au sud, pénétrera au cœur du désert, et imposera sa volonté aux tribus errantes qui en défendent l'accès par le meurtre et le brigandage. Au contact des peuples étrangers les mœurs farouches des tribus africaines, qui nous attristent, nous déconcertent et arrêtent les expéditions géographiques les mieux combinées, s'adouciront. Là où Flatters périt, avec ses malheureux compagnons, sous le fer des perfides Touaregs, autour de ce même puits où se passa le drame obscur et terrible de l'assassinat de nos soldats et de nos savants, un cantonnier solitaire agitera, en pleine sécurité, le drapeau, qui signalera la liberté de la voie et qui annoncera également aux fils régénérés du désert une ère nouvelle de concorde et de paix.

L'Europe étouffe dans ses étroites limites. L'Afrique peut ouvrir un champ immense à son activité. Les gouvernements modernes le comprennent, d'ailleurs, merveilleusement; car ils s'empressent de prendre pied sur ce nouveau domaine. Tous se jettent, comme on l'a dit, à la curée de l'Afrique. La France s'implante énergiquement sur le sol africain, à Madagascar, au Sénégal, et tout récemment elle élevait au rang de gouverneur de nos possessions du Congo le courageux de Brazza. Le roi des Belges après avoir, par une intelligente initiative, créé, en 1872, l'*Association internationale africaine*, a pris délibérément, en 1885, le titre de *Roi du Congo*, en dépit des rieurs. Non contente de son empire dans l'Inde, l'Angleterre fait des efforts surhumains, mais inutiles, pour conquérir, au sud-ouest de l'Égypte, les magnifiques territoires du Soudan. L'Allemagne s'empare d'un grand nombre de stations sur divers côtes africaines, et l'Italie s'établit fortement le long de la mer Rouge.

Voilà de beaux et de nobles efforts. Au lieu de s'entre-détruire, par des guerres fratricides, qui ne sont plus dans l'esprit de notre temps, les peuples et les rois, en Europe, comprennent qu'il est plus avantageux, plus humain, plus politique, de se tailler des royaumes nouveaux dans des contrées vierges, et merveilleusement dotées par la nature. Sur la carte de l'Afrique, on voit aujourd'hui de nombreux espaces blancs, laissés par notre ignorance géographique forcée, ou par l'existence de véritables déserts : il faut que ces taches blanches soient un jour remplacées par de nombreuses désignations de lieux habités.

Ce qui favorisera surtout et hâtera la marche des peuples européens à la conquête économique de l'Afrique, c'est la locomotive. C'est par son secours que la civilisation brillera, dans les siècles futurs, au sein de régions aujourd'hui désertes, ou peuplées de bandits. On a dit que les chemins de fer accompliront, dans notre siècle, une révolution économique et sociale de la même importance que celle que provoquèrent, au quinzième siècle, la découverte de l'Amérique et l'invention de l'imprimerie. Cette assertion surprit tout le monde, lorsqu'elle fut émise par l'ingénieur éminent, Auguste Perdonnet: elle est aujourd'hui passée à l'état d'axiome ; c'est une vérité évidente par elle-même: on ne la démontre pas.

LES VOIES FERRÉES EN ASIE

Les Anglais, pour transporter du centre du pays aux ports de l'Océan, ou pour relier entre eux les trois chefs-lieux de présidence, Calcutta, Madras et Bombay, ont couvert de voies ferrées leur empire de l'Inde. Mais, en dehors de l'Inde, le territoire presque tout entier de l'Asie est vierge encore du sillon civilisateur. Le Japon, seul, compte quelques lignes ferrées. A cela se réduit le réseau de l'Asie, qui ne pourra s'accroître qu'à mesure que les Européens pénétreront dans ces régions lointaines, pour leur emprunter leurs produits naturels, et leur laisser, en échange, de l'or et des idées.

En 1873, devançant l'époque où il sera nécessaire de tracer un réseau général de voies ferrées, pour l'ensemble de ce vaste territoire, M. Ferdinand de Lesseps, que l'on trouve toujours à la tête des projets embrassant l'avenir, conçut un plan général de voies ferrées asiatiques. Il dressa une carte représentant ce projet, et ce document fut présenté, au mois de juillet 1873, à la *Société de géographie de Paris*.

Nous représentons, dans la carte (p. 585), le *projet de chemin de fer central asiatique* de M. de Lesseps. Ce document est la meilleure description sommaire qui puisse être donnée de ce projet. On y voit l'Europe, sillonnée de chemins de fer, mettant en communication directe, Londres, Paris, Madrid, Bruxelles, Rome, Vienne, Constantinople, Odessa, Berlin et Saint-Pétersbourg. Le regard est ensuite attiré vers l'empire indien, également pourvu de lignes ferrées qui réunissent Madras, Bombay, Calcutta, Delhi, Lahore et Peshawour.

Les chemins d'Europe aboutissent à Orenbourg, sur l'Oural, au nord de la mer Caspienne, et les chemins de l'Inde se terminent à Peshawour, au nord du même pays, comme deux bras qui se tendraient l'un vers l'autre. M. de Lesseps se proposait de compléter ce grand réseau, si bien ébauché. Il voulait réunir Orenbourg à Peshawour, c'est-à-dire l'Europe et l'Asie ; de telle sorte que voyageurs et marchandises puissent être transportés directement de l'extrémité ouest de notre Europe, à l'extrémité est de l'empire indien.

Si ce projet était réalisé, on irait de Calais à Calcutta par une ligne ayant 11,700 kilomètres. Comme 8,160 kilomètres sont déjà construits, il resterait à créer 3,740 kilomètres, à savoir, 2,500 pour aller d'Orenbourg à Samarkand, sur le territoire russe, et 1,260 kilomètres de Samarkand à Peshawour, en traversant l'Afghanistan. Cette seconde partie présenterait, seule, quelques difficultés, que la science de l'ingénieur a déjà résolues en des circonstances analogues. Les procédés employés au percement des Alpes au mont Cenis et au mont Saint-Gothard, permetraient d'aborder sans crainte l'Himalaya. On passerait, au besoin, au travers de l'Indou-Kouch, cette « forteresse indienne ».

Pour l'étude technique de ce projet, M. Ferdinand de Lesseps s'était adjoint un ingénieur russe, M. Cotard, et deux ingénieurs anglais. Son fils, M. Victor de Lesseps, se rendit en Russie, pendant que les deux ingénieurs partaient pour les Indes.

Le 14 juin M. de Lesseps soumettait son projet au prince Orloff, ambassadeur de Russie. Six jours après, le prince écrivait à M. de Lesseps :

« Je me fais un plaisir de vous informer que la lettre que vous m'avez adressée vient d'être soumise à l'empereur, à Ems, et que Sa Majesté a daigné accorde à Monsieur votre fils, ainsi qu'à M. Cotard, l'autorisation d'entreprendre le voyage qu'ils projettent dans les provinces de l'empire, situées entre Orenbourg et Samarkand. »

Dans le projet conçu par M. Ferdinand de Lesseps, il faut distinguer le projet même, qui est approuvé par tous les savants, et le tracé proposé. Ce tracé n'a pas reçu un assentiment unanime : il a trouvé des contradicteurs parmi les nations intéressées.

La carte dressée par MM. de Lesseps et Cotard, a été d'abord critiquée.

M. Wachter a écrit : « En suivant sur la carte la ligne du chemin de fer projeté par M. de Lesseps, on s'aperçoit qu'il l'a poussée de Moscou jusqu'à Orenbourg, et même à Orsk. Or, les chemins de fer russes ne dépassent pas Sysran, sur le Volga, à 450 kilomètres d'Orenbourg ; et M. de Lesseps dirige sa ligne de ce point dans des steppes arides, situés entre Orsk et Kasalinsk, c'est-à-dire sur une longueur d'au moins 200 lieues.

« Il est certain que ces déserts ne peuvent être d'aucune utilité au commerce, ainsi que cela résulte des rapports de l'état-major russe. Pour ren-

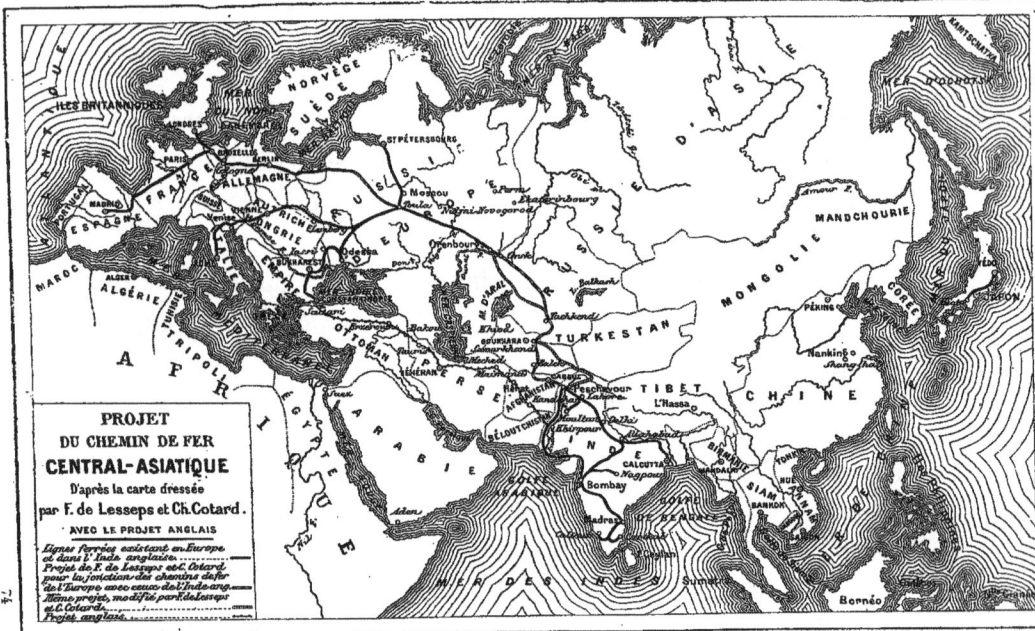

PROJET
DU CHEMIN DE FER
CENTRAL-ASIATIQUE
D'après la carte dressée
par F. de Lesseps et Ch. Cotard.
· AVEC LE PROJET ANGLAIS ·

Lignes ferrées existant en Europe
et dans l'Inde anglaise..........
Projet de F. de Lesseps et C. Cotard
pour la jonction des chemins de fer
de l'Europe avec ceux de l'Inde ang.
Même projet, modifié par F. de Lesseps
et C. Cotard...............
Projet anglais.............

Echelle

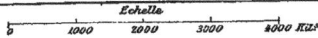

5   1000   2000   3000   4000 KIL⁹

Fɪɢ. 243.

contrer des terres capables d'un rendement suffisant, il faut remonter le cours du Sir-Daria jusqu'à une centaine de lieues de son embouchure dans la mer d'Aral. La fertilité de la vallée du Sir-Daria ne commence que vers Tachkend, capitale du Turkestan russe, ville de 150,000 habitants. Le tracé proposé par M. de Lesseps gagne Samarkand, en coupant le fleuve Plus loin, le pays est inconnu ; et, à part les quelques chemins tracés par les caravanes à travers les montagnes désertes et inexplorées de l'Hindou-Kouch, aucune direction ne saurait servir de repère. »   •

Il était facile de tenir compte de ces critiques, et, comme nous le verrons plus loin, M. Ferdinand de Lesseps a modifié son tracé, pour répondre à ces objections. Mais le tracé proposé par notre illustre compatriote ne pouvait réunir l'assentiment sans réserve des puissances pour lesquelles cette question est, pour ainsi dire vitale, c'est-à-dire de la Russie et de l'Angleterre, sans parler de l'Allemagne.

L'Angleterre voudrait que le chemin de fer asiatique se dirigeât vers Erzeroum, Tauris, Téhéran, Méched, Hérat, Kandahar et Kirpour, afin de favoriser son commerce. De cette manière, le chemin se relierait au réseau hindou. Il n'y aurait pas tout à fait 600 lieues à parcourir de Scutari à Téhéran. Mais les autres pays repoussent le tracé anglais, parce qu'il traverse toute la Turquie d'Asie, habitée par des populations auxquelles on ne saurait accorder aucune confiance.

Les Allemands voudraient que le chemin russe passât par Rostow, à l'embouchure du Don, au fond de la mer d'Azof. On prolongerait la voie jusqu'à Wladicawcas, sur les bords de la mer Caspienne, à travers le Caucase et la Circassie. De là on irait à Petrowsk, dans le Daghestan, puis à Bakou, Astara et Recht, en longeant la mer Caspienne. La ligne s'embrancherait alors sur celle de Téhéran, qui a été commencée par le baron Reuter, au mois de septembre 1873. Il y a plus de 300 lieues de cette dernière localité à Recht, et 70 lieues de Recht à Téhéran. Si l'on veut bien se rapporter à la *carte du projet de chemin de fer dans l'Asie centrale*, de M. Ferdinand de Lesseps et Cotard (fig. 243), on y trouvera retracé l'itinéraire de la ligne que nous venons de faire connaître.

Mais ces deux projets ne plaisent ni aux Russes ni aux Autrichiens. Les Russes voudraient par-dessus tout avoir une route qui traversât la Chine, parce que là ils seraient sans rivaux. Aussi les ingénieurs russes, considérant le chemin de fer d'Orenbourg à Tachkend comme secondaire, proposent-ils la prolongation du chemin de Nijni-Nowogorod jusqu'à Kasan, Sarapoul, Perm et Ekaterinbourg, centre principal des mines de l'Oural. Prenant ensuite la direction du nord, on irait vers Tjumen, poin de jonction avec les lignes sibériennes. On dirigerait une ligne au sud, vers Kouldja, capitale d'un district chinois qui a été pris par les Russes. L'Ili traverse ce terrain de l'est à l'ouest; dans cette vallée on cultive l'indigo, la vigne et le tabac. La Tartarie chinoise serait traversée en remontant l'Ili, et on atteindrait les villes de Kami, Kantchou, Singan et Shang-Haï.

Ce plan donne un premier relai dans l'Oural, qui est riche en mines d'or, de platine, de fer et de cuivre. Un second relai serait la Sibérie, dont les mines ne sont pas moins importantes. Un troisième relai en Chine permettrait de profiter de ses terrains fertiles, et du commerce de l'immense population de cet empire. On comprend donc facilement que ce projet ait conquis toute faveur en Russie.

Dans le but de fixer le tracé le plus favorable à l'union des chemins de fer de l'intérieur au bassin minéral de l'Oural, les ingénieurs russes ont parcouru dans tous les sens les terrains qui séparent le Volga des monts Ourals, sur une largeur de 200 lieues. Il est résulté de leurs études sur cette partie du réseau, trois projets qui ont été bien accueillis.

L'un de ces projets, émane du général Rachette, ancien ingénieur au service des Demidoff, et directeur du service des mines à St-Petersbourg. L'auteur voudrait qu'on prolongeât le chemin de Nijni-Nowogorod jusqu'à Perm; de là on se dirigerait vers l'est, en remontant la pente douce des flancs de l'Oural.

Nous dirons, à ce propos, que ces montagnes célèbres, qui séparent l'Europe de l'Asie, sont loin d'offrir l'importance qu'on leur donne dans les cartes géographiques, où elles sont représentées par de grosses hachures, ce qui ferait croire que les monts Ourals ont l'importance des grandes chaînes de l'Europe, comme les Pyrénées ou les Vosges. C'est là une erreur complète, car les points les plus élevés de la chaîne de l'Oural ne dépassent pas 600 à 700 mètres au-dessus du niveau de la mer. Il n'y aurait donc pas à percer de longs tunnels, ni à creuser de profondes tranchées à ciel ouvert, et la traversée de l'Oural ne présenterait pas la moindre difficulté.

Le chemin de fer étudié par l'ingénieur russe, M. Rachette, gagnerait Tjumen, en passant au nord d'Ekaterinbourg. Une ligne ferrée serait construite sur le revers oriental des monts Ourals; elle se dirigerait du sud au nord, en partant d'Ekaterinbourg, pour arriver à Kouchwa, en traversant les mines de Tagil, qui appartiennent à la famille Demidoff.

Dans le second projet, dû au colonel Bogdanowitch, le chemin passe aussi de Nijni-Nowogorod par Kasan, en s'arrêtant à Sarapoul, sur la Kama, pour se diriger sur Tjumen, par Ekaterinbourg.

M. Lioubinoff est l'auteur du troisième projet. Son tracé passe par

Ekaterinbourg, et descend ensuite au sud-est, vers la rivière de Tobol.

Tous ces tracés sont bons ou paraissent tels ; il se pourrait que tous les trois fussent un jour exécutés, en raison des avantages qu'en retireraient l'industrie et le commerce du monde entier.

M. Ferdinand de Lesseps, qui s'était mis à la tête de cette grande entreprise, avait reçu, avons-nous dit, l'assurance du Czar qu'un concours actif et efficace lui était assuré. L'Angleterre elle-même n'était pas défavorable à cette idée. Au mois de septembre 1874, M. Victor de Lesseps se rendit dans l'Inde, afin d'étudier sur les lieux cette question.

Les études faites par M. Victor de Lesseps ont amené à modifier le tracé que nous avons fait connaître plus haut. Ainsi que nous le disions, on voulait joindre Orenbourg à Peschawour, en gagnant Samarkand, pour franchir l'une des passes occidentales de l'Indou-Kouch et s'engager dans la vallée de Caboul ; mais il a été reconnu que cette route est à peu près impraticable, vu l'état demi-sauvage de la plupart des indigènes de l'Afghanistan.

Il y aurait donc lieu de reporter le tracé dans une direction plus orientale devant se rattacher à la voie en cours d'exécution, qui se prolonge depuis Moscou jusqu'à la Sibérie. La ligne passerait dans la vallée du Sihoun. La ville de Tachkend, située dans l'Asie centrale, serait la première étape. C'est une ville qui s'est grandement développée depuis que la Russie a occupé le Turkestan ; elle a aujourd'hui une population de 200,000 habitants, et, comme elle est très saine, les familles russes y vont en villégiature.

La voie s'engagerait ensuite dans le Turkestan oriental ; on tâcherait de se relier à Kachgar, d'atteindre Yarkand, et d'arriver dans l'Inde par la province de Cachemir.

Les ingénieurs qui entreprendraient les études de cette ligne, trouveraient dans les pays dont il vient d'être question, une sécurité suffisante. D'ailleurs, le gouvernement qui s'y trouve nouvellement établi, semble déterminé à seconder les efforts de la civilisation. Les commerçants anglais de l'Inde font, en ce moment, avec ces divers pays, d'importantes transactions.

Disons, toutefois, que ce que le tracé, ainsi modifié, doit gagner sous le rapport de la sécurité des communications, il le perdra au point de vue des avantages du terrain. Il faudrait, en effet, franchir plusieurs hautes chaînes de montagnes, telles que le *Mouz-Dagh*, ainsi que les contre forts occidentaux des monts *Kouen-Loun*, *Kara-Koroum* et enfin l'*Himalaya* lui-même, qui est la plus haute montagne du globe.

En résumé, outre le tracé de M. Ferdinand de Lesseps, il y a, pour le chemin de fer de l'Asie centrale, un projet allemand, un anglais et un russe. Les deux premiers, partant de deux points différents, devaient se rejoindre sur la ligne de Perse, pour aboutir à Khirpour, frontière de l'Inde anglaise, en suivant le même trajet à travers l'Afghanistan. Le projet russe part d'Orenbourg, sur le fleuve Oural, au nord de la mer Caspienne, pour s'arrêter provisoirement à Tachkend.

Le gouvernement russe avait pris particulièrement à cœur l'idée de la jonction de l'Europe avec l'Asie par voie ferrée. Une commission nommée

Fig. 244. — VOYAGE D EXPLORATION DES INGÉNIEURS RUSSES DANS LE CAUCASE

par le grand-duc Nicolas, neveu du Czar, fut chargée d'étudier sur les lieux ce projet. Cette commission, qui se composait de huit membres, réunissait des ingénieurs, des officiers de marine, et des naturalistes.

Elle commença ses explorations en 1877. Elle se dirigea d'Orenbourg vers les montagnes de Mongojar, en suivant un steppe verdoyant et un peu onduleux, arrosé de nombreux cours d'eau. La traversée de ces montagnes, qui offre un développement de 100 kilomètres, offrirait toutes les facilités possibles pour l'éxécution d'un chemin de fer.

En quittant les montagnes de Mongojar, la commission s'engagea dans les plaines de sable de Kara-Koum, qu'elle explora jusqu'à Kara-Targaï, sur la rive droite du Sir-Daria, où elles finissent. Cette région offrirait les mêmes facilités que la précédente pour l'établissement de la voie. Les principaux travaux d'art n'occuperaient pas un espace de plus de 815 mètres. Quant à la direction exacte de la ligne, il faudrait suivre, pour la première moitié, la portion du territoire exploré jusqu'à Kara-Targaï, et de ce point, la rive droite du Sir-Daria jusqu'à Tachkend.

La même commission se remit en campagne, en 1879, pour continuer l'étude du chemin de fer projeté au delà des limites actuelles de la Russie en Asie. De Tachkend, elle poussa jusqu'à Samarkand, d'où elle suivit une ligne passant par Djamkarchi, Kital-Chaar, les Portes-de-fer, Derbent, Baï-Sum, et aboutissant près de Balkh, aux ruines de Termez, sur la rive droite de l'Amou-Daria, qu'elle se proposait de franchir sur ce point, pour pousser à travers l'Afghanistan septentrional, jusqu'à Peschawour, où il serait possible de relier le chemin russe au réseau anglo-indien. Mais une guerre qui existait entre les habitants de l'Afghanistan et des peuples voisins, ne permit pas à la commission d'avancer plus loin dans la même direction.

Elle se consacra alors à l'étude du cours exact du Daria, qui faisait également partie du programme du voyage. On reconnut que ce fleuve est navigable en amont de l'Aral; on remonta ses principaux bras de la rive gauche, et l'on rechercha les vallées arrosées par ce fleuve qui pourraient donner accès à la voie ferrée projetée.

Les résultats des études de la commission russe ont été publiés en 1880, par ordre du grand-duc Constantin. Elles constitueront un document précieux, quand le jour sera venu de reprendre le projet conçu par M. de Lesseps, et modifié par la commission russe. Les difficultés continuelles qui se sont élevées entre les Russes et les Anglais, sur les frontières de l'Afghanistan depuis l'année 1880, et qui ont menacé d'aboutir, en 1885, à une collision entre ces deux peuples, au milieu des plaines de l'Afghanistan, ont retardé la suite de ces études, qui devront être reprises dans un moment plus opportun. Il suffit à l'objet de cet ouvrage d'avoir fait connaître le tracé proposé pour la jonction de l'Europe et de l'Asie, par un réseau continu de chemins de fer, et nous passons à l'exposé de l'état actuel des voies ferrées dans le continent asiatique.

1

Les chemins de fer dans l'Inde anglaise.

L'établissement des chemins de fer dans l'Inde, en rapprochant les villes de l'intérieur de celles du littoral, a fait une véritable révolution dans le commerce de l'Angleterre avec sa grande colonie gangique.

C'est en 1853 que fut tracé le plan des deux grandes lignes qui devaient unir les trois chefs-lieux de présidence, Bombay, Calcutta et Madras. Ce ne fut pourtant qu'en 1871 que ces deux voies furent achevées.

Après les deux grandes lignes de Bombay à Calcutta, auxquelles le gouvernement assurait un revenu fixe, et qui avaient été construites par des Compagnies, un grand nombre de voies secondaires furent établies, et elles composent aujourd'hui un réseau desservant des localités les plus importantes de l'activité industrielle et agricole de ces contrées. Les frontières de l'Afghanistan sont mises en rapport, par une voie ferrée, avec le golfe du Bengale ; et, dans la vallée de l'Indus, un chemin de fer va jusqu'à Karatchy. Bombay, déjà en relation par voie ferrée, avec Madras et Calcutta, est, de plus, relié à Delhi, au nord, et au sud, à Tuticorin, en face de l'île de Ceylan. Il serait essentiel de rattacher Bombay à Calcutta par une voie plus directe ; et dans ce but de créer une ligne de Warora à Calcutta, qui couperait transversalement la presqu'île indienne. Il manque également deux chemins riverains sur les côtes orientales et occidentales, et Bombay n'est pas en communication avec les bords de l'Inavraddi. Enfin, le réseau indien n'est pas encore rélié aux chemins de fer européens, comme voulait le faire M. de Lesseps, dans le projet qu'il communiqua au public en 1873. C'est toujours une grave question sociale et politique que de savoir à quelle nation sera rattaché le réseau des chemins de fer indiens. La Russie aspire à se raccorder à ce réseau, et l'Angleterre, naturellement, lutte de toutes ses forces contre une pareille éventualité. La guerre entre les deux peuples qui se disputent la suprématie dans l'extrême Orient, n'a pas toujours pour théâtre des champs de bataille ; elle se traduit aussi par d'ardentes compétitions mutuelles dans le rattachement des voies ferrées au système européen.

Les chemins de fer indiens embrassent aujourd'hui une longueur de 16,650 kilomètres. Pour la longueur des lignes, le réseau indien vient après l'Angleterre, les États-Unis, l'Allemagne, la France, la Belgique, la Russie, l'Autriche-Hongrie. Mais si l'on met les chiffres de la population en regard

Fig. 245. — LA PREMIÈRE LOCOMOTIVE ARRIVANT A ULWAR

du nombre de kilomètres de voie, on trouve que l'Inde vient, sous ce dernier rapport, après les plus petits États de l'Europe.

C'est que les voies ferrées qui sont d'un bon revenu pour le transport des marchandises, sont d'une bien faible importance pour le trafic des voyageurs.

Les habitants de l'Hindoustan n'ont pas cru devoir surmonter encore leurs vieux préjugés et leur routine séculaire. On calcule aujourd'hui, d'après des statistiques, que les chemins de fer indiens ne transportent annuellement que le septième des habitants. Ce qui revient à dire que l'Hindou ne monte en wagon que tous les sept ans !

En 1881, le nombre total des voyageurs transportés sur tout le réseau, n'a

III

FIG. 146. — UN CHEMIN DE FER DANS L'INDE (DOUBLE RAMPE SUR LE CHEMIN DE FER DE SIND-PUNJAB A DELHI)

été que de 48,066,060 et le nombre de tonnes de marchandises expédiées
de 9,319,421.

Ce qui n'empêche pas que l'introduction des chemins de fer aux Indes
n'ait produit un grand ébranlement dans les mœurs et les idées, dans
le genre de vie et les habitudes de la société hindoue. On raconte que,
quand la première locomotive apparut à Ulvar, à l'inauguration de cette
ligne, les habitants de toute caste se réunirent pour couvrir de verdure
et de fleurs la machine qui ouvrait à la vieille presqu'île du Gange un
horizon nouveau, au point de vue de la société, du commerce et du travail
(fig. 244).

Il est vrai que les canaux de navigation, extrêmement multipliés sur les
deltas du Gange et du Brahmapoutra, joints à ceux de l'Indus, du Maha-
nuddi, du Godaveri, etc., fournissent aux barques un service régulier
et facile, dont l'importance est immense. C'est par les canaux que l'Angleterre se procure dans l'Inde les blés nécessaires à son approvisionnement. Ces canaux sont parcourus par des centaines de mille de bateaux, et
l'on estime que la longueur de ces voies navigables est de 21 kilomètres, dont
le creusement ou l'appropriation ont entraîné une dépense de 500 millions
de francs. La *Compagnie péninsulaire orientale* possède plus de 50 bateaux
de charge, jaugeant ensemble près de 150,000 tonnes.

Les canaux sont donc une concurrence toujours ouverte aux voies ferrées,
et c'est un résultat merveilleux que, malgré cette concurrence, les chemins
de fer aient pris dans l'Inde le développement que nous venons de signaler.

Nous avons dit que les chemins de fer indiens ont été l'apanage exclusif
des Anglais, représentés soit par des Compagnies financières de la Grande-
Bretagne, soit par son gouvernement. En 1876, sur 56,400 actionnaires des
chemins de fer indiens, on ne constatait que 800 habitants de l'Inde, et, sur
ce nombre, 390 seulement y étaient nés. Aujourd'hui, plusieurs lignes,
entre autres celles de Radj-Pountoma, de Dhepal et d'autres États, ont été
construites à la sollicitation des rajahs du pays, et avec leurs capitaux.
Seulement, ces dernières lignes, dans un but d'économie, ont été établies
avec la voie étroite.

En parlant de la situation actuelle des voies ferrées dans l'Inde, nous
aurons donc à distinguer les lignes à voie normale de celles à voie étroite.
Quelques détails sur la construction économique des voies ferrées dans
l'Inde ne seront pas de trop dans ce chapitre.

Nous emprunterons ces renseignements à un rapport présenté en 1879
par M. Davers, directeur nommé par le gouvernement anglais auprès des

Compagnies de chemins de fer de l'Inde, et analysé par la *Revue générale des chemins de fer*, en décembre 1879 (pages 517-531).

« La longueur totale des lignes exploitées dans l'Inde anglaise, dit la *Revue générale des chemins de fer*, analysant le rapport de M. Davers, est actuellement de 13,145 kilomètres, qui se subdivisent de la façon suivante, par rapport à leur largeur.

10 336 kilomètres à voie de 1ᵐ, 07
2 733   —   à voie de 1 mètre
76   —   à voies étroites diverses

« Ces chemins se décomposent en :

9,671 kilomètres concédés à des Compagnies particulières et garantis par l'État, dont 1,290 kilomètres à deux voies ;

Et 3,474 kilomètres appartenant à l'État et à voie unique.

« De 1853 à 1878, la longueur totale des lignes exploitées a varié conformément aux données du tableau ci-dessous :

ANNÉES	LONGUEUR DES LIGNES EXPLOITÉES	ANNÉES	LONGUEUR DES LIGNES EXPLOITÉES
	kilom.		kilom.
1853	31	1866	5712
1854	114	1867	6300
1855	270	1868	6425
1856	437	1869	6825
1857	461	1870	7640
1858	685	1871	8225
1859	1002	1872	8592
1860	1344	1873	9113
1861	2540	1874	9964
1862	3746	1875	10432
1863	4032	1876	10933
1864	4747	1877	11551
1865	5397	1878	13145

« La longueur totale des lignes en construction, au 31 décembre 1878, s'élevait à 1635 kilomètres, dont 370 kilomètres à voie de 1ᵐ,67.

« Le nombre total des stations est de 953. »

Le tableau suivant, donné par la *Revue générale des chemins de fer*, et emprunté au rapport de M. Davers, donne les longueurs totales et à double voie, et le coût kilométrique de premier établissement (matériel roulant compris), au 31 décembre 1878, des huit lignes appartenant aux Compagnies et constituant le réseau garanti, et de deux des principales lignes à voie étroite du réseau de l'État.

DÉSIGNATION DES CHEMINS DE FER	LONGUEUR EN KILOMÈTRES		PRIX de 1er établissement par kilomètre
	TOTALE	A DOUBLE VOIE	
East Indian...............(garanti).	2 405	656	312 500
Great Indian Peninsula...........(id.)..	2 049	520	286 875
Madras.......................(id.)..	1 371	68	192 187
Bombay, Baroda et central Indian (id.)..	674	37	292 500
Sind, Punjab et Delhi............(id.)..	1 061	7	248 281
Eastern Bengal................(id.)..	254	»	312 500
Oudh et Rohilkund.............(id.)..	875	»	163 595
South Indian (à voie de 1 mètre)...(id.)..	987	»	105 938
Rajputana..........(id.)......(État)..	640	»	110 438
Northern Bengal.....(id.)......(État)..	371	»	118 750

« On voit, d'après ce tableau, que le septième environ des lignes garanties est à double voie.

« Les dépenses totales de premier établissement des lignes de l'État en exploitation et en construction, s'élevaient, au 31 décembre 1878, à la somme de 532,276,900 francs, dont les 3/4 environ proviennent des capitaux fournis par le gouvernement indien, et dont le reste est fourni par le gouvernement anglais.

« Le *chemin de fer de la vallée de l'Indus*, qui est la principale ligne de l'État, à voie unique, de $1^m,67$ de largeur, et de 798 kilomètres de longueur, a coûté, matériel roulant compris, 169,470 francs par kilomètre.

« La plupart des autres lignes de l'État sont à voie étroite.

« Le personnel des chemins de fer indiens comprenait, au 30 septembre 1878 :

		Proportions p. 0, 0.
Européens.	3,485	2,45
Indiens de l'Est.	3,416	2,40
Indigènes.	134,298	95,15
Total :	142,199	100 »

« On compte environ, pour l'ensemble des chemins, 12 employés par kilomètre. Un Européen par 3 kil. 50, et un Indien de l'est par 3 kil. 60,

En 1878, le matériel roulant se composait de 1832 locomotives, 5,370 voitures à voyageurs, et 31,500 wagons de marchandises. »

Le résultat de l'exploitation des voies ferrées indiennes est, en général, encourageant, et il s'améliorera à mesure que l'Inde développera son agriculture, et que l'on rendra les voyages en chemin de fer accessibles aux habitants et aux indigènes, qui sont en général très pauvres.

« Les chemins de fer indiens, dit la *Revue générale des chemins de fer*, ont rendu aux Anglais de sérieux services pendant la guerre afghane. La Compagnie du chemin de fer Sind-Punjab à Delhi a, pendant longtemps, transporté, chaque jour, entre les villes de Delhi et Lahore, distantes de 557 kilomètres, 2 batteries d'artillerie, 2 régiments d'infanterie européenne, un régiment et demi d'infanterie indigène, et un régiment de cavalerie, correspondant à une mobilisation de 4,000 hommes de toutes armes, par 24 heures. Entre Lahore et Mooltan, on est parvenu à mobiliser 3,000 hommes par jour. Les trains se composaient de 35 voitures, et marchaient à une vitesse de 32 kilomètres à l'heure. On a ainsi transporté, avec 184 trains spéciaux, 146,000 hommes, 15,197 bêtes de somme, 6,227 bœufs, 218 chameaux, 138 canons, et 33,780 tonnes d'équipements militaires et de munitions. »

En 1885, à l'époque où une guerre paraissait imminente entre les Russes et les Anglais, aux frontières de l'Afghanistan, et lorsque, de part et d'autre, on faisait de grands préparatifs militaires, les chemins de fer indiens rendirent les plus grands services aux Anglais, en leur permettant d'expédier rapidement, du fond des Indes, les troupes indigènes au service de la Grande-Bretagne et des munitions de toute sorte. On peut ajouter que pendant la guerre du Soudan, en 1884 et 1885, les chemins de fer de l'Inde ont rendu les mêmes services aux chefs de l'armée britannique, pour le transport des troupes indigènes de l'Inde dans le désert.

Le rapport de M. Davers, qui nous fournit les données qui précèdent, s'occupe aussi des chemins de fer à voie étroite.

« Au 31 décembre 1878, dit la *Revue générale des chemins de fer*, le réseau des chemins de fer de l'État comprenait 1,829 kilomètres sur lesquels 1,753 kilomètres étaient à voie de 1 mètre ; 44 kilomètres à voie de 1m,22 (ligne de *Nalhati* dans la province du Bengal) et 32 kilomètres à voie de 0m, 75 (ligne de *Gaekwar à Baroda*).

« Le coût kilométrique de premier établissement, matériel roulant compris, des trois principaux chemins de fer à voie de 1 mètre de l'Inde est le suivant :

South Indian (garanti)	105 938 fr.
Rajputana (État)	110 438
Northern Bengal (État)	118 750

La ligne de Holkar, qui traverse le Nerbuddah (fleuve de l'Hindoustan) et gravit la chaîne de montagnes de Vindhya, est revenue à 234,375 francs par kilomètre.

La ligne de Muttra à Hatras, empruntant une route, a coûté 56,563 francs par kilomètre.

Le prix kilométrique moyen des chemins de fer à voie de 1 mètre ressort à 117,856 francs. »

Aux chemins de fer de l'Inde se rattachent ceux de l'île de Ceylan, qui est également possession anglaise. On voit sur la carte des chemins de fer de l'Inde, (page 603), la ligne ferrée de l'île de Ceylan qui va de Colombo à Kandy. Sa longueur est de 126 kilomètres. Construite en moins de cinq ans, par M. Fowel, elle a été ouverte le premier août 1867.

Les rampes ne dépassent pas 0m,01, le rayon de courbure ne descend pas au-dessous de 400 mètres.

La section la plus difficile à établir a été la rampe de Kanagaunada, de 22 millimètres par mètre, sur une longueur de près de 20 kilomètres. Établie le long de montagnes abruptes, elle comprend plusieurs tunnels, des courbes de 200 mètres de rayons et de grandes tranchées dans le roc. Les rails sont en acier, ceux en fer s'usaient trop vite.

La largeur de la voie est de 1m, 67, largeur énorme. Les rails Vignole pèsent 36 kilogrammes par mètre courant. Ils reposent sur des traverses de sapin de la Baltique.

Sur l'embranchement de Colombo à Kalatura, où les marchandises à transporter sont moins lourdes, les rails ne pèsent que 30 kilogrammes par mètre courant.

L'ouvrage le plus important de la ligne est le pont de Kalatura, composé de 12 travées de 30m,50 de portée. Les piles sont des cylindres de fonte, de 1m,84 de diamètre. Les poutres sont en treillis, avec plancher en tôle recouvert de béton. Nous représentons ce bel ouvrage d'art dans la figure 248.

La ligne, qui est à voie moyenne, a coûté 361,240 francs par kilomètre.

Le service de la rampe de Kanagaudana est fait par des locomotives à cylindres de fer, à 6 roues couplées, de 1m,34 de diamètre, pesant 32 tonnes. Le tender est porté sur six roues, de 1 mètre de diamètre.

Voici comment s'effectue la traction sur cette rampe.

Les trains de voyageurs montants ont une machine auxiliaire en queue, tant que le train n'a pas plus de 16 mètres. Quand ce nombre est dépassé, on place une locomotive de montagne en tête, et la locomotive à voyageurs en queue. Les trains de marchandises renferment des fourgons à frein, et l'on met en tête deux autres locomotives.

FIG. 247. — PONT SUR LE GANGE, A CALCUTTA

Sur les rampes on a adopté le *block-system*, qui garantit la sécurité, en raison de la voie unique. Il y a, à cet effet, trois postes télégraphiques. A la montée comme à la descente, la vitesse maxima est de 19 kilomètres par heure pour tous les trains.

Outre ces chemins et leur embranchement de Nawalapitya (27 kilomètres), le gouverneur de l'île a créé une nouvelle ligne de Nawalapitya à Badula, centre du district des Uva, pour desservir les plantations de café de cette province. La ligne monte de Nawalapitya, qui se trouve à 575 mètres au-dessus du niveau de la mer, à son faîte, situé à 1500 mètres d'altitude, par une rampe qui ne dépasse pas 23 millimètres par mètre et des courbes de 120 à 140 mètres de rayon.

Cette ligne a coûté 235,000 francs par kilomètre, non compris le matériel roulant, les ponts et les travaux d'art.

FIG. 248. — PONT DU CHEMIN DE FER A KALATURA, DANS L'ILE DE CEYLAN

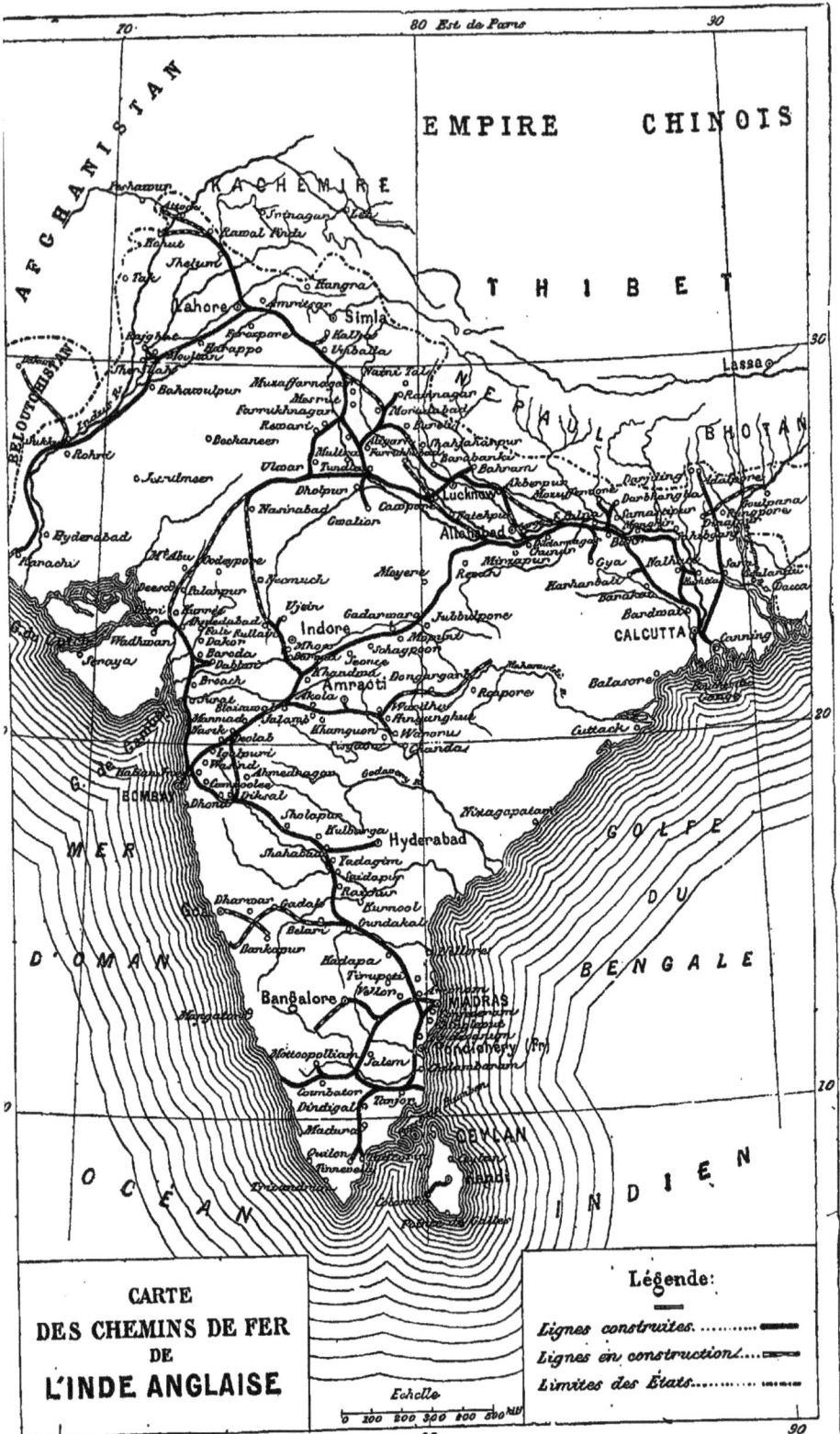

CARTE
DES CHEMINS DE FER
DE
L'INDE ANGLAISE

Légende:

Lignes construites..........
Lignes en construction.....
Limites des États..........

Échelle
0   100   200   300   400   500 kil.

1

Les chemins de fer en Chine et au Japon.

Jusqu'au milieu de notre siècle, les Chinois avaient réussi à maintenir leur système d'exclusion absolue de tout élément étranger. Les Anglais ayant forcé, à coups de canon, l'entrée de quelques ports du Céleste Empire, et ouvert des comptoirs dans cinq ou six villes, les Chinois persistèrent encore à repousser toutes relations politiques et commerciales avec les Européens. Plusieurs fois on avait sollicité du gouvernement de Pékin l'autorisation de construire des chemins de fer aux abords des villes principales de l'Empire : un refus catégorique avait toujours repoussé toute ouverture de ce genre. C'est alors que les Anglais résolurent de se passer de l'autorisation qu'ils demandaient en vain.

Parmi les négociants de Shang-Haï, beaucoup de membres de la colonie anglaise possèdent dans dans le riant village de Kungwang, des villas, sous les ombrages desquelles ils aiment à aller passer leurs jours de repos. Comme les moyens de communication laissaient considérablement à désirer, ces négociants s'adressèrent au grand Mandarin, gouverneur de Shang-Haï, et ils obtinrent de ce haut personnage un écrit, qui les autorisait à créer, à leurs frais, une « route convenable » de Shang-Haï à Kungwang.

L'infortuné Mandarin ne soupçonnait guère à quoi il s'exposait en signant cette autorisation.

En effet, MM. Napier et Dixon, ingénieurs anglais, agissant avec le concours de MM. Jardine et Mathiesson, de Shang-Haï, commencèrent — c'était en 1875 — à construire un chemin de fer de Shang-Haï à Kungwang. Les terrassements furent rapidement opérés, et l'on commença à poser les rails.

Un jour, comme le grand Mandarin, gouverneur de Shang-Haï, se promenait aux environs de la ville, il faillit tomber à la renverse en voyant à quel travail s'occupaient les *barbares*. Il se hâte de rentrer dans son palais, et expédie aux ingénieurs anglais, un officier, avec l'ordre de faire suspendre les travaux.

Les ingénieurs anglais répondirent qu'ils étaient dans leur droit. On

Fig. 250. — PREMIÈRE LOCOMOTIVE IMPORTÉE EN CHINE, AVEC SON WAGON DÉCOUVERT

les avait autorisés à établir une « route convenable », et rien n'était plus convenable qu'un *rail way*.

Fig. 251. — SECONDE LOCOMOTIVE MISE EN CIRCULATION ENTRE SHANG-HAI ET WOOSUNG

Il était impossible de s'entendre de part et d'autre; il fallut en référer à

Pékin. Mais pendant que l'on délibérait à Pékin, avec la majestueuse lenteur que mettent en toutes choses les Célestes, les ingénieurs déployaient une activité dévorante pour terminer le chemin de fer.

On n'avait pas encore reçu de réponse de Pékin que la section de Shang-Haï à Kungwang était inaugurée. Les Anglais avaient pour eux le fait accompli.

La ligne avait été construite à voie étroite (80 centimètres seulement) parce qu'il ne s'agissait que d'une entreprise provisoire. Elle allait de Shang-Haï au village de Kungwang, distant de 11 kilomètres, et devait aboutir à Woosung.

Cette dernière localité avait été pourvue d'une gare, de même que Kungwang. Les wagons étaient très légers et d'une forme élégante. En première classe, ils pouvaient contenir vingt voyageurs; dans ceux de deuxième et de troisième classe, on pouvait recevoir vingt-quatre personnes.

Woosung, situé à l'entrée du fleuve Yang-Tse, n'était, vers 1850, qu'un repaire de pirates chinois : c'est aujourd'hui le port de Shang-Haï. La ville, qui est très belle, se compose de deux cités : l'une chinoise, enfermée dans une enceinte de murailles; l'autre, bâtie à l'européenne, sur les terrains concédés aux Anglais par les traités de 1842 et de 1844. Le Yang-Tse, rivière tributaire du Yang-Tse-Kiang, sur laquelle s'élève Shang-Haï, tend à s'ensabler et l'accès de ses quais devient de plus en plus difficile aux navires de fort tonnage, surtout, aux paquebots postaux. Woosung, le Saint-Nazaire de ce Nantes chinois, a donc vu son importance grandir rapidement, et ses relations avec Shang-Haï ne pouvaient plus se contenter des vieux modes de charrois du pays. Un chemin de fer pouvait seul suffire aux communications entre les deux pays.

La première locomotive qui fut essayée par les ingénieurs anglais, et que l'on baptisa du nom de *Pionnier*, était une petite machine, sans apparence, courte, ramassée, dissimulée, sur laquelle le mécanicien lui-même trouvait à peine sa place (fig. 250). Elle fut bientôt remplacée par une autre un peu plus importante, qui reçut le nom de *Celestial Empire* (fig. 251). Elle était à six roues et construite pour développer la plus grande somme de force, sous le plus petit volume possible. Elle était sans tender et portait elle-même le combustible et l'eau. Comme elle devait être confiée à des mécaniciens et chauffeurs chinois, gens peu experts, sa chaudière était très résistante, et son mécanisme simple et robuste.

Le chemin de fer de Shang-Haï à Woosung avait 18 kilomètres de longueur, c'est-à-dire à peu près la longueur de la ligne de Paris à Versailles rive gauche.

Le 30 juin 1876, cinq mois après le commencement des travaux, la première section, celle de Shang-Haï à Kungwan, était ouverte et le reste de la ligne jusqu'à Woosung ne tarda pas à suivre.

La voie reposait, dans presque toute sa longueur, sur un remblai, de 2ᵐ,45 de hauteur. Les travaux d'art étaient insignifiants. Les rails en acier, du type Vignole, pesaient 13 kilogrammes par mètre courant.

Au 1ᵉʳ décembre 1876, date de l'ouverture complète de la ligne, le matériel se composait de trois locomotives, dont 2 pesant 9 tonnes et la troisième 13 tonnes, de 2 voitures de première classe, 2 de seconde et 8 de troisième classe contenant 25 places chacune.

Le service était fait, chaque jour, par sept trains, circulant dans chaque sens. On parcourait les 15 kilomètres, en 35 minutes. Le prix des places était, de 5 francs pour la première classe, de 2 fr. 50 pour les secondes et de 0 fr. 85 pour les troisièmes classes. Mais presque tous les voyageurs prenaient les troisièmes : sur 100 voyageurs, il y en avait 1 de première classe, 2 de deuxième et 97 de troisième. On comptait en moyenne, 100 voyageurs par train ; dans certains cas, le nombre s'élevait à 300.

Les chefs de gare, les mécaniciens et les garde-trains, étaient tous Anglais. Les comptables, les chauffeurs et les ouvriers des travaux se recrutaient parmi les Chinois. Ces derniers se montrèrent très dociles, habiles et laborieux.

Ce petit chemin de fer fut très bien accueilli par le public. Les voitures portaient souvent deux fois leur charge de voyageurs, et il n'y eut jamais d'accident. La valeur des terrains s'accrut aux environs de la ligne, et, en définitive, chacun s'en trouvait bien, malgré les troubles que l'invention européenne aurait dû apporter, selon les fortes têtes du pays, « aux esprits de la terre et des cieux. »

Le chemin de fer de Shang-Haï à Woosung aurait, sans aucun doute continué à prospérer, et donné le signal de l'établissement des voies ferrées en Chine, sans les difficultés qui s'élevèrent entre le gouvernement chinois et l'Angleterre, à la suite de l'assassinat de l'attaché d'ambassade, M. Margary. Le gouvernement chinois profita de ces difficultés pour racheter la ligne ferrée. Il la paya moins de 2 millions (19,500,000 francs), prix à peine rémunérateur des frais d'établissement.

Seulement, au lieu d'exploiter la ligne dont ils s'étaient rendus acquéreurs, les Chinois n'eurent rien de plus pressé que d'enlever les rails et de les envoyer, avec le matériel roulant, dans l'île de Formose, dont le gouverneur désirait, disait-on, posséder un chemin de fer.

Il va sans dire que jamais l'île de Formose ne vit circuler de wagons.

Tout le matériel du petit chemin de fer est encore à Formose, où nos troupes ont pu, en 1885, le voir, mais non le mettre à profit, vu son état complet de détérioration.

Fig. 252. — LES MURS D'ENCEINTE DE SHANG-HAI

Les Chinois en sont ainsi venus à leurs fins, qui consistent à exclure de leur territoire tout ce qui a le caractère du progrès européen. *Ont-ils tort?*

Fig. 253. — UNE RUE A SANG-HAI

ont-ils raison? comme dit le titre d'une comédie de Diderot? *That is the question*, comme dit Shakespeare.

Le Japon résiste beaucoup moins que la Chine à l'invasion européenne. Aussi les chemins de fer commencent-ils à s'y implanter. C'est en 1876 que le premier chemin de fer a été établi dans ce pays. La première ligne allait de Yeddo, sa capitale, à Yokohama, centre de commerce européen. Une autre ligne a été établie postérieurement, de Kioto à Osaka.

Autrefois, l'étranger qui visitait la capitale du Japon, avait à sa suite une garde d'hommes, armés d'un sabre, qui étaient chargés de le protéger, et étaient responsables de tout accident. Il y avait donc alors, pour l'étranger, l'apparence d'un certain danger, que le caractère japonais se complaisait, d'ailleurs, à exagérer, trouvant là un excellent prétexte d'entretenir sa méfiance contre les gens du dehors. Aujourd'hui, on arrive aux portes de la « capitale du soleil levant » par une voie ferrée, et l'Européen circule

Fig. 254. — WOOSUNG

dans la ville, en toute liberté, sans la moindre appréhension. Les *hommes à sabre*, dont la plupart appartenaient à la classe des employés de l'État (*yakoumines*), se sont vu enlever leurs armes protectrices, par un décret impérial.

Le chemin de fer de Yeddo à Yokohama jouit d'une grande faveur parmi les indigènes, et quand on assiste à l'arrivée d'un convoi à Yeddo, on peut voir le passé et le présent de la nation se confondre dans un mélange singulier de formes et de couleurs. Ici, c'est un soldat anglais qui passe, raide et guindé, tandis que des *guéchas* (musiciens à gages) causent gaiement, avec un *yakoumine*, tout fier de son nouveau costume. Là, c'est un bonze, à tête rasée, qui, après sa collecte, va murmurer une prière aux pèlerins qui reviennent de *Fusyama* (la montagne sacrée). Des enfants japonais, toujours gais et riants, essayent de jouer avec de jeunes représentants de la vieille Angleterre. Tout ce monde respire la joie et l'étonnement d'être arrivé par un chemin de fer roulant sur le sol japonais.

Un regard jeté sur la foule bigarrée qui descend des wagons, fait comprendre le grand désir qu'ont aujourd'hui les habitants du Nipon de s'assimiler aux étrangers, sinon par les mœurs, au moins par le costume. Les rues de Yeddo sont remplies de gens habillés à l'européenne. Les bottes et la coiffure européennes exercent un attrait spécial sur les indigènes du Nipon ; ce sont les deux premiers ornements dont ils se parent, comme pour détruire l'harmonie de leur ancien et magnifique costume national. Hommes, femmes et enfants, emploient tous les moyens pour s'initier à nos modes. Mais, sauf de rares exceptions, ces ajustements vont assez mal à ce peuple, qui veut trop vite les adopter, après être resté si longtemps replié sur lui-même. Les Japonais avaient su jusque-là garder le costume qui convenait à leurs formes, à leurs mœurs, à leur climat. Que gagneront-ils à s'habiller comme les gentlemens britanniques ou les flâneurs parisiens ?

Il est important de noter que l'ouverture aux étrangers de l'Empire du Japon, qui leur était autrefois aussi hermétiquement fermé que la Chine, a été le fait de son souverain actuel. En 1870, le *mikado*, alors âgé seulement de dix-sept ans, se rendait au sein de son Conseil d'État, et il y prenait l'engagement d'abolir les vieilles coutumes barbares, de distribuer impartialement la justice, et de gouverner avec le concours des citoyens les plus éclairés, conformément aux vœux de l'opinion publique.

Pour bien marquer sa rupture avec les errements d'un passé séculaire, le *mikado* abandonnait le séjour de Kioto, où ses ancêtres avaient vécu dans un silence de mort ; il se fixait à Yeddo, non loin de Yokahama, résidence des ambassadeurs étrangers, et, par un décret, il interdisait aux populations qui se pressaient autour de son cortège, la prosternation devant le « *Fils du Soleil* » , ce qui était un rite, de date immémoriale. En 1871, le *mikado* inaugurait en personne les 18 kilomètres de voie ferrée qui relient Yeddo à Yokahama, et qui suivent la courbe de la baie et de la route de Yeddo, que l'on appelait encore, en 1865 « le tombeau des Européens ». En 1872, il visitait les phares, qui, au nombre de 72, s'élevaient au pourtour de la baie d'Yeddo, sur les rivages de la mer intérieure, et devant les passes que les navires rencontrent dans leur route de Yokohama à Nagasaki. Déjà un fil télégraphique reliait Yeddo à Yokahama. Ces fils se sont, depuis, beaucoup ramifiés, et comme ils aboutissent au câble sous-marin qui part de Shang-Haï, pour aboutir à la Grande-Bretagne, on peut dire que la capitale du Japon et la métropole britannique sont en communication permanente.

La révolution radicale que le *mikado* avait commencé de réaliser dans l'ordre politique, en se dégageant du joug des chefs militaires (les *Shoguns*), qui étaient devenus de véritables maires du palais, reçut bientôt tous ses développements. Le chef religieux, le *Taïcoum*, fut réduit à l'état de mythe, et le pays tout entier changea de face. Le pouvoir, centralisé dans les mains du souverain politique, se lança, avec une rapidité vertigineuse, dans la voie des réformes administratives et sociales, que la France avait mis deux siècles à réaliser. Le gouvernement constitua tout d'un coup l'unité nationale, et groupa en un faisceau étroitement lié, mais placé sous sa main, la confédération des *Daïnos*, autrefois seuls possesseurs du sol et chefs suprêmes de leurs provinces, où ils disposaient à leur gré de l'armée et des flottes.

En résumé, le pouvoir exécutif réside aujourd'hui dans la personne unique du *mikado*, qui l'exerce avec le concours des ministres et de diverses commissions, tout à fait à l'européenne.

Personne, autrefois, au Japon, ne voyageait en voiture : le *mikado* lui-même se faisait traîner par des bœufs. Parfois, les grands seigneurs montaient à cheval; mais le plus souvent ils se faisaient porter en litière, par des hommes. Depuis quelques années, le riche Japonnais se fait voiturer dans de petites calèches basses, mais le mode d'attelage n'a pas varié : ce sont toujours des hommes qui tirent le nouveau véhicule.

C'est par suite de cette coutume que l'on voit dans les rues des villes du Japon, beaucoup de *voitures à bras*, comme on les appelle en France, c'est-à-dire des carrioles traînées par des hommes. Ces petits véhicules pullulent autour des gares des chemins de fer. A la gare d'Yeddo et sur toute l'étendue de la grande route qui suit la mer, c'est un véritable convoi de voitures à bras, imitation de la voiture européenne, où l'homme remplace le cheval. L'innovation a pris des proportions telles que les étrangers se servent avantageusement pour leur service journalier, et même pour des déplacements de plusieurs jours, des voitures à bras ; c'est actuellement le véhicule favori des Japonais.

Nous reproduisons, dans la figure 256, un dessin assez curieux, d'origine japonaise et qui porte bien le cachet de sa provenance. Il a la prétention de représenter le *premier chemin de fer au Japon*.

Il existe actuellement, au Japon, 107 kilomètres de chemins de fer en exploitation, et 230 dont les études sont entièrement terminées. Les lignes sont à double ou à simple voie. Sur les ponts, il n'y a jamais qu'une voie.

Les rails des lignes de Yeddo-Okohama et de Kioto-Osaka sont à double ampignon et pèsent 30 kilogrammes par mètre courant : les rails de la

ligne de Osaka-Khioto sont du même poids, mais à patin. On a remplacé par des ponts en fer, les ponts de bois, construits primitivement.
Les plus grands sont édifiés avec des poutres de fer, de 30 mètres de
portée.

Les travaux d'art des chemins de fer japonais, ont été établis dans

FIG. 255. — YEDDO

des conditions essentiellement provisoires. Les ouvrages les plus importants
reposent sur des fondations presque superficielles au sol.

Le pays présente, en général, l'aspect d'une série de plaines bien cultivées,
bien arrosées, et bordées de chaînes de collines, qui ont présenté au tracé
des chemins de fer de sérieux obstacles.

Les difficultés que l'on a rencontrées dans l'exécution des chemins de fer

FIG. 256. — *Fac-simile* D'UNE GRAVURE JAPONAISE
REPRÉSENTANT L'ARRIVÉE DE LA PREMIÈRE LOCOMOTIVE A YEDDO

au Japon, provenaient surtout de l'envahissement des travaux par les eaux.
Presque toutes les rivières sont, en effet, à des niveaux plus élevés que les
plaines qu'elles traversent. Cette surélévation va quelquefois jusqu'à 12 mètres.

Pour maintenir les rivières dans leur lit, les Japonais les encaissent

FIG. 257. — YOKOHAMA

souvent entre deux énormes digues, dont quelques-unes sont des ouvrages
formidables.

On conçoit la difficulté que dut présenter, dans de telles conditions,
l'établissement de la voie ferrée. Pour creuser des tunnels, on a dû passer
quelquefois sur des rivières ; mais dans la plupart des cas on franchit les
rivières sur des ponts à double rampe, comme nos anciens ponts de pierre,
et grâce à de forts remblais, de l'un et de l'autre côté.

Les chemins de fer sont, au Japon, d'un excellent revenu, quant aux voyageurs. Le transport des marchandises est moins productif, parce qu'il a à lutter contre la concurrence des transports par eau.

Pour que la construction des voies ferrées, au Japon, prenne une extension sérieuse, il faut que les ingénieurs indigènes apprennent à construire avec beaucoup d'économie, et que le gouvernement japonais surmonte sa répugnance à demander, pour leur construction, le concours des capitaux étrangers.

Les ouvriers japonais sont, en général, intelligents et laborieux. Les charpentiers, surtout, sont fort habiles. A part le bois, qui est de bonne qualité, les autres matériaux de construction pris dans le pays, sont mauvais. On n'a pas trouvé de calcaires hydrauliques, propres à faire de bons mortiers prenant sur l'eau ; ce qui est un grand désavantage dans des terrains toujours exposés aux infiltrations des rivières.

LES VOIES FERRÉES EN AUSTRALIE

I

Quelques généralités historiques et économiques sur l'Australie.

Tout le monde sait que l'Australie est une colonie anglaise qui, fondée au milieu du siècle dernier, est aujourd'hui un des plus importants centres de production agricole du monde entier. Tout le monde sait encore que la laine, l'or, la culture des céréales et l'élève des moutons, sont, en Australie, la source d'immenses exploitations. La *Nouvelle-Hollande*, comme on l'appela longtemps, parce que les navigateurs hollandais l'avaient signalée les premiers, n'était, il y a un siècle, qu'une île énorme, couverte de bois impénétrables, coupée d'immenses déserts, habitée par une population noire, absolument sauvage. Le génie colonisateur des Anglais a changé la face de ces lieux, autrefois incultes et arides ; de sorte que les côtes maritimes de l'Australie, les seuls parages encore utilisés par l'industrie humaine, sont sillonnées de voies de communication, chemins de fer, télégraphe électrique, fleuves navigables et routes de terre, qui font de cette partie du monde une région florissante et prospère.

Les colons actuels n'ont pas, toutefois, à s'enorgueillir de leurs ancêtres. L'Australie n'était, au siècle dernier, qu'un lieu de déportation de condamnés. C'est le ministre Pitt qui eut l'idée de fonder, à la *Nouvelle-Hollande*, une colonie, spécialement destinée à recevoir et à améliorer les criminels, frappés par la justice britannique. Au mois de mars 1787, le capitaine Philipp mettait à la voile, avec une flottille de onze bâtiments, portant 200 soldats de marine et 776 condamnés. Le 26 juin 1788, Philipp posait la première pierre de la ville de Sydney, dans un pays dont les contours géographiques n'étaient pas même connus. Aujourd'hui, Sydney compte 200,000 habitants, et peut passer pour le Paris de l'Océanie.

Bientôt l'émigration s'établit et les rivages de l'Australie se peuplèrent à vue d'œil. Il y eut, dès lors, deux classes d'habitants ou de colons : les descendants des anciens *convicts* (forçats) et les nouveaux propriétaires, ou *squatters*, qui se partagèrent le pays et les terres.

Quand on eut reconnu que l'Australie était le pays par excellence pour la production de la laine, et que la toison des brebis importées d'Europe, y prenait rapidement les caractères de douceur et de résistance que l'on ne rencontre sous aucun autre climat, la fortune de l'Australie fut faite. En 1796, Arthur commençait l'élevage des moutons mérinos, et, vingt ans après, cette industrie donnait des résultats prodigieux. En 1824, il y avait, en Australie, 170,000 têtes de bétail, et, en 1849, on n'en comptait pas moins de 8 millions, fournissant à l'exportation 28 millions de livres de laine.

La *Terre de Van-Diemen*, simple dépôt de criminels, en 1803, devenait, avec une étonnante rapidité, une colonie florissante, qui compte aujourd'hui 100,000 habitants, et dont les exportations de laine dépassent, annuellement, 25 millions de francs.

Dans l'Australie méridionale, des établissements étaient fondés, en 1833, sur les bords du golfe Saint-Vincent, et, en 1837, on bâtissait son chef-lieu, la ville d'Adélaïde, qui n'a pas moins de 28,000 habitants.

Un an après la fondation d'Adélaïde, une nouvelle ville, Port-Lincoln, apparaissait sur les bords du golfe Spencer, et, plus tard encore, d'autres établissements s'élevaient sur la baie de Rivoli. En même temps on créait, au sud-est de l'embouchure de la Murray, dans la contrée appelée *Australia felix*, la colonie de Port-Philipp, dépendance immédiate de la Nouvelle-Galles du Sud. La ville de Melbourne sortait, pour ainsi dire, de dessous terre, et sa prospérité a été si rapide qu'elle rivalise aujourd'hui avec Sidney, sous le rapport de l'activité commerciale et manufacturière.

L'Australie septentrionale a présenté beaucoup plus de difficultés pour la colonisation. En 1838, après une première tentative, on était forcé d'abandonner Port-Dundas, dans l'île Melville, et Wellington, sur le port Raffles. En 1829, dans la presqu'île de Cobourg, à Fort-Essington, on essayait un nouvel établissement, la colonie *Victoria*. Cette partie de l'Australie est entourée de montagnes et d'épaisses forêts, où abondent toutes les espèces végétales des tropiques, et sa situation près de l'Archipel des Indes, a facilité son développement.

En 1840, le gouvernement anglais prenait possession de la Nouvelle-

Zélande, et plus tard des îles Auckland, et il s'en attribuait la souveraineté·

Les colonies anglaises qui s'agrandissaient rapidement à mesure que s'étendaient les explorations à l'intérieur de l'île, sont aujourd'hui constituées en petits États autonomes, mais ayant leur attache officielle à la mère patrie. Elles conservent toujours le nom de colonies, bien qu'elles possèdent une organisation politique et administrative propres, et qu'elle choisissent leurs fonctionnaires et dignitaires parmi les habitants du pays.

Les colonies australiennes sont au nombre de cinq, à savoir : la Nouvelle-Galles du Sud (*New South Wales*) ; — la colonie Victoria, ou Australie méridionale (*South Australia*) ; — l'Australie occidentale (*West Australia*) ; — Queensland (*pays de la Reine*) ; — la Tasmanie.

Les colonies australiennes ont chacune leur gouverneur particulier, qui les administre avec l'assistance d'un conseil législatif et d'un conseil exécutif. Des Chambres de représentants sont nommées par le peuple. Quan aux colons eux-mêmes, ce sont, ou des émigrés volontaires, ou des descendants de condamnés. On ne trouve, toutefois, cette dernière classe qu'à la Nouvelle-Galles du Sud et à la Terre de Van-Diemen, et comme émigrés dans l'*Australia Felix*. Quoiqu'on ait, depuis longtemps, cessé de transporter les criminels en Australie, une profonde ligne de démarcation existe toujours entre les émigrés volontaires et les anciens condamnés, et, en dépit de toutes les mesures que pourra prendre le gouvernement, il faudra encore bien des années pour qu'elle s'efface en entier.

Quand on connaît les ressources immenses que possède l'Australie, on comprend que le nombre des émigrants augmente toujours, dans une proportion prodigieuse, surtout depuis les graves commotions politiques et militaires que l'Europe a subies. En 1867, le chiffre de la population de ses cinq colonies était de 1,500,100 habitants. Il a aujourd'hui, plus que doublé.

C'est la découverte des mines d'or en Australie, qui a le plus contribué à accroître sa population, par les immenses émigrations venues de deux mondes.

La découverte des mines d'or en Australie remonte à l'année 1839, alors ue le comte de Stozelewski, apportant à Melbourne une collection de minéraux, annonça qu'il avait trouvé une roche siliceuse aurifère. Un ingénieur fut envoyé, qui reconnut la présence de nombreux gisements d'or dans la Nouvelle-Galles du Sud. Seulement, le pays renfermait 45,000 condamnés. Comment leur révéler qu'ils avaient de l'or sous la main ? On jugea prudent de se taire, et la même injonction fut adressée à un Révérend, le père Clarke, qui venait de trouver des minerais aurifères dans les montagnes situées entre Paramatta et Batthurst.

Cependant, en 1844, le célèbre géologue anglais, Murchison, n'hésitait pas à publier que, d'après l'analyse de minerais envoyés d'Australie, ce pays devait renfermer de précieux gisements d'or. A partir de ce moment, le secret n'en était plus un. Un mineur de Californie, découvrait des silicates aurifères dans les environs de Batthurst, et un berger trouvait une masse d'or natif, du poids de 40 kilogrammes, dans une pierre, presque à fleur du sol.

Ces découvertes furent le signal de la *fièvre de l'or*, qui fit affluer en Australie les aventuriers et les travailleurs des deux mondes. Des navires versaient par centaines les émigrants sur ce sol privilégié. Cette irruption d'émigrants fut pendant plusieurs années la cause de beaucoup de désordres et d'abus ; mais tout finit par se régulariser, et l'exploitation des *placers* devint ce qu'elle est aujourd'hui, une source régulière de produits aurifères répandant au sein du pays de grandes richesses, qui ne sont pas au moment de prendre fin.

L'or n'est pas, d'ailleurs, le seul produit des mines de l'Australie. Le cuivre, le plomb, et même la houille y abondent.

Après l'or, ce sont les laines qui forment, en Australie, le plus important produit d'exportation. Il dépasse aujourd'hui 450 millions de francs annuellement.

Pour suffire à l'exploitation de ces richesses minérales et agricoles, des voies de communication rapide étaient nécessaires. C'est pour cela que les chemins de fer n'ont pas tardé à se créer en Australie. En 1872 les colonies australiennes possédaient plus de 1,500 kilomètres de chemins de fer, et ce nombre est aujourd'hui de 10,534 kilomètres.

C'est en Australie, dans la colonie Victoria, que fut posée la première ligne télégraphique de l'hémisphère austral. Commencée en 1863, elle fut ouverte en 1864. Aujourd'hui, les cinq colonies australiennes sont reliées par un réseau multiple de télégraphie électrique. Une ligne non interrompue traverse toute l'île du sud au nord, d'Adélaïde à Palmerston, près du port Darwin, où elle rejoint le câble sous marin qui court vers l'Europe.

L'Australie compte de nombreux navires à vapeur, sillonnant ses rivières : mais ce qui nous intéresse particulièrement dans cet ouvrage, ce sont les communications par voies ferrées, sujet qu'il est maintenant temps d'aborder.

FIG. 258. — UN PONT SUR LE CHEMIN DE FER DE LA PROVINCE DU QUEENSLAND (AUSTRALIE)

II

État actuel des voies ferrées dans les cinq colonies australiennes. — Longueurs kilométriques, rampes, travaux d'art, etc.

Il y a, disons-nous, dans l'Australie, 10,534 kilomètres de voies ferrées. La plupart des lignes sont réparties sur le littoral, bien que d'autres se dirigent vers l'intérieur des terres.

Trois lignes appartiennent à l'État, savoir :

1° La *ligne du Midi* qui, partant de Sydney, se dirige vers le sud-ouest, pour aller rejoindre les chemins de fer de la colonie de Victoria ;

2° La *ligne de l'Orient*, qui a le même point de départ et se dirige vers l'Australie méridionale ;

3° La *ligne du Nord*, dont le *terminus* est à Newcastle (fig. 259), et dont le réseau doit aboutir ultérieurement aux frontières de la colonie de Queensland.

En 1883, ces lignes avaient une longueur totale de 1,100 kilomètres (la population des trois territoires dont il s'agit est de 595,405 habitants). Le prix de la construction de la voie s'est élevé à 218,750 francs par kilomètre. Pour des lignes à simple voie, ce chiffre est sans doute fort élevé, mais sur les lignes qui ont été récemment construites, les dépenses ne vont pas au delà de 60,000 francs par kilomètre.

Le matériel roulant se compose de 100 locomotives, 334 voitures à voyageurs, et 1,610 wagons à marchandises. Ce matériel a été, pour une partie, importé d'Angleterre, et, pour l'autre partie, fabriqué dans la colonie même, à peu près dans le même rapport.

Les voitures occupées sont, en général, celles de 2ᵉ classe (il n'y a pas de 3ᵉ classe).

Le nombre des voyageurs transportés en 1883, sur ces trois lignes, a été d'environ trois millions.

Trois autres lignes existent : *Victoria, Australie méridionale, Queensland.*

Les particularités qui les concernent sont réunies dans le tableau suivant.

VICTORIA (population 815,034).

Lignes exploitées.	995 kil.
Nombre de locomotives.	121
Voitures à voyageurs.	205
Wagons à marchandises.	2,129
Nombre de voyageurs transportés	2,978,139
Tonnes de marchandises transportées	903,439

AUSTRALIE MÉRIDIONALE (population 206,476).

Lignes exploitées.	320 kil.
Nombre de locomotives.	31
Voitures à voyageurs	74
Wagons à marchandises	803
Nombres de voyageurs transportés.	1,071,135
Tonnes de marchandises transportées.	331,910

QUEENSLAND (population 172,402).

Lignes exploitées	425 kil.
Nombre de locomotives	32
Voitures à voyageurs. . , ...	99
Wagons à marchandises.	347
Nombre de voyageurs transportés.	137,890
Tonnes de marchandises transportées.	50,785

Les différents pays de l'Australie n'ont pas adopté la même largeur de voie ferrée.

La *Nouvelle-Galles du Sud* a choisi la voie de 1^m, 44, largeur normale des chemins de fer de l'Europe. La *province Victoria* possède des voies de 1^m,60, dont le prix d'établissement ne dépassait pas 160,000 francs par kilomètre. Cependant, ce mode de construction ne répondait pas aux exigences particulières du climat. Depuis 1867, sous l'influence de l'opinion publique, les chemins de fer de l'Australie méridionale furent construits plus économiquement. On conserva la voie large, tout en adoptant un système de construction moins coûteux pour les lignes devant former le prolongement de celles déjà construites, et l'on réserva la voie étroite (1^m,06) pour les lignes qui n'étaient pas appelés à se raccorder à l'ancien réseau.

Voici quelques renseignements sur le mode d'établissement économique des lignes à voie large (1^m,60) dans l'Australie du Nord.

La construction de la voie prolongée au nord d'Adélaïde n'a coûté que 62,000 francs par kilomètre. La largeur de la plate-forme de la voie est de 5 mètres dans les tranchées et de 5^m,50 dans les remblais. Le rail Vignole,

FIG. 239. — PORT DE NEWCASTLE, *terminus* DE LA LIGNE DU CHEMIN DE FER DU NORD (AUSTRALIE)

pesant 20 kilogrammes par mètre courant, est fixé à des traverses d'un bois résineux rouge, très dur.

Les stations sont espacées de 11 kilomètres, en moyenne. La voie est clôturée sur tout son parcours, au moyen de poteaux de fonte, sur lesquels sont tendues cinq rangées de fil de fer galvanisé. Le matériel roulant ne présente rien de particulier. Il est emprunté à celui des chemins de fer anglais. La vitesse normale est de 40 kilomètres à l'heure. Mais il paraît que les rails s'usent rapidement, parce qu'ils n'ont pas été fabriqués pour résister à l'usure qu'occasionne la rapidité actuelle des trains.

FIG. 260. — LE GRAND ZIGZAG, OU LA DOUBLE VOIE COURBE DU CHEMIN DE FER, DANS LES MONTAGNES BLEUES (AUSTRALIE).

Dans l'Australie méridionale, on a construit un certain nombre de lignes du même type. Elles ont coûté de 78,000 à 94,000 francs par kilomètre.

Les chemins à voie étroite ont été établis dans les conditions économiques suivantes.

La dépense d'établissement de la première section du chmien de fer de Port-Augustin à Port-Darwin, dont la longueur est de 320 kilomètres, est évaluée à 79,000 francs par kilomètre, y compris la construction des stations les alimentations d'eau, les ateliers et le matériel roulant.

Ce chemin de fer ne sert guère qu'au transport des marchandises (laines et céréales). La ligne fut ouverte en 1870, et dans les sept premières années elle transporta 398,000 voyageurs seulement, et 574,000 tonnes de marchandises. Le sol appartenant à l'État, il n'a fallu acheter de terrains qu'aux environs de Port-Augustin.

La voie est presque sans clôtures. La largeur de la plate-forme, dans les tranchées, est de 3^m,80, et sur les remblais, de 4^m,25.

Les ponts et les aqueducs sont très nombreux. La longueur réunie de ces ponts n'est pas moindre de 2,650 mètres, et l'on compte 175 mètres d'aqueducs pour la conduite des eaux. Ces aqueducs sont voûtés ou à découvert ; l'ouverture des arcs est de 3 mètres.

Les culées des ponts sont en maçonnerie, et les piles sont formées par des pieux en fonte creuse, réunis par des vis. La superstructure des ponts est en fer ; les poutres sont en fer plein ou à treillis, suivant le système américain. Les piles, en maçonnerie à l'extérieur, sont remplies de béton à l'intérieur ; et, dans un but d'économie, on n'a adopté, pour leur portée, que des longueurs de 12 à 18 mètres.

Pour les pieds-droits, les cintres, les radiers et les culées des aqueducs, on a usé largement du béton, par raison d'économie, et le prix a été ainsi diminué de moitié.

Le rail Vignole, en fer, pèse 20 kilogrammes par mètre courant. Il est fixé à des traverses d'un bois de l'ouest de l'Australie, le jarrah-jarrah, espacées, de 0^m,84 et posées sur une couche de ballast, de 0^m,15 d'épaisseur.

Les locomotives, munies d'une *bogie*, ont été construites en Angleterre.

Les voitures sont à 30 places, avec couloir longitudinal, à l'américaine. Il y a deux entrées seulement : une à chaque extrémité, toujours comme dans les voitures américaines. Les caisses des voitures sont en bois d'Australie ; es roues en fer, avec bandage d'acier. L'attelage des voitures est central, comme celui des wagons américains.

Le matériel roulant, pour les marchandises, se compose de simples plate-formes, de tombereaux et de wagons couverts.

Les stations sont distantes de 32 kilomètres environ. Pour les eaux l'alimentation des locomotives, il a fallu construire de grands réservoirs souterrains couverts, de la capacité de 27,000 mètres cubes chacun, surmontés de réservoirs dans lesquels une machine à vapeur élève l'eau.

APPENDICE

STATISTIQUE DES CHEMINS DE FER DU GLOBE

S'il est vrai, comme le dit Brid'Oison, dans le *Mariage de Figaro*, que tout finisse par des chansons, il n'est pas moins exact que tout ouvrage sérieux finit par la statistique. Pour nous conformer à ce principe, nous donnerons, en terminant ce volume, la statistique de tous les chemins de fer du globe, au moment où nous écrivons.

Les tableaux qui vont suivre ont été dressés en 1884, par les auteurs d'une publication officielle allemande, *Archives des chemins de fer (Archiv für Eisenbahnwesen)*, dans une suite de tableaux, qui ont été reproduits dans la *Revue générale des chemins de fer*, au mois d'avril 1885 (pages 244-249). Nous extrayerons de ce dernier recueil les plus intéressants de ces relevés statistiques, en nous bornant à considérer :

1° La longueur des voies ferrées en exploitation dans les cinq parties du monde, à la fin de l'année 1883 ;

2° La longueur des mêmes voies ferrées rapportées au territoire qu'elles occupent ;

3° Leur longueur proportionnellement à la population des pays.

A la fin de l'année 1883, la longueur absolue des chemins de fer exploités était, d'après le recueil allemand, la suivante, en Europe, en Amérique, en Afrique, en Asie et en Australie :

EUROPE.	kilomètres.
Allemagne	35,810
Autriche-Hongrie	20,598
Grande-Bretagne et Irlande	29,890
France	29,688
Russie et Finlande	25,121
Italie	9,450
Belgique	4,269
Pays-Bas et Luxembourg	2,520
Suisse	2,797
Espagne	8,251
Portugal	1,492
Danemark	1,790
Norvège	1,550
Suède	6,400
Roumanie	1,500
Grèce	22
Turquie d'Europe, Bulgarie, Roumélie et Bosnie	1,765
Total, pour l'Europe	182,913

AMÉRIQUE.	kilomètres.
États-Unis d Amérique..........	191,356
Possessions britanniques de l'Amérique du Nord.............	13,300
Mexique......................	4,840
Amérique centrale, Antilles, Colombie et Venezuela..........	2,100
Brésil........................	5,100
République Argentine..........	2,700
Paraguay......................	72
Uruguay......................	470
Chili.........................	1,800
Pérou........................	2,600
Bolivie.......................	56
Équateur.....................	60
Total, pour l'Amérique...	224,454

ASIE.	kilomètres.
Inde anglaise..................	16,650
Ceylan.......................	260
Asie Mineure..................	372
Indes néerlandaises.............	1100
Japon........................	250
Total, pour l'Asie.......	18,632

AFRIQUE.	kilomètres
Égypte.......................	1,500
Algérie.......................	1,779
Tunisie.......................	246
Colonie du Cap.................	1,733
Natal........................	158
Maurice et autres terres africaines.	250
Total, pour l'Afrique......	5,666

AUSTRALIE.	kilomètres.
Nouvelle-Zélande................	2,313
Victoria......................	2,400
Nouvelle-Galles du Sud..........	2,300
Australie méridionale...........	1,500
Queensland....................	1,600
Tasmanie.....................	277
Australie occidentale...........	144
Total, pour l'Australie.....	10,534

En résumé, la longueur des chemins de fer sur tout le globe était, à la fin de 1883, de :

	kilomètres.		kilomètres.
Europe......................	182,913	Afrique......................	5,666
Amérique	224,454	Australie	10,534
Asie........................	18,632	Total, pour le monde entier..	442,199

La circonférence du globe étant d'environ 40,000 kilomètres, on voit que les chemins de fer réunis et mis bout à bout, pourraient faire dix fois le tour de la terre.

Si, maintenant, nous voulons ranger les divers pays du globe suivant la longueur des lignes ferrées qu'ils possèdent, nous obtiendrons le classement qui suit :

	kilomètres.		kilomètres
États-Unis d'Amérique..........	191,356	Suède........................	6,400
Allemagne....................	35,810	Brésil........................	5,100
Grande-Bretagne et Irlande	29,890	Mexique......................	4,840
France	29,688	Belgique.....................	4.209
Russie et Finlande	25,121	Suisse.......................	2.797
Autriche-Hongrie..............	20,598	République Argentine..........	2,700
Inde-Anglaise.................	16,650	Pérou........................	2.600
Amérique anglaise du Nord.....	13,300	Pays-Bas et Luxembourg.......	2,520
Colonies Australiennes.........	10,534	Amérique Centrale, Colombie et Venezuela..................	2,100
Italie........................	9,450	Chili	1,800
Espagne	8,251		

Danemark	1,790	Asie Mineure	372
Algérie	1,779	Ceylan	260
Turquie d'Europe, Bulgarie, Rou-		Maurice et autres terres africaines.	250
mélie, Bosnie	1,765	Japon	250
Colonie du Cap	1,733	Tunis	246
Norvège	1,550	Natal	158
Roumanie	1,500	Paraguay	72
Égypte	1,500	Équateur	60
Portugal	1,492	Bolivie	56
Indes Néerlandaises	1,100	Grèce	22
Uruguay	470	Total	442,109

Mais le nombre absolu de kilomètres de voies ferrées n'est pas un élément suffisant de comparaison entre les divers pays. Il faut savoir quel est ce nombre, relativement à la surface du territoire ; car si les voies ferrées n'existent que sur une très grande grande étendue de pays, elles ont peu d'importance. Au contraire, si la même longueur est concentrée sur un petit espace, le pays est largement desservi.

Si nous rangeons les pays des deux mondes dans le rapport dont il s'agit, c'est-à-dire suivant le nombre de kilomètres de chemin de fer qu'ils possèdent, pour chaque étendue de 100 kilomètres carrés, nous trouvons le classement suivant, emprunté, comme les résultats précédents, au recueil prussien et à la *Revue des chemins de fer* :

	kilomètres.		kilomètres.
Belgique	14,5	Inde anglaise	0,4
Grande-Bretagne et Irlande	9,5	Tasmanie	0,4
Pays-Bas et Luxembourg	7,1	Chili	0,3
Suisse	6,8	Uruguay	0,3
Allemagne	6,6	Nouvelle-Galles du Sud	0,3
France	5,6	Australie Méridionale	0,2
Danemark	4,7	Amérique anglaise	0,2
Autriche-Hongrie	3,3	Mexique	0,2
Italie	3,2	Pérou	0,2
États-Unis	2,1	Brésil	0,1
Portugal	1,7	République argentine	0,1
Espagne	1,6	Paraguay	0,1
Suède	1,4	Japon	0,1
Roumanie	1,2	Queensland	0,1
Colonie de Victoria	1,0	Équateur	0,09
Nouvelle-Zélande	0,9	Bolivie	0,05
Russie	0,5	Australie Occidentale	0,05
Norvège	0,5		

Il est un autre élément important à considérer : c'est le rapport entre les lignes exploitées des chemins de fer et la population.

Le recueil allemand (*Archiv für Eisenbahnwesen*) dont les tableaux sont reproduits dans la *Revue générale des chemins de fer*, et auquel nous avons emprunté les tableaux précédents, nous fournira cette dernière comparaison.

Les lignes des chemins de fer du globe rapportées au chiffre de la population, en prenant 10,000 habitants pour terme de comparaison, sont les suivantes.

LIGNES DES CHEMINS DE FER DU GOLBE PAR 10,000 HABITANTS

	kilomètres.		kilomètres.
Queensland	70,8	France	7,9
Australie Méridionale	56,1	Allemagne	7,9
Australie Occidentale	49,6	Belgique	7,7
Nouvelle-Zélande	47,7	Pays-Bas et Luxembourg	6
États-Unis d'Amérique	36,8	Autriche-Hongrie	5,4
Nouvelle-Galles du Sud	31,1	Espagne	4,9
Amérique anglaise du Nord	29,4	Mexique	4,8
Victoria	27,8	Brésil	4,6
Tasmanie	24,1	Portugal	3,6
Suède	14	Italie	3,3
Uruguay	10,7	Russie et Finlande	3
République argentine	10,6	Roumanie	2,8
Suisse	9,8	Paraguay	2,4
Danemark	9,1	Inde anglaise	0,7
Pérou	8,7	Équateur	0,6
Grande-Bretagne et Irlande	8,5	Bolivie	0,2
Norvège	8,2	Japon	0,1
Chili	8,2		

D'après ce tableau, la France occupe le quatrième rang dans le monde, au point de vue de la longueur totale des voies ferrées exploitées ; elle tient le sixième rang, cette longueur étant rapportée à la superficie de son territoire, et le dix-neuvième quant à la population.

Nous ajouterons qu'au point de vue de l'accroissement du réseau, pendant les quatres années 1879 à 1883, la France occupe le premier rang parmi les nations de l'Europe, abstraction faite du Portugal, de la Russie et de la Norvège. Dans cette période de temps la France a ouvert à l'exploitation 9,600 kilomètres de voies ferrées : c'est juste le triple de l'accroissement du réseau anglais, dans le même intervalle.

Dans tous les tableaux qui précèdent, les chemins de fer à voie normale et ceux à voie étroite sont confondus. Il est cependant d'un grand intérêt de pouvoir considérer à part les chemins de fer à voie étroite et ceux à voie normale. Aujourd'hui, avec le désir universel, en tous pays, de multiplier les voies ferrées, la voie étroite présente l'avantage immense de créer rapidement et à peu de frais un chemin de fer, en réalisant une double économie, d'abord sur la construction de la voie, ensuite sur son exploitation.

En France, les chemins de fer à voie étroite n'ont encore joué qu'un rôle bien secondaire, car sur 29,688 kilomètres de voies ferrées que nous possédons actuellement, nous n'en comptons que 316 kilomètres à voie étroite,

III

FIG. 261. — PONT SUR LA TAY, EN ÉCOSSE (LE PONT DE CHEMIN DE FER LE PLUS LONG DU MONDE).

c'est-à-dire environ 1 pour 100. Au contraire, dans le monde entier, sur 442,199 kilomètres de voies ferrées, on en exploite 22,000 kilomètres à petite section, ce qui correspond à 11 pour 100. En Algérie, les chemins de fer à voie étroite sont en nombre un peu plus fort, puisque l'on y compte 359 kilomètres. Dans une seule de nos possesions, l'île de la Réunion, on en trouve 126 kilomètres ; ce qui donne une totalité de 811 kilomètres de chemins de fer à petite voie livrés à l'exploitation en France et dans ses colonies.

Mais si en France la voie étroite est encore peu en faveur, il en est autrement à l'étranger. Dans quelques-uns de ces pays, leur rôle a une véritable importance. Le *Bulletin du Ministère des travaux publics*, dans son numéro du mois de février 1885, contient sur ce sujet des relevés très intéréressants. Nous commencerons par faire connaître les chiffres donnés par le *Bulletin du Ministère des travaux publics*, nous verrons ensuite quels enseignements on en peut tirer pour notre pays.

C'est le Brésil qui fait aujourd'hui la part la plus considérable aux voies ferrées à petite section. Au 1er janvier 1883, sur un réseau total de 4,859 kilomètres, le Brésil possédait 3,529 kilomètres à voie étroite, c'est-à-dire les trois quarts environ de son réseau ferré. Ajoutez que plus de 3,000 kilomètres, qui sont en construction, doivent être faits à petite voie. Désirant répandre l'activité commerciale sur toute la surface du pays, le Brésil a jugé bon de recourir au moyen qui permet de multiplier les voies ferrées rapidement et à bon marché, et on ne peut que l'en féliciter. On pourra plus tard adopter la voie ferrée normale sur les lignes qui se sont montrées d'un grand trafic.

Après le Brésil, et par les mêmes raisons, le Mexique a largement adopté les chemins de fer à petite section. Pour un terrain aussi accidenté, aussi tourmenté, que le pays des anciens Aztèques, le chemin de fer à voie étroite était le moyen de transport le moins coûteux et le plus efficace, celui qui pouvait le mieux surmonter sans dépenses inouïes les difficultés du tracé. Sur 4,877 kilomètres de voies ferrées que possède la République mexicaine, on en compte 1,522 à voie étroite, et 3,520 kilomètres du même type sont en construction.

Mais, dira-t-on, le Brésil et le Mexique n'ont jamais marché à la tête de la civilisation, et on ne peut guère les proposer comme modèle aux autres nations, en ce qui concerne les travaux publics. On pourrait répondre que dernières venues dans la construction des voies ferrées, ces deux nations ont pu profiter de l'expérience des autres, et adopter les dispositions reconnues les meilleures pour leur cas spécial. Mais il vaut mieux aller choisir d'autres exemples plus près de nous.

La Suède et la Norwège, sans tenir une place considérable en Europe, sous le rapport politique, ont pourtant le mérite d'être bien administrées et de savoir tirer parti des richesses que leur a départies la nature. Or, l'une et l'autre ont témoigné d'une grande confiance dans la voie étroite. En Norwège, sur 1,115 kilomètres de voies ferrées, 704 sont de ce type, et 411 seulement de la voie normale. En Suède, on compte 1,275 kilomètres à voie étroite, contre 4,884 à voie large.

On pourrait encore citer le petit État de la Grèce qui, au 1er janvier 1883 possédait 9 kilomètres à voie étroite, contre 13 à voie large, et qui, depuis, a commencé à construire tout un réseau, du premier type.

Si l'exemple de la Suède, de la Norwège et de la Grèce n'est pas de nature à entraîner les convictions sur la tendance qu'ont les peuples étrangers à adopter les petites sections de voie, nous irons chercher, à l'appui de notre thèse, trois importants pays de l'Asie et de l'Amérique, habités ou gouvernés par la race Anglo-Saxonne.

Dans l'Inde anglaise, dont l'énorme population est notablement plus dense que celle de la France, il y avait, en 1882, plus de 4,675 kilomètres à voie étroite, contre 12,215 à voie large, c'est-à-dire une proportion d'un tiers de la première pour la totalité. Or, l'on sait que les chemins de fer indiens ont un grand trafic, qu'ils transportent à bas prix voyageurs et marchandises.

Aux États-Unis et au Canada, on ne montre aucun dédain pour les lignes à petite section.

Le Canada possède un dixième de chemins de fer à voie étroite sur la totalité de son réseau ; en d'autres termes, 990 kilomètres de chemins de fer de ce genre pour 10,457 kilomètres à voie large.

Aux États-Unis, les lignes ferrées à petite voie ont un développement absolu beaucoup plus considérable. Elles s'étendent sur 7,709 kilomètres. Les chemins de fer à voie large avaient, à la même époque, une longueur de 131,551 kilomètres, ce qui donne un rapport de 6 pour 100. Il n'est pas indifférent de voir que les Américains aient construit 7,709 kilomètres de petites voies. On peut penser que, s'ils ont adopté ce système, c'est qu'en agissant autrement, une foule de districts auraient attendu trop longtemps ce précieux agent de communication.

Les chemins de fer à petite section peuvent avoir des largeurs diverses. En Algérie, on s'arrête, en général, à une largeur de voie qui varie entre 1m,10 et 1,20. En Norwège, la largeur est de 1m,06 à 1m,07. L'Inde

FIG. 262. — PONT DU CHEMIN DE FER SUR LE RHIN, A KEHL.

anglaise et le Brésil ont adopté la voie de 0ᵐ,95 à 1 mètre. Aux États-Unis et au Mexique, on se contente d'une largeur de 0ᵐ,90 à 0,91. En Suède, la plus grande partie des chemins à voie étroite n'ont qu'une largeur de 0ᵐ,80 à 0ᵐ,89. Dans la France continentale, la voie adoptée pour cette catégorie de lignes, est de 0ᵐ,95 à 1 mètre. Les ingénieurs américains partisans des chemins de fer à petite section, qui se sont réunis recemment en Congrès, à Saint-Louis et à Cincinnati, se sont prononcés pour la voie de 0ᵐ,915.

L'Europe, en général, à l'exception des trois pays que nous avons cités, la Norwège, la Suède et la Grèce, compte peu de chemins de fer à petite section. L'Autriche-Hongrie n'en possède que 269 kilomètres ; l'Allemagne 235, la Russie 135, — le Portugal 83, — la Belgique 81, — la Suisse, 49 — l'Angleterre (bien qu'elle ait été l'une des premières à adopter la voie étroite, et que l'on cite souvent comme un modèle, ainsi que nous l'avons fait dans ce volume, son réseau de Festiniog, dans le pays des Galles), 22 seulement, — la Sardaigne 15, — et l'Espagne quelques kilomètres.

Bien que l'Europe tienne encore rigueur aux chemins de fer à petite section, nous croyons qu'au moment de commencer son troisième réseau, pour mettre à exécution le plan de M. de Freycinet, on devra prendre en sérieuse considération les exemples que nous donnent, sous ce rapport, le Brésil, le Mexique, les États-Unis et le Canada. Sans doute, lorsqu'il s'agit de traverser de riches contrées à la population très condensée ou de relier des villes importantes, on ne doit pas hésiter à choisir la voie normale. Mais quand on a devant soi des pays à population disséminée, et ne pouvant fournir qu'un médiocre trafic, ou quand les tracés offrent de sérieuses difficultés de terrain, il est prudent d'adopter la voie étroite, car on peut construire 4 ou 5 kilomètres de ce type avec le capital qu'il faudrait pour construire un seul kilomètre à voie normale. Un chemin de fer de petite section ne coûte guère à construire que 80,000 francs par kilomètre, et ce prix peut s'abaisser jusqu'à 60,000 ; tandis que les lignes à voie large coûtent habituellement 200,000 francs par kilomètre. Ajoutez que les frais d'exploitation ne sont que de 3,000 à 4,000 francs par kilomètre, pour les chemins de fer à voie étroite, tandis que les frais d'exploitation des chemins de fer à voie normale sont toujours de 5,000 à 6,000 francs. On estime en général, et tout bien considéré, qu'avec les mêmes dépenses, on pourrait construire 4 ou 5 fois plus des premiers que des seconds.

Remarquez, d'ailleurs, que la plupart des lignes à voie large de notre troisième réseau ne pourraient être exploitées avec avantage avec les locomotives et wagons des grandes lignes, parce que sur les lignes du troisième réseau, les rails n'ont pas assez de force, les travaux d'art pas assez de résistance, les rampes trop fortes et les courbes d'un trop faible rayon, pour recevoir sans danger le puissant matériel des grandes lignes.

Si l'on voulait construire avec la voie normale tout notre troisième réseau, il faudrait un quart de siècle pour terminer cette œuvre. Si, au contraire, on se décide à adopter la voie étroite pour les lignes qui n'ont à espérer qu'un médiocre trafic et un service local, réservant la voie normale pour ceux de ces chemins qui peuvent prétendre à un rôle plus important, on pourrait construire dans une dizaine d'années, 18,000 à 20,000 kilomètres de voies ferrées, c'est-à-dire, chaque année, 4 ou 5 kilomètres à large voie et 1,200 à petite voie. Par ce moyen aucun chef-lieu de canton en France, aucun bourg d'une certaine importance, ne seraient privés de voies ferrées, et la carte de France ne présenterait qu'un magnifique lacis de lignes de chemin de fer, signe matériel, symbole visible de sa vitalité industrielle et sociale.

FIN DE L'APPENDICE

TABLE DES MATIÈRES

LES VOIES FERRÉES EN EUROPE

LES VOIES FERRÉES EN AMÉRIQUE

LES VOIES FERRÉES EN AFRIQUE

www.ingramcontent.com/pod-product-compliance
Lightning Source LLC
Chambersburg PA
CBHW060821220326
41599CB00017B/2249